·重金属污染防治丛书·

工业烟气重金属污染控制技术及应用

朱廷钰　徐文青　瞿　赞　杨　阳 等 编著

U0252364

科学出版社

北 京

内 容 简 介

我国重金属污染问题较为突出，近年来，针对 SO_2、NO_x、颗粒物等常规大气污染物治理取得了显著的成效，但重金属污染物问题仍然缺乏关注。燃煤、有色金属冶炼、钢铁、水泥、垃圾焚烧等工业行业是重金属重要排放源。本书介绍近年来国内外在这些领域内的研究进展，以及作者自身的研究和创新性成果，系统详细论述上述行业重金属排放特征及影响因素，总结重金属污染控制技术进展及相关应用案例，并提出各行业重金属污染防治建议。

本书适合从事重金属污染防控的科研人员、工程技术人员以及相关领域的管理人员阅读，也可作为高等院校环境相关专业本科生、研究生的参考用书。

图书在版编目（CIP）数据

工业烟气重金属污染控制技术及应用 / 朱廷钰等编著. -- 北京：科学出版社，2024.9. -- (重金属污染防治丛书). -- ISBN 978-7-03-079414-7

I. X701

中国国家版本馆 CIP 数据核字第 20249GT935 号

责任编辑：徐雁秋 刘 畅/责任校对：高 嵘
责任印制：彭 超/封面设计：苏 波

科 学 出 版 社 出版
北京东黄城根北街 16 号
邮政编码：100717
http://www.sciencep.com
武汉精一佳印刷有限公司印刷
科学出版社发行 各地新华书店经销
*

开本：787×1092 1/16
2024 年 9 月第 一 版 印张：16 3/4
2024 年 9 月第一次印刷 字数：400 000
定价：249.00 元
（如有印装质量问题，我社负责调换）

"重金属污染防治丛书"编委会

主　　编：柴立元

副主编：（以姓氏汉语拼音为序）

高　翔　　李芳柏　　李会泉　　林　璋

闵小波　　宁　平　　潘丙才　　孙占学

编　　委：

柴立元　　陈思莉　　陈永亨　　冯新斌　　高　翔

郭华明　　何孟常　　景传勇　　李芳柏　　李会泉

林　璋　　刘　恢　　刘承帅　　闵小波　　宁　平

潘丙才　　孙占学　　谭文峰　　王祥科　　夏金兰

张伟贤　　张一敏　　张永生　　朱廷钰

"重金属污染防治丛书"序

　　重金属污染具有长期性、累积性、潜伏性和不可逆性等特点,严重威胁生态环境和群众健康,治理难度大、成本高。长期以来,重金属污染防治是我国环保领域的重要任务之一。2009 年,国务院办公厅转发了环境保护部等部门《关于加强重金属污染防治工作的指导意见》,标志着重金属污染防治上升成为国家层面推动的重要环保工作。2011 年,《重金属污染综合防治"十二五"规划》发布实施,有力推动了重金属的污染防治工作。2013 年以来,习近平总书记多次就重金属污染防治做出重要批示。2022 年,《关于进一步加强重金属污染防控的意见》提出要进一步从重点重金属污染物、重点行业、重点区域三个层面开展重金属污染防控。

　　近年来,我国科技工作者在重金属防治领域取得了一系列理论、技术和工程化成果,社会、环境和经济效益显著,为我国重金属污染防治工作起到了重要的科技支撑作用。但同时应该看到,重金属环境污染风险隐患依然突出,重金属污染防治仍任重道远。未来特征污染物防治工作将转入深水区。一方面,环境法规和标准日益严苛,重金属污染面临深度治理难题。另一方面,处理对象转向更为新型、更为复杂、更难处理的复合型污染物。重金属污染防治学科基础与科学认知能力尚待系统深化,重金属与人体健康风险关系研究刚刚起步,标准规范与管理决策仍需有力的科学支撑。我国重金属污染防治的科技支撑能力亟需加强。

　　为推动我国重金属污染防治及相关领域的发展,组建了"重金属污染防治丛书"编委会,各分册主编来自中南大学、广州大学、浙江工业大学、中国地质大学(北京)、北京师范大学、山东大学、昆明理工大学、南京大学、东华理工大学、华中农业大学、华北电力大学、同济大学、武汉科技大学等高校和生态环境部华南环境科学研究所(生态环境部生态环境应急研究所)、中国科学院地球化学研究所、中国科学院生态环境研究中心、广东省科学院生态环境与土壤研究所、中国科学院过程工程研究所等科研院所,都是重金属污染防治相关领域的领军人才和知名学者。

　　丛书分为八个版块,主要包括前沿进展、多介质协同基础理论、水/土/气/固多介质中重金属污染防治技术及应用、毒理健康及放射性核素污染防治等。各分册介绍了相关主题下的重金属污染防治原理、方法、应用及工程化案例,介绍了一系列理论性强、创新性强、关注度高的科技成果。丛书内容系统全面、案例丰富、图文并茂,反映了当前重金属污染防治的最新科研成果和技术水平,有助于相关领域读者了解基本知识及最新进展,对科学研究、技术应用和管理决策均具有重要指导意义。丛书亦可作为高校和科研院所研究生的教材及参考书。

丛书是重金属污染防治领域的集大成之作,各分册及章节由不同作者撰写,在体例和陈述方式上不尽一致但各有千秋。丛书中引用了大量的文献资料,并列入了参考文献,部分做了取舍、补充或变动,对于没有说明之处,敬请作者或原资料引用者谅解,在此表示衷心的感谢。丛书中疏漏之处在所难免,敬请读者批评指正。

柴立元

中国工程院院士

前　言

重金属具有持久性和高度的生物富集性，可在环境和生物体间迁移，会对生态环境和人体健康造成严重的影响，且其污染具有全球性迁移的属性。为在全球范围内控制和减少重金属排放，2013 年 1 月，联合国环境规划署通过了《关于汞的水俣公约》，我国在 2016 年 4 月正式批准加入此公约，2017 年 8 月，公约正式生效。我国重金属排放量大，以汞为例，排放量为 400～500 吨/年，约占全球人为排放量的 30%，重金属控制技术研发及应用对国际履约以及国内重金属污染防治具有重要意义。

近年来，我国常规大气污染物治理已经取得了重大进展，颗粒物、SO_2、NO_x 排放量大幅削减，但是对重金属污染问题缺乏关注，导致重金属排放标准较为宽松、防治技术研发及应用严重滞后。燃煤、有色金属冶炼、钢铁、水泥、垃圾焚烧等行业是我国重要的排放源，目前对燃煤行业的重金属污染物关注较多。由于各行业的重金属排放特征差异十分显著，单一的治理手段无法满足减排需求，需要在厘清重金属排放特征的基础上，有针对性地进行技术研发。此外，重金属的形态多样，不同形态间能发生复杂的迁移转化，需要阐明重金属的生成机制及形态转变规律，揭示重金属及其化合物的控制原理。

为了加速我国重金属污染控制技术研发，中国科学院过程工程研究所联合上海交通大学，围绕有色金属冶炼、钢铁、水泥及垃圾焚烧等行业，重点聚焦汞、铅、砷三类重金属，对各行业的重金属排放标准、排放特征、控制技术及应用案例等研究现状进行了系统性总结，包括近年来国内外在这些领域的研究进展，以及作者自身的研究和创新性成果。

本书共 7 章，主要围绕重金属的控制技术原理、控制技术及应用案例展开，主要包括重金属的性质及危害、重金属污染防治现状、重金属的排放及迁移转化、重金属的控制方法及原理，以及各行业的重金属污染控制技术及应用，并结合研究进展提出各行业的重金属污染物防治建议及研究展望。

本书由中国科学院过程工程研究所朱廷钰研究员总体设计。上海交通大学瞿赞教授、中国科学院过程工程研究所徐文青研究员、杨阳副研究员负责全书的统稿和整体修改工作。各章的具体执笔人如下：第 1、2 章由杨阳撰写；第 3、4 章由瞿赞撰写；第 5 章由王雪撰写；第 6 章由郭旸旸撰写；第 7 章由杨阳撰写。在本书成稿过程中，耿鋆卜、刘慧娴、杨关奖、罗雷等参与了书稿修改和校对工作。感谢科学出版社的编辑人员在本书立项和出版各环节提供的诸多建议和帮助；感谢中国科学院过程工程研究所、上海交通大学在相关研究中提供的大力支持。

感谢国家重点基础研究发展计划（"973"计划）、国家高技术研究发展计划（"863"计划）、国家自然科学基金以及公益性行业科研专项的资助。

受资料、知识和时间的限制，书中难免存在疏漏或不足之处，恳请广大读者批评指正。

作者

2024 年 6 月

目　　录

第1章 绪 论

1.1 重金属的性质及危害

随着工业发展，环境中的重金属被大量转移与富集，例如矿山开采、金属冶炼、金属加工、天然能源的燃烧利用、在农药化肥和含铅电池等产品的应用过程中产生的重金属通过化工废水、工业粉尘、生活垃圾、雾霾等方式污染土壤、水源及空气，导致重金属遍布土壤、水体和大气环境，进而通过食物链富集和呼吸进入人体。重金属在人体代谢慢，会大量累积在肝脏和骨骼中，损害呼吸道、消化道、神经免疫系统和各个器官，最终导致急性或慢性的伤害，例如畸变、肿瘤生成、癌变甚至死亡。在环境中，除了有生物毒性较强的重金属如汞（Hg）、镉（Cd）、铅（Pb）、铬（Cr）及砷（As）（注：砷为类金属，但其毒性与重金属相近，因此本书将其归为重金属），还有其他具有毒性的金属如锌（Zn）、铜（Cu）、钴（Co）、镍（Ni）及锡（Sn）等也会对人体造成严重伤害（王小琨，2021）。图1.1总结了重金属污染的主要来源，并展示了重金属对人体健康的一些影响。

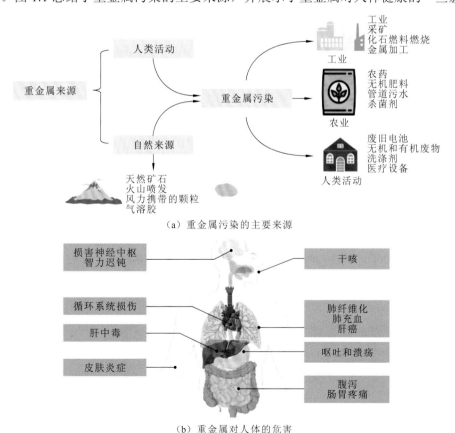

（a）重金属污染的主要来源

（b）重金属对人体的危害

图1.1 重金属污染主要来源及其对人体的危害

1.1.1　汞的性质及危害

汞（Hg），俗名水银，是常温下唯一以液态存在的金属。汞的熔点为-38.87℃，沸点为 356.6℃，密度为 13.59 g/cm³。汞具有强挥发性、毒性、持久性，且在环境中容易生物积累，易从液态挥发以 Hg 蒸气的形式进入大气，Hg 蒸气化学性质稳定且有剧毒，可溶于浓硫酸和硝酸，但是与盐酸、稀硫酸、碱都不发生反应。Hg 对人体的消化系统、肾脏及中枢神经系统均有毒害作用，此外还会影响皮肤、呼吸系统、血液及眼睛。长期饮用含有微量 Hg 的饮用水会导致蓄积性中毒。此外，汞还可以通过胎盘屏障进入胎儿体内，使胎儿的神经元从中心脑部到外周皮层部分的移动受到抑制，从而导致胎儿大脑麻痹。无机汞化合物对皮肤具有刺激性，唇、舌等部位一旦接触，会出现水泡或溃疡，可以到达肾脏，严重的将导致肾衰竭。在日本发生的震惊全球的公害病——水俣病就是有机汞中毒。患者脑组织受到损害，神经系统症状非常突出，全身抽搐，肌肉震颤，非常痛苦。

1.1.2　铅的性质及危害

铅广泛应用于工业、建筑领域，各种铅板铅管电镀品、电缆、电池、颜料油漆印染涂料、化妆品、汽油等均使用或添加了铅作为原料。随着我国城市、工业、交通的迅猛发展，以及社会经济的不断进步，大量含铅物质直接或间接进入环境中，造成铅污染，导致大气环境和水环境质量的恶化，严重危害人体健康，使得农作物减耕减产。

铅是国际上公认的危害儿童神经系统发育的第一杀手，可造成人体神经、造血、消化和免疫等系统的损害。世界卫生组织（World Health Organization，WHO）对人体中铅的允许摄入量有严格的标准，即不得超过 0.025 mg/kg。铅大部分在肠胃吸收，被吸收的铅首先进入血液中与红细胞表面蛋白结合，随着血液循环与机体组织交换，分布于肝、肾、脾、肺和脑中，大多数铅主要以不溶性磷酸铅的形式沉积在骨骼中。当骨骼和组织中的结合部位饱和，人体组织吸收铅的速度会自行降低，不能被吸收的铅留在血液中被排泄掉。血液中的铅主要通过尿液排泄，可服用螯合剂增加排出量，粪便中的铅不能被吸收，但能够通过胆汁再回到胃肠道中。铅不但对脑、肾等关键靶器官造成危害，还会损伤和干扰代谢活动。铅能够在人体中生成活性氧自由基，造成 DNA 和细胞膜的损害，同时还能影响 DNA 转录，通过与酶的硫氢基结合阻碍酶促反应，抑制合成维生素 D 酶的形成。铅还能取代钙离子，通过钙-ATP 酶泵穿过脑血管屏障的内皮细胞，损坏小脑、大脑皮质细胞和脑神经，导致营养物质和氧气供应不足，甚至造成脑贫血和脑水肿，严重时可发展成为高血压脑病。

1.1.3　砷的性质及危害

砷及其化合物主要用于合金冶炼、农药医药、颜料等工业，还常常作为杂质存在于原料、废渣、半成品及成品中。砷化合物可经呼吸道、皮肤和消化道吸收，在上述生产或使用砷化合物作业中，如防护不当吸入含砷空气或摄入被砷污染的食物、饮料时，常有发生急、慢性砷中毒的可能。慢性砷中毒一般通过饮用水（WHO 规定饮用水的砷限度为 10 μg/L）和食物进入人体。砷化合物在肠道中被吸收、转化之后一部分会发生形态变化，直接通过尿液排出，另一部分会在人体富集，难以排出。砷甜菜碱（AsB）对人体无毒，可以直接通过尿液排出。70%～80%的砷胆碱（AsC）能转化为 AsB 随尿液排出，其余的与磷脂结合形成砷磷脂，最后代谢为 AsB 随尿液排出。

急性砷中毒症状有呕吐、腹痛及腹泻，以及引发急性精神错乱、心肌病及癫痫，之后血液、呼吸道、肺部和肾脏都会相继出现问题，及时洗胃、注射二巯基丙醇或者透析可有效治疗，但如果摄入量太大，将无法治愈。砷蓄积在肝脏、肾脏、心脏、肺和角质多的组织中，比如在指甲、头发和皮肤沉积，会对心肌、呼吸、神经、生殖、造血和免疫系统产生不同程度的损害，增加患心血管疾病、呼吸道疾病、糖尿病的风险，甚至可能造成全身病变，生成肿瘤。目前尚未有治愈砷中毒的有效方法。

1.2　国内外重金属污染的防治现状

1.2.1　重金属污染物防治的发展趋势

世界各国针对重金属污染制定与实施了相关的国际和区域环境协议，目前已经有很多国家加入了涉及重金属污染防治的国际公约和地区行动，并从国际合作中获益。重金属污染控制体系纵向上逐渐形成了局地—区域—全球三个层面共同协作的格局。以汞元素为例，表 1.1 总结了与汞控制相关的国际公约或协议，目前国际或区域间主要在汞的减排、控制措施选择、汞的监测和相关信息的交流等领域进行沟通和合作。此外，还有一些区域层面的汞控制相关行动，包括美国五大湖双边毒物策略、新英格兰主管/东加拿大官员汞行动计划、北美地区汞行动计划等。

表 1.1　与汞相关的国际公约

国际公约及生效时间	覆盖地域	与汞的相关性	需要对汞采取的措施
《长距离跨界大气污染公约》1983 年 3 月 16 日	中欧和东欧，加拿大和美国	针对排放的、产品中的、废物中的汞及其化合物等	目标界定，对减排、建议和监测的约束性承诺
《关于重金属的奥胡斯议定书》2003 年 12 月 29 日	欧洲地区	针对排放的、产品中的、废物中的汞及其化合物等	目标界定，对减排、建议和监测的约束性承诺
《赫尔辛基公约》1992 年 4 月 9 日	波罗的海（包括波罗的海的入口和对水体造成危害的地区）	针对排放的、产品中的、废物中的汞及其化合物等	目标界定，对减排、建议、监测和信息的约束性承诺
《巴塞尔公约》1992 年 5 月 5 日	全球	任何含汞和汞化合物或被汞及汞化合物污染的废物都被当作有毒废物并且有特定的规定来约束	关于国际有毒废物的传输的约束性承诺，信息和认可有毒废物进口/出口的程序

国际公约及生效时间	覆盖地域	与汞的相关性	需要对汞采取的措施
《东北大西洋海洋环境保护公约》1998年3月23日	包括东海（包括各个集团的内陆水体和内陆海）在内的东北大西洋	针对排放的、产品中的、废物中的汞及其化合物等	目标界定，对减排、建议、监测和信息的约束性承诺
《鹿特丹公约》2004年2月24日	全球	针对作为农药使用的无机汞化合物、烷基汞化合物、烷氧基汞化合物和芳基汞化合物	对条款所覆盖的汞化合物的进出口的约束性承诺，信息交流和出口通告程序
《关于汞的水俣公约》2017年8月16日	全球	在全球范围内控制和减少汞排放就具体限排范围做出详细规定，以减少汞对环境和人类健康造成的损害	对含汞类产品包括电池、开关和继电器、某些类型的荧光灯、肥皂和化妆品等进行限制；减少小型金矿的汞使用量；控制各种大型燃煤电站锅炉和工业锅炉的汞排放，并加强对垃圾焚烧处理、水泥加工设施的管控

汞污染的国际和区域协议存在一些共同特点。第一，一般都有一个比较明确的时间框架来采取汞控制行动，从而渐进地达到控制目标。第二，一般都明确规定污染源的排放限值。如《关于重金属的奥胡斯议定书》《赫尔辛基公约》《东北大西洋海洋环境保护公约》都规定了具体的点源汞排放标准。第三，对汞控制技术进行严格的规定，一般要求污染源通过使用最佳可行技术（best available technical）来实现控制目标。例如，《长距离跨界大气污染公约》及《关于重金属的奥胡斯议定书》要求点源使用最佳可行技术且制定了相应的技术标准，并提供给各污染部门主要汞控制技术的汞去除率及成本等相关信息。

从受控地区的地域范围上看，国际和区域协议覆盖的地域范围正在扩大。原来的国际协议覆盖的地域范围主要集中在北美洲和欧洲，此后逐步向全球扩展。2004年2月生效的《鹿特丹公约》和2017年8月生效的《关于汞的水俣公约》已经面向全球进行汞控制。

从控制目标的角度看，国际和区域协议越来越重视汞污染对环境和人体健康的损害，并研究减少损害的策略。由于汞的低剂量致毒和致害特征，汞排放控制行动和措施的制定和实施对与汞相关的人类健康风险给予更多的重视。

从控制对象的角度看，从针对点源进行控制到生命周期管理。汞污染控制最初更多的是对点源进行控制，随着对汞污染源的不断识别和对汞污染途径的深入理解，控制对象逐渐从减少工业源的排放扩展到化学品的生命周期管理和危险废物管理。例如《长距离跨界大气污染公约》《关于重金属的奥胡斯议定书》《赫尔辛基公约》《东北大西洋海洋环境保护公约》，这4个公约主要是通过减少受控地区工业源的汞排放来控制汞污染，而1992年5月生效的《巴塞尔公约》则是对危险废弃物的跨界转移和处理进行控制，2004年2月生效的《鹿特丹公约》是对有害的化学品/农药进行管制（吴丹 等，2007）。

1.2.2　国内外环境空气质量标准对比

1997 年以来，国外发达国家、地区和组织对空气质量标准进行周期性的修订工作。表 1.2 统计了 1997 年以来的空气质量标准最新修订情况。由表可见，美国 2008 年加严空气中 Pb 的浓度限值，要求连续 3 个月滚动平均 0.15 $\mu g/m^3$。

表 1.2　1997 年以来国际上环境空气质量标准最新修订情况

国家/地区/组织	年份	修订内容
WHO	1997	升级《欧洲空气质量准则》为《空气质量准则》，增加了 1,3-丁二烯等污染物和 $PM_{2.5}$ 的准则
	2005	发布《环境空气质量标准》全球升级版，修订了颗粒物（PM_{10} 和 $PM_{2.5}$）、O_3、NO_2 和 SO_2 浓度限值
美国	2006	实施 $PM_{2.5}$ 标准，日均浓度限值为 35 $\mu g/m^3$；取消 PM_{10} 年均浓度限值
	2008	实施新 O_3 浓度限值 160 $\mu g/m^3$；加严空气中 Pb 的浓度限值，连续 3 个月滚动平均 0.15 $\mu g/m^3$
欧盟	1999	发布《环境空气中 SO_2、NO_2、NO_x、PM_{10}、Pb 的限值指令》，规定 SO_2 等 5 种污染物浓度限值
	2000	发布《环境空气中苯和 CO 限值指令》，规定环境空气中苯和 CO 的浓度限值
	2002	发布《环境空气中有关 O_3 的指令》，分别规定保护人体健康和植被的 O_3 的 2010 年目标值
	2004	发布《环境空气中砷、镉、汞、镍和多环芳烃指令》，规定了砷等污染物 2012 年目标浓度限值
	2008	发布《关于欧洲空气质量及更加清洁的空气指令》，规定 $PM_{2.5}$ 2010 年的目标浓度限值 25 $\mu g/m^3$
日本	1997	增加了空气中苯、三氯乙烯、四氯乙烯的标准
	1999/2001	分别增加了二噁英和二氯甲烷的标准
澳大利亚	1998	调整了给予健康 CO、NO_2、O_3、SO_2、Pb 和 PM_{10} 的空气质量标准
	2003	把 $PM_{2.5}$ 纳入环境空气质量标准中，日均浓度限值和年均浓度限值分别为 25 $\mu g/m^3$ 和 8 $\mu g/m^3$
加拿大	1998	增加 $PM_{2.5}$ 浓度参考值
中国	2000	取消 NO_x 标准，将 NO_2 二级标准放宽到三级；将 O_3 的一级标准浓度限值由 0.12 mg/m^3 调整为 0.16 mg/m^3，二级标准浓度限值由 0.16 mg/m^3 调整为 0.20 mg/m^3

国际上很多国家、地区都制定了 Pb 的环境空气质量标准，图 1.2 所示为美国、欧盟、WHO 等国家和组织对 Pb 的浓度限值。由图 1.2 可见，美国和中国（二级浓度限值）均设置了季均浓度限值（1.5 $\mu g/m^3$），而 WHO 仅规定了年均浓度限值。

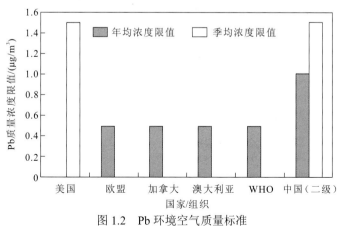

图 1.2　Pb 环境空气质量标准

对于其他重金属污染物，如欧盟 2004 年发布《环境空气中砷、镉、汞、镍和多环芳烃指令》，规定了砷等污染物 2012 年目标浓度限值。欧盟和英国还对主要来源于燃煤和机动车排放的 As、Cd 和 Ni 等重金属污染物进行了规定（王宗爽 等，2010），见表 1.3。

表 1.3 国内外环境空气质量标准中污染物项目

国家/组织	污染物
中国	SO_2，CO，NO_2，O_3，PM_{10}，TSP，Pb，BaP，总氟化物
美国	SO_2，CO，NO_2，O_3，$PM_{2.5}$，PM_{10}，Pb
欧盟	SO_2，CO，NO_2，O_3，$PM_{2.5}$，PM_{10}，Pb，苯，BaP，As，Cd，Ni
日本	SO_2，CO，NO_2，O_3，PM_{10}，苯，光化学氧化剂，三氯乙烯，四氯乙烯，二氯甲烷，二噁英
英国	SO_2，CO，NO_2，O_3，$PM_{2.5}$，PM_{10}，Pb，苯，1,3-丁二烯
加拿大	SO_2，CO，NO_2，O_3，$PM_{2.5}$，PM_{10}，Pb，As，Cd，Ni，V，Hg，氟化物（气态），总氟化物，硫化氢，硫酸盐，氧化物，悬浮颗粒物，降尘
澳大利亚	SO_2，CO，NO_2，O_3，$PM_{2.5}$，PM_{10}，Pb
墨西哥	SO_2，CO，NO_2，O_3，$PM_{2.5}$，PM_{10}
印度	SO_2，CO，NO_2，O_3，PM_{10}，TSP，Pb
印度尼西亚	SO_2，CO，NO_2，O_3，PM_{10}，TSP，Pb
尼泊尔	SO_2，CO，NO_2，PM_{10}，TSP，Pb
菲律宾	SO_2，CO，NO_2，O_3，PM_{10}，TSP，Pb
新加坡	SO_2，CO，NO_2，O_3，PM_{10}
斯里兰卡	SO_2，CO，NO_2，O_3，TSP，Pb
泰国	SO_2，CO，NO_2，O_3，PM_{10}，TSP，Pb
越南	SO_2，CO，NO_2，O_3，TSP，Pb

注：TSP 为总悬浮颗粒物（total suspended particle）

1.2.3 国外重金属污染控制历程

1. 欧 盟

欧盟及其成员国的环境保护在世界上起步较早，在环境科学、环保技术、环境管理等方面积累了丰富的经验。从 20 世纪 70 年代至今，欧盟各国相继建立了环境保护机构，实行了多个环境保护行动计划；各成员国在环境问题上达成共识，通过制定和实施共同环境政策、采取协调行动，改善了欧盟域内的环境状况。欧盟作为一个国家间的国际组织，其制定的环境标准在欧盟内部具有一定的约束力。其中，水环境标准、大气环境标准和固体废物标准与重金属监管有关，对不同环境介质中重金属的限值做出了明确的规定。例如，欧盟《环境空气中 SO_2、NO_2、NO_x、PM_{10}、Pb 的限值指令》和《环境空气中砷、镉、汞、镍和多环芳烃指令》中规定了多种重金属的限值浓度，在目前大气环境质量标准中涉及重金属的种类最多（狄一安 等，2013）。

为防治重金属污染，欧盟分阶段颁布了相关法律，其中最具代表性的《废弃电气电子设备指令》和《关于限制在电气电子设备中使用某些有害成分的指令》，被称为"全球最严厉的环保法令"，指令中明确地规定：投放市场的新的电气电子设备不得含有汞、镉、铅、六价铬等有毒有害物质，荧光灯汞含量限值由 1997 年的 15 mg/灯修订为 2.5～5 mg/灯，达不到要求将不能在欧盟销售（安桂荣 等，2012）。在进出口方面，制定《关于禁止出口金属汞、汞化合物和汞混合物及金属汞安全储存的指令》，要求从 2011 年 3 月 15 日起，全面禁止金属汞、汞矿石、汞化合物和汞齐出口，再生汞不得用于氯碱生产等工业，应作为废物处置和管理。

2. 美国

美国作为世界上最大的电子产品生产国和电子废弃物制造国，每年至少产生 700 万～800 万 t 的电子废弃物，并且呈逐年增长趋势。因此，美国先后通过立法要求制造商逐步采取措施利用镍氢电池、锂电池取代镍镉电池。通过严格立法、经济补偿等手段减少重金属对环境的污染和人体健康的危害。美国相关环保组织大力开展宣传教育活动，政府部门和研究机构加大了科研投入，20 多个州陆续制定了电子废弃物管理法案（狄一安 等，2013）。

美国的环境标准与我国环境标准的制定、实施、管理方式截然不同。在美国，国家层面的环境标准主要由美国国家环境保护署（Environmental Protection Agency，EPA）制定并颁布，在美国全境统一执行。由于美国的环境标准在制定的过程中主要针对现实的或者潜在的危害，所以并没有统一的有关环境标准立法体系的规范性文件，有关环境各项因素的环境标准多数散见于各项具体的法律法规中。

在大气环境质量方面，美国于 2008 年修改了其沿用 30 年之久的大气铅浓度的标准，新的标准限值（0.15 μg/m^3）为原标准限值（1.5 μg/m^3）的十分之一，是目前国际上限值最为严格的标准（安桂荣 等，2012）。

3. 日本

20 世纪中期，日本水俣病的爆发引起了全球对汞污染问题的关注。人们逐渐开始认识到汞对生态环境系统造成的危害，也开始控制汞的使用和排放。总体上看，汞污染问题似乎得到一定程度的有效解决。然而，20 世纪 80 年代末，北欧及北美偏远地区的大片湖泊中的鱼体内被发现含有高浓度甲基汞。这一发现掀起了西方国家对汞污染的新一轮研究热潮。1990 年，在瑞典召开了由德堡大学奥利弗·林德奎斯特（Oliver Lindqvist）教授提倡的首届全球汞污染物国际学术会议。

2002 年，联合国环境规划署（United Nations Environment Programme，UNEP）发布了《全球汞评估报告》，首次调查了全球范围内的汞污染源及其影响，系统评估了全球汞的生产、使用及排放，并给出了全球大气汞排放清单。在 2003 年举办的第 22 届 UNEP 理事会会议上，首次提出在国家、区域乃至全球采取汞污染管制行动。2005 年的第 23 届 UNEP 理事会会议上，采取自愿步骤减少汞排放的提议得到了 140 个国家政府的一致同意。2009 年第 25 届 UNEP 理事会会议上，美国、印度及中国等几个汞排放大国转变了以往的保守态度，各国就制定独立的全球汞控制公约达成了共识。在世界各国多轮政府间谈判后，2013 年 10 月通过了《关于汞的水俣公约》，以此来有效遏制汞的生产、使用和排放（安桂荣 等，2012）。

1.2.4 国内重金属污染控制历程

我国重金属污染防治工作相较欧美等发达国家虽起步较晚，但已出台不少的相关政策制度，其中《重金属污染综合防治"十二五"规划》是我国在重金属污染防治工作顶层设计与综合管理上迈出的历史性一步。但是重金属相关政策总体仍较粗放、系统联动性不强，部分政策存在不足或未落实的情况。在重金属污染防治目标下，今后工作需要对以往的相关政策进行梳理，侧重"补链"和"完善"，特别是排放量管理、重金属污染控制技术管理的有效结合，形成合力，整理和构建适合我国国情的一体化政策体系。在企业及其周边环境管理中，生态环境部门忙于监督性监测、事故应急，而企业自身的环境监测、信息公开、风险防范却仍显薄弱。应研究设计企业信息公开、风险评估与损害鉴定、污染责任追究、企业排放自行监测、公众监督、企业周边人群健康风险控制等相关制度建设，推进相关环境法律法规制定，以目标为导向，进一步细化管理要求，推进企业的主体责任落实。

以砷为例，由表 1.4 可见，目前我国已制定砷大气排放浓度限值的行业主要分为 3 类，即有色金属工业、生产及使用砷化合物的化学工业，以及焚烧炉窑。有色金属工业包括原生铜、镍、钴、锡、锑工业及再生铅、铜、铝、锌工业，砷大气排放质量浓度限值为 0.4～0.5 mg/m³。其中原生铜、镍、钴工业及再生铅、铜、铝、锌工业的砷大气排放质量浓度限值为 0.4 mg/m³，与德国铜冶炼工业一致，是爱尔兰有色金属工业的 8 倍；锡、锑工业砷大气排放质量浓度限值为 0.5 mg/m³，与世界银行有色金属工业一致，是爱尔兰有色金属工业的 10 倍。

表 1.4   国内外各类大气固定污染源执行的砷排放质量浓度限值

序号	国家/组织	控制的固定污染源	排放质量浓度限值/(mg/m³)
1	中国	无机化学工业	0.5
2	中国	含砷电子玻璃工业	0.5
3	中国	铜、镍、钴工业	0.4
4	中国	锡、锑工业	0.5
5	中国	再生铅、铜、铝、锌工业	0.4
6	中国	协同处置固体废物水泥窑	1.0
7	中国	危险废物焚烧炉	1.0
8	中国	生活垃圾焚烧炉	1.0
9	欧盟	含砷玻璃和矿棉业	0.2
10	欧盟	非砷玻璃和矿棉业	1.0
11	欧盟	协同处置固体废物水泥窑	0.5
12	欧盟	垃圾焚烧炉	0.5
13	欧盟	煤/褐煤协同处置固体废物火电厂	0.5

序号	国家/组织	控制的固定污染源	排放质量浓度限值/(mg/m³)
14	欧盟	整体煤气联合循环火电厂（≥100 MW）	0.025
15	德国	垃圾焚烧炉	0.5
16	德国	含砷玻璃工业	0.7
17	德国	非砷玻璃工业	0.5
18	德国	铜冶炼厂阳极炉	0.4
19	德国	铜冶炼厂其他工序	0.15
20	德国	其他涉砷工业	0.05
21	爱尔兰	有色金属工业	0.05
22	奥地利	含铅玻璃工业	0.5
23	奥地利	非铅玻璃工业	0.1
24	世界银行	药品与生物技术制造业	0.05
25	世界银行	水泥工业	0.5
26	世界银行	玻璃制造业	1.0
27	世界银行	镍、铜、铅、锌及铝工业	0.5
28	世界银行	半导体和其他电子产品制造业	0.5
29	美国	危险废物焚烧	0.097
30	美国	协同处置固体废物水泥窑	0.054

我国生产和使用无机砷及其化合物作为原料的无机化学工业和含砷玻璃工业的砷大气排放质量浓度限值均为 0.5 mg/m³。其中含砷电子玻璃工业的砷大气排放浓度限值与德国非砷玻璃工业、奥地利含铅玻璃工业的大气砷限值一致，是奥地利非铅玻璃工业的 5 倍、欧盟含砷玻璃和矿棉业的 2.5 倍、欧盟非砷玻璃和矿棉业的 50%、世界银行玻璃制造业的 50%。

汞污染的源头多与工厂末端排放有关。政府部门近年来加大对此类污染的治理力度，投入巨资进行设备更新，并关闭相关工厂的排污口，旨在最大幅度地减小汞污染给人类和环境带来的双重危害。我国主要的大气汞排放源是燃煤、有色金属冶炼、钢铁和水泥生产等工业行业。有色金属冶炼过程的汞排放与各种矿产的汞含量及冶炼工艺有很大的关系，当冶炼工艺采用高效的烟气处理设施和制酸工艺时，冶炼过程汞排放会大幅减少。但目前除部分大型冶炼厂外，众多小型冶炼厂并没有相应的设施，且汞排放因子很大，使得有色冶炼成为我国最大的汞排放源。降低冶炼矿的汞含量、选择适当的冶炼工艺、安装有效的烟气处理设施，是我国有色金属冶炼汞减排的重要发展方向。工业锅炉通常只安装了对汞协同脱除效率较低的除尘装置，致使工业锅炉成为燃煤汞排放的最大污染源，占燃煤汞排放总量的 55.6%，有很大的减排空间。优化现有除尘装置或增加除汞设施，并加强对工业锅炉的控制，是降低工业汞排放的有效措施。

虽然我国关于汞污染及其防治工作的研究起步较晚，但近年来在限制汞排放和消费的全球大环境下，我国积极推动汞减排工作，先后出台了一系列政策，如表 1.5 所示。《国务院办公厅转发环境保护部等部门关于加强重金属污染防治工作的指导意见的通知》将汞污染防治列为工作重点。《国务院办公厅转发环境保护部等部门关于推进大气污染联防联控工作改善区域空气质量的指导意见的通知》明确提出建设火电厂汞污染控制示范工程。2011 年国务院批复了《重金属污染综合防治"十二五"规划》，将汞列入 5 种主要重金属之一，纳入总量控制的范畴。《2011 年全国污染防治工作要点》（环办〔2011〕46 号）提出开展全国汞污染排放源调查，对典型区域和重点行业汞污染源进行监测评估，组织开展燃煤电厂大气汞污染控制试点。《火电厂大气污染物排放标准》（GB 13223—2011）对燃煤电厂汞及其化合物排放浓度限值提出明确的要求。2012 年国务院批复的《重点区域大气污染防治"十二五"规划》提出要深入开展燃煤电厂大气汞排放控制试点工作，积极推进汞排放协同控制；实施有色金属行业烟气除汞技术示范工程；开发水泥生产和废物焚烧等行业大气汞排放控制技术；编制燃煤、有色金属、水泥、废物焚烧、钢铁、石油天然气工业、汞矿开采等重点行业大气汞排放清单，研究制定控制对策。

表 1.5 大气污染物中汞及其化合物的排放标准

标准	生产类别	排放质量浓度限值/(mg/m^3)		
		现有企业		新建企业
《锅炉大气污染物排放标准》（GB 13271—2014）	燃煤锅炉	0.05（2015 年 10 月 1 日起）		0.05（2013 年 10 月 1 日起）
《火电厂大气污染物排放标准》（GB 13223—2011）	燃煤锅炉	0.03（2015 年 1 月 1 日起）		0.03（2015 年 1 月 1 日起）
《铅、锌工业污染物排放标准》（GB 25466—2010）	铅、锌冶炼	1.0（2011 年）	0.05（2012 年 1 月 1 日起）	0.05（2010 年 1 月 1 日起）
《水泥工业大气污染物排放标准》（GB 4915—2013）	水泥生产	0.05（2015 年 7 月 1 日起）		0.05（2014 年 3 月 1 日起）

针对我国面临的汞污染治理问题，专家学者就我国可以采取的汞减排重点措施提出了建议，包括：限制汞的供应和贸易、制定燃煤锅炉排放标准、严格执行有色金属行业的排放标准、制定发布垃圾焚烧及水泥生产的汞排放标准等（谭玉菲 等，2021）。

旨在全球范围内控制和减少汞排放的国际公约《关于汞的水俣公约》在日本签署，我国成为缔约国之一。为提高对汞污染问题的认识，从而积极探索合理化的解决措施，国际环保组织自然资源保护协会与北京地球村环境教育中心在京举办了"《关于汞的水俣公约》及中国汞污染治理"研讨会。《关于汞的水俣公约》对汞的使用和排放做出了明确的限制，并确立了减排时间表。作为公约缔约国，我国势必将面临诸多挑战，现行政策、法规体系不完善，涉汞标准较为陈旧，难以满足管理和履约需求。目前，我国已将汞列为重点管控的重金属之一，2015 年 12 月 24 日，环境保护部发布了《汞污染防治技术政策》等 5 份指导性文件的公告，该技术政策为涉汞行业实施环境管理和企业污染防治工作提供指导依据。

我国重金属污染治理着力点仍在生产与排污阶段的污染控制，应强化政策体制研究，推动全生命周期污染防治。我国涉重企业污染控制仍基本处于企业生产与末端治理阶段，而欧盟通过各类政策体制建设已将污染控制延伸到整个产品的生命周期（如生产者责任延伸制度），我国也应开展全过程防控管理体系建设研究，分别提出重点涉重行业减排技术路线。

参 考 文 献

安桂荣, 林琳, 2012. 重金属污染防治法律问题的思考. 北方经贸(2): 52-53.

狄一安, 杨勇杰, 肖臣, 等, 2013. 我国重金属环境标准发展对策. 环境与可持续发展, 38(6): 34-37.

谭玉菲, 郭敏, 徐舒, 等, 2021. 砷大气环境保护标准限值研究. 环境污染与防治, 43(1): 126-131.

王小琨, 2021. 浅析土壤重金属污染及其防治措施. 资源节约与环保(9): 36-37.

王宗爽, 武婷, 车飞, 等, 2010. 中外环境空气质量标准比较. 环境科学研究, 23(3): 253-260.

吴丹, 张世秋, 2007. 国外汞污染防治措施与管理手段评述. 环境保护, 35(10): 72-76.

第 2 章　重金属的排放及迁移转化

2.1　重金属的排放源

2.1.1　汞的排放源

汞的排放源可以分为自然排放源和人为排放源，其中自然排放源主要包括壳幔物质的释放、自然水体的释放、土壤的释放、火山排气作用、植物表面的蒸腾作用、森林火灾和地热活动等。汞的人为排放源主要来自小规模金矿开采、燃煤行业、有色金属冶炼行业、钢铁生产行业、水泥生产行业等。我国主要的大气汞排放源为燃煤、有色金属冶炼、钢铁生产和水泥生产。

表 2.1 统计了我国人为源汞排放量的相关研究结果。Wu 等（2006）计算了我国历年来人为源汞排放的历史数据，结果表明 1995～2003 年我国人为源汞排放量以年平均增长率 2.9% 的速度递增，2003 年排放量已经达到（696±307）t，其中有色金属冶炼行业和燃煤行业的汞排放量分别占 46% 和 37%。蒋靖坤等（2005）提出了一种详细的燃煤行业的排放清单，根据燃煤种类、锅炉类型、污染物控制技术将我国燃煤行业汞排放分为 65 类，用两组不同的煤中汞含量数据估算出 2000 年我国燃煤行业的汞排放量分别为 162 t 和 220 t。Wang 等（2014）建立了一种概率排放因子模型，并且估算了我国 2010 年燃煤汞排放量为 254 t，其中工业锅炉、燃煤电厂和住宅锅炉分别占排放量的 47%、39% 和 8%。操淑珍（2015）计算了 2000～2015 年我国各行业大气汞排放量及各行业排放量（图 2.1），结果表明，2015 年，我国各行业大气汞总排放量为 471.5 t，重点汞排放行业包括燃煤行业、水泥行业、有色金属冶炼行业、钢铁行业、垃圾焚烧行业等。

表 2.1　我国人为源汞排放量的相关研究结果

年份	排放源	污染物/t	不确定性	参考文献
1999	人为源	536	±44%	Streets 等（2005）
2000	人为源	605	—	Pacyna 等（2006）
2003	人为源	696	±44%	Wu 等（2006）
2005	人为源	825	±40%	Pacyna 等（2006）
2007	人为源	609	±30%	Pirrone 等（2010）
1994	煤燃烧	296	—	冯新斌等（1996）
1995	煤燃烧	214	—	王起超等（1999）
2000	煤燃烧	162～220	—	蒋靖坤等（2005）
2007	煤燃烧	306	—	Tian 等（2010）

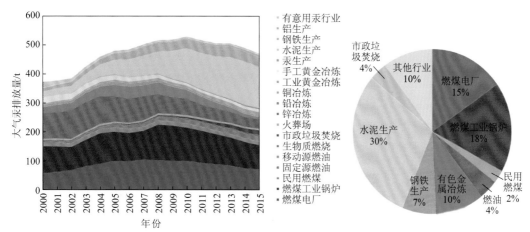

图 2.1　2000～2015 年我国各行业大气汞排放量及各行业汞排放量占比（2015 年）

燃煤汞排放主要受到两方面因素的影响：煤中汞含量及燃煤烟气污染物控制设备对汞的去除效果。燃煤锅炉普遍安装了污染物控制设备，对汞排放起到了一定的减排作用，各设备对汞排放的减排作用将在后续进行详细介绍。由上述报道可见，燃煤行业汞排放是我国大气汞排放重要来源，减少燃煤烟气汞排放对我国整体汞排放控制工作具有重大意义。

表 2.2 总结了我国部分省份煤中汞含量信息，Zhang 等（2012）对我国不同省份的煤中汞含量进行了考察，结果表明：重庆煤炭中的汞含量最高，而黑龙江和新疆煤炭中的汞含量最低。总的来看，西南地区煤炭中汞的含量明显高于其他地区，原因可能是贵州东北部有密集的汞矿山。

表 2.2　不同研究中我国部分地区煤中汞质量分数　　　　　（单位：mg/kg）

省份	汞质量分数	
	USGS 研究	Zhang 等（2012）研究
安徽	0.194	0.204
重庆	0.147	0.411
甘肃	0.047	0.183
贵州	0.200	0.213
河北	0.141	0.172
黑龙江	0.062	0.032
河南	0.208	0.135
内蒙古	0.163	0.180
江苏	0.345	0.178
辽宁	0.186	0.104
陕西	0.142	0.248
山东	0.131	0.163

省份	汞质量分数	
	USGS 研究	Zhang 等（2012）研究
四川	0.090	0.335
新疆	0.032	0.023
云南	0.142	0.076

注：USGS 为美国地质调查局（U.S. Geological Survey）

对于我国的燃煤，Wang 等（2000）用 0.22 mg/kg 作为均值；也有其他研究认为均值为 0.16 mg/kg（张军营 等，1999）；USGS 分析了我国各个省份的 305 个煤样，结果表明煤中汞质量分数的平均值为 0.16 mg/kg；Zheng 等（2007）总结分析其他文献报道的 1 699 个煤样的结果，认为我国燃煤汞质量分数平均为 0.19 mg/kg；Wang 等（2014）的研究结果认为该平均值为 0.17 mg/kg。

2.1.2 铅的排放源

铅的人为排放是当今环境铅污染的主要原因，主要包括燃煤、燃油、有色金属冶炼、钢铁加工制造、铅的应用工业及垃圾焚烧等。随着工农业的快速发展，我国大气、水体和土壤等环境中均出现了不同程度的铅污染。王春梅等（2003）研究发现沈阳市区 2001 年大气铅质量浓度为 0.345～5.330 μg/m^3，平均为 1.877 μg/m^3，高于《环境空气质量标准》（GB 3095—1996）规定的年平均质量浓度 1.0 μg/m^3，也高于世界卫生组织的 0.5～1.0 μg/m^3 的限值。

陈建等（2018）通过监测 2016 年 7 月～2017 年 3 月湘江长沙段各断面重金属浓度发现某镇断面铅的总体含量高于其他断面，出现最高值为 2.45 μg/L，可能与其周边大量有色金属冶炼工业有关。大量铅排放可能会对我国生态健康产生较大的安全风险（李娜 等，2021）。煤炭是我国最主要的能源，也是铅的第一排放源，2017 年我国煤炭总消耗量达 44.9 亿 t。国内煤炭平均铅含量约为 23.32 pg/g，燃煤过程中温度达 1 100 ℃时煤中铅几乎可全部挥发为气态，一部分附着在煤炭残渣，一部分富集于烟尘飞灰，且飞灰中富集的倾向更大。有色金属冶炼是当前仅次于燃煤的第二大排放源，2010 年该行业大气铅排放量超过 10 000 t，占总排放量的 34.8%。与燃煤和冶金相比，IT 制造、铅酸电池（lead-acid battery，LAB）等涉铅行业铅总排放量较低，但据统计 2004～2012 年我国共发生了 50 例严重的血铅中毒事件，其中 23 例与 LAB 制造（17 例）和 LAB 回收（6 例）有关，2011 年我国开展一系列环保专项行动整治 LAB 行业，2014 年，行业铅排放量由 2010 年的 281 t 降至 114 t。以我国为例，经估算 1953～2005 年仅燃煤排放的大气铅总量高达约 38 688 t，燃油排放量达约 200 000 t，这些铅以废弃物、污水、大气沉降等多种途径进入土壤，造成严重污染（赵博 等，2021）。

大气中铅的来源可分为自然源、人为源两大类。自然源是指通过一些自然现象释放到大气中的铅，主要包括火山喷发、矿物粉尘、森林火灾及海盐气溶胶等，自然源代表了环境中铅的天然本底，其对环境中铅污染的贡献量仅是人为排放的 10%（陈世川，

2020）。

大气中的铅 80%来自汽车的尾气，因而在城市交通繁忙的中心地带，大气含铅量是农村地区的 60～300 倍（杨金燕 等，2005）。截至 2020 年 6 月，我国汽车保有量已达 2.7 亿辆，一辆汽车平均一年排放 2.5 kg 铅。汽油中铅含量与不同时代国家规定的铅排放标准有关。我国的燃油品质经历了几个升级阶段：车用汽油方面，最初为 1993 年 GB 484—1993 的车用含铅汽油，1999 年升级为 GB 17930—1999 的车用无铅汽油，随后分别在 2006 年、2010 年升级为国 II、国 III（GB 17930—2006），国 IV 阶段（GB 17930—2011）和国 V 阶段（GB 17930—2013）的车用汽油则分别在 2011 年和 2013 年完成了标准的制定。柴油方面，1993 年开始实施 GB 252—1994 车用轻柴油标准，之后分别在 2002 年和 2010 年通过了 GB 252—2000 和 GB 19247—2009 的国 II 和国 III 阶段标准，2013 年完成了车用柴油国 IV 标准 GB 19147—2013 的制定。

生活垃圾是目前大部分城市面临的严重问题，废物处置压力越来越大，很多城市倾向焚烧处理，垃圾焚烧电厂的建设也进入高速发展期。生活垃圾成分复杂且部分垃圾（塑料、电池、电子废弃物等）重金属含量高，导致大气排放物中铅含量较高，因此垃圾焚烧也是十分重要的大气铅污染源（范佳明，2019）。

Cheng 等（2015）通过建立排放清单的方法估算了 2000～2010 年我国大气铅的排放量，研究发现 2010 年我国大气铅总排放量约为 29 272.14 t，其中河北省排放量最大，煤燃烧是铅排放的主要来源，有色金属冶炼（特别是铅冶炼）也是其重要排放来源。Sha 等（2019）对广东省 2014 年大气铅排放进行了评估，发现其排放主要来自电池生产（42%）、钢铁工业（21%）和汽油燃烧（17%）。另外，也有大量研究围绕某一工业评估了各生产过程对大气铅的贡献。在废水铅排放方面，Wu 等（2018）根据第一次污染源普查报告，在随机模拟因子概率分布的基础上核算了废水铅排放量，研究发现 2010 年我国水体铅排放量约为 318.17 t，化学原料生产、冶炼和采矿是排放的主要来源。在固废方面，目前多数文献通过物质流分析法对进入固废的铅进行计算。目前对于铅排放溯源研究主要集中在大气方面，对于废水、固废铅研究相对较薄弱，而且在排放行业调查方面，各研究调查的行业及排放因子有所不同，总共仅 8 个行业，从而导致当前环境铅人为排放源仍然不明确，给污染源头治理带来很大难度。

土壤的含铅量与成土母质有关，据资料统计，天然土壤中铅的质量分数为 5～25 mg/kg，岩浆岩、沉积岩等含铅量在 10～50 mg/kg，平均值为 16 mg/kg。岩浆岩的含铅量一般高于沉积岩和变质岩，发育于冰川雪原沉积物、深度埋藏黄土等成土母质的土壤含铅量较高，古河流沉积物中的含铅量要比现代河流活性沉积物高，原有含铅矿经风化形成的土壤、岩石等含铅量高（陈世川，2020）。人类活动、采矿、金属冶炼等活动通过各种途径将重金属释放到大气中，然后通过大气沉降使这些含重金属的污染物最终沉积在土壤中。其中大部分重金属会沉积在土壤表层的位置，对耕层土壤造成污染（赵多勇，2012）。其中，大量工矿企业排污不达标，废弃物胡乱排放、堆积，部分工矿企业开采矿山、提炼矿石、含铅尾矿渣随意堆砌或回填，油漆厂、冶炼厂、钢铁厂、电镀厂的废水、废气、废渣等排放至外界，这部分废弃物未经处理或处理不完全。农业领域大量使用农药、化学肥料和塑料薄膜，一些农药中含有铅等重金属元素，重金属元素也是肥料中含量较高的污染物质；氮肥和磷肥中含有较多的有害重金属元素，施用这些含有铅等重金属元素的农药和化肥，会导致土壤中铅等重金属含量超标；塑料薄膜使用的热稳定剂中含铅，大量使用塑料薄膜盖大棚和铺地膜，甚至随意丢弃都会造成土壤铅污染。大量的城市垃圾、生活垃圾、固体废物特别是废旧电池等堆积于土地上，浸出液含铅等各种重金属元素，渗透入土壤中，导致土壤中重金属的含量显著升高（陈世川，2020）。

空气中的铅主要通过远、近程传输沉降进入土壤，城市土壤铅污染具有来源多、差异性大及对人体潜在危害大等特点（王云，1995）。人为输入主要包括城市交通运输、生活垃圾堆放及工业固废排放等人为活动引起的土壤铅污染。城市交通运输是城市土壤铅污染的另一个重要来源，汽车尾气排放、轮胎添加剂中的铅元素均可影响土壤中铅的含量，且铅元素的积累量与交通流量有着密切关系。此外，城市生活垃圾与工业废弃物的堆放及填埋对其附近城市土壤中铅的含量与化学形态特征有着明显的影响，相关研究结果显示城市附近土壤中铅元素的含量与形态分布特征与垃圾中的铅含量及其有效态含量呈明显的正相关（程新伟，2011）。

2.1.3 砷的排放源

砷（As）是一种有毒的金属元素，在化学元素周期表中位于第 4 周期、第 VA 族，原子序数为 33。As 属于变价元素，价态有 0、−3、+3、+5 价，在常见化合物中以 +3 和 +5 价态存在。自然界中单质砷很少，砷多以无机化合物的形式广泛存在于矿物、土壤和水中，常见的含砷矿物有雄黄（AsS）、雌黄（As_2S_3）和毒砂（FeAsS）等，其中雌黄俗称砒霜，具有很强的毒性。

砷在自然界中广泛存在，据统计，按照各种元素在不同体系中的含量排名，砷在地壳中的含量居第二十位，在海水中的含量居第十四位，在人体中的含量居第十二位。砷是地壳的组成成分之一，据报道海水中总砷的质量浓度一般为 1～2 μg/L，全球自然土壤中砷的平均质量分数并不高，在 0.1～9.0 μg/g。我国自然土壤中砷的平均质量分数约为 9.2 μg/g。20 世纪 50 年代以来，我国砷矿的开采日益扩大，砷化物广泛应用于工业、农业、畜牧业、医药卫生及食品加工等行业。砷和含砷金属的开采、冶炼，用砷或砷化物作为原材料生产玻璃、颜料、药物、纸张及煤的燃烧过程中都会产生含砷的废水、废气和废渣，从而造成对环境的污染（赵维梅，2010）。

2000～2008 年我国燃煤排放大气砷、铅 93 733 t，2004～2008 年有色冶炼业排放大气砷、铅 18 836 t，各省份中山西、河北、河南和湖南的排放量位居全国前列。燃煤排放中电力行业排放是主要来源，约占燃煤排放的 50%，有色冶炼铅排放则主要集中在河南、湖南等地，这与我国有色冶炼行业布局关系密切（吴文俊 等，2011）。

近年来的调查研究发现，在工业领域，砷经常以伴随元素存在于多种重金属矿中，因此在这些重金属矿的开采区与冶炼厂周边地区易出现土壤砷污染，受工业污染的沉积物和土壤的砷含量比自然条件下沉积物和土壤的本底值高几个数量级，达到数千甚至上万 mg/kg。安礼航等（2020）研究发现在湖南某地的雄黄矿区周边农田中砷的质量分数高达 300 mg/kg，而在湖南某地、甘肃某地，部分冶炼厂周边土壤中砷的质量分数也达到 50～100 mg/kg，均超过了国家土壤环境质量标准数倍之多。据统计，1981～1985 年，我国因人类活动输入环境中的废气总量为 2.53×10^{13} m³，其中废气中的砷以干湿沉降形式进入农田。全国废水中砷的总排放量达到 6 295.18 t，废水平均含砷 0.07～0.16 mg/L，而在采矿或冶炼区周边，所排放的废水、废气中砷的含量更高，这些随工业"三废"排放到农田的砷，是导致农田砷超标的重要原因。在农业生产中，虽然没有发现砷超标，但是出现了不同程度的砷富集现象，农田中砷的来源有自然源和人类活动，且自然源相对单一、影响也较小，而人类活动则是加速农田中砷富集并可能引发污染的根本原因。与此同时，农田生态系统中砷的含量水平、分布特征、土壤地球化学特性也在很大程度上与所处的环境条件等密切相关（曾希柏 等，2014）。许多含砷的化合物如洛克沙胂等常被作为饲料添加剂用于养殖业中，经动物排泄物的农用，这些含砷化合物及其代谢产物被释放进入农田中。此外，在一些杀虫剂、消毒液、杀菌剂和除草剂中也常含有砷，尽管这类农用制剂已被禁止使用多年，但由于在个别地区长期使用，已导致砷在农田中的积累。曾希柏等（2014）对山东某地、湖南某地的农用化肥及有机肥中砷含量调查表明，由于大量施用含砷量高的有机肥及无机肥等，农田中砷的含量有逐年升高的趋势，且其升高趋势与有机肥及化肥中砷的含量、肥料投入量等密切相关。湖南某地大面积的水稻已遭受到砷污染，砷质量分数为 92～840 mg/kg，远远超出土壤中砷的背景值（纪冬丽 等，2016）。历史上将砷类农药施用于水果作物后，在果园土壤中检测砷质量分数高达 732 mg/kg。长期使用磷肥也会使土壤中富集砷。Edmunds 等在 1996 年最早提出了黄铁矿的氧化机制，认为造成地下水砷富集的原因是含砷黄铁矿被氧化，从而释放出了砷，造成富集；也有一些学者认为主要是磷酸根和碳酸氢根的竞争吸附作用导致的；还有学者认为，含水层中铁矿物的还原性溶解导致了吸附在其上的砷释放，造成了水砷污染。英国地质调查局对内蒙古自治区呼包盆地进行了详细而全面的水文地球化学调查，研究发现当地下水砷浓度升高时，其总铁量也随之升高，呈正相关关系，并且含水层中的砷主要与铁的氧化矿物结合在一起。因此认为造成地下水砷浓度升高的主要原因是还原环境下，伴随着铁氧化矿物的还原性溶解，砷的解吸作用（袁鹏，2016）。

全球砷矿资源探明储量的 70%集中在我国，据统计我国年产砷渣 50 万 t，已囤积的砷渣 200 万 t，但砷渣的无害化处理和综合利用率低，大量含砷尾矿库的闲置和任意堆放加快了砷释放到土壤中的速度，因此在采矿和冶炼活动密集的地区，土壤砷污染问题尤其突出。土壤中砷的含量水平、分布特征、砷的地球化学特性也在很大程度上与其所处的环境条件密切相关（安礼航 等，2020）。含砷硫化物岩石和氧化物岩石经风化和雨水冲蚀等过程释放可溶态砷是土壤砷的主要自然来源。土壤和沉积物是最重要的砷汇，地壳中平均丰度约为 1.5 mg/kg，全球土壤中砷质量分数为 5～15 mg/kg，平均值为 7.2 mg/kg。根据砷含量范围可将土壤沉积物和岩石分为三类：第一类在 5 mg/kg 以下，包括火成岩、变质岩、沉积岩中的砂岩及河床沉积物等；第二类在 5～15 mg/kg，包括典型泥质岩（板岩、千枚岩）、沉积岩、泥质沉积物、河流沉积物、海洋黏土、煤矿、泥炭和黏土等，较高的含量反映了这类物质中存在一定比例的硫化物矿物、氧化物和有机物；第三类在 20 mg/kg 以上，一般为硫铁氧化物，包括页岩、磷灰岩（400 mg/kg）、铁质地层和富铁沉积物等（安礼航 等，2020）。新疆某金矿尾矿中的砷质量分数高达 1 100 mg/kg，伊犁某金矿尾矿中砷质量分数在 1 000 mg/kg 以上，对当地的土壤和地下水造成严重威胁。广东某炼砷遗址，在 20 世纪 80 年代后期停产后，含砷 214%～518%的废渣尾砂堆存 2 147 万 t，占地 1 128 hm^2。莫昌珋等（2013）研究了湖南某锡矿山锑矿区的采矿区、冶炼区和尾矿区附近农用土壤砷污染状况，结果表明，这 3 个区域 8 个采样点的农用土壤中砷质量分数为 14.95～363.19 mg/kg，远高于湖南土壤中砷的背景值（纪冬丽 等，2016）。

矿物资源开发和工业废物排放（如冶炼和化石燃料燃烧产物）是土壤砷的主要人为来源。常见的矿物资源有含砷黄铁矿增生体（$Fe(S,As)_2$）、毒砂（$FeAsS$）、斜方砷铁矿（$FeAs_2$）、雄黄（AsS）、雌黄（As_2S_3）、辉砷钴矿（$CoAsS$）、红砷镍矿（$NiAs$）和臭葱石（$FeAsO_4 \cdot 2H_2O$），其中含砷量相对较高的是含砷黄铁矿增生体，其砷质量分数超过 100 g/kg（最高达 190 g/kg），含砷量最高的是硫化物和氧化物矿物（铁矿），其他常见的硫酸盐成岩矿物（碳酸盐和硅酸盐）、硅酸盐矿物（包括石英、长石、云母、闪石）和碳酸盐矿物中的砷含量往往较低（一般小于 5 mg/kg）。有色金属冶炼过程排废是最重要的砷污染源之一，全球该行业每年排放砷近 10 万 t，其中 90%左右的砷来自铜、铅、锌等有色金属冶炼行业（安礼航 等，2020）。

Bundschuh 等（2021）从拉丁美洲地区砷来源和砷迁移途径对砷污染进行概括，主要包括：①火山作用和地热作用。火山岩、流体（如气体）和火山灰，包括后者通过不同机制的大规模输送；地热流体及其开采，采矿和有关活动使金属矿床（大多为硫化矿）自然浸出和加速活化。②煤矿及其开采。③油气藏和开采过程中的采出水、溶质和沉积物通过河流流入海洋；④大气砷（尘埃和气溶胶）。⑤通过食用和非自愿摄入暴露。拉丁美洲人口环境中释放砷的两个最重要和公认的来源和机制是：①火山作用和地热作用；②采矿和有关活动，这些都强烈加速从地质源释放砷。

煤炭燃烧利用后，煤中砷向底渣、飞灰等产物和烟气中迁移，排放到大气中的砷主要以极细颗粒态/气溶胶形式存在，对人类健康危害更大。2010 年我国大气砷人为排放总量约为 4 196.31 t，其中因燃煤排放到大气的砷约占总砷排放量的 57%，远高于冶金、建材生产等其他排放源。由此可见，控制燃煤烟气中砷的排放对实现我国煤炭清洁高效利用意义重大（龚泓宇 等，2020）。

总体来说，砷的溶解释放包括三个必要条件：一级含砷矿物的存在；有利于一级含砷矿物转化为二级含砷矿物的发生条件；有利于二级含砷矿物溶解的条件。在自然环境下或人为因素作用下，这三个条件都可以得到满足（孙莹，2020）。

2.2 重金属在环境中的迁移转化

2.2.1 重金属在大气中的迁移转化

重金属在环境中的迁移转化如图 2.2 所示，大气重金属是向生态系统中输入与富集重金属的最重要的外源因子之一。大气传输和沉降是土壤、水体和植物外源重金属进入的主要途径，大气中的重金属在风力作用下，进行远、近程传输和迁移，通过自然沉降和雨水进入土壤和水体富集。植物通过大气扩散、土壤吸收和污水灌溉富集重金属。人体通过空气吸入、食用受污染的粮食和肉类、饮用受污染的水而受到重金属污染的影响（孟菁华 等，2017）。

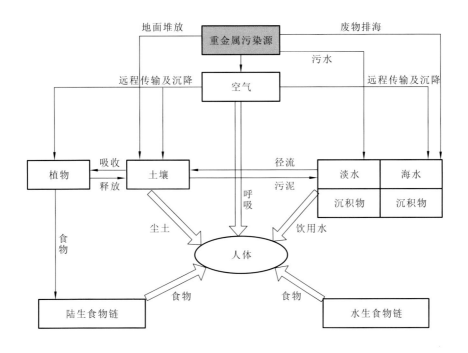

图 2.2　重金属在环境中的迁移转化

陈甫华等（1999）探讨了大气重金属在大气和天然湖水表面间的迁移，基于不同的大气重金属沉降速率，通过分析大气重金属向水体表层迁移的滞留时间和迁移浓度估算部分重金属的气-水迁移通量。吕玄文等（2015）研究指出大气颗粒物中 Cu、Pb、Zn 在不同的化学条件下能够产生明显的迁移变化，在模拟酸雨和湖水两种浸泡的条件下不同重金属的可交换态、铁锰氧化物结合态、有机物结合态、溶解态和残渣态的含量会发生明显的迁移改变，表明在不同的氧化还原条件下重金属的化学形态可发生转化。谢华林等（2002）也指出不同粒径的大气颗粒物中重金属的不同分布形态在环境中的交换迁移性较大，而且通过化学反应相互转化。在人口密集的城市地区，了解大气重金属含量和化学形态分布水源、转化情况有利于深入探讨大气重金属污染对城市、大气质量和生物的综合影响（胡星明 等，2008）。

重金属元素主要以颗粒物形态存在于大气中，如以固态、液态颗粒分散于大气中，形成交替体系。近年来一般对重金属的生物转化、转化效应、循环和毒理性进行研究，重金属元素可经生物转化成烷基衍生物，因其具有挥发性可在大气环境中检测出来。例如重金属的蒸气相问题，重金属元素与大气粉尘相结合达到很高富集水平，则可在远离污染区的地方被检测到。重金属元素经过物理、化学等反应后其性质发生了根本的改变，如甲基氯化汞（CH_3ClHg）是水俣病的致病因子，促进了环境化学领域对金属有机化合物的选择性分析和鉴别表征工作，主要是因为这类金属有机化合物呈现出比无机物更强的毒性。因此，大气中重金属问题从单一元素的研究向其化学状态的研究发展，而且已经对土壤和水质环境中重金属的形态分析做了很多工作，相比之下大气中重金属的状态分析研究仍需更多努力（黄娇，2016）。

大气颗粒物中 Cu、Pb、Zn 的总含量在模拟酸雨浸泡 24 h 后都会大幅降低。但 Cu、

Pb 可交换态的含量略有升高，而其他 4 种形态的总量减少；Zn 残渣态的含量相对升高，颗粒物中的 Zn 主要以残渣形态存在。在湖水浸泡 24 h 后大气颗粒物中 Cu、Pb 的总含量基本保持不变，而 Zn 的含量降低了。由于湖水中有机物、微生物等的作用，Cu 由残渣态向铁锰氧化物结合态和有机物结合态转化；颗粒物中 Pb 由可交换态转化为其他形态，颗粒物中的 Zn 大部分以溶解态转移到湖水中（吕玄文 等，2005）。

大气汞的形态中，活性较低，能够在大气中长时间停留并随大气在很大尺度上运输，其距离可以达到上千千米，这不仅使大气成为不同环境介质中汞迁移的重要渠道，也成为汞形态转化的场所之一，这种迁移和转化往往是全球大尺度上出现汞污染的重要原因。大气中以其他形态的汞活性较高，在大气中存在的时间往往只有几天到几周的时间，容易溶解在大气水中或者吸附在悬浮颗粒物表面，沉降速率高于 Hg^0，因而迁移能力相对较弱。当然，大气汞的各种形态在不断的转化之中，Hg^0 可以被大气中的氧化剂发生氧化反应，生成 Hg^{2+}，利于汞的沉降，同时又会被亚硫酸盐等还原成为 Hg^0。大气中汞的沉降形式分为干沉降和湿沉降两个过程，沉降的速率和沉降中汞的各种形态及含量受到大气环境的影响，例如在光照强度增加时，大气中的甲基汞容易发生光致还原反应而导致其浓度降低，低光照的多云多雾天气则有利于大气中甲基汞的形成。虽然大气中的活性汞含量很低，但是在干湿沉降的过程中扮演了主要角色，是沉降的主体，在汞的生物地球化学循环中扮演着重要的角色（宁彤，2012）。

2.2.2　重金属在水体中的迁移转化

重金属在水体中的迁移机理主要是依靠氧化还原电位或有机质在降解过程中的电子转移。沉积物-水界面在重金属迁移的过程中也可能扮演"汇源转换"的功能，以缓冲污染物在介质中的分配。张玉玺等（2012）在对云南阳宗海砷污染事件的调查中发现，阳宗海水中 As 的质量浓度在 2007 年 9 月～2008 年 10 月从 0～6 μg/L 急剧上升到 134 μg/L，而沉积物中的总 As 质量分数高达 54.9～193.3 mg/kg。但有意思的是，至 2009 年 9 月，沉积物中的 As 质量分数又降至 47.0 mg/kg 的平均水平。由此可见，沉积物-水界面在此间至少有一次 As "汇—源"的转化过程。除此之外，研究还发现，沉积物中总砷约 39.9% 的形态 As 具有可迁移性（王健康，2020）。

自然状态下，水体中汞浓度非常低，但同时水体中存在大量能够吸附或者与汞发生反应的物质，外来的汞进入水体后，即处于同水中各种物质相互作用的状态，一般情况下会较快地进入沉积物中，其主要迁移转化行为体现在以下方面：溶解态和悬浮状态的汞在水体中随着水流扩散，自然条件下呈现指数递减的浓度变化，同时进行的还有溶解态汞吸附于悬浮物及沉积物后向固相的转化过程；悬浮态的汞在重力作用下沉淀，与其他离子及物质结合、絮凝和沉降；水中生物的摄取、富集、生物甲基化等；表层水体中的汞与空气的交换过程。在水体中，生物对汞的迁移和转化起着重要的作用，例如沉积物中丰富的微生物都可以使汞甲基化，这使沉积物-水界面成为汞甲基化的主要场所并成为影响水体汞污染程度的重要因素。此外，食物链对汞的积累和放大作用十分明显，这使得水中的甲基汞不断地被水生生物所摄取，且生物在食物链中的营养级越高，体内汞含量就越高（宁彤，2012）。

汞在河口和近岸海域的迁移转化如图 2.3 所示，可以看出，汞在河口环境中的迁移转化主要发生在浅表层沉积物中，其迁移转化过程非常复杂，涉及生物地球化学过程和地球化学过程，包括甲基化、去甲基化、生物吸收和颗粒物表面吸附作用等。目前，汞在河口—近岸海域中迁移转化的研究主要集中在以下两个方面：一方面是甲基汞在河口—近海环境中的循环，其焦点主要集中在汞甲基化的影响因子方面，包括温度、盐度、pH、有机质和硫酸盐还原菌（sulfate-reducing bacteria，SRB）等；另一方面是在陆海相互作用过程中，汞在水体、颗粒物、沉积物及沉积物-水界面中的分配、控制因素及其环境效应。随着理化条件及汞浓度的变化，汞和甲基汞可在固-液界面及水体-悬浮颗粒物界面产生不同的分配模式（张怀静，2015）。

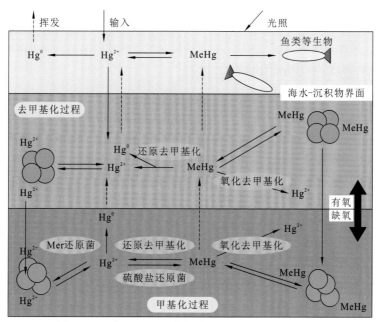

图 2.3　汞在河口和近岸海域的迁移转化过程示意图

MeHg 为甲基汞，箭头代表生物地球化学和地球化学过程，包括甲基化、去甲基化、生物的吸收和颗粒物表面的吸附等过程

水环境中重金属的来源主要有工业生产、农业种植、城市交通、垃圾处理及高背景值的岩石或土壤等。如图 2.4 所示，当其进入大气、水体和土壤之后，在降雨、径流的作用下部分重金属进入河流，最终在水库的沉积物中蓄积。沉积物在充当重金属污染汇的同时，当其所处的环境参数（如 pH、溶解氧、氧化还原电位等）发生变化时，重金属会从沉积物向上覆水体释放，造成水体的污染，继而危害水生生物甚至人类的健康。

水库系统中重金属的迁移转化影响因素众多，涉及水文和环境两个学科。目前从环境化学的角度对湖泊和水库重金属循环的研究较多，揭示了重金属在沉积物和水体迁移转化的机理。水库的水文特征如水位、流量、含沙量等直接影响库区的沉积物颗粒和重金属等污染物质的分布，并通过改变沉积物所处的环境参数间接影响重金属在水库中的循环。因此，将水文特征和环境化学相结合研究水库不同区域沉积物中重金属的迁移转化过程，揭示重金属的沉积与释放机制，可以为水库的沉积物管理和安全供水提供技术支撑和保障（朱林，2019）。

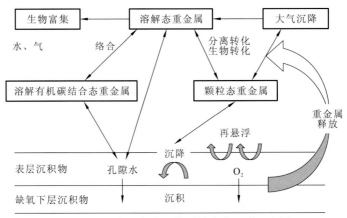

图 2.4　重金属在水环境系统中的迁移示意图

2.2.3　重金属在土壤中的迁移转化

汞在土壤中的积累、迁移和转化受制于所在土壤体系中的生物、物理过程和氧化还原、沉淀溶解、吸附解吸、络合螯合、酸碱反应等化学过程，而其在土壤的固-液界面上的行为取决于土壤固相中有机、无机组分对汞离子的吸附解吸特性。土壤中汞的输出途径主要为土-气界面、水-土界面、土壤植物系统中的迁移转化。土-气界面上汞通量已有大量相关研究：Magarelli 等（2005）研究了土壤汞释放通量，我国相关研究大多集中在汞矿带和汞矿区，王少锋（2006）选取贵州的典型汞矿，利用大量的现场监测与分析得出在汞矿区土壤是区域重要的大气汞来源，同时矿区也存在强烈的汞沉降，土壤的总汞含量、光照强度、降水、土壤湿度、大气汞含量及植被覆盖等是影响土-气界面汞交换的主要因素。土-水界面上，表层土壤中的汞会随着径流的搬运作用进入水体，虽然通过这种方式进入水体的汞较少，但却是自然条件下河流和湖泊沉积物中汞的重要来源。此外，在河流和湖泊的漫滩，尤其是在洪水作用下，河湖中的汞又有重新进入土壤的可能，因此水体沉积物土壤中汞的迁移是双向的。Wu 等（2010）也做过天津市郊土壤沉积物水体之间的汞迁移研究。国外也有大量的类似研究。土壤植物系统中汞迁移的相关研究也较多，植物可以通过根部直接从土壤和土壤溶液中吸收活性汞，根据实验测定，土壤和植物体中的汞含量呈现显著的正相关关系（宁彤，2012）。

重金属在土壤中的迁移转化过程受重金属化学性质、土壤的物化性质、土壤生物特性和所处环境条件等多种因素的综合影响，是多种迁移转化形式的错综结合，实际情况中其迁移方式可分为物理迁移、化学迁移、物理化学迁移和生物作用迁移。汞在土壤中的转化如图 2.5 所示。

汞在土壤中的存在形式包括单质汞、无机化合态汞和有机化合态汞，汞在土壤中的迁移转化方式较多，包括如下几个方面。①氧化-还原：土壤中的汞能够在 Hg、Hg^{2+} 和 Hg_2^{2+} 三价态形式间相互转化。通常来说，土壤中单质汞的含量极低，单质汞能够通过挥发过程进入大气环境，挥发速度随土壤温度的升高而加快。②土壤胶体对汞的吸附：土壤胶体能够通过表面吸附（物理吸附）和离子交换吸附作用使汞从土壤液相转移到土壤固相。③配合-螯合作用：OH^-、Cl^- 与汞形成的配合物具有较强的迁移转化能力，而土壤

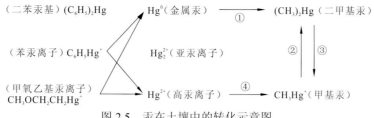

图 2.5　汞在土壤中的转化示意图

①为生物转化，②为酸性环境，③为碱性环境，④为化学转化

中的腐殖质能够通过整合和吸附作用将汞离子固定在表层土壤中。④甲基化作用：无机汞化物能够在厌氧细菌的作用下转化为迁移性和生物毒性较高的甲基汞（CH_3Hg^+）和二甲基汞（$(CH_3)_2Hg$），甲基汞是毒性最强的汞化物。在土壤中，铅主要以二价的形式（Pb^{2+}）存在，能够与各类硫酸盐、碳酸盐结合以溶解度较低的形态存在，同时，也易赋存于铁的氧化物和氯氧化物中，在土壤中，铅的迁移性较弱。难溶态的二价无机化合态铅如$Pb(OH)_2$、$PbCO_3$等是土壤铅的主要存在形式，因此铅的移动性和植物可吸收性都很低。通常，在 pH 相对较低的酸性土壤中，土壤溶液中的 H^+ 能够将铅从化合物中溶解出来，可溶性铅的含量略高。可溶性铅在环境中的迁移能力相对较强，且形态不稳定，易于向其他形态转化。可溶性铅是植物根系吸收的主要形式，同时植物还可以通过地上部分茎叶上的气孔吸收大气环境中的铅（谷超，2017）。

　　重金属元素在土壤中的迁移十分复杂，既可以进行水平方向上的迁移，又可以进行竖直方向上的迁移。同时，在物理、化学及生物的作用下又可以发生形态上的转化，进而更加容易从土壤中迁移至其他介质中，而土壤中重金属的迁移转化均会受到土壤溶液的影响。重金属在土壤溶液中迁移时，会发生形态的转化。因此，土壤中重金属元素的迁移及形态转化主要包括物理、化学、生物等转变过程（韩张雄 等，2017）。重金属在土壤中的迁移过程是这三种迁移方式共同作用的结果，迁移的复杂性导致汞在土壤中的迁移难以预测。

　　土壤中重金属的移动性主要是由土壤的吸附特性所控制，因而影响土壤吸附性质的因素如土壤的黏粒含量、有机质、碳酸盐含量及铁铝氧化物等性质也影响着重金属在土壤中的滞留能力和移动性。蒋建清等（1995）通过室内土柱实验研究模拟酸雨对草甸棕壤中重金属离子迁移的影响，结果表明，酸雨能促进重金属的迁移，随酸雨酸度的升高其促进作用也加强。Giusquiani 等（1998）研究发现可溶性有机碳可通过与重金属离子竞争吸附位点和与重金属离子形成可溶性络合物两种作用方式来降低土壤对重金属的吸附，增强重金属离子在土壤中的迁移性。Kookana 等（1998）研究了土壤溶液组成对 Cd^{2+} 迁移的影响，结果表明在溶液离子强度较低的条件下，稍微升高 Ca^{2+} 的浓度，Cd^{2+} 的迁移性就有显著的增强。Gove 等（2001）研究了恒定水流条件下砂土和砂壤土中重金属 Pb、Cu、Zn、Ni 的迁移情况，结果发现，土壤质地显著地影响着重金属离子的迁移能力；刘兆昌等（1990）在不同土质对重金属污染物迁移的影响研究中发现，重金属离子在砂土中迁移最快，在亚砂土中次之，在亚黏土中最慢。同一土壤中重金属的迁移速率也不相同，吴燕玉等（1998）在室内土柱实验的基础上研究得出，重金属的迁移能力大小顺序为 Cd>Cu>Pb；南忠仁等（2000）研究了干旱区耕地土壤中 Cd、Pb 的迁移情况，结果表明，Cd 在土壤中的迁移距离大于 Pb。

2.2.4　重金属在生物体中的迁移转化

生物迁移是指植物体通过根系吸收土壤中特定形态的重金属，并在其体内积累的过程。一方面，重金属有可能通过植物的富集作用进入食物链并最终进入人体，危害程度更为严重。另一方面，植物富集的重金属可能通过土壤中生物再次进入土壤，土壤将会受到重金属的二次污染。重金属在土壤环境中的总量和赋存形态、土壤环境条件、植物种类、重金属离子之间的相互作用是影响生物迁移的主要因素（李昌朕，2014）。

对于植物来说，微量摄入非必需元素铅即会产生毒害作用并显现中毒表征，如酶活性的扰乱及其他生理过程的变化等，过量的铅会影响小麦对氮、磷和钾等营养元素的吸收和积累。铅进入植物主要有两条路径：叶片吸附与吸收和根系吸收与转运。植物叶片能够吸收大气环境中的含铅气溶胶并累积在体内。叶片对铅的吸附是造成植物体内铅含量升高的一个重要原因，不同种类茶叶叶片表面吸附的铅占叶片总铅含量的 30%～50%。植物在生长过程中能通过根系吸收土壤中溶解态的金属阳离子，但植物根系的某些机体组织会作为屏障阻止非必需元素从植物根系向地上部分转运。刘玉萃等（1997）研究表明，在小麦生长过程中，根系所吸收的铅向茎叶迁移的量很小，同时，地上部分会随时间而逐渐积累铅元素，成熟期籽粒的铅质量分数为 6.48～8.96 mg/kg。西北某工业区农田小麦巧粒中铅含量的分析研究表明，当地小麦巧粒铅质量分数为 0.269～0.768 mg/kg（平均值为 0.430 mg/kg），高于我国限值 0.2 mg/kg（谷超，2017）。

城市是人类生活和生产活动的主要场所，通过对城市各环境因子中重金属含量及其迁移转化的分析可以发现，Pb、Cd、Cr、Hg 等重金属污染通过多种途径对城市居民的身体健康甚至生命构成十分严重的威胁。重金属可以通过食物、饮用水、呼吸等途径进入人体，部分富集在人体的各个器官中，部分通过新陈代谢等途径排出体外，如图 2.6 所示，铅可经过呼吸道、皮肤及消化道进入身体，其中主要通过空气和食品。其中部分通过粪便、头发、汗液排出体外，部分则寄存在骨髓和肝脏等，会引发器官代谢障碍、头痛、便秘、神经衰弱、贫血、动脉粥样硬化、肝炎等症状。对于 Hg、Cd、Cr 等重金属元素，食物是其主要来源，如英国的调查显示，一般人群从空气、水和食物中总摄入量为 78～106 μg/d，从食物中的摄入量占总摄入量的 93%～98%，水占 1.9%～7.0%，空

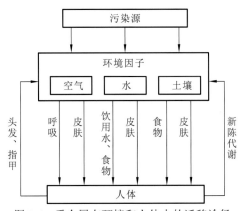

图 2.6　重金属在环境和人体中的迁移途径

属气的贡献很小。然而，在特殊情况下，如当空气或水中含汞量很高时，这些途径也可能成为汞的重要来源（曹斌 等，2008）。

陆地生态系统中植物还保持着由水生植物进化而来的叶面吸收能力，营养物质和污染物均可通过这一途径进入植物组织。Duan 等（2014）结合微区 X 射线荧光、扫描电镜及拉曼光谱等技术对暴露在铅回收厂附近 43 天的生菜叶面进行观察，发现铅不仅分布在叶表面，坏死组织、表皮下部和气孔均出现许多不同粒径大小的富铅颗粒。大气颗粒物中铅进入植物叶片主要有三条途径。一是通过叶面气孔进入，气孔可直接吸收粒径较小的颗粒物并扩散到质外体，该途径具有容量大和迁移速率快等特点。在豌豆幼苗叶片表面分别滴加 2 滴 10 μL 含纳米级铜颗粒（43 nm）和微米级铜颗粒（1.1 nm）悬浮液并保持周围空气湿润防止颗粒物聚集，7~9 天后观察到仅纳米级铜颗粒可通过气孔进入蚕豆叶。气孔与非气孔区域表皮特征也存在一定差异，Fich 等（2016）研究发现梨树叶片气孔表面无蜡质层覆盖且角质层极性较高，这更有利于污染物渗透。二是叶面亲水性途径，亲水性溶质可通过水孔进入表皮，水孔位于表皮细胞垂周壁和气孔保卫细胞边缘。该途径与相对湿度、颗粒溶解性、吸湿性有很大关系，当相对湿度达到溶解点，颗粒物中部分含铅化合物溶解形成饱和溶液在水孔发生渗透。三是亲脂性途径，含铅颗粒物首先被吸附在蜡质层，再经过角质层渗透到达表皮细胞。Setua 等（2010）认为角质层成熟度是影响重金属渗透的重要因素，当内化的颗粒物上方有机层厚度达 5 nm，即认为该过程是通过蜡质层、角质层的一种内化（范佳明，2019）。

郑伟男（2015）对重金属从土壤向谷物的迁移过程进行了一系列的研究，结果发现其是一个相对复杂的过程，重金属首先通过根系被植物体吸收，然后通过植物体液的运输作用分配到植物组织的各个器官中。植物幼苗的生长力十分旺盛，因此其对重金属的吸收能力也最强，如果对分蘖期的水稻进行重金属检测，则其一定是各个生长期含量最高的。因为植物根部周围的重金属含量很高，根部的吸收已经饱和，依据扩散的原理，重金属也会从高浓度的根部转移到浓度相对较低的根以上的其他部位。随着重金属向根以上器官的迁移，其在植物器官中的浓度不断下降，重金属随着植物的吸收作用被转移后，根周围的重金属含量逐渐降低，没有足够的重金属可以吸收，这就可以合理地解释为什么随着时间的推移，重金属在根部的含量会经历一个从高到低的过程。植物的茎部由于在幼苗期代谢十分旺盛，蓄积在根部的重金属迅速地上移，随着植物生长，重金属含量也达到一个最高峰，待植物结果以后，需要大量的养分不断地向果实输送，这样也就携带大量的重金属向上迁移，导致茎部的重金属含量有降低，但伴随植物不断长大，果实需要的养分足以满足其生长时，茎部的重金属有继续在茎部积累而呈现上升的趋势。这就可以合理地解释植物茎部的重金属含量变化为什么经历了几个阶段，但是由于根部是直接接触土壤的，根部的重金属含量始终高于其他部分。

重金属在沉积物中含量最高，其次是鳙鱼和浮游生物，水体中重金属含量最低。水体和沉积物作为浮游生物和鳙鱼接触的环境元素，是生物体中重金属的主要来源。浮游生物作为鱼类的主要食物来源，在重金属迁移至鱼体中起着至关重要的作用。通过比较水体、沉积物和浮游生物间的相关系数可知，浮游生物与水体的相关性比其与沉积物的相关性强，表明浮游生物中重金属的含量主要取决于水体，同时受到沉积物的影响。对比水体、沉积物、浮游生物和鳙鱼间重金属的相关性，可以发现 Cu 表现为水体与鳙鱼间、浮游生物与鳙鱼间显著相关，Cd 和 Pb 表现为沉积物与鳙鱼间显著相关，Zn 和 Hg 表现为浮游生物与鳙鱼间显著相关，Cr 和 As 表现为水体、沉积物、浮游生物和鳙鱼间都存在一定的相关性，但不显著。由此可推断，Cd 和 Pb 更倾向于从环境中迁移至鳙鱼，而 Zn 和 Hg 更倾向于从食物中迁移至鳙鱼。Mazej 等（2010）研究指出环境中的重金属主要通过鳃呼吸和体表接触的形式迁移进入鱼体，食物中的重金属通过在消化道内与蛋白结合，经由血液首先迁移进入肝脏，而后进入鱼肉组织。Cd 和 Pb 在食物链中随着营养级的升高而减少，极少从食物中吸收，Zn 易与蛋白结合，随血液运载至各组织中，Hg 极易以甲基化的形式与鱼肉中的蛋白结合。Vilhena 等（2013）也指出 Zn 和 Cu 易于从水生植物中迁移进入蟹中（陆维亚 等，2016）。

参 考 文 献

安礼航，刘敏超，张建强，等，2020. 土壤中砷的来源及迁移释放影响因素研究进展. 土壤，52(2): 234-246.

操淑珍，2021. 中国人为源大气汞排放清单优化及协同控制成效评估. 南京：南京大学.

曹斌，夏建新，2008. 城市重金属污染特征及其迁移转化浅析. 中央民族大学学报(自然科学版)，17(3): 40-44.

陈建，周俊驰，胡旷成，等，2018. 湘江长沙段重金属分布特征及污染评价. 湖南农业科学(3): 63-66.

陈甫华，杨克莲，刘伟，1999. 大气重金属在天然湖水表面微层的迁移研究. 南开大学学报(自然科学版)，32(1): 119-123.

陈世川，2020. 土壤中铅污染的危害与治理. 广西节能(4): 26-27.

程新伟，2011. 土壤铅污染研究进展. 地下水，33(1): 65-68.

范佳明，2019. 大气颗粒物中铅的污染特征及其在植物叶片中的迁移累积. 杭州：浙江大学.

冯新斌，洪业汤，1996. 中国燃煤向大气排放汞量的估算. 煤矿环境保护，10(3): 10-13, 24.

龚泓宇，胡红云，刘慧敏，等，2020. 燃煤过程中砷的迁移转化及控制技术综述. 中国电机工程学报，40(22): 7337-7351.

谷超，2017. 燃煤电厂周边环境中汞、铅分布特征及其迁移转化规律研究. 杭州：浙江大学.

韩张雄，万的军，胡建平，等，2017. 土壤中重金属元素的迁移转化规律及其影响因素. 矿产综合利用(6): 5-9.

胡星明，王丽平，毕建洪，2008. 城市大气重金属污染分析. 安徽农业科学，36(1): 302-303.

黄娇，2016. 珠三角地区大气重金属的污染特征与环境风险评价研究. 西安：长安大学.

纪冬丽，孟凡生，薛浩，等，2016. 国内外土壤砷污染及其修复技术现状与展望. 环境工程技术学报，6(1): 90-99.

蒋建清，吴燕玉，1995. 模拟酸雨对草甸棕壤中重金属迁移的影响. 中国科学院研究生院学报，12(2): 185-190.

蒋靖坤，郝吉明，吴烨，等，2005. 中国燃煤汞排放清单的初步建立. 环境科学，26(2): 34-39.

李昌朕，2014. 重金属离子铅在土壤中的纵向迁移规律研究. 淄博：山东理工大学.

李娜，杨兰芳，朱有为，等，2021. 1990-2018 年浙江省人为铅排放时空变化解析. 环境科学学报，41(10): 4288-4305.

刘玉萃, 李保华, 吴明作, 1997. 大气-土壤-小麦生态系统中铅的分布和迁移规律研究. 生态学报, 17(4): 418-425.

刘兆昌, 聂永丰, 张兰生, 等, 1990. 重金属污染物在下包气带饱水条件下迁移转化的研究. 环境科学学报, 10(2): 160-172.

陆维亚, 李节, 薛敏敏, 等, 2016. 重金属在浮游生物与鳙鱼中的蓄积和迁移规律. 食品与机械, 32(3): 96-100.

吕玄文, 陈春瑜, 黄如杕, 等, 2005. 大气颗粒物中重金属的形态分析与迁移. 华南理工大学学报(自然科学版), 33(1): 75-78.

孟菁华, 史学峰, 向怡, 等, 2017. 大气中重金属污染现状及来源研究. 环境科学与管理, 42(8): 51-53.

莫昌琍, 吴丰昌, 符志友, 等, 2013. 湖南锡矿山锑矿区农用土壤锑、砷及汞的污染状况初探. 矿物学报, 33(3): 344-350.

南忠仁, 李吉均, 2000. 干旱区耕作土壤中重金属镉铅镍剖面分布及行为研究: 以白银市区灰钙土为例. 干旱区研究, 17(4): 39-45.

宁彤, 2012. 巢湖流域土壤和河、湖沉积物汞的分布特征、成因及生态风险. 南京: 南京大学.

秦俊法, 2010. 中国燃油大气铅排放量估算. 广东微量元素科学, 17(10): 27-34.

仇广乐, 冯新斌, 王少锋, 等, 2006. 贵州万山汞矿区土壤汞污染现状的初步调查. 矿物岩石地球化学通报, 25(S1): 34-36.

孙莹, 2020. 砷污染国外研究进展对于我国的借鉴意义. 海河水利(5): 3-4, 10.

王春梅, 欧阳华, 王金达, 等, 2003. 沈阳市多介质环境铅污染研究. 中国环境科学, 23(4): 358-362.

王健康, 2020. 白洋淀典型重金属的沉积物-水界面过程及其迁移转化机制研究. 重庆: 重庆大学.

王起超, 沈文国, 麻壮伟, 1999. 中国燃煤汞排放量估算. 中国环境科学(4): 31-34.

王云, 魏复盛, 等, 1995. 土壤环境元素化学. 北京: 中国环境科学出版社.

魏大成, 2003. 环境中砷的来源. 国外医学(医学地理分册), 24(4): 173-175.

吴文俊, 蒋洪强, 2011. 大气砷铅污染排放模型及重点源排放特征研究. 杭州: 统筹优选与经济转型第十三届中国管理科学学术年会: 731-738.

吴燕玉, 王新, 梁仁禄, 等, 1998. Cd、Pb、Cu、Zn、As 复合污染在农田生态系统的迁移动态研究. 环境科学学报, 18(4): 407-412.

谢华林, 张萍, 贺惠, 等, 2002. 大气颗粒物中重金属元素在不同粒径上的形态分布. 环境工程, 20(6): 5, 55-57.

杨金燕, 杨肖娥, 何振立, 2005. 土壤中铅的来源及生物有效性. 土壤通报, 36(5): 765-772.

袁鹏, 2016. 内蒙古土默特左旗砷中毒区砷的来源与富集研究. 北京: 中国地质大学(北京).

曾希柏, 苏世鸣, 吴翠霞, 等, 2014. 农田土壤中砷的来源及调控研究与展望. 中国农业科技导报, 16(2): 85-91.

张怀静, 2015. 汞及部分重金属在长江口邻近海域中的迁移转化及其环境效应. 青岛: 中国海洋大学.

张军营, 任德贻, 许德伟, 等, 1999. 煤中汞及其对环境的影响. 环境科学进展(3): 100-104.

张玉玺, 孙继朝, 向小平, 等, 2010. 云南阳宗海湖底沉积物重金属分布与来源. 环境科学与技术, 33(12): 171-175.

赵博, 赵宇通, 蒋红丽, 2021. 土壤中铅污染的评价、赋存状态研究及示踪方法. 农技服务, 38(10): 67-73.

赵多勇, 2012. 工业区典型重金属来源及迁移途径研究. 北京: 中国农业科学院.

赵维梅, 2010. 环境中砷的来源及影响. 科技资讯(8): 146.

郑伟男, 2015. 土壤-玉米-肉鸡系统重金属迁移特性与风险评价. 长春: 吉林大学.

朱林, 2019. 水库沉积物中重金属的迁移与富集效应研究. 大连: 大连理工大学.

Bundschuh J, Schneider J, Alam M A, et al., 2021. Seven potential sources of arsenic pollution in Latin America and their environmental and health impacts. Science of the Total Environment, 780: 146274.

Cheng K, Wang Y, Tian H Z, et al., 2015. Atmospheric emission characteristics and control policies of five precedent-controlled toxic heavy metals from anthropogenic sources in China. Environmental Science & Technology, 49(2): 1206-1214.

Duan D C, Peng C, Xu C, et al., 2014. Lead phytoavailability change driven by its speciation transformation after the addition of tea polyphenols (TPs): Combined selective sequential extraction (SSE) and XANES analysis. Plant and Soil, 382(1): 103-115.

Edmunds W M, Smedley P L, 1996. Groundwater geochemistry and health: An overview. Geological Society, London, Special Publications, 113(1): 91-105.

Fich E A, Segerson N A, Rose J K C, 2016. The plant polyester cutin: Biosynthesis, structure, and biological roles. Annual Review of Plant Biology, 67: 207-233.

Giusquiani P L, Concezzi L, Businelli M, et al., 1998. Fate of pig sludge liquid fraction in calcareous soil: Agricultural and environmental implications. Journal of Environmental Quality, 27(2): 364-371.

Gove L, Cooke C M, Nicholson F A, et al., 2001. Movement of water and heavy metals (Zn, Cu, Pb and Ni) through sand and sandy loam amended with biosolids under steady-state hydrological conditions. Bioresource Technology, 78(2): 171-179.

Kookana R S, Naidu R, 1998. Effect of soil solution composition on cadmium transport through variable charge soils. Geoderma, 84(1-3): 235-248.

Li G L, Wang S X, Wu Q R, et al., 2019. Exploration of reaction mechanism between acid gases and elemental mercury on the CeO_2-WO_3/TiO_2 catalyst via in situ DRIFTS. Fuel, 239: 162-172.

Magarelli G, Fostier A, 2005. Influence of deforestation on the mercury air/soil exchange in the Negro River Basin, Amazon. Atmospheric Environment, 39(39): 7518-7528.

Mazej Z, Al Sayegh-Petkovšek S, Pokorny B, 2010. Heavy metal concentrations in food chain of lake velenjsko jezero, Slovenia: An artificial lake from mining. Archives of Environmental Contamination and Toxicology, 58(4): 998-1007.

Pacyna E G, Pacyna J M, Steenhuisen F, et al., 2006. Global anthropogenic mercury emission inventory for 2000. Atmospheric Environment, 40(22): 4048-4063.

Pirrone N, Cinnirella S, Feng X, et al., 2010. Global mercury emissions to the atmosphere from anthropogenic and natural sources. Atmospheric Chemistry and Physics, 10(13): 5951-5964.

Setua S, Menon D, Asok A, et al., 2010. Folate receptor targeted, rare-earth oxide nanocrystals for bi-modal fluorescence and magnetic imaging of cancer cells. Biomaterials, 31(4): 714-729.

Sha Q E, Lu M H, Huang Z J, et al., 2019. Anthropogenic atmospheric toxic metals emission inventory and its spatial characteristics in Guangdong Province, China. Science of the Total Environment, 670: 1146-1158.

Streets D G, Hao J M, Wu Y, et al., 2005. Anthropogenic mercury emissions in China. Atmospheric

Environment, 39(40): 7789-7806.

Tian H Z, Wang Y, Xue Z G , et al., 2010. Trend and characteristics of atmospheric emissions of Hg, As, and Se from coal combustion in China, 1980-2007. Atmospheric Chemistry and Physics, 10(23): 11905-11919.

Vilhena D A, Smith A B, 2013. Spatial bias in the marine fossil record. PLoS One, 8(10): e74470.

Wang Q C, Shen W G , Ma Z W, 2000. Estimation of mercury emission from coal combustion in China. Environmental Science & Technology, 34(13): 2711-2713.

Wang S X, Zhang L, Wang L, et al., 2014. A review of atmospheric mercury emissions, pollution and control in China. Frontiers of Environmental Science & Engineering, 8(5): 631-649.

Wu C F, Zhang L M, 2010. Heavy metal concentrations and their possible sources in paddy soils of a modern agricultural zone, southeastern China. Environmental Earth Sciences, 60(1): 45-56.

Wu W, Wang J, Yu Y, et al., 2018. Optimizing critical source control of five priority-regulatory trace elements from industrial wastewater in China: Implications for health management. Environmental Pollution, 235: 761-770.

Wu Y, Wang S X, Streets D G , et al., 2006. Trends in anthropogenic mercury emissions in China from 1995 to 2003. Environmental Science & Technology, 40(17): 5312-5318.

Zhang L, Wang S X, Meng Y, et al., 2012. Influence of mercury and chlorine content of coal on mercury emissions from coal-fired power plants in China. Environmental Science & Technology, 46(11): 6385-6392.

Zheng L G, Liu G J, Chou C L, 2007. The distribution, occurrence and environmental effect of mercury in Chinese coals. Science of the Total Environment, 384(1-3): 374-383.

第 3 章　烟气重金属的控制方法及原理

3.1　汞的控制方法及原理

在不同行业的生产过程中，由于采用原材料不同，生产工艺不同，所产生的工业烟气的成分及浓度也有很大的差异。对于我国最主要的汞排放工业源——燃煤行业和有色金属冶炼行业来说，其烟气组成、烟气量、汞浓度均存在明显的差异。因此，到目前为止，针对不同的烟气类型，在工业中通常采取 4 种方法来控制烟气中汞的排放：冷凝法、氧化法、吸收法和吸附法。

3.1.1　冷凝法

汞在常温下是唯一一种以液态形式存在于环境中的重金属，当环境中的温度发生变化时，汞的蒸气压会随着温度的变化而迅速变化。汞饱和蒸气压与温度的关系见表 3.1，当温度为 30℃时，汞的饱和蒸气压为 29.40 mg/m^3，当温度升高至 300℃时，汞的饱和蒸气压可达 1 390 000 mg/m^3，汞在 300℃时的饱和蒸气压相当于其在 30℃时的饱和蒸气压的 47 279 倍。而在有色金属冶炼的过程中，烟气在焙烧工艺段的温度可达到上千摄氏度，在此温度下，汞以气态形式存在于烟气中，冶炼烟气在进入下一级净化装置时需要将烟气调整到合适的温度以便于净化装置能够正常运行，因此，可以利用冷凝的方法来实现对汞的去除。

表 3.1　汞饱和蒸气压与温度的关系

温度/℃	蒸气压/(mg/m^3)	温度/℃	蒸气压/(mg/m^3)	温度/℃	蒸气压/(mg/m^3)
−10	0.74	30	29.40	100	2 360
0	2.18	40	62.60	200	118 000
10	5.88	50	126	300	1 390 000
20	13.20	70	453		

3.1.2　氧化法

氧化法脱汞是指通过添加氧化剂或利用催化氧化的方法来调控烟气中汞的形态，使 Hg^0 向更易于脱除的 Hg^{2+} 转化，进而通过湿法洗涤系统达到去除汞的目的。氧化法通常又分为直接（均相）氧化法和催化氧化法，均相氧化法就是通过直接添加氧化剂的方法实现汞的氧化，而催化氧化法是通过催化剂实现汞的催化氧化。

1. 均相氧化法

1）卤素氧化法

Senior 等（2000）报道零价汞在燃煤电厂高温燃烧区域中稳定存在，质量浓度为 $1\sim20\ \mu g/m^3$。零价汞主要和煤中的氯物种在气相中发生氧化反应，并通过空气预热器及烟气净化装置冷却烟气。然而，卤素氧化与煤种、煤中氯的含量及电厂锅炉的条件（如空燃比和温度）有关。热力学计算预测大约 700℃以下，汞开始发生氧化反应，等于或低于 450℃时，零价汞能完全被氧化，且在 450~700℃生成 HgCl。Sliger 等（1998）报道在 675℃ 800 mg/m^{3}HCl 存在时或 550℃ 80 mg/m^{3}HCl 存在时有 50%的汞转化为 HgCl。Frandsen 等（1994）研究也表明在 527~627℃时转化为氧化态的汞。

然而，研究结果表明，无论煤中 HCl 的含量高低，烟气中并不是所有的汞都能被氧化，说明汞的氧化与动力学有关，而不受热力学限制（Senior et al.，2000）。基于大量实验数据发现，零价汞的氧化效率随 HCl 的浓度升高而升高（Sliger et al.，2000；Hall et al.，1991），此外研究表明，因为 Hg+HCl——→HgCl+H 的反应能垒较高，汞不能被氯化氢直接氧化，但是可以通过由 HCl 产生的中间体来与零价汞反应。由于汞氧化与温度有关，高温下可以产生较多的中间体，中间体有可能是 Cl 自由基，因此，氧化反应第一步为 Hg 和 Cl 物种先发生反应生成中间产物 HgCl，此中间产物接着可能与 Cl、HCl 或 Cl$_2$ 反应生成 HgCl$_2$。

在气相中，汞和卤素原子能发生快速反应而被氧化，因此可以向烟气中添加卤素气体，提高氧化零价汞的效率（Auzmendi-Murua et al.，2014）。Cao 等（2007）研究表明利用卤素如溴、碘来去除烟气中的零价汞，发现汞的去除效率显著增强。燃煤烟气中的氯往往不足以生成较高水平的氧化态汞，因此，可适当添加一些卤素化合物，如氯盐或溴盐等，提升其氧化烟气中的 Hg^0 生成更多的 Hg^{2+}，从而促进下游烟气脱硫系统等对汞的吸收捕集。燃煤加溴技术即在燃煤过程中直接添加溴化物等含溴除汞促进剂进行氧化脱除烟气中 Hg^0，添加剂可喷洒于原煤中、注入锅炉中或在磨煤机上游以固态形式添加。美国电力研究院（Electric Power Research Institute，EPRI）在一项广泛的测试项目中对燃煤加溴促进汞氧化脱除技术进行了确认，在 14 个燃用低氯煤的燃煤机组进行的测试结果表明，煤中添加一定浓度（20~300 mg/kg）的溴化物，最高可生成 90%以上的 Hg^{2+}，进而有效减少燃煤烟气中汞的排放量。

然而，燃煤锅炉中卤素添加剂使用的同时也可能带来一些副作用，主要包括：卤素的添加对锅炉和管道等设备的腐蚀性、飞灰再利用的影响、脱硫石膏中汞的再释放及对烟气中其他组分排放特性的影响等。卤素添加剂的使用，尤其是溴的注入，在一定条件下可以有效减少燃煤烟气中汞的排放，但该方法需要确保不会给现有的生产工艺过程带来额外的负面影响。

2）臭氧氧化法

臭氧氧化法是一种高效、低成本的同时去除 Hg^0、NO$_x$ 和 SO$_2$ 的有效技术（严永桂 等，2020）。但在 NO 存在的情况下，Hg^0 的氧化效率降低，这可能是由于 O$_3$ 与 NO 之间的竞争反应抑制了臭氧对 Hg^0 的氧化反应。显然，仅通过臭氧注入去除 Hg^0 很难满足工业应用在这种情况下的要求。因此，要实现烟气中多种污染物的同时去除，就必须提高 Hg^0 氧化效率。Sun 等（2021）提出采用溴作为氧化促进剂以提高除汞效率。实验数据表明，在反应体系中引入 Br_2 可以显著提高 Hg^0 氧化效率。通过箱式模型计算表明，O 自由基激发了 Br 和 BrO 自由基的生成，而 Br 和 BrO 自由基是 NO 存在时 O_3 催化 Hg^0 氧化的关键因素。在全尺寸实验中，当溴离子浓度仅为 2.43 mg/m^3 时，O_3 浓度为 216 mg/m^3 的真实燃煤烟气汞脱除效率接近 90%。因此，在 NO_x 去除过程中引入溴有助于增强过量臭氧对汞的去除。

3）电催化氧化法

电催化氧化技术是提高 Hg^0 氧化效率的方法之一，将电作为催化剂，以氧气、臭氧等为氧化剂而进行氧化反应。该技术对烟气中 Hg^0 氧化过程可在较低的反应温度条件下进行，且具有较高的氧化效率，是一种很有发展空间的催化氧化技术。电催化氧化技术流程中烟气污染物气体成分在介质阻挡放电（dielectric barrier discharge，DBD）反应器中的氧化过程是整个处理过程的核心。DBD 是由绝缘介质插入高压放电空间的一种非平衡态气体放电，又称介质阻挡电晕放电或无声放电。DBD 通常的工作气压为 10～10 000 Pa，电源工作频率可在 50～1 000 000 Hz。在 DBD 的实际应用过程中，管线式的电极结构可应用于各种化学反应器的实验过程中，而工业中主要采用的是平板式电极结构。电催化氧化污染物联合处理原理包括：首先，烟气流中的飞灰在经过静电除尘器（electrostatic precipitator，ESP）系统后大部分被捕捉；然后，在 ESP 之后设置一个介质阻挡放电反应器，该反应器可以把烟气中的气态污染物成分高度氧化（NO_x 被氧化成 HNO_3，SO_2 被氧化成 H_2SO_4，汞被氧化成 HgO 等）；最后，这些氧化产物可通过湿式静电除尘器等大气污染物控制设备协同吸收去除。电催化氧化技术目前正处于试验研究阶段，距工业化应用还有一个较长的过程，但在烟气污染物控制方面，电催化氧化技术也是很有发展前景的一种汞污染排放控制技术。

2. 催化氧化法

催化氧化法主要包括催化剂催化氧化法和电催化氧化法。催化剂催化氧化法通过使用高效的催化剂，提高燃煤烟气中 Hg^0 的氧化效率，同时减少氧化剂的使用量，是现阶段具有较大优势和广阔应用前景的技术。

1）SCR 催化剂材料

选择性催化还原（selective catalytic reduction，SCR）催化剂主要用于控制氮氧化物的排放，即利用还原剂（如 NH_3、液氨、尿素）来"有选择性"地与烟气中的 NO_x 反应并生成无毒无污染的 N_2 和 H_2O。近些年研究表明，电厂的 SCR 单元对零价汞也具有一定的催化氧化能力，能促进二价汞的生成（Kamata et al.，2008b；Kilgroe et al.，2003）。经过 SCR 单元后的汞的氧化程度取决于煤种，例如电厂燃烧烟煤通过 SCR 后汞的氧化效率为 30%～98%，而当燃烧次烟煤时，汞的氧化效率则很低（<26%）（Chu et al.，2003）。

目前，用于氧化汞的 SCR 催化剂种类很多，按照它们的使用温度可以划分为高温 SCR 催化剂（如钒基催化剂）和低温 SCR 催化剂（如锰基催化剂）（Gao et al.，2013b）。研究发现烟气中 HCl 的含量对汞的氧化至关重要，汞氧化的效率随 HCl 含量的增加而升高。He 等（2008）报道在 80 mg/m³ HCl 和 5%O₂ 时，烟气中的汞有 64%被 V₂O₅/TiO₂ SCR 催化剂氧化，然而只有 SCR 催化剂存在或只有 HCl 和 O₂ 存在时，汞的氧化效率很低，说明 HCl 通过催化剂发生反应进而氧化汞，且是主要的催化组分，此外，NH₃ 抑制汞的氧化。

钒基 SCR 催化剂的使用温度在 300～400℃，因此 SCR 单元一般位于 ESP 和湿法烟气脱硫（wet flue gas desulfurization，WFGD）的前端，然而由于颗粒物浓度较高，催化剂容易失活（Ettireddy et al.，2007）。为了避免这一现象，可将 SCR 置于除尘器的下游，开发低温 SCR 催化剂，学者们进行了大量研究。Qiao 等（2009）考察了 MnOₓ/Al₂O₃ 吸附和氧化烟气中零价汞的性能，他们发现在 HCl 存在时催化剂具有很高的捕集汞的能力，当 HCl 质量浓度为 32 mg/m³ 或 6 mg/m³ 时，催化剂能氧化 90%的汞，而且，催化剂吸附汞后可以通过 HCl 气流冲洗而再生，吸附过程为 Mars-Maessen 机理，而在 HCl 存在时则发生 Deacon 过程。

关于 SCR 催化剂氧化零价汞的机制至今没有确定的说法，学者们提出了几种可能。Niksa 等（2005）认为 HCl 吸附在 SCR 催化剂上的 V₂O₅ 活性位点，吸附的 HCl 与气相 Hg⁰ 或弱吸附的 Hg⁰ 反应从而氧化零价汞。Senior（2006）认为吸附的 Hg 和气相的 HCl 通过 Eley-Rideal 机理反应，此外，V₂O₅ 和 HCl 通过 Deacon 反应产生氯气（Cl₂），产生的 Cl₂ 和气相零价汞反应生成 HgCl₂。Gao 等（2013a）进一步确认 SCR 催化剂氧化汞是通过 Eley-Rideal 机理，氯化合物是作为中间体氧化零价汞。He 等（2008）则认为是朗缪尔-欣谢尔伍德（Langmuir- Hinshelwood）机理，首先，HCl 和 Hg⁰ 吸附在钒活性位点表面形成 HgCl₂ 和 V-OH 物种，V-OH 物种再被氧气氧化形成 V-O 和 H₂O。Kamata 等（2008a）表明，VOₓ 含量越高，Hg⁰ 氧化效率也越高。一些过渡金属氧化物也被证明具有 Hg⁰ 的氧化性能，催化剂的活性顺序为 MoO₃≈V₂O₅>Cr₂O₃>Mn₂O₃>Fe₂O₃>CuO>NiO（Kamata et al.，2009）。因此，工业 SCR 催化剂的主要活性位点（MoO₃ 或 V₂O₅）具有较高的 Hg⁰ 氧化活性，其中 HCl 的存在促进了 Hg⁰ 的去除。

2）改性 SCR 催化剂材料

研究发现，一些过渡金属氧化物具有催化氧化 Hg⁰ 的能力。Yamaguchi 等（2008）发现在所有过渡金属中，只有 CuO 和 MnO₂ 在低浓度 HCl 时能将 Hg⁰ 转化成 Hg²⁺。CuO 纳米颗粒在 150℃、2 ppmv① HCl 时，能达到 80%的除汞效率，且 Hg⁰ 向 Hg²⁺ 的转化效率随温度的降低（300～90℃）而升高，但随着颗粒尺寸的增大氧化率降低。Mn 基氧化物已被证实具有较高的 Hg⁰ 氧化性能，在 HCl 和 O₂ 存在下，Hg⁰ 转化为 Hg²⁺（Jampaiah et al.，2016）。大多数报道的 Mn 基氧化物的机理遵循 Mars-Maessen 机理，其中 HgO 是主要产物。然而，在 HCl 存在条件下，活性物种（如 Cl*）形成，与 Hg⁰ 反应，生成挥发性汞物种（Liu et al.，2019b）。低温 SCR 催化剂，如 Mn 基钙钛矿型催化剂，被开发用于协同去除 NOₓ 和 Hg⁰（Zhou et al.，2016；Wang et al.，2015）。MnO₂ 具有优异的氧化 Hg⁰ 的能力，但主要问题是 SO₂ 会明显抑制催化剂催化氧化零价汞的能力（杨士建，2012）。

近年来学者们也发现 Co 基催化剂对氧化 Hg⁰ 也有很好的效果，Liu 等（2011）用溶

---

① 1 ppmv=10⁻⁶，以体积计

胶-凝胶法合成了 Co/TiO$_2$ 催化剂，Co 的最佳负载量为 7.5%（质量分数），在 120～330 ℃ 时能达到 90%的氧化效率，高的催化效率主要是由于分散较好的 Co$_3$O$_4$ 的作用，其中，氧气在氧化零价汞的过程中至关重要，而 HCl 则与氧化汞反应并将其释放到烟气中。他们又进行了脱硝实验，在 300 ℃、105 000 h^{-1} 空速下，NO 的转化效率达到 68.8%，Hg^0 的氧化效率受到的影响很小，推测出在催化剂表面晶格氧的竞争消耗过程中，Hg^0 与氧的结合能力强于 NO 与氧的结合能力。

二氧化铈（CeO$_2$）由于较大的储氧能力及在氧化和还原条件下 CeO$_2$ 和 Ce$_2$O$_3$ 能快速转化而被人们广泛研究，Ce^{3+} 和 Ce^{4+} 的转变容易产生氧空位及体相氧物种，有利于氧化反应的进行，多作为 SCR 的组分用来去除 NO$_x$（Reddy et al.，2003）。CeO$_2$ 能促进 NO 氧化为 NO$_2$，NO$_2$ 氧化 Hg^0 的能力更强（Li et al.，2008）。相似地，HCl 也可以被铈基催化剂氧化为活性氯物种，即使在无氧环境中也可以完成这一过程。除此之外，铈基催化剂在氧化 Hg^0 时可以减轻水蒸气对反应的不利影响（Xu et al.，2008）。Li 等（2011）考察了在模拟烟气环境下 CeO$_2$/TiO$_2$ 催化剂对 Hg^0 的氧化能力，CeO$_2$/TiO$_2$ 的质量比为 1～2 时，在 150～250 ℃有很高的 Hg^0 氧化能力，催化剂表面的铈和氧起主要作用，当氧存在时，HCl、NO 和 SO$_2$ 对 Hg^0 的氧化起促进作用，而无氧时，HCl 和 NO 仍促进氧化 Hg^0，SO$_2$ 和水蒸气则抑制氧化反应，HCl 是反应的主要催化组分。

此外，TiO$_2$ 光催化剂也被广泛应用于烟气中 Hg^0 的催化氧化，并取得了一定的进展（Lee et al.，2004）。TiO$_2$ 不仅可以作为金属氧化物的载体，在紫外光的协助下还可以促进 Hg^0 的氧化及脱除。近年来，将纳米 TiO$_2$ 或负载 TiO$_2$ 的材料用于汞污染控制的研究越来越多，其物质形态包括颗粒、纤维和纳米管等。Lee 等（2006）以异丙醇钛为前驱体，利用原位生成技术制备了一种颗粒状的 TiO$_2$ 光催化剂，该催化剂对 Hg^0 具有良好的催化氧化作用，且对 Hg^0 的脱除效率随着催化剂颗粒粒径和结构松散度的增大而升高。Yuan 等（2012）利用静电纺丝法制备了由各种金属氧化物 MO$_x$（M=Cu、In、V、W、Ag）掺杂的 TiO$_2$ 纤维。研究发现，金属氧化物的引入增大了 TiO$_2$ 基催化剂对光的吸收带宽，以致该类催化剂可在暗光、可见光甚至无光的情况下对 Hg^0 也具有较高的氧化效率；另外在研究硅酸铝-二氧化钛纤维对烟气中 Hg^0 的脱除效率时发现，在光催化剂作用下，SO$_2$ 可与 Hg^0 生成 HgSO$_4$，O$_2$ 易形成晶格氧，因此烟气中的 SO$_2$ 和 O$_2$ 均有助于提高催化剂对 Hg^0 的脱除效率。Jeon 等（2008）在研究纳米钛硅纤维对 Hg^0 的脱除效率时发现，纤维的制备条件对其脱汞效率有显著影响。但将 TiO$_2$ 基光催化剂应用于 Hg^0 脱除技术仍处于开发阶段，需要紫外光的激发才能完成，能耗大，处理量有限，具体的反应机制及进一步推广应用还需要深入研究。

贵金属（如 Au、Pd、Ag、Ru 和 Ir）催化剂的 d 电子轨道未填满，表面易吸附反应物，利于中间"活性化合物"的形成，具有较高的催化活性，同时贵金属还具有抗氧化、耐腐蚀、耐高温等优良特性，受到人们广泛关注，近年来也用来催化氧化 Hg^0（Chen et al.，2016；Lay et al.，2014；Karatza et al.，2011）。当 Au 被用于 Hg^0 捕获时，其机制是由 Au 和 Hg 的汞齐化引起的（Hou et al.，2015）。在 175～225 ℃能达到 40%～60%的氧化效率，HCl 的氧化能力比 Cl$_2$ 低，且两者在催化剂的活性位点发生竞争吸附，此外，NO 促进汞的吸附，H$_2$O 则抑制 Hg^0 氧化反应（Cao et al.，2008；Zhao et al.，2006）。对于 Au 基催化剂，Hg^0 的氧化是通过 Langmuir- Hinshelwood 机理（简称 L-H 机理）进行的，

其中 Hg^0 和 Cl_2（或 HCl）物种分别吸附在 Au 表面，而产物是 $HgCl_2$（Lim et al.，2013）。Presto 等（2006）将 1% Au、Pd 和 Pt 负载于 2 mm 铝珠上，并考察了其氧化 Hg^0 的性能。Au 催化剂经过一段时间性能仍然很高，而 Pd 和 Pt 催化剂则随时间增加而逐渐失活，HCl 浓度的升高对三种催化剂的性能影响不大，当 HCl 的浓度降到 0 ppmv 时，Au 和 Pd 对 Hg^0 仍有氧化性能，而 Pt 则不能氧化 Hg^0。他们推测氯物种吸附在 Au 和 Pd 表面并氧化 Hg^0，而 Hg^0 吸附在 Pt 表面，通过 Eley-Rideal 机理与气相 HCl 发生反应（Presto et al.，2008）。与 Au 基催化剂相似，Ag 和 Pd 催化剂分别在较低和较高的温度下表现出对 Hg^0 的吸附和催化氧化性能（Zhang et al.，2014；Hrdlicka et al.，2008）。此外，有学者研究了小型中性和带电 Ag_n 簇对 Hg^0 的吸附，发现不同载体对 Hg^0 的去除效果不同（Rungnim et al.，2015；Sun et al.，2011）。Ag 的价格较 Au 便宜，一些 Ag 改性材料在高温下对 Hg^0 具有良好的吸附性能。然而，这些材料的性能高度依赖其卤素诱导的气体成分（Zhao et al.，2015c，2014）。Presto 等（2006）考察了 Ir 催化剂及 HCl 预处理过的 Ir 催化剂（Ir/HCl）的 Hg^0 氧化性能，氧化效率分别为 40% 和 30%。HCl 预处理之后，催化效率下降，可能是因为催化剂表面的 Cl 含量升高，降低了 Ir 表面的活性位点数量或抑制 Hg^0 的吸附。然而，Ru 基材料在没有 HCl 存在的情况下，特别是在高温下表现出高的 Hg^0 氧化性能。钌基催化剂不仅对 Hg^0 的氧化表现出较高的催化活性，而且与商用 SCR 催化剂对 Hg^0 的转化表现出良好的协同作用（Yan et al.，2011）。因此，考虑 Hg^0 的氧化机理，在材料设计时应考虑各种气体条件下应用功能催化剂的可行性。

3.1.3 吸收法

1. 氯化汞吸收法

在有色金属冶炼烟气的除汞方法中，应用比较多的是由挪威锌公司与瑞典波立登公司联合开发的氯化汞吸收除汞方法，又称为波立登-诺辛克除汞法（朱烨，1999）。该法将有色金属冶炼烟气经过降温、除尘、除雾等工序后引入洗涤塔中，然后利用酸性氯化汞作为吸收液对烟气中的零价汞进行吸收，生成不溶于水的氯化亚汞沉淀。一部分氯化亚汞可以直接作为产品销售，而另外一部分氯化亚汞则可以用氯气进行氧化，生成氯化汞络合物重新补充到吸收液中进行循环利用。此工艺主要涉及化学反应如下：

$$Hg + Hg(Cl)_n^{2-n} = Hg_2Cl_2 + (n-2)Cl^- \qquad (3.1)$$
$$1/2Hg_2Cl_2 + 1/2Cl_2 + (n-2)Cl^- = Hg(Cl)_n^{2-n} \qquad (3.2)$$

该工艺对进气要求比较高，要求汞 $\leqslant 20$ mg/m³，酸雾 $\leqslant 20$ mg/m³，粉尘 $\leqslant 1$ mg/m³，最佳操作温度 30～40 ℃。理想状态下该工艺可达到 96%～99% 的除汞效率，尾气中的汞质量浓度可以控制在 0.15～0.2 mg/m³。我国株洲冶炼厂 20 世纪 90 年代末引进该技术，于 2001 年正式生产，逐步消化吸收形成了自主知识产权的除汞技术（陶国辉，2004）。由于冶炼原料品质波动大，部分冶炼烟气中平均汞质量浓度超过 30 mg/m³，汞在进入除汞塔前在上游净化设备中冷凝，造成车间空气汞浓度严重超标。因此，波立登公司对原有工艺提出改进，通过在制酸烟气洗涤塔前喷入硫化钠溶液，与烟气中汞反应生成硫化汞随洗涤酸带出系统，使得烟气中汞质量浓度降低到 30 mg/m³ 以内。

但是该技术仍然存在一些问题有待解决：氯化汞主要在溶液中，而 Hg^0 几乎全部是气态，中间存在较大的传质阻力；有色金属冶炼烟气中一般含有高浓度 SO_2，会将氯化汞溶液中的 Hg^{2+} 还原成 Hg^0，从而降低除汞效率。Aboud 等（2008）对氯化汞工艺参数进行了系统的考察，并对工艺进行改造。研究发现降低溶液 pH、选择适当的氯离子浓度、加入 H_2O_2 等能有效抑制 SO_2 的影响和提高 Hg^0 的去除率，且有协同效应。改进后的氯化汞工艺抗硫稳定性更好，适用于后续有制酸工艺的高汞、高二氧化硫烟气。

2. 碘络合吸收法

1979 年，广东有色金属研究院等单位共同开发了采用碘络合法进行烟气除汞的工艺。该工艺主要分为吸收和电解两道工序。首先，通过 KI 溶液中的 I^- 与烟气中气态 Hg^0 发生络合反应，将烟气中所含的绝大部分 Hg^0 吸收，部分吸收液经脱除部分 SO_2 后送去电解工序进行电解（薛文平 等，1994；资振生 等，1981）。在电解工序，汞被提取出成为产品粗汞，同时碘得到再生，返回吸收工序循环利用。主要化学反应方程式（唐冠华，2010）如下：

$$H_2SO_3 + 2Hg(g) + 4H^+ + 8I^- \Longrightarrow 2[HgI_4]^{2-} + S\downarrow + 3H_2O \tag{3.3}$$

$$[HgI_4]^{2-} \Longrightarrow Hg + I_2 + 2I^- \tag{3.4}$$

$$I_2 + H_2SO_3 + H_2O \Longrightarrow 2HI + H_2SO_4 \tag{3.5}$$

吸收循环母液的处理是向废液中加入 $Hg(NO_3)_2$，使 $K_2[HgI_4]$ 与 $Hg(NO_3)_2$ 反应生成 HgI_2 沉淀，经分离清洗后再作为对碘的补充返回吸收循环系统，涉及的主要化学反应方程式如下。

制备硝酸汞：

$$3Hg + 8HNO_3 \Longrightarrow 3Hg(NO_3)_2 + 2NO\uparrow + 4H_2O \tag{3.6}$$

沉淀碘化汞：

$$K_2[HgI_4] + Hg(NO_3)_2 \Longrightarrow 2HgI_2\downarrow + 2KNO_3 \tag{3.7}$$

溶解碘化汞：

$$HgI_2 + 2I^- \Longrightarrow [HgI_4]^{2-} \tag{3.8}$$

碘络合除汞工艺具有流程简单、汞去除率高且能回收、吸收剂可循环使用等优点，适用于有 SO_2 存在的含汞烟气。但该工艺也存在除汞效率不稳定、电解效率低、含汞污酸需要另外处理、能耗高等问题，有待进一步改进（孟昭华，1986）。

3. 其他吸收法

1）次氯酸盐吸收法

漂白粉的主要成分为次氯酸钙（$Ca(ClO)_2$），这是一种强氧化剂，可以将零价态的汞氧化，进而吸收。漂白粉吸收法同样也是通过气液接触，利用溶液中的次氯酸钙与零价汞反应，并将其转化为不溶性的氯化亚汞，主要反应为

$$2Ca(ClO)_2 + 2CO_2 \Longrightarrow 2CaCO_3 + 2Cl_2 + O_2 \tag{3.9}$$

$$2Ca(ClO)_2 + 2SO_2 \Longrightarrow 2CaSO_4 + Cl_2 \tag{3.10}$$

$$Ca(ClO)_2 + 3Hg + H_2O \Longrightarrow Hg_2Cl_2 + Ca(OH)_2 + HgO \tag{3.11}$$

$$2Hg_2Cl_2 + 3Ca(ClO)_2 + 2H_2O = 4HgCl_2 + CaCl_2 + 2Ca(OH)_2 + 2O_2 \qquad (3.12)$$

同时，有色金属冶炼烟气中含有大量的酸性气体，如 CO_2 或 SO_2 等。这些酸性气体与次氯酸钙可以发生反应，生成原子态活性氯，这些活性氯又能进一步与零价汞进行氧化反应，从而达到脱汞的目的。次氯酸盐吸收法工业装置如图3.1所示。

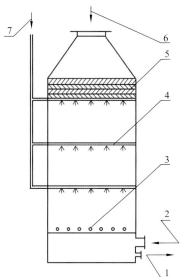

图3.1　次氯酸盐吸收法工业装置示意图

引自唐德保（1981）

1—净化液出口；2—炼汞尾气入口；3—气体分布板；4—喷头；5—除雾器；6—净化尾气出口；7—净化液入口

唐德保（1981）采用了简单的淋洗塔，其规格为 1.5 m×6 m，每层间距 1.5 m，每层有 5 个喷头，顶端安有除雾器，工艺流程如图3.2所示。在连续一个月的试验中，净化后炼汞尾气含汞齐浓度为 4.0～9.5 mg/m³，根据气相分析结果，汞的平均回收率为92.5%；而根据净化液中的沉液分析结果，汞的平均回收率在95%以上。

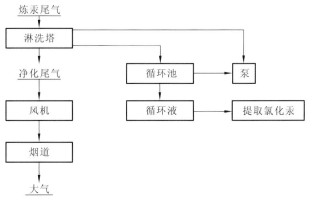

图3.2　次氯酸盐吸收法工艺流程示意图

引自唐德保（1981）

用漂白粉法处理烟气汞，设备简单，成本低。与漂白粉法类似的还有次氯酸钠吸收法，都是利用次氯酸盐将有色金属冶炼烟气中的零价汞转化为氯化亚汞。但目前此类方法仅在实验室规模及一些炼汞废气中应用，在大规模的有色金属行业应用得比较少。

2）软锰矿-硫酸吸收法

硫酸软锰矿除汞方法主要分为三步：第一步，通过气液接触，利用溶液中的软锰矿中的二氧化锰对烟气中的零价汞进行吸附；第二步，利用溶液中的硫酸与被吸附的汞进一步反应生成硫酸汞，进而生成硫酸亚汞；第三步，利用软锰矿中的二氧化锰对硫酸亚汞进行氧化，生成硫酸汞，如此进行循环反应。

其主要化学反应如下：

$$2Hg + MnO_2 \rightleftharpoons Hg_2MnO_2 \tag{3.13}$$

$$Hg_2MnO_2 + 4H_2SO_4 + MnO_2 \rightleftharpoons 2HgSO_4 + 2MnSO_4 + 4H_2O \tag{3.14}$$

$$HgSO_4 + Hg \rightleftharpoons Hg_2SO_4 \tag{3.15}$$

$$Hg_2SO_4 + MnO_2 + 2H_2SO_4 \rightleftharpoons MnSO_4 + 2HgSO_4 + 2H_2O \tag{3.16}$$

在该工艺中，$HgSO_4$ 既是去除烟气汞的反应物，又是最终的反应产物。随着反应过程的进行，$HgSO_4$ 浓度不断升高，对烟气汞的去除效果也会逐渐提高。该方法净化设备、运行和操作相对比较简单，费用低。

3）高锰酸钾吸收法

高锰酸钾具有很强的氧化还原电位，能将汞氧化成氧化汞，同时生成二氧化锰。而二氧化锰又可与汞发生络合反应，生成络合物。通过高锰酸钾溶液吸收后产生的氧化汞和汞锰络合物可以通过絮凝沉淀的方法沉降分离，含汞废渣累积后可以通过燃烧法进行处理，从而达到除汞的目的（Ping et al.，2012；叶群峰 等，2007）。该工艺的主要过程是：首先将含汞废气通入冷凝塔，将废气降温至 30℃以下；然后利用高锰酸钾溶液对降温后通入吸收塔中的气体进行循环吸收，净化后的气体经过除雾排空；然后通过絮凝剂将吸收液中汞分离；最后将吸收液补充新的高锰酸钾溶液再继续喷入吸收塔中循环利用。主要化学反应如下：

$$2KMnO_4 + 3Hg + H_2O \rightleftharpoons 2KOH + 2MnO_2 + 3HgO \tag{3.17}$$

$$MnO_2 + 2Hg \rightleftharpoons Hg_2MnO_2（汞锰络合物） \tag{3.18}$$

叶群峰等（2007）为了考察氧化剂高锰酸钾吸收气态 Hg^0 的行为，在鼓泡反应器中，通过改变各种影响因素，系统地研究了高锰酸钾初始浓度、pH、汞初始浓度和反应温度等主要参数对气态汞去除效率的影响。同样，Ping 等（2012）研究了不同实验参数对高锰酸钾法去除 Hg^0 效率的影响。实验结果表明，$CaCO_3 + KMnO_4$ 溶液对 Hg^0 的去除效果明显优于 $CaCO_3$ 溶液，同时对 SO_2 和 NO 也有一定的去除效果。因此，考虑工程实际的应用，在石灰石石膏烟气脱硫系统中加入 $KMnO_4$ 可为同时控制 NO、SO_2 和 Hg^0 提供一条有吸引力的途径。

总的来说，高锰酸钾吸收法的优点是装置简单、净化率较高；缺点是操作复杂，需要持续补充高锰酸钾溶液，而且对于具有高 SO_2 浓度的有色金属冶炼烟气，SO_2 会先与高锰酸钾反应，要消耗大量的高锰酸钾药剂，同时可能存在吸收的 Hg^0 再释放的风险，再加上高锰酸钾价格昂贵，因此该工艺在经济上并不合算。

3.1.4　吸附法

利用吸附剂脱除烟气汞一般采用以下两种工艺实现：一种是在电除雾器和干燥塔之后安装脱汞塔，以固定床形式吸附烟气汞；另一种是在除尘/除雾装置前喷入颗粒状吸附剂，被捕集在吸附剂颗粒表面上的汞随着颗粒在除尘/除雾器中一同被去除。利用吸附剂捕集烟气汞，结合除尘或者除雾装置实现吸附剂的回收，可避免安装专门的汞脱除系统，节省投资运行成本。因此，吸附剂喷射技术是目前研究得最广泛的脱汞技术之一。该技术的核心是高效、经济、环境友好的汞吸附剂。

1. 汞的吸附材料

1）碳基材料

碳基材料包括活性炭和飞灰等，以活性炭（activated carbon，AC）为主的碳基吸附剂是目前研究和应用得最广泛的一类材料。碳基多孔材料对 Hg^0 的去除机理以物理吸附为主，利用自身大比表面积、丰富的孔径结构对气态汞捕集，随后利用自身的化学成分对汞稳定化固定。自 2001 年以来，美国就已经开始对活性炭喷射（activated carbon injection，ACI）技术在燃煤电厂中控制汞的商业可行性进行全面的评估。2005 年，该技术在美国一电厂 270 MW 机组中正式投入商业运行（Sjostrom et al.，2010）。经过多年发展，ACI 已经成为目前燃煤电厂控制汞排放最成熟可行的技术。

活性炭本身的脱汞效率和选择性很差，因此对活性炭脱除汞的研究主要集中在提高吸附效率。卤素（氯、溴和碘）的存在能促进碳表面的汞的氧化（Olson et al.，2004；Ghorishi et al.，1998）。比如，谭增强等（2015）制备了卤素（Cl、Br 和 I）改性的椰壳活性炭，表面形成较多的 C—X 基团，加强了对 Hg 的化学吸附，使之氧化生成 HgX 和 HgX_2。金属氧化物如 MnO_2、CeO_2 等改性的活性炭能与 Hg^0 发生化学反应生成容易去除的 Hg^{2+}（Tian et al.，2009；Chang et al.，2006）。其他活性炭的改性手段包括采用氧化剂 HNO_3、$HClO_3$ 和 H_2O_2 等改性活性炭（Zhao et al.，2016；佟莉 等，2015）。活性炭的成本昂贵同样是限制该技术大规模应用的主要瓶颈之一。生物质活性炭具有来源广泛、廉价易得和再生性能好等优点，为此，许多学者开发了基于生物质活性炭改性的吸附剂来替代传统活性炭（Liu et al.，2019c；Li et al.，2016a）。另一种常用的碳基吸附材料为飞灰，其无机组分如铁氧化物（Wu et al.，2006）及有机组分（未燃碳成分），具有很强的吸附及分离汞的作用。

此外，一些新型的碳基材料也被用于 Hg^0 的吸附研究，如有序多孔碳材料和低维碳材料。金属有机骨架（metal organic frameworks，MOFs）化合物和共价有机骨架（covalent organic frameworks，COFs）材料因具有大的表面积和有序的多孔结构，有利于 Hg^0 的传质，其表面可以很容易地使用卤素改性，以提高其 Hg^0 去除性能（Liu et al.，2016）。虽然使用 MOFs 和 COFs 从真实烟气中去除 Hg^0 的可行性仍有待验证，但 MOFs 和 COFs 的可调谐孔隙结构有助于研究吸附剂的孔隙结构与 Hg^0 去除性能之间的关系。碳纳米管、石墨烯等低维碳材料的大表面积也有利于 Hg^0 的吸附，同时可以提高电子传递能力从而加快 Hg^0 的氧化（Gupta et al.，2013；McNicholas et al.，2011）。采用石墨烯修饰 MnO_x

时，原位生长组装在石墨烯表面的 MnO_x 纳米颗粒尺寸减小、粒径分布均匀，提高汞的吸附容量。

2）过渡金属氧化物

过渡金属氧化物主要是利用其高催化氧化性能将吸附到表面的 Hg^0 氧化成 Hg^{2+}，随后利用其自身的表面吸附氧和 Hg^{2+} 结合实现汞的表面化学固定。如铁基和锰基金属氧化物不仅对 Hg^0 具有较高的催化氧化能力，同时具有较高的汞吸附容量（Xu et al.，2017b；Zhao et al.，2015b）。

（1）锰基金属氧化物。锰基氧化物氧化还原电位高、环境友好、成本低，是合适的 Hg^0 吸附材料（Xu et al.，2017b）。锰基氧化物可分为纯 MnO_x、负载型 MnO_x、MnO_x-X 复合材料（X 指改性元素，如贵金属和过渡金属）和特殊晶体 MnO_x（Dou et al.，2018；Xu et al.，2017a）。晶体结构、形貌和孔结构是锰基氧化物的重要参数。不同晶型的 MnO_x 对 Hg^0 去除性能表现为 β-MnO_2＜γ-MnO_2＜α-MnO_2（Yao et al.，2019；Xu et al.，2015a）。由于其合成方法相似，因此很难区分负载型锰基氧化物和 MnO_x-X 复合材料。最常报道的载体是金属氧化物（Al_2O_3、TiO_2、Ce-Zr 固溶体和 γ-Fe_2O_3）和碳基材料（Cimino et al.，2016；Jampaiah et al.，2016；Wang et al.，2015b）。虽然 Al_2O_3、TiO_2、CNTs、石墨烯和 Ce-Zr 固溶体对 Hg^0 的去除能力不高，但它们可以用来分散 MnO_x 颗粒。一些多孔材料，如三维多孔石墨烯、TiO_2 气凝胶和多孔 TiO_2，是很好的载体。与负载型 MnO_x 不同，MnO_x-X 在吸附过程中充分利用了 X 和 MnO_x。目前已开发出多种 MnO_x-X 基氧化物，如 Ce-MnO_x、Mo-MnO_x、Fe-MnO_x、Zr-MnO_x 和 Sn-MnO_x。Fe 可以在 Fe-Mn 二元氧化物中表现出抗 SO_2 的能力，并提高对 Hg 的吸附能力（Xu et al.，2015c）。Zr 有利于 Mn 的分散，而 Sn 可以扩大反应温度窗口，SnO_2 表现出良好的电子转移性能（Xie et al.，2013）。虽然目前已对不同类型锰基金属氧化物材料进行了研究，但仍难以有效解决 SO_2 和 H_2O 中毒问题。

（2）铁基金属氧化物。铁基氧化物由于具有磁性分离、成本低、对 Hg^0 吸附能力强等特点，已被广泛用作多相反应的吸附剂或催化剂（Yang et al.，2011a；Ozaki et al.，2008）。Jampaiah 等（2015）使用纳米锰和铁共掺杂 Ce 基固溶体去除 Hg^0，提高了 CeO_2 的 Hg^0 去除活性。Hg^0 可以被纳米 Fe_2O_3 表面和晶格上的活性 O 原子氧化（Kong et al.，2011）。Fe_2O_3-SiO_2 复合材料具有较大的比表面积和孔容，表现出较好的 Hg^0 吸附性能。此外，复合材料表面形成的 HgO 具有良好的利用特性（Tan et al.，2012）。Yang 等（2010）制备了一系列铁基氧化物来吸附 Hg^0。发现 Mn^{4+} 和表面的阳离子空位在 Mn/γ-Fe_2O_3 材料捕获 Hg^0 的过程中发挥了重要作用，而 γ-Fe_2O_3 具有磁选和捕获 Hg^0 的良好性能（Yang et al.，2010）。此外，利用共沉淀法合成的纳米锰铁尖晶石氧化物，具有良好的催化 Hg^0 氧化和吸附性能（Yang et al.，2011b）。非化学计量 Fe-Ti 尖晶石 $(Fe_{3-x}Ti_x)_{1-\delta}O_4$ 表面存在大量阳离子空位，为吸附污染物提供了活性位点（Yang et al.，2011b）。当模拟烟气中加入 H_2S 时，可在 FeO_x 表面生成 HgS。此外，HgO 或 Hg^0 与 S、FeS 或 FeS_2 反应，可生成 HgS。虽然吸附汞的能力比 MnO_x 低，但磁选特性使工业气体中的铁基氧化物得以回收。

（3）铜基金属氧化物。一些铜基氧化物也被用于 Hg^0 的氧化和吸附（Wang et al.，2017；Zhou et al.，2015；Fan et al.，2012）。当多孔炭作为 Cu 基氧化物的载体时，尽管

Cu 包覆后总孔容和比表面积有所减小，Cu/多孔炭对 Hg^0 的吸附能力高于多孔炭本身（Kim et al.，2012）。Cu-Co 复合氧化物也被用于 Hg^0 的氧化吸附（Mei et al.，2008b，2007）。有学者利用密度泛函理论（density functional theory，DFT）计算研究了 Hg^0 在 CuO(110) 表面的吸附机理，发现 Hg^0 与 CuO(110)表面的 O 端键合较弱，而在 CuO(110)表面的 Cu 端被强烈吸附，其化学吸附可能是 Hg^0 的吸附机制（Xiang et al.，2012）。

3）硫基吸附材料

自然界中汞通常以 HgS 形式存在，说明硫属化物对汞有很高的亲和力，以硫元素作为汞的活性位点，还可以解决材料容易受到 SO_2 的毒害问题。目前，已经开发出一些硫属的吸附材料，这些材料对 Hg^0 的吸附具有巨大的潜力。硫属化物可以分为单质硫、聚合硫、（改性）金属硫化物和硫簇材料。

（1）单质硫。单质硫俗称硫磺，有特殊的臭味，不溶于水，能溶于二硫化碳。单质硫具有稳定的斜方晶形，每个硫分子由八 8 个硫原子组成，其化学性质比较活泼，既有还原性也有氧化性，能跟氧、氢、卤素（除碘外）、金属等大多数元素化合，生成离子型化合物或共价型化合物。硫磺作为一种天然无机矿物质材料，自发现以来就受到人们广泛关注，如今主要应用于农业、医药、火药和橡胶助剂等领域（Suresh et al.，2013）。Lee 等（2003）将 50 mg 硫粉浸渍到活性炭上，在 30℃，1.0 L/min 氮气、0.8 μg/m³ 汞浓度下，其最大吸附容量可达到 0.25 g/g，研究表面碳和硫之间结合的形式对吸附效果的影响。Skodras 等（2007）将 20 mg 硫粉浸渍在活性炭中并加入 1 g 的石英砂用于去除 Hg^0，结果表明在活性炭表面形成的内酯酸、羰基和酚醛有利于汞的吸附。

（2）聚合硫。$[S_x]^{2-}$ 通常由 K_2S_x 通过阴离子交换法获得。其化学组成主要包含 S^{2-} 和 S^0，其中 S^0 是与 Hg^0 反应的活性组分。Ma 等（2014a）通过阴离子交换法将 $[S_x]^{2-}$ 引入镁铝层状双氢氧化物（layered double hydroxides，LDH）的夹层中，合成的材料对重金属如 Cu^{2+}、Ag^+ 和 Hg^{2+} 具有很强的亲和力和选择性，可以在极短的时间内将溶液中 10 mg/L 的 Ag^+ 和 Hg^{2+} 降至 1 μg/L 级别。而聚合硫对气态汞的吸附性能结果表明，S_2-LDH、S_4-LDH 和 S_5-LDH 分别具有 0.49 g/g、0.74 g/g 和 1 g/g 的吸附容量，LDH 夹层中丰富的 S—S 键是高吸附容量的关键所在（Ma et al.，2014b）。除此之外，对于氯碱固体废物处理厂也可以采用聚合硫化物除汞，可以防止气相汞释放进入大气和液相汞通过径流进入河道中（Findlay et al.，1981）。

（3）金属硫化物。金属硫化物材料具有独特的内部结构和尺寸，对重金属具有较好的亲和性，可以发生沉淀、离子交换和螯合等反应。金属硫化物的结构中富含可以与汞反应生成稳定化合物 HgS 的活性 S 原子，是一种潜在汞吸附材料（Sun et al.，2017）。近年来，不同的金属硫化物被制备出来应用于脱除 Hg^0，也取得了一定进展。Li 等（2016b）采用水热合成法制备纳米级 ZnS，相比块状 ZnS 具有更大的 Hg^0 吸附容量，达到 497.84 μg/g，且具有良好的抗 H_2O 和 SO_2 性能（Li et al.，2017）。硫化铜（Cu_xS，$x=1\sim2$）由于其特殊的物理化学性质，如化学计量形式、多变的价态和复杂的结构，对 Hg^0 具有很好的吸附性能（Liu et al.，2017）。MoS_2 由于特殊的层状结构，层板与层间都具有一定的吸附作用，其比表面积大、吸附能力强，在 Hg^0 吸附领域也具有很大研究潜力。但由于金属硫化物的汞吸附性能受自身物理性质、结构及表面活性位点数量的影响，可以采用合适的改性方法调控表面活性位点数量、增大比表面积、提高活性位点分散程度等方式提高汞吸附性能。Zhao 等（2017a）发现采用微波辐射处理可以增加 MoS_2 表面活性位点数量，180 min 内脱汞效率提高 3%，并且微波处理超过 3 次后的样品的脱汞效率仍明显高于传统制备方法。由于 S^- 对 Hg^0 有更强的亲和力，更有利于汞的化学吸附，采用含 Cu^{2+} 的溶液浸泡 ZnS，将 S^{2-} 可控地氧化成 S^-，可使其表面生成活化层而提高界面活性（Liao et al.，2019）。采用合适的制备方法可以得到大比表面积的金属硫化物，有利于活性位点的充分暴露，从而提高吸附性能。Quan 等（2019）通过水热法合成两种硫化钴材料，比表面积分别为 3.71 m^2/g（S-1）、23.56 m^2/g（S-2），结果表明 S-2 样品的脱汞效率显著高于 S-1 样品。Li 等（2016b）通过改变陈化时间和十六烷基三甲基溴化铵用量制备出比表面积分别为 64.6 m^2/g、105.9 m^2/g 和 196.1 m^2/g 的 ZnS，样品的脱汞性能与比表面积呈现正相关性。此外，将金属硫化物负载在大比表面积的载体上是一种有效提升汞吸附性能的方法。Qu 等（2014）通过原位负载将 ZnS 纳米颗粒负载在 α-Al_2O_3 上，该吸附剂材料可以在 1 min 内去除溶液中 99.9%的 Hg^{2+}，吸附容量约为 2 g/g。Mei 等（2019）等将 MoS_3 负载在 TiO_2 上增大吸附剂表面积，使表面暴露更多的 S_2^{2-} 活性位点。Zhao 等（2015a）采用等体积湿法浸渍结合硫化学蒸气还原法制备得到 CoMoS/γ-Al_2O_3，由于 MoS_2 纳米片包覆在 γ-Al_2O_3 的大孔和介孔表面，其表面具有更多的硫活性位点而促进对 Hg^0 的吸附。

（4）硫簇材料。目前研究较多的是含 S 给予配体的金属硫簇材料，包括 Fe-S、Mo-S 和 Fe-Mo-S 及 W、V、Co 硫簇化合物。它们通常以平面型或者蝴蝶型为基本组成单元，通过不同的组合方式形成各类簇骼核心。$[MoS_4]^{2-}$、$[Mo_3S_{13}]^{2-}$、$[Sn_2S_6]^{4-}$ 等材料均有对汞去除研究的报道（Hong et al.，2022；Ali et al.，2018；Shim et al.，2013）。硫簇材料可暴露不同的硫原子在外部，选择吸附性、催化活性较高。Ma 等（2017）研究了 MoS_4-LDH 对常见有害重金属离子的选择性吸附性能，30 min 能去除 99.7%的汞离子（初始浓度为 30 mg/L），饱和吸附容量为 500 mg/g。Jawad 等（2017）合成了 Fe-MoS_4 用于去除水中的重金属离子，对 Hg^{2+} 的吸附容量约为 0.583 g/g，吸附动力学实验表明该吸附模型符合二级反应和朗缪尔模型，说明材料的吸附是通过 Hg—S 键实现单层化学吸附。Chen 等（2019）开发的 $[SnS_4]^{4-}$/MgAl-LDH 复合型材料可以在 5 min 内迅速获得高于 90%的 Hg^{2+} 去除效率（pH 约为 2.0，Hg^{2+} 质量浓度 223.8 mg/L），最大汞吸附容量为 360.6 mg/g。Han 等（2016）利用原位配体形成策略和软硬酸碱原理，将两种相互独立的 $In(COO)_4$ 和 Cu_6S_6 团簇嵌入异质金属有机骨架中，制备出的复合材料表现出高效的汞吸附能力，不会受到 Cu^{2+}、Pb^{2+}、Ag^+ 等与硫也有强亲和力的金属离子的影响。此外，硫簇材料也被报道用于气相汞的吸附。Xu 等（2017c）使用 $[MoS_4]^{2-}$ 团簇作为活性组分去除烟气 Hg^0，开发了 $[MoS_4]^{2-}$/CoFe-LDH 材料，其汞吸附容量达到 16.39 mg/g，在吸附过程中，CoFe-LDH 材料丰富的孔状结构有利于气体的传质和汞的捕获，烟气中的汞首先被吸附到材料的表面，活性组分 $[MoS_4]^{2-}$ 含有丰富的 Mo—S 键，可以进一步将吸附的汞氧化为 HgS。

4）矿物类材料

天然矿石本身的汞吸附能力很弱，通常通过卤素、硫、强氧化性物质等改性后得到较高的汞吸附性能（Liu et al.，2020；Rumayor et al.，2018；Chen et al.，2010；Morency，

2002）。与人工合成的金属硫化物材料相比，天然硫化矿如黄铁矿（FeS_2）、磁黄铁矿（$Fe_{1-x}S_x$）等，具有丰富的表面硫组分，材料价格低廉、来源广泛。Ti 和 Mn 等掺杂磁赤铁矿的铁基尖晶石材料具有良好的汞吸附能力（Yang et al.，2011a，2010）。Liao 等（2016）采用由天然黄铁矿煅烧制成的磁黄铁矿，协同湿式电除尘器脱除烟气中 Hg^0。DFT 计算结果表明，Hg^0 在 FeS_2 表面的物理和化学吸附分别由 FeS_2(100)晶面和 FeS_2(110)晶面控制。Hg 与 FeS_2(110)晶面上的 Fe 原子通过原子轨道杂化和交叠发生强烈的相互作用，然后在 FeS_2(100)晶面和 FeS_2(110)晶面上形成吸附态 HgS（Yang et al.，2017）。

5）高分散金属吸附剂

对于传统的元素汞吸附剂，如负载金属颗粒的材料，由于活性中心的团聚，活性位点的数量往往减少，与载体的相互作用也减弱，性能较差。原子级分散的材料由于具有高原子利用率和催化活性在各种化学转化中得到广泛研究。Li 等（2020a）针对常规吸附剂对汞的吸附容量较小和吸附速率较慢等问题，利用 N 和 O 双锚定机制将 Mn 以单原子形式锚定在碳基材料中以捕获 Hg^0，在合成过程中向 Mn 原子周围的配位环境中引入氧原子以调节其氧化能力。碳基材料中由 O 和 N 原子（Mn-O/N-C）锚定的高价 Mn（Mn^{4+}）提供了更多暴露的活性位点。该材料的汞去除效率超过 99%，含 Mn 量为 0.9% 的复合材料对 Hg^0 表现出很高的亲和力，室温下 275 min 内 Hg^0 的吸附容量达到 16.95 mg/g。锰利用率高达约 56.61%，远大于已报道的锰基氧化物吸附剂。DFT 计算结果表明，锰配位环境中 N 和 O 原子的数量决定了材料对 Hg^0 的吸附能。同时，Mn 周围的配位环境决定了它的电子结构和尺寸，从而影响它与汞的亲和力（Li et al.，2021）。其中性能最优的吸附剂原子分散的锰原子尺寸接近 0.2 nm，且实现了高 Hg^0 去除效率和 200 ℃下超过 13 mg/g Hg^0 的吸附容量。此外，锰周围的含氧官能团（如羧基）的存在也促进了对 Hg^0 的亲和力。

6）其他吸附材料

（1）贵金属吸附剂。由于贵金属比碳基催化剂的耐热性好，贵金属吸附汞一般用于煤的气化过程中，此时排出的气体称为燃气，主要由 H_2、CO_2 和 CO 组成。贵金属包括：钯（Pd），铂（Pt），金（Au），铱（Ir）和铑（Rh），其中 Pd 被认为是最好的吸附 Hg^0 的元素（Granite et al.，2006）。DFT 的预测结果表明，在所有金属中，Pd 有最高的汞齐生成焓，Pd 是最适合捕集汞的金属（Jain et al.，2010）。Pd 与少量 Au、Ag 和 Cu 组成的合金，能显著提高汞结合能，而且在 Pd 的次表面掺杂金属也能提高汞的结合能（Aboud et al.，2008）。研究表明，Pd 与汞结合主要为形成合金和 Hg 包覆在 Pd 表面，由于 Pd 的 s 和 p 轨道与 Hg 的 d 轨道重合，两者可以发生相互作用（Sasmaz et al.，2009）。Granite 等（2006）在 204 ℃、288 ℃ 和 371 ℃ 的氮气下对 Ir、Pt、Ag、Pd、Rh、Ti 和 Ru 去除零价汞的性能进行了研究，发现在 288 ℃ 时，吸附剂去除汞的效率最高，而在 371 ℃ 时吸附剂的性能下降，他们认为这是由汞齐分解引起的。Poulston 等（2007）研究表明低温时 Pd 和 Hg 形成固溶体（汞齐），而在高温时有更多的晶体结构出现。Granite 等（2006）利用 Au 去除燃气中的汞，发现 Au 与 Hg 以 Au_2Hg_3 的形式形成汞齐，且不受烟气中酸性气体如 SO_2、H_2S 和有机化合物的影响。Luo 等（2010）制备载银碳纳米管复合物，在 150 ℃ 时 Hg^0 去除效率最高，在 330 ℃ 时再生利用，吸附剂比银/金浸石英珠的除汞效果更好，且不受 SO_2、NO_x、CO_2 和 O_2 的影响。

（2）稀土氧化物材料。CeO_2 的高储氧能力被认为是其优异的 Hg^0 氧化活性的主要原因。与过渡金属氧化物相似，Hg^0 主要通过与 CeO_2 表面的活性 O 位点结合形成 HgO（Wang et al.，2017；Zhang et al.，2015a；Li et al.，2011）。Hg^0 与 CeO_2 表面的 Ce 原子强烈相互作用，形成的 HgO 通过化学吸附吸附在 $CeO_2(111)$ 晶面。CeO_2 浸渍显著提高了 AC 对 Hg^0 的吸附能力（Tian et al.，2009）。当 Ce 用于改性 MnO_x 时，CeO_2 表面储存的 O 有利于 Hg^0 吸附（Chang et al.，2015）。此外，Ce-M 复合材料可以同时去除烟气中的 Hg^0 和 NO。MnO_x-CeO_2 氧化物的高氧化还原活性提升了催化剂的 O_2 存储容量，促进了 O_2 在催化剂表面的迁移。采用 Mn-Ce/Ti-柱撑层间黏土（pillared clay，PILCs）同时去除烟气中 NO 和 Hg^0，其中催化剂表面 Mn^{4+}/Mn^{3+} 和 Ce^{4+}/Ce^{3+} 的比例有助于 NO 的转化和 Hg^0 的去除。其他 Ce 改性材料，如 CeO_2/Al_2O_3 和 CoO_x-CeO_2 金属氧化物，充分利用了 CeO_2 的离子导体和储氧容量（He et al.，2016，2014；Wang et al.，2015b）。

2. 吸附法脱汞的影响因素

1）汞浓度

汞浓度及烟气中的汞种类是技术选择的决定因素。对于痕量气态 Hg^0（$\mu g/m^3$），应同时选择催化和吸附两种方法（Zhang et al.，2015b；Pavlish et al.，2003）。在催化法中，氧化汞（如 $HgCl_2$ 和 $HgBr_2$）可以被细颗粒（如燃烧气体中的飞灰）和吸收液（如脱硫液）捕获。然而，汞在这些副产物中稳定下来，会引起汞二次污染（Sun et al.，2014，2012）。吸附法可用于衡量汞浓度，其中一些常用的吸附剂，如 AC 或卤素改性 AC，可以有效地捕获 Hg^0（Pavlish et al.，2003）。当浓度上升到 mg/m^3 水平时，催化法不再适用，因为产生的大量氧化汞会影响副产物的质量（Yao et al.，2019），这就需要吸附剂来获得较大的汞容量。

2）反应温度

用于气态 Hg^0 转化的催化剂或吸附剂的性能高度依赖反应温度（Gao et al.，2013a；Yang et al.，2011e）。较高的温度不利于汞的表面吸附，但它可以提供必要的催化能量，使 Hg^0 转换到它的高价态（Presto et al.，2006）。吸附技术主要在温度低于 200 ℃时使用，而催化法应在 100～400 ℃ 使用。然而，这两种方法之间没有确定的温度边界。设计功能材料时应考虑固体材料和汞种的稳定性。在实际应用中，所选择的技术还取决于反应温度。高温和低温分别有利于催化和吸附去除多种污染物，如 NO_x 和 Hg^0 的协同去除，挥发性有机化合物（volatile organic compounds，VOCs）和 Hg^0 的协同吸附。

3）烟气组分

不同工业生产过程所使用的原材料不同（如燃煤发电厂主要使用煤炭，而有色金属冶炼使用硫化矿物作为原料），加之反应条件的多样性，决定了烟气组分和浓度的多样性（Li et al.，2012）。O_2 是工业气体中最重要的气体组分，在大多数情况下，它既促进催化反应又促进吸附反应（Gao et al.，2013b；Presto et al.，2006）。SO_x（SO_2 和 SO_3）存在于各种类型的工业气体中，但它们会影响 Hg^0 的去除，特别是大多数过渡金属氧化物容

易受 SO_x 中毒而发生硫酸盐化，从而导致活性位点的失活（Hong et al.，2020；Chen et al.，2020；Xu et al.，2015b；Yang et al.，2011d）。在有色金属冶炼气体中，高浓度的 SO_x 会导致固体材料失活，因此，必须考虑 SO_2 或 SO_3 条件下的界面效应（Hong et al.，2020）。已有研究表明，金属硫化物对 SO_2 具有优异的抗性，结果表明：CuO 在 H_2O 和 SO_2 共存的条件下转化为 $CuSO_4$，导致其脱汞性能显著降低，采用 H_2S 对 CuO/TiO_2 进行改性后得到的 CuS/TiO_2 吸附剂，对 H_2O 和 SO_2 表现出良好的抗性（Kong et al.，2018）。还有研究表明，H_2O、SO_2 对 CuS 吸附汞的影响几乎可以忽略，在 0.5%SO_2、10%H_2O 条件下的吸附量分别为 16.90 mg/g、14.46 mg/g，相比于纯 N_2 气氛下的吸附量（17.53 mg/g），并未显著下降（Liu et al.，2019a）。Li 等（2019）通过密度泛函理论计算发现 H_2O、SO_2 在 CuS 上发生的是物理吸附，Hg^0 比这两种气体组分更容易在 CuS 表面发生吸附。此外，SO_x 可以促进某些碳基材料吸收 Hg^0 生成稳定的 $Hg-SO_4$（Tong et al.，2015）。HCl 作为一种痕量气体组分，在 Hg^0 的氧化和表面吸附性能中都发挥着重要作用。通过 Deacon 反应，HCl 可以转化成活性 Cl^*，从而氧化 Hg^0 生成 $HgCl_2$，有利于 Hg^0 在较低温度下吸附，在较高温度下催化转化。Cl_2 可在 ZnS(100) 表面解离成氯离子从而形成含氯 ZnS，表面活性氯离子对 Hg^0 的电子有很强的吸引能力，促进 Hg^0 氧化生成稳定的 $HgCl_2$ 和 HgCl，因此在 Cl_2 存在的条件下 ZnS 的脱汞能力得到增强（Li et al.，2018）。NO_x 也是一种主要的气体组分，目前的研究主要集中在其结合 SCR 工艺的界面效应。NH_3 等还原剂在 Hg^0 捕获和吸附过程中都不利于 Hg^0 的去除。此外，H_2O 存在于工业气体中会产生负面影响。虽然各种研究都集中在这些气体组分的影响上，但某些工业气体的深层反应机理还有待进一步研究。

4）空速

空速是影响材料吸附性能的重要参数。在空速为 $8.5 \times 10^5 h^{-1}$（远高于实际吸附系统的空速）条件下，汞脱除率可长时间（570 min）保持在 100%，随着空速的升高，脱汞效率降低（Liu et al.，2019a）。Zhao 等（2017c）研究了不同空速对 MoS_2 吸附性能的影响，结果表明当空速为 4.5×10^5 mL/(h·g) 时，250 min 后汞脱除率为 66.7%，当空速为 4.5×10^4 mL/(h·g) 时，吸附 2 000 min 后，汞的脱除率仍然为 100%。此外，Zhao 等（2017）将 5%MoS_2 负载于商业介孔 γ-Al_2O_3 上，发现当空速由 3.9×10^4 mL/(h·g) 提高到 7.8×10^4 mL/(h·g) 时，其脱汞效率仅由 100% 下降至 95%。金属硫化物在高空速下具有较好的脱汞性能，但是空速不宜过高，将其负载于载体上有利于提升高空速条件下的汞吸附性能。此外，在实际应用中，还需考虑具体工况条件，如对于燃煤行业，其烟气排放量非常大，单炉排放量可达数百万 m^3/h；而对于以锌、铅等硫化矿为原料的有色金属冶炼烟气，其烟气量相对不高，单炉排放量一般为 5 万～10 万 m^3/h。

3. 汞的吸附机理

汞在吸附剂上的吸附过程可分为物理吸附和化学吸附。物理吸附是指在不改变汞种类的情况下，将汞吸附到材料表面或内部通道上的过程。具有大表面积和多孔结构的材料有利于物理吸附。大的表面积为 Hg^0 的固定提供了更多的可能性，多孔结构有利于气体转移。由于 Hg^0 饱和蒸气压高，物理吸附过程不能稳定地固定 Hg^0，且并不是所有多孔材料都具有 Hg^0 吸附性能。化学吸附是物理吸附的 Hg^0 发生变化并通过化学键连接到吸附剂表面的过程。这种化学键合状态要求大多数材料的使用温度要高于物理吸附的温度。总的来说，Hg 物种越稳定，吸附温度越高。卤素（Cl、Br 和 I）、S 和一些金属氧化物对 Hg^0 表现出优越的表面化学吸附能力，因此它们可以形成 HgCl$_2$、HgBr$_2$、HgI$_2$、HgS 和 HgO 物种。根据不同种类的氧化反应，这些反应机制可分为卤素诱导（HCl、Cl$_2$ 和 Br）、氧诱导和表面空穴/缺陷介导的反应（Presto et al.，2008；Niksa et al.，2002）。

1）卤素诱导吸附机制

在较高的温度（如 400～700 ℃），HCl 作为一种临界含氯物质存在，可促进 Hg^0 氧化（Yang et al.，2017；Liu et al.，2016b；Norton et al.，2003）。如式（3.19）所示，在催化剂的作用下，HCl 可以在较低的温度下分解，气态 HCl 在 O$_2$ 条件下变成活性 Cl*，进而在固体物质上生成氯气（Cl$_2$）（Deacon 反应）。该活性 Cl* 可在烟气中将 Hg^0 氧化为 Hg^{2+}，形成 HgCl$_2$［式（3.20）］。

$$2HCl(g)+1/2O_2(g) \rightleftharpoons 2Cl^* + H_2O \rightleftharpoons Cl_2(g)+H_2O \qquad (3.19)$$

$$2Cl^* + Hg^0(ad) \rightleftharpoons HgCl_2 \qquad (3.20)$$

HCl 和 O$_2$ 在催化剂表面的吸附对 Hg^0 的进一步吸附具有重要意义。已有不同的反应途径，如 E-R、L-H 和 Mars-Maessen（M-M）机理用于解释 Hg^0 和 HCl 在材料及其活性位点上的吸附过程（He et al.，2009）。无论反应类型如何，活性 Cl* 都是 Hg^0 氧化的主要活性位点，其次是气态 Hg^0 物理吸附步骤。此外，Br 诱导反应还可以加速氧化过程，Hg^0 与由 HBr 解离形成表面 Br 相互作用，从而形成 HgBr，然后表面 HgBr 与 HBr 进一步相互作用形成 HgBr$_2$（Wang et al.，2016）。

2）氧-诱导吸附机制

氧可以通过直接和间接反应促进 Hg^0 的氧化过程（Yang et al.，2017；Xu et al.，2017b）。对于大多数过渡金属氧化物，其吸附机理可以描述为：首先，气态的 Hg^0 吸附在金属氧化物表面，形成表面吸附态 Hg^0(ad)；二是 Hg^0(ad)被氧化成 Hg^{2+}(ad)，过渡金属离子被还原；然后 Hg^{2+}(ad)与表面氧结合形成 HgO［式（3.21）和式（3.22）］。高价态过渡金属有利于 Hg^0 的氧化过程，而足够的表面氧的存在有利于 Hg 成键。

$$Hg^0(g) \longrightarrow Hg^0(ad) \qquad (3.21)$$

$$Hg^0(ad)+M^{y+}+1/2O_2 \longrightarrow Hg^{2+}\text{-}O(ad)+M^{(y-1)+} \qquad (3.22)$$

注意，在这个反应过程中，烟气中的氧气参与了反应。首先，O$_2$ 可以在某些过渡金属氧化物上分解，产生两个原子吸附的氧分子。这些吸附的 O$_2$ 比晶格氧更有利于 Hg^0 的催化氧化（Wang et al.，2019）。其次，表面氧也有利于 Hg^{2+}(ad)键合，导致表面化学吸附。表面形成的 HgO 可以弱键（Hg—O）和强键（Hg≡O）形式存在（Xu et al.，2017c，2015）。这些不同的键能可以反映出目标固体材料汞释放的难度水平。

3）表面空位/缺陷诱导吸附机制

$$Hg^0(g) \longrightarrow Hg^0(ad) \longrightarrow [Hg^0]\text{-}MO_x \longrightarrow [Hg^{2+}]\text{-}O\text{-}MO_x+2e^- \qquad (3.23)$$

$$Hg^0(g) \longrightarrow Hg^0(ad) \longrightarrow [Hg^0]\text{-}MS_y \longrightarrow [Hg^{2+}]\text{-}S\text{-}MS_y+2e^- \qquad (3.24)$$

其中[ ]为表面空穴或缺陷，MO$_x$ 和 MS$_y$ 分别为金属氧化物和金属硫化物。以往的研究在一定程度上忽略了表面空穴和陷阱对 Hg^0 捕获和表面活化性能的作用。表面空穴和陷阱在各种反应中都具有很高的活性。结果表明，片状 Co-CeO$_2$ 的暴露面主要为(110)和(100)，氧空位形成能较低。Co-CeO$_2$ 上发现了大量的氧空位缺陷，这进一步导致了表面上大量的化学吸附氧。大多数过渡金属氧化物存在表面空穴和陷阱，捕获 Hg^0 并加速氧化过程式（3.23）。然而，很少有研究对这些机制的影响进行分析。此外，对于硫基材料，由于表面的圈闭，Hg^0 向 Hg^{2+} 的转化更有可能发生如式（3.24）所示的反应过程。

3.2 铅的控制方法及原理

铅对大气的污染主要体现在铅及其化合物以铅烟和铅尘的形式被排放到大气之中。铅在加热熔融状态时产生大量的铅蒸气，铅蒸气挥发进入空气被氧化，形成氧化物微粒，并最终以铅烟和铅尘的形式散发到大气之中。含铅蒸气及细小铅氧化物微粒的废气称为铅烟，而在铅熔化的铅液和空气界面处的海绵状铅氧化物称为铅尘。铅烟与铅尘主要来源于含铅汽油的燃烧，采矿、冶金、含铅产品的生产等过程。铅烟和铅尘是大气污染最为严重的污染物之一。

3.2.1 铅的产生

1. 铅烟尘采样方法

通常来说，铅的热熔工艺以产生铅烟为主，用铅烟采样法测定；铅的冷加工工艺，以产生铅尘为主，采用铅尘采样法，铅烟和铅尘同时存在的工艺，用同时同点采样法。

滤纸法：采用滤纸法采集铅烟气溶胶样品，用稀硝酸浸取吸附在滤纸上的铅烟，然后通过浸取—过滤—浓缩测定，在采样前用稀硝酸对滤纸处理降低空白值，整个过程手续费时、烦琐，处理过程花费较长时间。由于稀硝酸能溶解铅及其无机化合物，根据这一化学性质，有人提出采用稀硝酸溶液吸收铅烟，然后进行测定，研究显示该法快速简洁且测定结果令人满意。

采样仪法：用采样仪法可以采集铅烟和铅尘。使用大气采样器采集铅尘，首先将微孔滤膜放入采样夹中夹紧，采用 50～150 mL/min 的流量分别对环境各采样点采样 20～40 m^3 并同时记录采样的压力和温度。有人研究发现，在采用大流量采样器采集和测定空气中铅尘时可以采用一张滤膜同时采集和测定空气中的铅尘和 TSP 等污染。使用烟尘测试仪采集铅烟，用超细玻璃纤维无胶滤筒对排铅烟道采样 10～30 min。

2. 铅烟尘的检测方法

铅烟尘的检测方法有多种，目前应用较多的主要有阳极溶出伏安法、石墨炉原子吸收法、等离子体发射光谱分析法及其与质谱联用法等。采用无火焰原子吸收法测定应用较多，但是须把滤纸与铅微粒一起消化进行前处理，过程较为烦琐。有研究者将原湿式消化改为浸泡，取硝酸定容，并加入基体改进剂，将该方法改进为一种省试剂、省力、回收率高、重现性好、能很好地达到检测要求的方法。火焰原子吸收法用于监测空气与废气中气溶胶样品的铅尘和铅烟，该法操作简便、灵敏度高，而且准确精密。有研究者采用微分电位溶出法测定大气中的颗粒物铅烟，该方法简单、快速便捷。

3. 铅尘产生机理

铅烟与铅尘由于颗粒粒径大小不一样，所以净化处理难易程度不同，通常来说，铅尘粒径大，普通的重力除尘或者布袋除尘就能得到一定的效果，但是铅烟由于颗粒小，需用湿法净化处理，而湿法的投资和运行成本较大。

粗铅的生产以火法为主，湿法尚不成熟，冶炼出来的粗铅需经精炼成精铅后使用。精炼的方法有火法和先用火法去除铜与锡后再铸成阳极板进行电解精炼两种，火法应用较多，世界上的精铅均采用火法精炼得到。我国多数企业采用电解精炼，世界上采用电解精炼的国家主要有中国、日本、加拿大等。由于粗铅中含有铜、砷、锑、锡等杂质元素，所以在火法或者电解精炼过程中都需要将其去除。粗铅中含有的铜为有价元素，在电解精炼前的火法熔炼过程中需进行提铜处理，提铜的主要方法是在熔融状态下做溶析和硫化处理，使铜及其化合物上浮到渣中捞出，主要过程分为：熔化、压渣、捞渣、降温熔析、加硫除铜。过程中产生大量的铅蒸气，铅蒸气在上升过程中被氧化成铅氧化物形成的气溶胶称为铅烟。裸露的熔融铅液与空气接触，被氧化成海绵状铅氧化物，形成铅渣，铅渣飞扬或铅烟气溶胶凝聚都会形成铅尘。随温度升高，铅烟和铅尘的生成量会相应增加。由于铅的饱和蒸气压较低，表面蒸发率相应较高，因此在熔铅时极易产生大量铅烟尘。生产过程中由于残极未洗刷干净会附带水分、硅氟酸残液、阳极泥等，在加残极时，就会爆发喷溅，瞬间产生大量铅烟尘，同时伴有水蒸气和硅氟酸及硅氟盐蒸气。

4. 铅烟尘的存在状态

铅蒸气在空气中会凝聚氧化成铅氧化物呈气溶胶体散布于空气中，形成无色、无味的铅烟。在铅火法冶炼环境中，产生铅烟和铅尘，高浓度的铅烟呈蓝色或白色烟雾状。在铅电解精炼阳极铸铅生产过程中，加残极时，由于残极伴有未洗刷干净的阳极泥及水分，铅烟尘的成分除铅氧化物外，还含有锑、锡、锌、铜、银等及其氧化物和水蒸气。熔融状态的铅产生的铅蒸气迅速被氧化成氧亚铅和一氧化铅黄丹。在 $330\sim450\,^\circ\!C$ 时一氧化铅氧化成三氧化二铅，至 $450\sim500\,^\circ\!C$ 时可形成四氧化三铅红丹，当温度高于 $500\,^\circ\!C$ 时，红丹分解成氧气和一氧铅，一氧化铅为稳态的铅氧化物。三氧化二铅和四氧化三铅是包含一氧化铅和二氧化铅的混合氧化物，可写成 $PbO\cdot PbO_2$ 和 $2PbO\cdot PbO_2$ 形式。一氧化铅偏碱性，难溶于碱易溶于硝酸、乙酸，而二氧化铅偏酸性，稍溶于碱而难溶于酸。铅颗粒大小不一，与碰撞团聚的程度有关，不同颗粒度的数量不一。有研究表明：铅颗粒主要集中在亚微米粒径区间，质量浓度呈单峰分布，且质量浓度的峰值约在 $0.2\sim0.6\,\mu m$，铅颗粒在这一更广的粒径范围内，铅颗粒的数量浓度集中在粒径 $0.03\sim0.4\,\mu m$，呈单峰分布，峰值约在 $0.2\sim0.3\,\mu m$（张小锋 等，2007）。

国外的一些研究者对铅颗粒的质量浓度和数量浓度的粒径分布也做了大量研究。

Davis 等（1998）认为：铅颗粒质量浓度呈单峰分布主要集中在 0.02～0.20 μm 的粒径区间，质量浓度的峰值在 0.06～0.10 μm。而总颗粒物的数量浓度集中在 0.03～0.40 μm。Owens 等（1996）测量了 0.02～1.00 μm 粒径区间铅颗粒的数量浓度，浓度峰值在 0.5～1.0 μm。Scotto 等（1992）测量了 0.02～1.00 μm 粒径区间铅元素总颗粒的数量浓度，浓度峰值在 0.1 μm 左右。通过这些研究总结分析得到铅烟尘颗粒的平均粒径在 0.1～0.3 μm，小于 1 μm 的颗粒占 99%。

铅是蓝灰色的金属，新的断口具有灿烂的金属光泽，其结晶属等轴晶系（八面体及六面体）的密度很大，不同学者测定固体铅的密度为 11.273～11.489 g/cm³。液态铅的密度随温度而变，其关系如表 3.2 所示。

表 3.2　不同温度下液态铅的密度

温度/℃	密度/(g/cm³)	温度/℃	密度/(g/cm³)
327.3	10.686	700	10.245
400	10.597	800	10.132
500	10.477	850	10.078
600	10.359		

铅是重金属中最柔软的金属之一，其莫氏硬度为 1.5。铅中含有少量铜、砷、锑、锌、碱金属及碱土金属时，其硬度增大而韧性减小。铅有很好的展性，可压轧成铅皮和锤制成铅箔。铅的延性却甚差，不能拉成铅丝。在适当温度（230℃）下用孔模挤压，可压制成不同形状的铅件如铅管、铅棒、铅丝等。固体铅在高压下便可变成液体铅。在低于熔点 3～10℃下的铅很脆，用力摇动时可制成铅粒。铅的熔点为 327.502℃。沸点的数据则相差很大，不同学者测得铅的沸点在 1 525～1 870℃，一般认为沸点是 1 525℃的居多。由此可列出铅的平衡蒸气与温度的关系，见表 3.3，或用式（3.25）算出（熔点至沸点）。

表 3.3　不同温度下的铅蒸气压

温度/℃	蒸气压/Pa	温度/℃	蒸气压/Pa
620	$10^{-3} \times 133.3$	1 290	50×133.3
710	$10^{-2} \times 133.3$	1 360	100×133.3
820	$10^{-1} \times 133.3$	1 415	289×133.3
960	1×133.3	1 525	760×133.3
1 130	10×133.3		

$$\lg p = 133.3(-10\ 130T^{-1} - 0.9851\lg T + 11.16) \tag{3.25}$$

铅及其化合物在高温下是容易挥发的物质，导致损失。这不仅影响铅冶炼回收率，也会使操作人员铅中毒。所以，熔炼设备和运输设备的密闭，收尘设备的完善及车间的良好通风都是很必要的。铅是热和电的不良导体。铅水的流动性却很大，所以炼铅设备应注意防止漏铅。

铅是周期表中的 IV 主族元素，原子序数为 82，原子量为 207.21，原子价为 2 和 4。

常温下铅在干空气中不起化学变化，但在潮湿的和含有 CO_2 的空气则氧化生成次氧化铅（Pb_2O）薄膜，覆盖在铅的表面，使铅失去光泽而变成暗灰色，并且慢慢地转变成碱式碳酸盐[$3\cdot PbCO_3\cdot Pb(OH)_2$]。铅在空气中加热熔化时，最初氧化成 Pb_2O，表面现虹彩，再升高温度则成为 PbO。继续加热至 330～450 ℃，PbO 则变成 Pb_2O_3。当温度升高至 450～470 ℃时便转变为 Pb_3O_4。（$2PbO\cdot PbO_2$ 铅丹）。Pb_2O_3 和 Pb_2O_4 在高温下都会发生离解生成 PbO，$Pb_2O_4 = 2PbO + O_2$ 的离解压与温度的关系如表 3.4 所示。

表 3.4　Pb_2O_4 离解压与温度的关系

温度/℃	离解压/Pa	温度/℃	离解压/Pa
450	1 400	550	29 730
475	3 200	575	56 260
500	6 933	600	113 324
525	14 800		

因此，所有含氧量比 PbO 多的铅氧化物在高温下都不稳定，在高于 600 ℃温度时都离解成 PbO 和 O_2。CO_2 对铅的氧化作用不大。铅易溶于硝酸、硼氟酸、硅氟酸、乙酸及硝酸银中，难溶于稀盐酸及硫酸，缓溶于沸盐酸及发烟硫酸中。常温时 HCl 及 H_2SO_4 仅作用于铅的表面，因为反应生成的 $PbCl_2$ 和 $PbSO_4$ 几乎是不溶解的，它们附着在铅的表面，从而阻碍铅继续反应。一般说来，铅在酸中的溶解度视所含杂质的性质和数量而定。铅是放射性元素钍、铀、锕分裂的最后产物，它可吸收放射线，所以具有抵抗放射性物质射线透过的性能。

1）硫化铅（PbS）

天然产出的硫化铅称方铅矿。硫化铅的熔点为 1 135 ℃，沸点为 1 281 ℃，密度为 7.115～7.70 g/cm^3。熔化后的硫化铅流动性极好，容易渗入炉底和炉壁的耐火材料而不起侵蚀作用。隔绝空气加热硫化铅则挥发而不起化学变化，其平衡蒸气压与温度的关系见表 3.5。

表 3.5　硫化铅平衡蒸气压与温度的关系

温度/℃	压力/Pa	温度/℃	压力/Pa
852	1×133.3	1 074	60×133.3
928	2×133.3	1 108	100×133.3
975	10×133.3	1 160	200×133.3
1 005	20×133.3	1 221	400×133.3
1 048	40×133.3	1 281	760×133.3

当与其他金属硫化物如 Sb_2S_3 或 Cu_2S 等共熔时，硫化铅的挥发性变小。硫化铅在高温下可按 $PbS(s) = Pb(g) + 1/2S_2(g)$ 离解，其离解压与温度的关系见表 3.6。

表 3.6 硫化铅离解压与温度的关系

温度/℃	离解压/Pa	温度/℃	离解压/Pa
400	−1 540.9	1 000	−431.5
600	−990	1 200	−265.9
800	−649	1 400	−136.1

按金属硫化物分子形成热的大小，可将其排列成下列顺序：Mn，Cu，Fe，Sn，Zn，Pb，Ag，As，Sb。也就是说，在适当温度下，位于铅前面的金属都可以从 PbS 中把铅置换出来。例如，在高于 1 000 ℃ 温度下用铁置换：$PbS+Fe=Pb+FeS$ 便可得到金属铅，沉淀熔炼即基于这个原理。但是实际上这一反应进行得并不彻底，因为熔化后的 PbS 与 FeS 结合生成稳定的 3FeS·PbS（铅冰铜）。所以沉淀熔炼反应为

$$4PbS+4Fe=3Pb+PbS·3FeS+Fe \tag{3.26}$$

使铁只能从 PbS 中置换出 72%～79% 的铅，且需在熔炼时加入过量的铁才能保证上述的置换效果。而此过量的铁会熔入铅冰铜中。CaO 和 BaO 能分解 PbS，如 $4PbS+4CaO=4Pb+CaS+CaSO_4$，$2PbS+CaO+C(CO)=Pb+PbS·CaS+CO(CO_2)$。然而 CaS 与 PbS 能形成稳定的 CaS-PbS，使铅的产出率显著降低。

碳或一氧化碳均能还原 PbS，其反应为

$$2PbS+C=2Pb+CS_2 \tag{3.27}$$

$$PbS+CO=Pb+COS \tag{3.28}$$

但其反应速度很慢，即使在 1 100 ℃ 的温度下反应也不激烈，所以无法实际应用。PbS 能与 Na_2CO_3 发生反应，在高温（如 1 000 ℃ 以上）下有碳质还原剂存在，可以产出金属铅。其反应为

$$2PbS+2Na_2CO_3+C=2Pb+2Na_2S+3CO_2 \tag{3.29}$$

$$PbS+Na_2CO_3+C=Pb+Na_2S+CO+CO_2 \tag{3.30}$$

$$PbS+Na_2CO_3+CO=Pb+Na_2S+2CO_2 \tag{3.31}$$

此即碱法炼铅的基本原理。用 NaOH 代替 Na_2CO_3 也可得到同样的效果。然而由于碱（Na_2CO_3 或 NaOH）的价格比较高，碱的再生又比较复杂，因此，目前这种炼铅方法只限于小型企业或中间产品的处理。浓硝酸、盐酸、硫酸及三氯化铁水溶液能溶解硫化铅。高温下，空气、富氧和纯氧能使 PbS 氧化成 PbO 和 $PbSO_4$。

2）一氧化铅（PbO）

在冶金中，铅的氧化物最重要的是 PbO，而 Pb_2O、Pb_2O_3 和 Pb_3O_4 都不稳定，只是冶金过程中的中间产物。Pb_3O_4 称为红丹，在 500 ℃ 分解为 PbO 和 O_2。PbO 称为密陀僧，它有两种同素异形体，正方晶系的 PbO 称为红密陀僧，斜方晶系的 PbO 称为黄密陀僧。熔化的密陀僧急冷时呈黄色，而缓次序时呈红色，转型温度为 450～500 ℃。在 300～500 ℃ 温度下，PbO 可氧化为 Pb_3O_4。温度再高又分解成 PbO。所以，黄密陀僧是高温稳定的化合物。

PbO 熔点为 886 ℃，沸点为 1 472 ℃。PbO 平衡蒸气压与温度的关系如表 3.7 所示。

表 3.7　PbO 平衡蒸气压与温度的关系

温度/℃	蒸气压/Pa	温度/℃	蒸气压/Pa
750	2.67	1 200	6 853
850	48	1 300	20 000
950	240	1 425	60 000
1 050	1 000	1 470	86 660
1 100	1 987	1 472	101 325

可见，PbO 在 750 ℃时已经挥发；至 950 ℃时其挥发值已相当大。这是高温冶金过程铅损失和铅污染的重要根源。

PbO 的生成热在固体时为 219 075 J/mol，液体时为 217 400 J/mol（表 3.8）。PbO 是两性氧化物，在精炼温度下它与 SiO_2 或 Fe_2O_3 可结合成硅酸盐或亚铁酸盐，也可与 CaO 或 MgO 结合成亚铅酸盐（如 CaO·PbO）或铅酸盐（如 CaO·PbO_2），又可与 Al_2O_3 结合成铝酸盐。然而，铅酸盐在高温下不稳定，而硅酸盐在高温下容易生成，这是硅砖及黏土砖被强烈腐蚀的重要原因。PbO 是一种氧化剂，在精炼温度下它易使 Te、S、As、Sb、Sn、Bi、Zn、Cu、Fe 等全部氧化或部分氧化，所形成的氧化物或造渣或挥发，因此被广泛地应用于铅的火法精炼中。PbO 又是良好的助熔剂，它可与许多氧化物形成易熔共晶体或化合物等。特别是 PbO 过剩时更易熔。此种特性表现在高铅炉渣（如直接炼铅渣）的易熔，因此 PbO 被应用于贵铅灰次法提银及试金的渣化过程中。PbO 可在浓碱溶液、胺（如乙二胺、丙胺、二乙基三胺等）溶液、氨性硫酸铵溶液、硅氟酸溶液、氯基磺酸及碱金属或碱土金属氯化物（如 NaCl 和 $CaCl_2$）的热浓溶液中溶解。

表 3.8　PbO 的离解压与温度的关系

温度/℃	离解压/Pa	温度/℃	离解压/Pa
500	4.13×10^{-36}	1 500	6.04×10^{-6}
700	2.80×10^{-23}	1 700	4.27×10^{-4}
900	4.26×10^{-16}	1 900	1.19×10^{-2}
1 100	1.73×10^{-11}	2 000	4.93×10^{-2}
1 300	2.80×10^{-8}	2 075	21 278

3）碳酸铅（$PbCO_3$）

天然产出的碳酸铅称为白铅矿。它是氧化铅矿中的主要组分。碳酸铅与硫酸铅（铅矾 $PbSO_4$）都是次生矿，它们是由矿风化及含碳酸盐的地下水影响而渐次变成的。矿石中的铅以白铅矿或铅矾形态存在时，因其中皆含有氧，所以统称为氧化铅矿。氧化矿常在矿床的上层，而硫化矿则位于下层。铅的氧化矿床比硫化矿床储量小得多，故意义较小。白铅矿加热时很快便离解，生成 PbO 和 CO_2，其平衡离解压与温度的关系见表 3.9。

表 3.9　$PbCO_3$ 平衡离解压与温度的关系

温度/℃	离解压/Pa	温度/℃	离解压/Pa
184	1.3×10^3	280	7.3×10^4
210	4.3×10^3	327	1.01×10^5
233	1.36×10^4		

所以，碳酸铅是容易被还原的化合物。硅氟酸和浓碱等溶液能溶解碳酸铅，其反应为

$$PbCO_3 + H_2SiF_6 = PbSiF_6 + H_2O + CO_2 \tag{3.32}$$

$$PbCO_3 + 4NaOH = Na_2PbO_2 + Na_2CO_3 + 2H_2O \tag{3.33}$$

这个性质在湿法提铅中得到应用。

4）硫酸铅（$PbSO_4$）

天然的硫酸铅矿物称为铅矾。硫酸铅为白色单斜方晶体，带甜味。硫酸铅的密度为 6 g/cm，熔点为 1 170 ℃。在达到熔点以前的温度时，$PbSO_4$ 即已分解。硫酸铅是比较稳定的化合物，800 ℃时便开始分解，至 950 ℃以上分解进行得很快，其反应为

$$PbSO_4 = PbO + SO_2 + 1/2O_2 \tag{3.34}$$

在还原性气氛下，硫酸铅则按下列反应式变成硫化铅：

$$PbSO_4 + 4CO = PbS + 4CO_2 \tag{3.35}$$

$PbSO_4$ 和 PbO 均能与 PbS 反应生成金属铅，还原熔炼即基于这一原理。硫酸铅微溶于水和浓硫酸，能溶于浓盐酸、浓碱、浓氯及乙酸铵溶液中，并且遇硫即生成黑色硫化铅。

3.2.2　铅的控制方法

基于对铅在煤种赋存形态的考量，主要采取措施为燃烧前降低煤中重金属含量，燃烧中减少重金属的挥发及细微颗粒物的生成；燃烧后强化烟气中的气态和颗粒态重金属的脱除。

1. 燃烧前控制

煤中铅元素主要是无机结合态，因此，在煤炭燃烧之前，可以通过对煤进行一系列物理化学处理，使含有铅元素的矿物质从煤中分离出来，达到减少煤中痕量元素含量的目的。这些物理化学处理主要包括洗煤、浮选及化学脱硫等技术。

Akers 等（1994）探究了洗煤对煤中重金属的脱除效果，发现传统洗煤技术可以除去 47.1%的砷、77.8%的硒和 66.4%的铅，而先进的商业洗煤技术可以减少更多的铅。王文峰等（2003）对 6 个煤样进行了洗选实验，结果发现煤中砷、硒、铅的平均脱除率分别为 62.1%、26.2%、32.7%。Finkelman（1994）也证明了煤中有 50%~75%的砷，<50% 的铅和硒可以通过洗煤被脱除。张振楞等（1992）在对不同煤种洗选时发现，洗煤对砷和铅的脱除率与其在煤中的赋存形态密切相关，砷和铅在煤中无机结合态的比例越高，脱除率则越高。煤中砷、硒、铅主要与无机矿物结合，因此主要富集在密度较大的煤粉中。可通过向煤浆中加入有机浮选剂对煤粉进行浮选，使煤中有机物与无机矿物分离，

砷、硒、铅元素将在浮选废渣中富集，除去废渣从而达到脱除煤中大部分砷、硒、铅的目的。张博（2015）采用单槽浮选机对几种典型煤样进行浮选试验，砷和硒的平均脱除率可达 61.1%和 26.1%。但是浮选法不能完全控制砷、硒、铅元素的排放，脱除率会受到煤种、煤粉颗粒及浮选剂等因素的影响。由于煤中砷、硒、铅主要与硫化物结合，通过化学脱硫的方法减少煤中的含硫化合物，也能够有效降低煤中砷、硒、铅的含量。喻秋梅等（1996）对煤粉化学脱硫后进行了燃烧实验，分析生成的煤灰中重金属元素含量后发现，通过化学脱硫能够对 As、Pb 等元素进行有效控制。

2. 燃烧中控制

燃煤过程中砷、硒、铅挥发释放到烟气中，并趋于富集在细微飞灰颗粒上，导致后续难以脱除。因此，通过抑制燃煤过程中砷、硒、铅的挥发或者促进重金属在粗颗粒上的富集能够减少砷、硒、铅的排放。混煤燃烧是一种洁净煤燃烧技术，合理的配煤混烧可以有效解决锅炉结渣问题，并且可以减少 NO_x、SO_2、重金属污染物的排放（Liu et al., 2016a）。煤中矿物组分对重金属砷、硒、铅具有固定捕集作用，因此，基于高重金属煤配低重金属煤、低灰分煤配高灰分煤等原则，进行合理混煤以通过炉内固定重金属，抑制重金属的挥发从而实现重金属控制。Jiao 等（2013）在小型流化床进行混煤实验，通过将低钙煤和高钙煤混烧并分析测定灰分中的砷含量，发现混煤燃烧促进了飞灰对砷的固定且认为煤中钙基矿物在砷固定过程中起主要作用。研究者提出一种通过混合煤掺烧控制燃煤电厂污染物排放的系统，该方法考虑了混合煤时不同单煤的 As/Se/Pb、矿物质及硫氯元素的含量差异，通过调节混合煤比例来调节入炉煤中 As/Se/Pb 及矿物质的含量，实现混煤掺烧时的 As/Se/Pb 排放控制。

燃煤添加剂可以吸附捕集释放出来的重金属，同时添加剂的颗粒尺寸较大，可为烟气中的重金属冷凝等过程提供附着面积，从而抑制重金属在细微颗粒的富集。Gullett 等（1994）在炉内添加几种矿物质来控制燃煤重金属元素的排放，发现 $Ca(OH)_2$、$CaCO_3$ 和高岭土等对燃烧过程中砷、硒、铅的排放均有明显抑制效果。张军营等（2000）通过流化床煤粉燃烧实验发现，添加 CaO 可以明显抑制砷和硒在高温下的挥发，并且加入 CaO 后，细微飞灰颗粒中砷和硒的含量明显降低，证明 CaO 能够抑制烟气中的砷和硒在细微颗粒表面的富集。Yao 等（2009）探究了添加分子筛、高岭土、石灰石和磷灰石对燃烧过程铅排放的影响，结果表明高岭土对铅具有较好的吸附能力，且添加高岭土后细微颗粒上的铅含量降低，表明高岭土的添加促使铅在粗颗粒上富集，从而利于铅的后续脱除。

3. 燃烧后控制

煤燃烧后砷、硒、铅以气态和颗粒态形式存在于烟气中，且富集在细微颗粒上。因此，一方面可通过吸附剂对气态重金属进行吸附捕集，将气态重金属转化成颗粒态重金属；另一方面利用燃煤电厂现有烟气净化装置协同脱除气态和颗粒态重金属；并进一步促进细微颗粒物的脱除来强化重金属的排放控制。

Wouterlood 等（1979）探究了活性炭在 200℃对气态砷的吸附性能，发现活性炭对砷的脱除效果与其比表面积相关，并且在吸附砷后活性炭加热再生，说明砷在活性炭表面主要是物理吸附。Lopez-Anton 等（2007）使用三种活性炭在 250 ℃下对模拟烟气中的砷和硒进行吸附，结果表明活性炭能够通过化学吸附有效捕集气态砷和硒，并且活性炭中的矿物组分在吸附捕集过程中起主要作用。因此可以看出，活性炭可通过物理吸附和化学吸附捕集烟气中的气态重金属，且在低温时物理吸附作用较强，可作为低温下吸附捕集气态重金属的可再生吸附剂。

Lpez-Anton 等（2006）采用流化床和煤粉炉飞灰在固定床反应器上对烟气中的气态砷和硒进行吸附实验，发现低温下飞灰对砷和硒具有一定的吸附捕集能力，并通过脱附实验证明飞灰对砷和硒的吸附主要是化学吸附，且飞灰中的 Ca/Fe 矿物在吸附捕集砷和硒的过程中起重要作用。Li 等（2020）探究了燃煤飞灰再利用吸附捕集砷的潜力，发现飞灰对砷有一定的吸附能力，且烟气中的酸性气体（SO_2 和 NO）几乎不影响飞灰的砷吸附性能。Wang 等（2020）通过溴化物对飞灰进行改性并在实际电厂回喷入烟道来脱除烟气中的重金属，结果表明改性飞灰促进气态砷、硒、铅固定在飞灰中，进而强化除尘装置对砷、硒、铅的脱除。

基于重金属与无机矿物的交互作用，矿物质吸附剂被陆续开发用于吸附捕集烟气中的气态砷、硒、铅。Zhang 等（2015）探究了 Fe_2O_3、CaO 和 Al_2O_3 对气态砷的吸附能力，发现在 600～900 ℃条件下 Fe_2O_3 具有最好的吸附性能，并且求解了 Fe_2O_3 和 CaO 的砷吸附动力学参数。姚洪课题组探究了不同矿物质对砷的吸附捕集特性，Chen 等（2015）通过小型流化床实验探究了 CaO 在 300～1050 ℃及有无 SO_2 气氛下的砷吸附特性，实验结果显示，CaO 在 300～750 ℃对砷吸附能力随温度升高而增强，当温度高于 750 ℃时 CaO 发生烧结导致砷吸附能力减弱，同时 SO_2 在 900 ℃以下时抑制 CaO 对砷的吸附，而当温度高于 900 ℃时，SO_2 与 CaO 反应生成 $CaSO_4$ 从而增强 CaO 的砷吸附能力；Yao 等（2004）通过沉降炉实验探究了高岭土等矿物对 $PbCl_2$ 的吸附作用及 HCl 气体对吸附的影响，高岭土对铅具有较高的吸附能力，而 HCl 气体会抑制高岭土对铅的吸附。Wang 等（2015a）进一步通过量子化学计算对高岭土吸附捕集铅机理进行了深入解析，研究表明高岭土的 Al 环表面具有吸附能力，而 Si 环表面不具有，活性位点为非预配位的 Al 原子及失去 H 原子的 O 原子。因此，无机矿物质对重金属砷、硒、铅有较好的吸附捕集能力，其中，Ca/Fe/Al 基、Ca 基和 Si/Al 基矿物分别适用于砷、硒、铅的吸附控制，同时烟气组分（SO_2 和 HCl 等）可影响吸附过程，此外吸附剂的使用成本也是需要考虑的问题，低廉、高效、可回收再生且对酸性气体抗性强的多功能吸附剂还有待进一步开发。

常用的火法处理工艺主要包括：①回转窑挥发法，该方法是从含锌尾渣中回收有价金属的典型工艺。通过热炭的还原作用，将其还原成金属，经挥发后氧化成氧化物，再进行回收。②烟化法，该方法是利用碳作为还原剂，对熔渣中的挥发性金属进行还原，使其挥发。在熔化条件下，铅锌的回收效率更高，但分散元素的回收率却很低。③漩涡炉熔炼法，漩涡炉熔炼采用顶部加料和侧壁切向送风，使送入的高速气流在炉内形成强烈旋转的漩涡，向上抽吸。在高温和还原剂的作用下，$ZnFeO_4$、$ZnSO_4$、$PbSO_4$ 等各类盐分解，之后铅、锌硫化物及 Ag_2S 还原挥发进入炉气形成金属氧化物，做到了稀散金属的富集。优点是大部分金属挥发率高，渣中剩余有价金属含量低，富集大部分金属，生产过程连续稳定，具有良好的经济效益和环境效益。但其不足之处在于，需在浸锌渣中加入 30% 以上的碳，温度需要维持在 1 300 ℃以上，会产生较多的矿物能量，能耗较高，且原料的配制及后处理较为烦琐。

在铅的火法冶炼过程中，烧结、鼓风炉熔炼两道工序所产烟尘主要以含铅氧化物、硫化物挥发物和炉料的机械夹带物质为主。根据所处理原料的情况不同，烟尘中可能含有一定量的砷、锑或铟锗等元素。一般情况下，这两种烟尘返回烧结配料，当铟锗等有价元素含量较高再另行处理。鼓风炉炉渣一般含有1%~3%的铅及5%~15%的锌，往往经烟化炉挥发处理，使其中的铅锌富集于烟尘即次氧化锌中。次氧化锌大多通过湿法炼锌工艺回收锌，而其中的铅又富集于锌冶炼渣中。粗铅目前大部分是采用电解法精炼，精炼渣一般采用反射炉熔炼，回收其中的铅，并产出冰铜，作炼铜原料。反射炉的烟灰，除含铅以外，还含有丰富的锡、锑、铋、铟、锗、银等有价元素，较之于前面叙述的几种渣，可利用价值要大得多。而对于一般的小企业，这部分渣返回精矿配料，只回收了重金属，其他有价金属未能回收而造成了资源的浪费。

火法处理多应用于废铅酸电池的回收，主要流程为将废铅蓄电池进行处理，然后直接火法混合熔炼，得到铅合金。火法冶炼前对废铅蓄电池的预处理过程可分为简易处理、破碎筛分处理和铅泥脱硫处理，简易处理后直接冶炼只能得到粗铅合金，若增加破碎筛分工序，分别对栅板和铅膏进行火法冶炼，则可得到铅锑合金和金属铅，进一步将筛分工序中分离出的铅泥进行脱硫处理，经此工艺处理后可提高铅回收率，降低污染物排放。欧美等发达国家多采用第三种处理方式，处理得到的铅泥进入回转短窑冶炼，或可添加鼓风炉，提高回转短窑冶炼效率。发展中国家受经济实力和技术条件的制约，大多只能采用人工进行简单拆分后放入小型反射炉中进行冶炼，这种生产方法工艺粗糙，资源利用率低，产生的铅粉尘对环境污染十分严重。我国早期也是采用这种生产方法，对废铅蓄电池进行简单回收冶炼，随着经济的发展和铅工业生产水平的不断进步，目前我国的再生铅火法冶炼水平已有明显提升。王升东等（2004）研究了一种将废铅蓄电池进行拆分，根据组分不同分别进行处理的新工艺，这一方法可用于生产铅黄、铅锑合金等含铅产品，有效回收了原料中各组分的铅，降低了生产能耗，但对于火法冶炼中的烟尘和气体污染物并没有进行很好的处理。

常用的湿法处理工艺主要包括：①酸浸法，利用烟道灰和酸溶液进行反应来回收其中的金属元素，通常将其分为加压酸浸法和常压酸浸法。常压酸浸法是在常压下用热硫酸浸出锌浸渣，可有效回收渣中有价值的金属元素。加压酸浸法是以高温焙烧后的炉渣为原料，对其进行回收的工艺过程。这种方法的基本原理是在高温和高压条件下，金属被氧化分解暴露于空气中，从而参与到浸出反应过程。②水浸工艺，一般是采用热水浸出烟灰，使得可溶性的金属硫酸盐、砷等浸出。部分有价金属可在浸出后被有选择地回收，比如：置换反应，铁置换除铜得到海绵铜，经锌粉除镉得到海绵镉；结晶浓缩，溶液经浓缩结晶可生产硫酸锌。采用水浸法对有价金属进行回收，其综合回收率高于其他常规处理方法。湿法炼锌的工艺中，铅的行为主要是富集于浸出渣中。浸出渣经回转窑挥发，其中的铅锌被还原挥发，并被窑尾的炉气氧化，形成氧化物，部分铟锗等有价元素也加入烟尘，这部分烟尘再用酸浸出回收其中的锌，而铅则存留于渣中。渣中除铅外，还含有银，一般送炼铅厂回收铅，也有人曾探讨用它来生产三盐基硫酸铅。

铅火法按冶炼原理可分为两大类：①焙烧-还原冶炼法，最常用的方法是烧结焙烧-高炉冶炼，该法具有可操作性强，前期投入、运行成本低等优点，并且可以利用炼铅厂家原有的设备，广泛用于处理高浓度含铅烟尘；②反应熔炼法，将硫化铅在一定程度上氧化成硫酸铅及氧化铅，并与未反应的硫化铅发生氧化还原得到金属铅。

湿法炼铅主要用于对难选矿物及不适宜火法处理的成分复杂的低品位铅矿和含铅物料，如含铅烟灰渣、浮选的中矿、烟尘和废料及氧化铅锌矿尾渣等的处理。湿法冶铅可以分成：①氯化浸出法；②强碱浸出法；③有机胺浸出法；④无机合氨硫酸铵浸出法。

（1）氯化浸出法。该法是用盐酸和氯化钠浸出铅，大部分企业用来处理湿法冶金遗留的浸出渣。以氯盐作为溶剂浸出铅的反应中，含铅废渣中铅化合物在酸性条件下与氯盐溶液中氯离子反应生成 $PbCl_2$。由于 $PbCl_2$ 的溶解度很小，因此该方法可以将含铅废渣中的复合铅化合物转化为单一的氯化铅。

（2）强碱浸出法。铅是一种两性化合物，它能在高浓度氢氧化钠溶液中溶解碳酸铅和硫酸铅。该工艺对溶液中的碱浓度要求很高，并且碱浸后的母液中的铅浓度很低，与其他工艺相比，存在浸出浓度过低、费用过高、经济效益不佳等问题，因此该方法存在一定的局限性。

（3）有机胺浸出法。从含有氯化铅、氧化铅、硫酸铅等固体废料中的铅，可以通过胺浸提法进行回收。目前已有许多能使铅化合物溶解并形成络合物的有机溶剂，而乙二胺、二乙基三胺是最经济、技术上可行的。沉淀铅是通过将二氧化碳通入铅浸出液中进行的，该方法可以将碱性碳酸铅还原为一种单一的铅。一种是通过碳还原而获得一种单一的铅，另一种是用惰性阳极电解来获得单质铅。

（4）加石灰的无机合氨硫酸铵浸出法。该法是利用氧化铅和硫酸铅在 $NH_3\text{-}(NH_4)_2SO_4$ 溶液中有较好的溶解度优势来回收铅。该工艺包括：将废铅中的铅转变为硫酸铅；采用 $NH_3\text{-}(NH_4)_2SO_4$ 溶液在常温常压下浸出废液中的硫酸铅；采用电解或沉淀的方法对铅进行回收。

含铅废渣干湿联合法处理工艺。自 20 世纪 70 年代以来，美、德等国相继开发出了新型的无污染的铅回收技术，其根本原理是在熔炼前将铅膏进行湿法预处理，脱去其中的硫，这样做不仅可以降低熔炼温度而且降低了铅蒸气和粉尘的排放，还达到了减轻污染的目的。宋剑飞等（2003）提出一种湿法-火法联合工艺，利用湿法和火法的不同工艺特点，分别用来生产氧化铅和四氧化三铅，这种技术可有效回收利用二次铅资源，且实用性强、可靠度高、成本低、无二次污染，可广泛应用于工业生产。干湿联合工艺不仅明显提高了铅回收率，而且在无附加工艺的情况下还可得到三盐基硫酸铅、铬酸铅等产品。以 $NaCO_3$ 为脱硫剂对铅膏进行湿法脱硫处理，将铅膏中的 PbS 通过 $NaCO_3$ 反应转化为 $PbCO_3$，从而解决了硫酸铅分解温度较高的问题，使所需温度由 800.56 ℃降至 357.86 ℃，回收过程的能耗明显减少，同时也避免了 SO_2 等污染物的生成。

含铅废渣湿法处理工艺。随着社会的发展，世界各国对污染物的排放要求越来越严格，各个国家先后出台了相应的行业准入标准、污染物排放标准和法律法规，在这样的环境下，传统的铅回收技术已无法满足对环保的需求，近几十年来，湿法处理含铅废渣的技术得到了充分的发展，出现了一系列新的湿法处理工艺。湿法工艺根据得到铅产物的手段不同可分为电解法和浸出剂氧化还原法。

RSR 工艺，主要由二氧化铅的还原、硫酸铅的脱硫和溶液电解沉积三个过程构成。在铅还原阶段，可直接在 290 ℃条件下进行铅膏熔炼，也可以气体或亚硫酸盐作为还原剂，将铅膏处理为浆液从而将铅还原为低价态。脱硫阶段以碳酸盐为脱硫剂，将硫酸铅转化为碳酸铅和相应的硫酸盐，用 HBF$_4$ 或 H$_2$SiF$_6$ 浸出得到的含碳酸铅的铅膏，然后将浸出液配制为含 70～200 g Pb^{2+} 的电解液，以二氧化铅-钛为阳极、不锈钢板为阴极，整个电解过程处于 2.2 V 的槽电压、216 A/m^2 的电流密度下，4 h 后可得到含杂质较少的铅粉。Cole 等（1983）在 RSR 工艺的基础上，采用碳酸铵作为脱硫剂，用铅粉作为还原剂，将浸取液制为电解液后以二氧化铅/钛作阳极、铅板作阴极，在一定的槽电压和电流密度下反应 24 d，即可在阴极室中得到含铅量高达 99.99% 的铅粉，该方法电流效率高、能耗少。有研究显示，在 PbSiF$_6$-H$_2$SiF$_6$ 电解液体系中，加入一定量的磷酸盐后，阳极二氧化铅的生成量出现了十分明显的降低。

CX-EWS 工艺由硫化、硫化铅氧化浸出和溶液电解沉积三个过程构成。该方法的亮点是利用硫酸盐还原细菌的特殊生物特性，将含铅废渣中的多种铅化合物转变为硫化铅，再以氟硼酸三价铁盐为浸出剂将硫化铅中的硫离子氧化为硫单质。然后利用隔膜电解池电离得到铅，此电解池同时还可进行铁离子的再生。该工艺在硫化阶段引入了硫酸盐还原细菌，节省了化学药剂的使用，此类还原细菌还可重复利用，具有一定的经济潜力。

马蒂尼公开了一种以铅化合物为回收形式的含铅废渣处理方法。该方法利用过氧化氢、亚硫酸或亚硫酸盐作为还原剂，将废渣中的二氧化铅还原为氧化铅，再通过 H$_2$SO$_4$ 将氧化铅转化为 PbSO$_4$，之后以乙酸钠、乙酸钾和乙酸氨溶液为溶剂溶解 PbSO$_4$，溶于乙酸盐溶液中的 PbSO$_4$ 发生反应，溶液中出现硫酸盐沉淀同时生成乙酸铅，将反应完全后的溶液过滤去除其中的杂质，加入不同的添加剂以得到不同形式的铅沉淀，该方法选用碳酸盐和氢氧化物为添加剂。

以氯盐为浸出剂是目前氧化还原浸出含铅废渣的主要发展方向，当前已报道有多种氯盐浸出工艺。Placid 工艺以加热后的 HCl-NaCl 溶液为浸出剂，铅渣在一定的反应条件下转化为氯化铅，去除浸出液中的杂质后，通过电解的手段最终得到所需的铅产物。该工艺所用电解池配备了阳离子交换薄膜，由于膜的选择性透过作用，在阳极室产生的氢离子可以轻易穿过交换膜，从而与阴极室内经电解剩余的大量氯离子结合生成盐酸，这些盐酸可以重复用于前一步的浸出过程，形成了氯离子的循环，在阴极经电解生成的铅产物，由于无添加物影响，以晶体状析出，析出后通过电解池的回收装置可得到铅粉，所得铅粉纯度高，可直接用于加工生产铅蓄电池等系列产品。与 Placid 工艺类似，Turan 等（2004）在锌冶炼废渣的回收处理过程中也采用 NaCl 溶液作为浸出剂，首先利用硫酸将冶炼废渣中的锌提取出来，提锌后废渣在较优的反应条件下，经过一段时间的浸出，铅的提取率可达 80% 以上，提取出的铅大多形成配合物，以离子形式溶于浸出剂中。该方法需额外加入添加剂硫化钠，以得到硫化铅沉淀，且经过滤、洗涤、干燥等步骤才可得到含杂质较多的硫化铅，该类硫化铅产品还需进一步加工，最终得到符合标准的铅产物。李文郁等（1992）以立德粉酸浸废渣为原料，以 HCl、NaCl、CaCl$_2$ 混合溶液为浸出剂，经过氯化浸取、氧化除铁、沉淀等工序最终在硫酸作用下得到硫酸铅产物，最佳浸出条件为反应温度 95～100 ℃，反应时间 2 h，液固比 7:1，NaCl 质量浓度 260 g/L。该工艺可得到纯度较高的硫酸铅，添加氧化锌后，还可得到七水硫酸锌副产物。李正山等（1994）在上述混合溶液中添加 FeCl$_3$ 作为浸出剂浸出方铅矿湿法冶炼渣，在较优条件下，浸出率可达 95.71%。陈槐隆（1992）采用 HCl-NaCl-CaCl$_2$ 三元体系浸出铅渣，经浸出、结晶、净化等步骤，经 NaOH 转化得到黄丹，氯化浸出工序铅直收率为 92%～94%。李发增（2015）在 NaCl-CaCl$_2$ 体系中分别浸出电解锰阳极泥和锌矿尾渣，在不同的最优浸出条件下，铅的浸出率可分别达到 95% 和 90% 以上。王玉等（2010）采用 HCl-NaCl 混合溶液作为浸出剂浸出废铅蓄电池，在实验所得最优条件下，铅浸出率高达 99% 以上。对含铅废渣的湿法处理工艺优点在于浸出过程所需条件温和，这就避免了在高温环境下铅金属及其化合物的挥发；且湿法工艺适应性强，可应用于组分含量多样、结构差异较大的含铅废渣的处理。目前湿法工艺存在的主要问题在于工艺中所使用的浸出剂价格昂贵、回收利用难及浸出剂对设备要求较高等方面，如何解决浸出剂的高价、回收利用及对设备要求高的问题是湿法工艺能否实际应用的关键。

3.3 砷的控制方法及原理

煤燃烧、垃圾焚烧和金属冶炼等都会产生含砷废气，对环境造成污染，其中燃煤所排放的砷污染物是大气中砷的主要来源。据估算，1900～1971 年世界消耗煤量约为 117×10^5 t，排入大气中的砷总量高达 27 万 t。在我国，2000 年约有 2 450 t 砷排放到大气中，如果不采取相应的控制措施，砷排放量将持续增加。煤中的砷是一种挥发性较强的有害微量元素，燃煤是环境中砷的主要来源之一。燃煤过程中砷的释放及砷在环境中的长期积累是造成砷污染和砷危害的主要原因。我国是产煤大国，也是燃煤大国。煤大量的燃烧、煤中砷在煤的利用过程中以气体及固体残渣形式进入地壳开放环境，然后进行迁移、转化及再分配，严重地影响生物和人类社会的健康，甚至导致地方病暴发。因此，燃煤砷污染物排放造成环境污染是关系人类生存环境的一个重要问题。

现阶段研究表明，对于以无机矿物状态赋存的煤中的砷可结合洗煤技术进行去除；对于以有机质结合态存在于煤中的有机砷可依靠在煤中加入固砷剂，使砷在煤炭燃烧过程中固定在燃煤残渣、飞灰中，来减少对环境空气的影响；针对砷在煤燃烧后富集于飞灰中的特性，气态砷化物 200 ℃ 左右开始冷凝，低温下采用静电除尘器、旋风除尘器等常规设备可收集大部分砷，通过提高除尘器除尘效率也可有效地控制燃煤砷排放。结合动力配煤技术抑制燃煤砷的排放水平，对高砷煤的使用有积极的意义，也是燃煤砷污染控制的方向之一；而在高温下，砷多以气态形式存在，除尘设备很难将其去除。目前的选择性催化还原系统大多设定在 320～420 ℃，气态 As$_2$O$_3$ 扩散进入催化剂表面及堆积在催化剂小孔中，在催化剂的活性位置与其他物质发生反应，将造成催化剂中毒，致使其活性降低。固体吸附剂的加入可以为气态砷化物冷凝提供表面积，同时还能对其进行化学或物理吸附，是控制烟气砷浓度、防止砷污染的有效途径。目前，较为成熟的烟气脱砷技术为吸附法，但吸附法存在运行费用较高、产生二次污染等不足。烟气中的砷主要以 As$_2$O$_3$ 和 As$_2$O$_5$ 存在，As$_2$O$_3$ 毒性是 As$_2$O$_5$ 的 50 倍以上。烟气净化的难点为 As$_2$O$_3$ 的脱除，As$_2$O$_3$ 微溶于水，只有被氧化成高价态的 As(V) 才容易被水吸收。工业上常用的吸附剂有活性炭、硅胶、氧化铝、分子筛、天然黏土等，另外还有针对某种组分选择性吸附而研制的吸附材料。但不同类型的吸附剂吸附性能不同。其中活性炭吸附法运行成本较高、吸附性能有限，飞灰吸附法受飞灰成分、粒径等内在因素影响较多，金属氧化物法吸附砷能力受环境影响较大。因此，研究并开发一种投资费用较少、运行成本低、无二次污染等优点的烟气脱砷新工艺具有重要的理论意义和良好的应用价值。一般而言，按照污染物控制阶段来分类，砷的控制可分为燃烧前、燃烧中和燃烧后三类。

3.3.1　砷在煤燃烧过程中的迁移转化

As 是燃煤过程中最易挥发的有毒元素之一。As 及其化合物的熔点、沸点都比煤中其他微量元素低。As 在煤中的赋存状态不同，燃煤过程中砷释放的难易程度不同。刘迎晖等（2001）应用化学热力平衡分析方法，在还原与氧化气氛条件下研究砷-煤-氯系统的结果表明：还原气氛下，在 500 K 以下温度，As 的主要产物是 $As_2S_3(s)$；500～700 K 的温度范围内，As 的主要产物是 $As_2S_2(s)$；800 K 以上的温度条件下，As 的主要产物是 $AsO(g)$；700～800 K 有 $As_2(g)$ 和 $As_4(g)$ 出现。氧化气氛下，温度低于 800 K 时 As 的主要产物为 $As_2O_5(s)$，800 K 以上时主要产物为 $AsO(g)$，800 K 附近 $As_2O_5(g)$、$As_4O_6(g)$ 和 AsO 共存，且主要产物是 $As_4O_6(g)$。Frandsen 等（1994）根据吉布斯（Gibbs）自由能最小化原则对烟煤中微量元素的转化形态进行了热力学平衡分析计算。在标准氧化条件下（As/O 体系），750 K 温度下 As 以 As_2O_5 固体形式存在；750～900 K 温度下，固相 As_2O_5、气相 As_4O_5 和气相 AsO 共存，其中 750～800 K 以固相 As_2O_5 为主，800～830 K 以气相 As_4O_5 为主；830～900 K 以气相 AsO 为主；温度高于 900 K 只有气相 AsO。在钙存在条件下（As/Ca/O 系统），1 270 K 温度以下，结晶态砷酸盐是最主要的形式；温度高于 1 270 K，以气相 AsO 为主要形态。Frandsen 等（1994）研究指出，在标准还原条件下，直至 550 K，As 以 $As_2S_2(cr)$ 形式存在，550～570 K 以单质形式存在，高于 700 K 时 $AsO(g)$ 是主要稳定存在形式，550～590 K 时还有 $As_2(g)$ 和 $AsH_3(g)$ 生成，且在 750 K 达到最大量，分别占砷总量的 13%～14% 和 2%（摩尔百分数）。也有研究资料指出，在低温还原性烟气中 $As_4(g)$ 是 As 的最常见形式，高于 1 300 K 时 As 以 $As_2(g)$ 形式存在，$AsH_3(g)$、$As(g)$ 和 $AsO(g)$ 在平衡产物中的量不到 As 总量的 1%。煤中砷的燃烧释放不仅与砷的物理化学性质有关，更取决于煤中 As 的浓度、赋存状态及燃烧工况等因素。

As 在燃烧产物中的重新分配和存在形态决定了其对环境的影响程度。由于 As 在煤中以 μg 级浓度或以分子级规模分布，所以不可能独立形成飞灰颗粒，而是随着煤中矿物的演化而在燃煤产物（飞灰、底灰、结渣等）中发生相应的转化和重新再分配。As 在飞灰中富集的浓度明显高于底灰中，而且随着煤灰粒度的变小，它们在其中富集的浓度越高，即在灰中的含量与煤灰的粒度成反比。

比较广州地区 6 个火力发电厂的炉前煤、底灰、飞灰的 As 含量发现，燃煤过程中 As 发生了强烈的重新分配，底灰中亏损，飞灰中富集，且 As 含量与飞灰粒径呈明显的负相关性，即具有富集于细粒飞灰表面的特征。赵峰华等（1999）分析了山西神头电厂炉前煤、炉前煤实验室高温灰化灰、飞灰和底灰中 As 的分布，认为飞灰中 As 含量最高，底灰中 As 含量最低。As 在飞灰和底灰中主要是进入玻璃质铝硅酸盐相或莫来石矿物晶格（以 AsO_4^{3-} 形式存在）内。对 As 的富集系数由大到小为：超细飞灰＞飞灰＞底灰。

As 在燃煤飞灰中的存在形态是飞灰与 As 相互作用的直接结果，飞灰对 As 的富集作用主要有 4 种：①硅酸盐熔体对 As 的熔解作用，As_2O_3 等挥发性气体可以熔解在硅酸盐熔体中；②飞灰中矿物成分与 As 的氧化物反应生成稳定的化合物，蒸气相形式存在的 As_2O_3 可与飞灰中的某些成分发生化学反应生成稳定的化合物；③飞灰对砷化物的吸附作用；④气相砷化合物在飞灰表面的凝结作用。

这个再分配过程分别与煤中 As 的分布、赋存形态、元素的物理化学特性及煤中有机碳总量等因素有关。

3.3.2　燃烧前脱砷

燃烧前脱砷技术主要包括洗煤技术及热处理技术。

1. 洗煤技术

煤炭是我国的基础能源，我国煤炭资源的储量丰富，开采量和使用量较大，而由于煤炭中含有 C、H、N、S 等元素，燃烧时会释放出 CO_2、SO、NO_2 等有害气体，给环境造成污染。因此，利用洗煤工艺去除原煤中的杂质，提高煤炭的质量和使用率，是降低污染物的排放量、保护生态环境的必要途径。洗煤是指去除开采出来的原煤中的杂质，增加洗后精煤的发热量，提高煤炭的热效率，然后按照优劣标准，把精煤分成不同规格、不同质量的产品，以满足不同客户的需求，提高煤炭的利用率。洗煤工艺的先进与否直接影响煤炭的质量和污染物的排放量，因此，需根据市场发展形势改进洗煤工艺，不断创新洗煤技术，以提高煤炭的利用率，减少资源浪费，降低煤炭开采的生产成本，促进煤炭开发企业进一步持续稳定发展。根据不同的生产目标要求和煤炭质量标准，可以将洗煤工艺分为跳汰洗煤工艺、化学洗煤工艺和筛分洗煤工艺等。

1）跳汰洗煤工艺

跳汰洗煤是比较传统的洗煤工艺，它利用变速脉冲水流对原煤进行冲洗，由于煤和煤矸石的密度不同，从而在冲洗过程中达到二者分离的目的。这一工艺发展至今已经有一百多年的历史，实际现场经验丰富，工艺流程简单，具有低成本、高产出、易管理的优点，适宜分选那些差别比较大的煤，且能够达到很好的效果，然而，如果供分选的煤颗粒大小、材质等比较接近，分选效果则不明显，且由于跳汰设备特性及跳汰机工作制度等因素的影响，跳汰洗煤技术精度低、能耗大、适应性差，难以适应煤炭工业的发展需求。

2）重介质洗煤工艺

重介质洗煤是基于阿基米德原理，利用煤和杂质密度的不同，通过重介质悬浮液将两者分离开来。与跳汰洗煤不同，重介质洗煤适合分选那些差别很小的煤，对煤炭大小限制低，大到 1 000 mm，小到 3 mm ，都可以采用这种方法，如果借助重介质旋流器，小到 0.15 mm 的也可行，而针对相对较大的煤，只要能通过入料管即可，利用这种现代化大型机器，稳定性强，精准度高，分出的煤成分好，多是精煤，且易于操作，能够实现全程自动化，在实际应用中的可行性较高，是我国现行的常用洗煤工艺。

3）浮选洗煤工艺

浮选洗煤是利用煤粒和煤矸石不同的亲水性实现二者的分离。先将煤泥水在搅拌桶中配制成浓度适当的浆液，然后加入化学药剂充分搅拌，搅拌后的煤浆进入单槽或多槽串联的浮选机，在浮选机中叶轮旋转的同时向煤浆进行充气，这样在煤浆中就会产生大量的气泡，在化学药剂的作用下，煤粒由于疏水性会附着在气泡上，被气泡带到矿浆面聚集在一处，收集后便是精煤；而煤矸石等杂质由于亲水性则留在浆液中，从而实现二者的分离。浮选洗煤工艺适合颗粒粒度较小或密度差异较小的原煤，是对跳汰洗煤工艺和重介质洗煤工艺有效的补充。

4）化学洗煤工艺

化学洗煤是利用化学反应将原煤中的杂质及有害成分去除，从而使精煤留存。常见的化学洗煤工艺方法比较多，如生物氧化还原反应法、碱水液法、熔融碱法、氯解法等等。化学洗煤在传统工艺中脱硫效果最佳，可去除煤炭中 90%的硫，以及 95%以上的灰，洗煤精度较高，但同时由于化学药剂本身的性质，可能会破坏煤炭的结构和燃烧效果。而且该工艺技术含量较高，工艺较为烦琐，对洗煤操作员和化学反应器的要求也比较高，后续的废渣废液处理也比较烦琐，如处置不当则容易造成污染。

5）筛分洗煤工艺

筛分洗煤是利用筛孔的大小分离不同粒径的原煤。在实际应用中，根据需要调节筛孔大小，将原煤颗粒进行过筛处理，粒径大于筛孔的留在筛面上，粒径小于筛孔的则会穿过筛面，从而实现不同大小的原料分离，再分别进行洗煤处理。筛分洗煤的优点在于可以将原煤按照颗粒大小进行分类处理，不足之处在于这种方法去除杂质的效果不好，因为将原煤按照颗粒大小进行分类处理并不能完全将煤粒和杂质区分开来，更多的只是作为后续其他洗煤工艺的预处理。

6）多种工艺的结合技术

由于重介质洗煤适合粒径较大、密度差异明显的原煤颗粒分选，而浮选洗煤适合颗粒粒度较小或密度差异较小的原煤，两者可相辅相成、形成互补。在实际应用中遇到对洗选精度要求较高的情况，可考虑采用重介质法与浮选法相结合的工艺，从而达到更好的洗煤效果。同样的道理，根据不同的情况，可以采用重介质法与筛分法的结合、筛分法与其他工艺的结合等，充分发挥每种工艺技术的优势，根据需要组合成新型洗煤工艺提高洗煤效率。

7）创新干法洗煤工艺

传统洗煤工艺存在耗水量大、能耗高的缺点，常用的湿法洗煤工艺如跳汰法、重介质法等，需要消耗的水量为 200～500 L/t，对资源较为浪费，特别是对于干旱缺水的煤区，传统的洗煤工艺不仅浪费珍贵的水资源，还需要建立专门的洗煤水处理设备以避免对环境造成破坏，等同于增加了企业成本；我国很多的年轻煤种，如褐煤、不黏煤、长焰煤等遇水易泥化，不宜采用湿法分离。此外，采用湿法选煤工艺，其煤泥水系统的投资成本较高，一般占到设备总投资的一半左右，导致企业生产成本提高，所以并不适合资金实力不强的中小煤炭企业。而且传统洗煤工艺容易导致大量未经加工的煤炭或者加工不精的煤炭进入市场，增加了能源消耗量，同时也降低了企业竞争力，并且造成运力浪费和环境污染。干法洗煤是一种创新的洗煤工艺，它的优势在于无须消耗水资源、投资规模小、建设成本低，并且可省去洗煤后的脱水干燥过程和废煤泥水的回收过程，大大简化了工艺流程和成本，由于不需要消耗水资源，所以特别适合高寒与缺水地区的煤炭企业，可有效解决湿法分选易泥化的问题。干法洗煤基于物理机械原理，首先采用机械排矸将矸石去除，然后用三产品分选机分选出精煤、中煤和煤矸石。与水洗煤技术相比，干法洗煤工艺在煤矸石的处理上具有明显的优势，可大幅降低运行成本、降低能耗、节约用水量和维护费用，而且无须处理废水，提高环保效益，并可实现井下就地分选，大大提高工作效率。

洗煤是削减砷排放的较为简单和有效的方式之一。砷在煤中的赋存状态主要分为硫化物、无机态和有机态三种形态。一般来讲，无机态砷易于洗脱，有机态砷不易洗脱。研究显示，煤中无机态砷在洗煤过程中的脱除率达 70% 以上。有机态砷在低硫、低灰和低砷含量的煤中占较大比例，有机态砷首要与煤中有机质的氧结合在一起，其化学结构比较复杂，暂时没有明确的定论。这部分砷不易被 NH_4AC、HCl、HF 和 HNO_3 等无机试剂提取，如果采用传统的洗煤方法会导致砷的富集；对煤中的这类矿物质暂时还没有较好的分离方法。

我国煤中砷含量一般小于 10 μg/g，平均值约为 5 μg/g，但在我国局部地区某些煤层中砷含量较高；煤中砷的赋存状态复杂多样，主要以无机态为主，多以黄铁矿等硫化物的结合方式存在于煤中，砷的有机态存在形式在煤中已经证明，但有机态砷的化学结构还难以表征。郭欣等（2004）在对煤的连续浸提实验中发现，砷主要以硫化物结合态存在，其质量分数占总砷的 73%～83%，有机结合的砷占总砷的 8% 左右。

研究发现，原煤洗选可以有效降低煤中砷、硫、灰的量，对改善环境、保护生态有重要的现实意义。绝大多数煤中砷有 50%～75% 可以被洗选掉。王文峰等（2003）研究发现，砷的平均洗脱率达到 62.1%。砷洗脱率受到多种因素影响，包含煤级、粒度、洗选工艺及煤中砷的赋存状态。

随着对燃煤中砷研究的不断深入，有学者提出砷洗脱率主要与砷赋存状态密切相关。砷在原煤中以无机矿物赋存状态为主时，易于洗脱。砷在褐煤中以有机态为主，占 80%以上，不能洗选；但是在烟煤中砷是以无机态为主，是可以洗选的，其洗脱率为 74%～100%。

燃煤砷洗脱率除与煤中砷赋存状态相关外，也受煤级、粒度及洗选工艺控制的影响，因此不同样品采用不同的洗选工艺时洗脱率差异较大。太原煤砷的脱除程度在精粒和中粒中相对较高。采用将多种分离工艺串联在一起的细粒煤分选技术，可获得更好脱除效果。如采用泡沫浮选工艺对通常与形成灰分的煤中矿物质（如黏土）相关的微量元素有较好的脱除效果。其产物再经高效重力分选工艺处理，会使黄铁矿硫和相关微量元素（如汞和砷）的脱除率明显提高。

常规的洗煤可将原煤中 25%～50% 的砷除去。目前，我国原煤入洗率只有 50.9%，而发达国家已达到 90%～100%。另外，洗煤会产生大量的洗选废水，产生二次污染。因此，应尽快开发先进的洗煤技术提高煤洗脱率。煤燃烧前通过洗煤技术可以去除大多数的无机砷，但这种技术费用较高、占地面积较大，而且煤的供需关系也影响煤的入洗率。

以江苏某地下矿井为例，其设计生产能力 90 万 t/a，实际生产原煤 120 万 t/a，随着中央采区的收缩和开采上限的提高，纵观 2005 年回采的 4 个主要工作面，煤层条件差，灰分偏高，硫分呈上升趋势是主要特点。受井下地质条件的限制，尽管在原煤开采、运输过程中最大限度避免污染，但原煤灰分仍然居高不下。为此，对选煤厂的制约因素进行了相应改造。①更换预先分级重筛，提高筛分效率。预先分级筛的筛分效果好坏，直接影响入洗原煤中末煤含量和筛分粒度。为提高筛分效果，减少筛上物污染，减轻煤泥水处理系统压力，降低洗耗，对预先分级筛进行了更换，更换后筛分效果明显提高。②跳汰机风阀改造。由于井下条件变化较大，需经常及时调整跳汰周期和频率，而原先的卧式风阀在开车状态下很难调节，为适应井下煤质条件的变化，由数控电磁风阀代替原卧式风阀，更换后跳汰周期可及时随煤质变化调整，处理量略有提高，回收率提高近 1%，按年入洗 65 万 t 计，可多回收洗混中块 0.65 万 t。③设计和增加了粗煤泥回收系统。捞坑为单边溢流，加大入洗后，捞坑跑粗较为严重，直接影响了洗水浓度和压滤工效，制约了洗煤。通过广泛调研和论证，设计了一套粗煤泥回收系统，即将捞坑溢流由原来的直接进入浓缩机改为进入旋流器，旋流器底流进入高频筛，高频筛筛下水和旋流器溢流进入浓缩机。该系统避免了浓缩机入料中含有粗颗粒。

总之，若原煤中砷以有机砷赋存状态为主，或者砷存在于细小矿物中被有机质包裹时，煤中砷难以脱洗，甚至出现洗煤中砷富集现象。因此，燃烧前洗煤技术具有一定的局限性，只适用于以无机矿物形态赋存的砷的控制，该技术在应用时要对所用的煤中砷的赋存状态及煤质特性充分了解，同时还要控制洗选粒度及洗选工艺。

2. 热处理技术

在煤加热的过程中，砷会因受热挥发出来。已经有文献研究了几种煤中砷的热散发过程，结果显示，煤在 350~900 ℃流化床热解过程中，砷的挥发行为受其共存矿物质和添加剂 CaO 的影响。350~500 ℃，砷的挥发性随着温度的升高而增强，而 500~800 ℃变化不大，且煤中的砷在热解过程中的蒸发受到共存矿物质的阻碍，黄铁矿的分解可能是造成砷释放的主要原因，而添加 CaO 可以形成热稳定形式的砷。这些形式的砷可能是通过砷化钙等 As-Ca 络合物的形成，或通过与铝硅酸盐矿物质反应生成，并被俘获到晶格中。同时，对我国贵州省西南地区的高砷煤的研究发现，900~1 000 ℃的热解实验得出了几乎相同的结论。热处理技术目前处于实验室阶段，有待于进一步研究。关于砷在热解条件下的转化行为，几乎没有报道。

3.3.3 燃烧中脱砷

1. 固砷剂脱砷

燃烧中脱砷首要是通过改进燃烧方式、利用固砷剂等抑制砷的排放。

固砷剂脱砷是指在煤中加入固砷剂使砷固定在燃煤残渣中。常用的固砷剂为钙基固砷剂（$CaCO_3$、CaO、$Ca(OH)_2$）。通过研究 CaO 分别在管式炉、循环流化床锅炉上对燃烧过程中的除砷性能发现，添加 CaO 前后砷的浓度发生了较大的变化。同时，进一步研究表明，燃烧中 Fe 和 Ca 对砷的固定效果相似，并且提高温度有利于砷的脱除，脱除效率会因为硫的存在而降低。

Gullett 等（1994）研究了炉膛喷射吸附剂降低微量重金属排放，指出 $Ca(OH)_2$ 和 $CaCO_3$ 对燃煤过程中砷的排放有明显的抑制作用。无论是煤中原有的钙还是燃煤过程中添加的氧化钙对砷的挥发性都具有抑制作用。抑制率在 3.05%～37.5%，平均为 15.31% 左右。钙基材料固砷的反应机理是雄黄（As_4S_4）、雌黄（As_2S_3）在一定温度下氧化分解：

$$As_2S_3 + 9/2O_2 \longrightarrow As_2O_3\uparrow + 3SO_2 \qquad (3.36)$$

$$As_4S_4 + 7O_2 \longrightarrow 2As_2O_3\uparrow + 4SO_2 \qquad (3.37)$$

当加入 CaO 加热后，产生的 As_2O_3 在一定温度下与 CaO 反应：

$$As_2O_3 + 3CaO + O_2 \longrightarrow Ca_3(AsO_4)_2 \qquad (3.38)$$

生成的 $Ca_3(AsO_4)_2$ 以固相停留在燃煤产物中，从而降低砷逸散进入大气的程度。张军营等（2000）在 CaO 对煤中砷挥发性的抑制作用的研究中发现：无论是煤中原有的钙还是燃煤过程中添加的氧化钙对砷的挥发性都具有抑制作用。王泉海等（2003）发现 CaO 不仅可以固硫，而且对煤中砷的挥发性也有明显的抑制作用，CaO 可以大大地增强砷的沉积趋势，使砷以砷酸盐形式停留于固相中，并随飞灰被除尘器脱除，这对砷的控制是非常有利的。对煤中砷的赋存状态研究表明，煤中砷的含量与煤中硫分间存在正相关关系。因此高硫煤固硫脱硫时，加入合适的钙基固硫剂可同时达到除砷的目的。关于燃煤过程钙基物质的固砷技术及砷污染的抑制，目前研究还不成熟，还需要进行大量的研究工作。

研究报道利用电石渣、$CaCO_3$、$CaCO_3 \cdot Ca(OH)_2$ 和 $Ca(OH)_2$ 作为燃煤钙基固砷剂，通过正交试验研究了固砷剂种类、固砷剂用量、燃烧温度及煤粒径对固砷效果的影响。结果表明，燃烧温度是影响燃煤固砷的最显著因素，最佳为 1 050℃；钙基固砷剂中 $CaCO_3$ 和电石渣的固砷效果最好，其次是 $CaCO_3 \cdot Ca(OH)_2$，$Ca(OH)_2$ 的固砷效果最差；钙基固砷剂用量按 Ca、S 物质的量之比为 2、煤粒径为 160～200 目时，钙基固砷剂具有较好的固砷效果，而且具有固砷固硫的双重作用。这是因为钙基固砷剂的固砷效果与其发生固砷反应的温度和颗粒的结构有关。$Ca(OH)_2$ 在 580℃左右脱水形成多孔的 CaO，但随着温度进一步升高和时间的延长，CaO 表面会因烧结而失活，比表面积下降，而 $CaCO_3$ 在 900℃才发生分解反应，CO_2 的溢出使 $CaCO_3$ 及其产物 CaO 孔隙率增加，延缓了 CaO 的表面烧结，所以 $CaCO_3$ 的固砷效果要好于 $Ca(OH)_2$。而电石渣的固砷效果与 $CaCO_3$ 相当，这可能是因为电石渣的微观结构较疏松，孔隙率和比表面积均较大，对电石渣固砷起到了促进作用。

2. 改进燃烧方式

不同的燃烧方式对砷排放的影响有差别。煤粉炉、层燃炉和沸腾炉对砷的脱除效率分别为 98.46%、77.18%、75.60%。很多研究认为在固定床中，砷的脱除效率与煤中砷的含量、砷的赋存状态相关。煤中砷含量越高，砷脱除效率越高，一般在 3.05%～37.35%，平均值为 15.31%。但由于烟气中 CaO 与 As_2O_3 反应的转化率有限，底灰吸附的砷比较少，脱砷效率较低。循环流化床燃烧煤时 CaO 对煤中砷挥发性的抑制作用比固定床燃烧效果明显。其原因是 CaO 与 As_2O_3 反应生成 $Ca_3(AsO_4)_2$ 吸附在粉煤灰上。

动力配煤技术将不同类别、不同品质的煤经过筛选、破碎和按比例配合等过程，改变动力煤的化学组成、物理特性和燃烧特性，使之达到煤质互补、优化产品结构、适应用户燃煤设备对煤质的要求，从而提高燃煤效率和减少污染物排放。动力配煤技术的主要功能是：实现煤炭质量的均质化，保证煤炭质量的相对稳定；调节煤炭的质量，按不同地区对大气环境、水质的要求，调节燃煤的硫分及氮、氯、砷、氟等有害元素含量，从而达到提高效率、节约煤炭和减少污染物排放的目的。动力配煤技术在我国的研究与应用起步于 20 世纪 80 年代，上海、北京、天津、沈阳和南京等十几个大中城市的燃料公司率先建成了动力配煤场（车间）。到 90 年代初，全国已建成近 200 条动力配煤生产线，配煤量已达 2 000 多万 t/a，取得了较好的经济效益、社会效益和环境效益。近年来，动力配煤技术在我国发展较快，一些用煤量较大的城市、大的煤炭集散地及一些煤种较多且煤质复杂的矿区正计划建动力配煤场。动力配煤技术已作为一种比较适合我国国情的洁净煤技术列入了煤炭工业洁净技术发展规划，这项技术在我国将会有广阔的发展前景。动力配煤的最大特点是可充分发挥每种煤的优点，取长补短，使配制的动力配煤在综合性能上达到最佳状态。相关的监测结果表明，动力配煤不仅降低了原料煤中的砷含量，同时在配煤过程中，也可能是由于不同的单煤中的矿物组成不同，混煤成分的改变也对燃煤砷污染物的排放有一定的抑制作用。煤燃烧砷迁移试验研究表明，采取动力配煤后，可抑制燃煤砷的排放水平。动力配煤对高砷煤燃烧排砷水平有良好的控制作用，采用适当的比例进行动力配煤，可使高砷煤燃烧排砷水平与低砷煤种相当，能够消除高砷煤燃烧带来的不利环境影响，减少排砷对环境的危害。由此可见动力配煤技术对高砷煤的使用有着指导性意义。

动力配煤技术是涉及煤质、燃烧、最优化及自动检测与控制等各项技术的复杂技术系统，有很多问题需认真加以研究解决。动力配煤质量控制指标的选取、各指标的界定及标准的起草等工作正在进行中，动力配煤中关于燃煤砷的质量标准也尚未制定。因此，通过动力配煤技术控制高砷煤燃烧后砷排放，作为解决燃煤砷污染的一个方法，目前尚处于实验阶段。

3.3.4　燃烧后脱砷

燃烧后脱砷是砷控制技术的主要方式，包括吸附剂法和利用现有的污染物控制设备脱砷等。

1. 吸附剂法

吸附剂法是当今最成熟的一种烟气脱砷工艺。吸附剂的加入方式主要有两种：一是直接向烟气中喷入吸附剂；二是使烟气通过表面覆盖吸附剂的流化床、固定床。常用的吸附剂有活性炭、飞灰、钙基吸附剂、金属氧化物吸附剂及新型吸附剂。

1）活性炭

活性炭对烟气中的硫及大部分痕量元素有很强的吸附能力。其吸附过程包括吸附、凝结、扩散及化学反应等，与温度、烟气成分及其本身的性质（颗粒粒径、孔结构、化学成分等）等因素有关。与其他吸附剂相比，活性炭通常用于处理低温废气。在低温条件（200℃）下，吸附过程为物理吸附，吸附能力主要与比表面积有关。吸附后的活性炭在中性气氛下加热至400℃可实现脱附，反复使用并不影响吸附效果。对活性炭脱砷进行的半工业试验研究表明，该活性炭的最佳吸附温度为150～160℃，但灰尘容易堵塞活性炭气孔。烟气中SO_2及H_2O存在下，砷容易形成AsH_3或As_2S_2，不利于活性炭吸附。在温度125℃下研究了6种不同活性炭对As_2O_3的吸附机理，X射线衍射（X-ray diffraction，XRD）分析表明砷仅以As_2O_3形式存在于活性炭表面，即其吸附过程均表现为物理吸附。此外，在温度125～220℃，随着温度升高活性炭吸附能力明显降低。不同活性炭吸附能力差异主要由其表面特性决定，随着比表面积和孔体积的增加，活性炭吸附能力上升。然而最近的研究却表明，由于在化学成分上存在较大差异，高温下活性炭的吸附机理也可能以化学吸附为主。研究得到工业活性炭、热解废轮胎及活化废轮胎等吸附剂对砷的吸附效率。与200℃温度条件相比，活性炭及热解废轮胎在400℃下对砷的吸附能力甚至略高。这是因为上述两种吸附剂灰分中CaO、Fe_2O_3等金属氧化物含量较高，虽然温度升高不利于物理吸附，但化学吸附却得到了加强。而活化废轮胎对砷的吸附机理则以物理吸附为主，随着温度升高，吸附效率大幅降低，直接使用活性炭存在成本高、低容量、混合性差、低热力学稳定性等问题，对活性炭进行改性处理已经成为近年的研究重点。高洪亮等（2007）研究了MnO_2浸渍、$FeCl_3$浸渍和不同温度渗硫的改性活性炭对汞蒸气的吸附。与原活性炭相比，改性活性炭的吸附能力有较大提高，有效吸附时间大大增加，穿透率大大降低。不同气氛下改性活性炭对砷的吸附能力表明浸渍硫处理并不能提高活性炭的吸附能力。对吸附后活性炭进行的X射线光电子能谱（X-ray photoelectron spectroscopy，XPS）、扫描电镜（scanning electron microscopy，SEM）-能量色散X射线谱（energy-dispersive X-ray spectroscopy，EDS）等分析表明，活性炭对砷的吸附过程主要依靠CaO及Fe_2O_3的化学吸附，反应如下：

$$6CaO + As_4O_{10}(g) = 2Ca_3(AsO_4)_2 \quad (3.39)$$

$$6CaCO_3 + As_4O_{10}(g) = 2Ca_3(AsO_4)_2 + 6CO_2(g) \quad (3.40)$$

$$2CaCO_3 + As_4(g) + 6H_2O(g) = 2Ca_3(AsO_2)_2 + 6H_2(g) + 2CO_2(g) \quad (3.41)$$

$$2Fe_2O_3 + As_4O_{10}(g) = 4FeAsO_4 \quad (3.42)$$

$$4FeS + As_4O_{10}(g) + 7O_2(g) = 4FeAsO_4 + 4SO_2(g) \quad (3.43)$$

$$4FeS + As_4(g) = 4FeAsS \quad (3.44)$$

$$4FeS + As_4S_4(g) + 4H_2(g) = 4FeAsS + 4H_2S(g) \quad (3.45)$$

浸渍硫活性炭对汞的吸附主要依靠其表面孔隙中形成的S—C化学键，硫原子可与汞发生化学反应生成HgS。由于吸附机理存在较大差异，浸渍硫处理并不能促进活性炭对砷的吸附，改性活性炭用于烟气除砷仍需进一步研究。

2）飞灰

飞灰是一种廉价高效的吸附剂，其对烟气中痕量元素的吸附作用主要依靠两个方面：一是飞灰中未燃尽碳的物理吸附；二是飞灰中存在的各种无机化合物的化学吸附，其中对砷的吸附属于化学吸附。研究表明，尽管不同燃煤成分差异较大，但砷在飞灰中主要

以 AsO_4^{3-} 形式存在，飞灰对砷的吸附属于化学吸附。其中，对于酸性飞灰（pH=3.0），砷主要与含铁化合物相结合，而对于碱性飞灰（pH = 12.7），砷主要与氧化钙结合成 $Ca_3(AsO_4)_2$ 形式。痕量 As 与飞灰中 Ca、Fe 等主量元素的作用规律如下：①飞灰对 As 的吸附作用主要依靠 Ca、Fe 的可反应表面；②S 将与 As 竞争 Ca、Fe 的可反应表面，从而抑制飞灰对 As 的吸附；③提高燃烧温度能促进 As 在 Ca、Fe 表面的吸附反应；④飞灰中的其他主量元素对 As 吸附影响较小。飞灰中 Ca、Fe 浓度与 As 浓度存在良好的线性关系，随着 Ca、Fe 浓度的升高，As 浓度也随之升高。S 对飞灰中 As 形态的影响规律如图 3.3 所示。当煤中 As/Ca 较低，S 含量较高时，砷与钙结合生成砷酸钙。当煤中 As/Ca 较高、S 含量较低时，砷能同时与钙及铁反应，结合生成砷酸钙及砷酸铁。当煤中 As/Ca 较高、S 含量也较高时，砷主要以氧化砷形式存在。

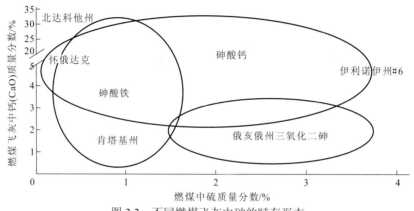

图 3.3 不同燃煤飞灰中砷的赋存形态

文献指出飞灰对砷的吸附能力与其中的 CaO 含量有关。在 600～1 000 ℃，飞灰吸附砷后的反应产物均为 $Ca_3(AsO_4)_2$，氧的存在可以提高飞灰吸附砷的能力。电除尘器或袋式除尘器可去除大多数飞灰，因此向烟气中添加飞灰是烟气脱砷的一个重要手段。研究发现飞灰的主要成分为 CaO、SiO_2、Fe_2O_3、Al_2O_3，且其对 As(V) 的去除率为 82.1%～95%，此中的脱除率主要由飞灰中的铁铝氧化物和氢氧化物决定。飞灰吸附剂脱砷包含吸附和沉淀两个过程。飞灰中的 CaO、$CaO-SiO_2$ 分别与 As_2O_3 形成 $Ca_3(AsO_4)_2$。As(V) 与铁铝氧化物形成铁桥接三元胶体有机物。同时，很多学者指出，飞灰中的钙基化合物 $CaSO_4 \cdot 0.5H_2O$ 与烟气中的 As_4O_{10} 和 AsO_2 发生反应，在 600～800 ℃形成 $Ca(AsO_2)_2$ 固体，在 700～1 000 ℃形成 $Ca_3(AsO_4)_2$。同时发现，在 1 100 ℃温度下 $FeAsO_4$ 是砷最稳定的形态，当温度低于 900 ℃，K_3AsO_4 和 KAs_3O_8 共存，温度降至 800 ℃可能存在 $NaAs_3O_8$。

燃煤过程中，各种微量元素经过复杂的物理化学作用过程之后，分别向炉渣、底灰、飞灰和燃烧气体中转化而得以重新分配。砷也在煤燃烧后发生了明显的重新分配并趋向富集于飞灰中。这是因为砷的熔点（817 ℃）一方面远低于炉膛温度（1300～1 600 ℃）；另一方面却又远高于除尘器出口的温度（200～350 ℃），因此砷蒸气的冷凝大多能在除尘器内完成。在 1 400 ℃以上，煤中任何形式的砷都将挥发，主要以气相三氧化二砷（As_2O_3）形式存在，蒸气状态的砷极易与 Ca 反应生成不挥发的 $Ca_3(AsO_4)_2$，这就不难理解尽管砷挥发性强但仍能大部分截留在飞灰中的现象。飞灰对砷的富集方式主要有 4 种：

发生化学反应生成含砷稳定化合物；进入黏土矿物晶格内部；飞灰对砷及其化合物的吸附作用；砷在飞灰表面的凝结作用。具体以哪种方式为主，则与入炉前煤粉中矿物组合类型、飞灰成分等因素有关。飞灰以钙质成分为主时，主要形成稳定的砷酸钙化合物；炉前煤中的砷含量较低且黏土矿物含量高时，砷主要进入黏土矿物晶格；一般情况下则以吸附作用和凝结作用为主。飞灰对 As_2O_3 的吸附量随着温度的升高而减少，最佳吸附温度在 140 ℃左右。这说明烟气进入除尘器前后砷的富集方式主要为吸附作用。吸附作用是一种近程作用力，只有当砷与飞灰间达到一定距离时这种作用力才起作用。除尘器前，飞灰与气相或气溶胶态砷的运动接近一种平流运动，使这种吸附力不能有效发挥，当烟气进入除尘器后，飞灰在电场作用下荷电并改变其原先运动方向，其运动近似紊流，这大大增加了飞灰与气相或气溶胶态砷的接触机会，因而，烟气进入除尘器中大大提高了飞灰对砷的富集效率。除尘器又是飞灰富集的重要场所，除尘器对于煤燃烧过程中产生的飞灰有良好的去除作用，去除飞灰的过程也会直接降低砷的排放水平。以国内一些大电厂静电除尘器为例，静电除尘器的除尘效率可达到 97%～99%，其砷捕获率为 96%，由此可见，除尘器对飞灰中的砷也有较好的处理效果。燃煤锅炉除尘设备在除尘过程中捕获了飞灰及飞灰俘获的砷，从而减少了燃煤中砷污染向大气的排放量，对砷排放控制有积极的意义。因此，提高除尘效率具有控制大气悬浮颗粒物及燃煤中砷元素排放的双重意义。

鉴于飞灰成分的复杂性，不同飞灰之间的脱砷能力存在较大的差异。产生这种现象的原因很多，例如，未燃尽碳含量和表面特性、飞灰所处环境和来源及所含无机元素类型等，这些因素都将影响飞灰的吸附能力甚至造成吸附机理的差异。但总的来说，吸附作用受飞灰 Ca、Fe 含量影响最大。而与其他吸附剂相比，飞灰是一种廉价的吸附剂，具有明显的价格优势。

3）钙基吸附剂

钙基吸附剂（$CaCO_3$、CaO、$Ca(OH)_2$ 等）价格低廉，可控制多种烟气污染物。研究表明，CaO 吸附 As_2O_3 属于化学吸附。首先，将 CaO 与 As_2O_3 反应后产物于高温（1 000 ℃）下长时间恒温，试样质量并无明显变化。而对于物理吸附，吸附剂与被吸附分子间的作用力属于分子间吸引力，随着温度升高其吸附能力迅速下降。其次，对吸附后产物进行 XRD 分析，仅存在砷酸钙及未反应的 CaO，并无其他 Ca-As-O 化合物及 As_2O_3。目前关于不同温度条件下 CaO 与 As_2O_3 的反应机理，说法不一，具体如表 3.10 所示。

表 3.10　不同文献中 CaO 吸附砷的反应机理

温度/℃	物种	晶体结构	实验条件
600	$Ca_3(AsO_4)_2$	菱面体	反应时间 24 h（600 ℃），12 h（1 000 ℃）；As_2O_3 浓度 65 mg/kg；
1000	$Ca_3(AsO_4)_2$	菱面体	CaO 比表面积 4.5～40 m^2/g
500	$Ca_3(AsO_4)_2$	单结晶	
700～900	$Ca_2As_2O_7$	八面体	反应时间 30 h（500 ℃），20 h（700 ℃），10 h（900 ℃）；As_2O_3 浓度 60～70 mg/kg；CaO 比表面积 14 m^2/g
1 000	$Ca_3(AsO_4)_2$	菱面体	

温度/℃	物种	晶体结构	实验条件
600	$Ca_3(AsO_4)_2$	单结晶	反应时间 3 h（600～1 000 ℃）；As_2O_3 浓度 13 mg/kg；CaO 比
1 000	$Ca_3(AsO_4)_2$	菱面体	表面积 1～4 m²/g
600	$Ca_3(AsO_4)_2$	单结晶	
800	$Ca_3(AsO_4)_2$	菱面体	反应时间 5 h（600 ℃），1.5 h（800～1 000 ℃）；As_2O_3 浓度 45 mg/kg；CaO 比表面积 39 m²/g
1 000	$Ca(AsO_4)$	菱面体	

CaO 吸附 As_2O_3 的实验研究，结果分析表明，在 600 ℃ 及 1 000 ℃ 下，反应产物均为 $Ca_3(AsO_4)_2$，其反应式为

$$As_2O_3(g)+3CaO+O_2(g)=Ca_3(AsO_4)_2 \tag{3.46}$$

在 500～1 000 ℃ 下进行 CaO 与 As_2O_3 反应机理研究，得到不同温度下反应产物分别为：500 ℃，$Ca_3(AsO_4)_2$；700～900 ℃，$Ca_2As_2O_7$；1 000 ℃，$Ca_3(AsO_4)_2$。其中，500 ℃ 与 1 000 ℃ 温度下生成的 $Ca_3(AsO_4)_2$ 晶体结构并不相同。700～900 ℃ 温度下生成的 $Ca_2As_2O_7$ 为不稳定产物，950 ℃ 以上将转变成 $Ca_3(AsO_4)_2$。此现象有两种可能的机理，一种为 $Ca_2As_2O_7$ 经如下反应分解成 $Ca_3(AsO_4)_2$：

$$3Ca_2As_2O_7=2Ca_3(AsO_4)_2+As_2O_3(g)+O_2(g) \tag{3.47}$$

另一种为 $Ca_2As_2O_7$ 与未反应的 CaO 合成 $Ca_3(AsO_4)_2$，该反应如下：

$$Ca_2As_2O_7+CaO=Ca_3(AsO_4)_2 \tag{3.48}$$

600 ℃ 及 1 000 ℃ 下的反应产物为 $Ca_3(AsO_4)_2$。还有不同意见认为 800 ℃ 及 1 000 ℃ 下反应产物均为 $Ca_3(AsO_4)_2$。通过表 3.10 可以看出，不同作者总结出的 CaO 吸附脱砷机理主要区别在于：①700～900 ℃ 下 CaO 与 As_2O_3 的反应产物并不一致；②多位研究人员对 600 ℃ 下得到的 $Ca_3(AsO_4)_2$ 晶体结构的观点也不同。由于各研究人员所用的实验方法并不完全一致，实验结果之间缺乏较强的可比性。此外，各实验使用的 As_2O_3 气体浓度较低，要求 As_2O_3 与 CaO 在高温下进行长时间的反应，以确保试样表面生成足够的反应产物进行准确分析。然而，在长时间的高温作用下，As_2O_3 与 CaO 可能已经发生了一系列复杂的物理化学变化，仅通过确定最终反应产物来表示 As_2O_3 与 CaO 整个化学反应过程并不完善。不同气氛也会对氧化钙吸附砷机理产生影响。这主要是由于在煤气化性气氛条件下，砷并不以 As_2O_3 的形式存在。热力学分析表明，砷在 350～550 ℃ 以 $As_4(g)$ 形式存在，750 ℃ 以 $AsO(g)$ 形式存在，不同温度下砷与 CaO 的反应机理如表 3.11 所示。表中的反应产物 $Ca(AsO_2)_2$ 并不稳定，在空气中容易被氧化成 $Ca_3(AsO_4)_2$，因此实验通常得到的反应产物为 $Ca_3(AsO_4)_2$。

表 3.11　煤气化性气氛条件下 CaO 吸附砷的机理

气体	温度/℃	As 形态	化学方程式
	350～550	As_4	$2CaO+As_4(g)+6H_2O(g)=2Ca(AsO_2)_2+6H_2(g)$
无 H_2S	750	As_2	$CaO+As_2(g)+3H_2O(g)=Ca(AsO_2)_2+3H_2(g)$
	750	AsO	$CaO+2AsO(g)+H_2O(g)=Ca(AsO_2)_2+H_2(g)$

气体	温度/℃	As 形态	化学方程式
无 H_2S	750	AsO	$CaO + 2AsO(g) + H_2O(g) = Ca(AsO_2)_2 + H_2(g)$
有 H_2S	350~550	As_4	$3CaO + As_4(g) + H_2S(g) + 5H_2O(g) = 2Ca(AsO_2)_2 + CaS + 6H_2(g)$
	750	As_2	$2CaO + As_2(g) + H_2S(g) + 2H_2O(g) = Ca(AsO_2)_2 + CaS + H_2(g)$
		AsO	$2CaO + 2AsO(g) + H_2S(g) = Ca(AsO_2)_2 + CaS + H_2(g)$

烟气中其他气体对 CaO 吸附 As_2O_3 的过程主要起抑制作用。这是因为：①杂质气体与 As_2O_3 反应生成新的产物，降低 CaO 的吸附率；②杂质气体与 As_2O_3 竞争 CaO 可反应表面；③杂质气体与 CaO 的反应产物覆盖吸附剂表面，阻碍与 As_2O_3 反应。目前，还未发现任何气体能够促进 CaO 吸附 As_2O_3。从热力学角度分析杂质气体对 CaO 吸附 As_2O_3 的影响，认为体系中存在的氯及硫都将大幅降低 CaO 对 As_2O_3 的吸附率。在 Cl_2 及 HCl 的存在下，砷主要以气态 $AsCl_3$ 形式存在，CaO 对 $AsCl_3$ 的吸附能力很低。H_2S 及 SO_2 能与 CaO 反应生成 $CaSO_4$，同样不利于 As_2O_3 的吸附。对于 HCl 及 H_2S 的影响，热力学分析与实验结论一致。即在 HCl 的存在下，CaO 对 As_2O_3 没有吸附能力。在 H_2S 的存在下，CaO 对 As_2O_3 的吸附能力大大降低。虽然在 H_2S 的存在下反应产物同样为 $Ca(AsO_2)_2$，但 H_2S 将与 As_2O_3 竞争 CaO 可反应表面，这将削弱 CaO 对砷化物的吸附能力。此外，如果温度高于 700 ℃，$Ca(AsO_2)_2$ 在 H_2S 的存在下将分解成 CaS 及 As_4，CaO 对砷的吸附能力进一步降低。但对于 SO_2，实验结果表明并不会对 CaO 吸附 As_2O_3 造成影响。首先，SO_2 在高温下与 CaO 的反应速率较慢，不容易造成影响。其次，SO_2 与 CaO 的反应产物 $CaSO_4$ 对 As_2O_3 同样具有很强的吸附能力。此外，烟气中 CO_2 的存在也不会影响 CaO 对 As_2O_3 的吸附能力。这是因为，虽然吸附剂表面被大量反应产物 $CaCO_3$ 所覆盖，但高温下 $CaCO_3$ 并不稳定，一旦吸附剂表面出现 CaO 可反应表面，As_2O_3 便会与其迅速结合生成稳定产物。

$$3CaCO_3 + As_2O_3(g) + O_2(g) = Ca_3(AsO_4)_2 + 3CO_2(g) \tag{3.49}$$

不同作者研究 CaO-As_2O_3 化学反应动力学的结论如表 3.12 所示。Mahuli 等（1997）在 CaO-As_2O_3 反应机理的基础上确定了化学反应级数。CaO 的反应速率可表示为

$$\frac{dx}{dt} = -k_s C_g^m A_{CaO}^n \tag{3.50}$$

式中：x 为 CaO 转化率；C_g 为 As_2O_3 气体浓度；m 为气相 As_2O_3 反应级数；k_s 为反应速率常数；A_{CaO} 为 CaO 表面积；n 为 CaO 固相反应级数。

$$A_{CaO} = S_0(1-x) \tag{3.51}$$

式中：S_0 为 CaO 的初始表面积。假设式（3.50）中 CaO 反应级数 $n=1$，反应速率可表示为

$$\ln\frac{1}{1-x} = k_s C_g^m S_0 t \tag{3.52}$$

对式（3.52）按 $\ln[-\ln(1-x)]$-$\ln(C_{g0})$ 关系作直线，其中 C_{g0} 为 As_2O_3 气体初始浓度。通过计算直线斜率即可确定 As_2O_3 反应级数 m，同理，也可得出 CaO 反应级数 n。

表 3.12   CaO 吸附砷的动力学研究结论

动力学模型	实验条件	结论
$\dfrac{dx}{dt}=-k_sC_g^mA_{CaO}^n$	温度 600 ℃；CaO 比表面积 4.5～40 m^2/g；As_2O_3 浓度 15～130 mg/kg；反应时间 1 h	E_a=43.47 kJ/mol
$\left(\dfrac{3kC_A^n}{\rho_m}\right)\left(\dfrac{1}{r_p}\right)t=1-(1-X)^{\frac{1}{3}}=f(X)$	温度 300～500 ℃；CaO 比表面积 2.7～45 m^2/g；As_2O_3 浓度 7～32 mg/kg；反应时间 7～10 min	E_a=21.34 kJ/mol
$\dfrac{dx}{dt}=-k_sC_g^mA_{CaO}^n$	温度 600～1 000 ℃；CaO 比表面积 3.9 m^2/g；As_2O_3 浓度 13 mg/kg；反应时间 1 h	空气：E_a=23.0 kJ/mol；氮气：E_a=19.0 kJ/mol
$-r_{init}=\dfrac{1}{3}\left(\dfrac{dx}{dt}\right)_{init}=-k_{As}C_{As_2O_3}^m$	温度 500～1 000 ℃；CaO 比表面积 39 m^2/g；As_2O_3 浓度 13～100 mg/kg	$m\approx0.86$

Sterling 等（2003）在此基础上确定了化学反应活化能 E_a 及频率因子。假设反应速率常数 k_s 可用阿伦尼乌斯公式表示为

$$k_s=A_{exp}\left(\dfrac{-E_a}{RT}\right) \tag{3.53}$$

式中：A_{exp} 为频率因子；E_a 为活化能；R 为气体常数；T 为温度。将其代入（3.50），令反应级数 $m=n=1$ 可得

$$-r=A_{S0}C_{g0}\exp\left(\dfrac{-E_a}{RT}\right) \tag{3.54}$$

根据试验测定的一定温度下 As_2O_3 吸附量随时间的变化，可计算出反应速率（$-r$），根据公式作图可得到活化能 E_a，进一步计算即可得到反应速率常数 k_s。由此可对比不同吸附剂对砷的吸附能力。根据上述方法计算得到的 As_2O_3、SeO_2、SO_2 在不同温度条件下与 CaO 反应的化学平衡常数 k_s。可以看出，As_2O_3 反应速率常数远大于 SeO_2 及 SO_2 的反应速率常数。CaO 吸附 As_2O_3 属于气-固反应，反应速率由外部气体扩散、界面化学反应、产物层扩散、内部反应物扩散共同确定。根据上述分析，目前的研究主要集中在 CaO-As_2O_3 界面化学反应，因此扩散及其他因素对吸附速率的影响仍需进一步研究。

4）金属氧化物吸附剂

金属氧化物吸附剂主要包含 CuO、ZnO、TiO_2、Al_2O_3、CaO、Fe_2O_3 等。铁酸锌和钛酸锌是目前重点研究的锌基复合吸附剂，其特点是吸附能力强、多功能、可再生。但 ZnO-Fe_2O_3 热稳定性较差，高温下比表面积较小，并且容易被煤气中的 CO 还原成 FeO、Fe 及 Zn。TiO_2 的加入则能弥补上述缺点，例如，ZnO-Fe_2O_3-TiO_2 的锌损失较小，不容易受烟气成分的影响，同时其热稳定性也得到大幅提高。进行了 ZnO-Fe_2O_3-TiO_2 吸附剂脱砷的研究，结果表明 ZnO-Fe_2O_3-TiO_2 的脱砷效率远大于 ZnO-Fe_2O_3，其吸附过程以化学吸附为主，砷以 Fe-As 化合物形式存在，吸附反应如下：

$$ZnFe_2O_4+1/4As_4(g)+2H_2S(g)+2H_2(g)=\!=\!=FeAs+ZnS+FeS+4H_2O(g) \tag{3.55}$$

TiO_2 并未直接参与脱砷反应，在砷的吸附过程中可能起催化的作用。Rankin 等（2008）运用密度泛函理论（DFT）研究了 As 在 Zn_2TiO(4010)表面的吸附机理。研究表明，对于在多氧原子表面，As 更倾向于在氧原子上吸附，其结合能 E_b=-4.78e V。其中，O—As—O 键角为 103.9°，键长为 1.8Å。而对于多金属原子表面，As 同样倾向于在氧原子上吸附，结合能 E_b=0.39 eV，而在金属原了上吸附，结合能 E_b=1.12 eV。Baltrus 等（2010）的

研究表明，Pd/Al$_2$O$_3$ 钯基吸附剂对烟气中的砷有较好的去除效果。而且吸附效果几乎不受烟气中其他气体的影响，具有较好的应用前景。

实验研究表明铁基材料 Fe$_2$O$_3$/γ-Al$_2$O$_3$ 可以有效脱除烟气中的砷，同时结果显示，吸附性能与 Fe(NO$_3$)$_3$ 浸渍浓度、载体粒径、吸附温度等因素有关，此外，烟气中的 SO$_2$ 对砷吸附有一定的促进作用，而 NO 对砷吸附的影响其实不明显。在固定床上考察了几种不同的金属氧化物对烟气中砷的吸附性能，结果表明，固砷能力依次为 Fe$_2$O$_3$＞CaO＞Al$_2$O$_3$。当吸附剂种类一定时，吸附效率仅与吸附温度有关。通过研究温度、硫化氢对 Pd/Al$_2$O$_3$ 吸附剂捕获砷能力的影响发现，砷在 204 ℃ 以 As$_3$Pd$_8$ 形式存在，在 371 ℃ 以 AsPd$_2$ 形式存在。204 ℃ 时，烟气中的 AsH$_3$ 能使 Pd/Al$_2$O$_3$ 催化剂失活，H$_2$S 的加入可使 As/Pd 原子比例降低 30%，抑制 Pd/Al$_2$O$_3$ 对 AsH$_3$ 的吸收。

5）新型吸附剂

壳聚糖（chitosan，CS）是由甲壳素经脱乙酰化反应生成的高分子化合物，壳聚糖分子中的氨基和羟基能与很多重金属离子构成稳定的螯合物。CS 有原材料来源丰富、可生物降解、对环境无二次污染等优点。利用化学改性壳聚糖脱除烟气中砷，实验发现未经改性的壳聚糖对烟气中的 As^{3+} 有着较好的吸附效果，这是因为改性过程中添加的碘和硫酸降低了 As^{3+} 的吸附效率。近几年 Pd-Al$_2$O$_3$ 吸附剂脱除烟气中的汞引起了许多研究学者的关注，有专家扩展至钯（Pd）独立或者和其他化合物协同脱除砷的研究。Poulston 等（2011）研究得出，204 ℃ 和 288 ℃ 下 Pd 基吸附剂脱除烟气中的 AsH$_3$ 高达 70 mg/g。XRD 检测出高砷吸附剂上负载了 PdAs$_2$。侯书阳等（2023）采用共沉淀法制备了纯 Fe$_2$O$_3$、纯 CeO$_2$、纯 La$_2$O$_2$CO$_3$ 及复合氧化物 FeCeO、FeLaO、CeLaO 和 FeCeLaO 共 7 种吸附剂，并通过 XRD、BET（Brunauer-Emmett-Teller）、H$_2$-TPR（氢气程序升温还原）、拉曼（Raman）光谱和 SEM-EDS 技术对吸附剂结构和表面组成进行表征，并研究不同温度下其对烟气中 As$_2$O$_3$(g) 的氧化和强化吸附。结果表明，Fe、La 能够完全或部分掺入 CeO$_2$ 晶格形成固溶体；与纯氧化物相比，复合氧化物 FeLaO、CeLaO 和 FeCeLaO 中易还原的表面氧和 Fe 物种比例显著提高到 52%～57%，说明 Fe、Ce、La 的协同作用有利于形成更多的低温活性位；FeCeLaO 和 CeLaO 在 580 cm^{-1} 处的拉曼谱峰明显增强，表明 Fe、Ce、La 的协同作用有利于生成更多的氧空位缺陷。脱砷实验表明，Fe$_2$O$_3$ 和 La$_2$O$_2$CO$_3$ 均是吸附 As$_2$O$_3$ 的有效活性组分，Fe$_2$O$_3$ 的高温活性强，而 La$_2$O$_2$CO$_3$ 的低温活性强，CeO$_2$ 不具有吸附活性，但却是良好的结构助剂；复合吸附剂 FeLaO、CeLaO 和 FeCeLaO 在中低温（200～400 ℃）时均表现出良好的氧化/吸附活性，即使在低温 200 ℃ 下也能将 As(III)100% 氧化为 As(V)，其中 FeCeLaO 的吸附活性最强，固砷量达 583.7 mg/g，是纯 Fe$_2$O$_3$ 的 1.8 倍，这归因于 Fe、Ce 和 La 的协同作用使得复合氧化物具有更强的低温氧化活性和吸附能力。陈锦凤（2013）将 γ-Al$_2$O$_3$ 浸渍于 Ca(NO$_3$)$_2$ 溶液中制备出 CaO/γ-Al$_2$O$_3$ 负载型吸附剂，以贵州省高砷煤为研究对象，运用固定床管式炉对 CaO/γ-Al$_2$O$_3$ 在煤燃烧过程中的除砷性能及影响因素进行了系统研究，并对吸附剂和脱砷产物进行了红外光谱表征和 X 射线衍射分析，简单探讨了 CaO/γ-Al$_2$O$_3$ 的除砷机理。实验结果表明：γ-Al$_2$O$_3$ 在 2.0 mol/L 的 Ca(NO$_3$)$_2$ 溶液中浸渍 2 h 后煅烧制得的 CaO/γ-Al$_2$O$_3$ 吸附剂具有最佳脱砷效率，红外图谱中出现的 As—O 键物质和 X 射线衍射图谱中发现的 Ca$_3$(AsO$_4$)$_2$ 也进一步说明了 CaO/γ-Al$_2$O$_3$ 吸附剂能够脱除燃煤烟气中的砷。

2. 利用现有的污染物控制设备脱砷

湿法烟气脱硫（WFGD）技术主要有石灰石（石灰）/石膏洗涤法、氧化镁法、氨吸收法等。在现有的烟气脱硫工艺中，湿式石灰石/石膏法洗涤工艺应用最为广泛。国内外关于 WFGD 脱砷机理和产物分析研究的报道尚少。由于石灰石脱硫剂中含有 Ca、Mg 等物质，根据钙基吸附剂吸附砷的原理，推算出 WFGD 脱砷产物可能为 Ca$_3$(AsO$_4$)$_2$、Mg$_3$(AsO$_4$)$_2$ 等。具体的产物形态还需要通过 XRD 等现代检测方式分析。通过测定煤样、锅炉炉渣、飞灰、石灰石、脱硫石膏、烟气脱硫工艺水、废水中的微量元素确定元素的行为。FGD 能同时脱除 96%~100%的 As、Cl、F、S 和 Se，脱汞率达 60%。通过测试 WFGD 系统的脱砷性能发现，WFGD 系统入口处烟气的砷质量浓度平均为 7.9 mg/m^3，出口处烟气砷质量浓度平均为 2.3 mg/m^3，结果表明，WFGD 可以脱除烟气中的砷。对不同的燃煤电站布袋除尘器（fabric filter，FF）、静电除尘器（electrostatic precipitator，ESP）前后的烟气进行了采样测试，结果表明，FF、ESP 的平均脱砷效率分别为 70%、86.2%。对安徽淮南两电厂的现场测试结果表明，ESP 和 WFGD 的脱砷效率分别为 83%、61%。单独依靠除尘设备及湿式脱硫装置脱砷效率较低，报道指出 ESP 和 WFGD 协同脱砷，总脱除效率可达 97.3%。目前烟气脱砷技术研究应集中在通过现有的烟气治理设备协同脱砷。

3. 硫化物脱砷

许多学者研究发现，Na$_2$S 吸收液可以脱除烟气中的砷。在火法冶炼过程中，大部分的砷都挥发进入烟气，含 SO$_2$ 的烟气，尤其是低浓度的 SO$_2$ 烟气，是危害大气的主要污染源。研究发现硫化钠法处理 SO$_2$ 烟气制备硫磺的工艺为全湿法闭路循环流程，具有成本低、硫回收率高、不产生二次污染等特点。为了避免烟气中带入的砷对后续工艺及产品的影响，进一步对吸收液中砷的脱除进行了研究。研究发现，硫化钠吸收 SO$_2$ 烟气条件下的除砷率与许多因素有关，主要包括吸收液 pH、反应时间、温度、陈化条件。碱性和酸性条件下砷分别以 As^{3+} 和 AsO$_3^-$ 形式存在，与 S^{2-} 发生可逆反应都生成 As$_2$S$_3$。Lin 等（2016）研究了在采用硫化钠吸收低浓度二氧化硫烟气制硫磺粉的工艺过程中吸收液除砷的工艺条件。结果表明，反应时间为 50 min 左右，反应温度为 30~50 ℃，溶液 pH 为 2~5，絮凝剂聚合硫酸铝的用量为 5~10 mg/L，除砷率可达 90%以上。文献研究了贵州省一个砷中毒地区氧化裂解中微量元素的挥发，结果表明，900~1 000 ℃时砷挥发性比铅、锌、铬都要高得多，主要原因是硫化物吸附大量的砷。

砷一般以硫化物形态存在于矿物中，在火法冶炼过程中，通常生成易挥发的氧化物（如主要以 As$_2$O$_3$ 形态）进入烟气和烟尘中。当以硫化钠溶液吸收烟气中的 SO$_2$ 时，砷进入溶液后主要以三价形态存在，因为 SO$_2$ 或亚硫酸可使五价砷（若存在的话）还原为三价砷。这样，溶液中砷形态变化所发生的主要反应可简要表示为

$$As_2O_3 + 3H_2O \rightleftharpoons 2H_3AsO_3 \qquad (3.56)$$

H$_3$AsO$_3$ 或 As(OH)$_3$ 为弱酸，存在如下离解平衡：

$$3H^+ + AsO_3^{3-} = H_3AsO_3 \rightleftharpoons As(OH)_3 \rightleftharpoons As^{3+} + 3OH^- \qquad (3.57)$$

因此，在碱性和酸性条件下与硫化物的反应分别如下：

$$3S^{2-}+2As^{3+} \rightleftharpoons As_2S_3\downarrow \tag{3.58}$$

$$3S^{2-}+2AsO_3^{3-}+12H^+ \rightleftharpoons As_2S_3\downarrow+6H_2O \tag{3.59}$$

硫化沉淀反应为快速反应，生成的 As_2S_3 是难溶硫化物，但是它能溶于强碱溶液和多硫化物溶液。根据 As-S-H_2O 体系的电势-pH 图也可知道，当溶液 pH>8 时，As_2S_3 可溶解生成 $As_3S_3^{6-}$ 或 AsS_3^{3-}。因此，可通过控制适当的条件以达到除砷目的。

参 考 文 献

陈槐隆, 1992. 综合利用铅渣湿法生产优质黄丹. 有色金属(冶炼部分)(1): 5-8.

陈锦凤, 2013. CaO/γ-Al_2O_3 干法脱除燃煤烟气中砷的实验研究. 华中师范大学学报(自然科学版), 47(4): 519-522.

陈曦, 张淼, 丁亮, 等, 2011. 电感耦合等离子体质谱法同时测定居住区大气中痕量铅, 镉. 环境卫生学杂志, 1(3): 34-38.

高洪亮, 周劲松, 骆仲泱, 等, 2007. 改性活性炭对模拟燃煤烟气中汞吸附的实验研究. 中国电机工程学报, 27(8): 26-30.

郭欣, 郑楚光, 贾小红, 2004. 煤飞灰中砷的形态特性. 燃烧科学与技术, 10(4): 299-302.

侯书阳, 张凯华, 王传凤, 等, 2023. Fe-Ce-La 复合氧化物在中低温烟气脱砷过程中的协同作用. 中国电机工程学报, 43(2): 640-650.

胡红云, 朱新锋, 杨家宽, 2009. 湿法回收废旧铅酸蓄电池中铅的研究进展, 化工进展, 28(9): 1662-1666.

黄温春, 2006. 燃煤细粒子富集痕量元素砷及其排放控制研究. 武汉: 华中科技大学.

李发增, 2015. 氯盐法浸出含铅废渣的实验研究. 长沙: 中南大学.

李建勋, 2015. 洗煤工艺分析及常见问题研究. 能源与节能(1): 172-173.

李倩, 2013. 洗煤机械工艺以及常见问题探讨. 能源与节能(10): 84-85, 123.

李伟涛, 宋宇辰, 刘占宁, 2015. 浅论洗煤技术的工艺改进及成本控制. 科技创业月刊, 28(1): 23-24, 49.

李文郁, 王良芥, 1992. 从立德粉酸浸废渣制取硫酸铅的研究. 湖南化工(1): 32-34.

李正山, 金鹏, 徐德芳, 1994. 氯盐法从含硫铅渣中回收铅. 成都科技大学学报(5): 58-64.

林柱友, 周世兴, 2001. 火焰原子吸收法测定空气与废气中的铅(铅尘和铅烟). 广东微量元素科学, 8(6): 62-66.

刘大钧, 李时蓓, 李飒, 等, 2010. 铅锌冶炼行业铅尘污染防治. 环境保护, 38(24): 42-44.

刘美蓉, 张永生, 谢克昌, 2002. 中澳几种煤热解过程中 HCN 和 NH_3 的形成. 淮海工学院学报(自然科学版), 11(4): 38-41.

刘迎晖, 郑楚光, 游小清, 等, 2001. 燃煤过程中易挥发有毒痕量元素的相互作用. 燃烧科学与技术, 7(4): 243-247.

孟昭华, 1986. 冶炼烟气制酸的除汞技术. 硫酸工业(2): 12-16.

宋剑飞, 李丹, 陈昭宜, 2003. 废铅蓄电池的处理及资源化: 黄丹红丹生产新工艺. 环境工程, 21(5): 4, 48-50.

孙光宇, 2007. 煤炭燃烧排砷水平与控制技术研究. 内蒙古环境科学, 19(2): 36-39.

孙俊民, 姚强, 刘惠永, 等, 2004. 燃煤排放可吸入颗粒物中砷的分布与富集机理. 煤炭学报, 29(1): 78-82.

谭增强, 牛国平, 陈晓文, 等, 2015. 椰壳碳基吸附剂的脱汞特性. 环境工程学报, 9(12): 5992-5996.

唐德保, 1981. 用漂白粉法净化火法炼汞尾气试验. 冶金安全(4): 11-13.

唐冠华, 2010. 碘络合-电解法除汞在硫酸生产中的应用. 有色冶金设计与研究, 31(3): 23-24.

陶国辉, 2004. 氯化除汞技术在锌冶炼烟气制酸中的应用. 湖南有色金属, 20(3): 12-14.

佟莉, 徐文青, 亓昊, 等, 2015. 硝酸改性活性炭上氧/氮官能团对脱汞性能的促进作用. 物理化学学报, 31(3): 512-518.

王泉海, 刘迎晖, 张军营, 等, 2003. CaO 对烟气中砷的形态和分布的影响. 环境科学学报, 23(4): 549-551.

王凌青, 2006. 煤中砷及燃煤固砷技术研究. 四川环境, 25(3): 86-89.

王升东, 王道藩, 唐忠诚, 等, 2004. 废铅蓄电池回收铅与开发黄丹、红丹以及净化铅蒸汽新工艺研究. 再生资源研究(2): 24-28.

王文峰, 秦勇, 宋党育, 2003. 煤中有害元素的洗选洁净潜势. 燃料化学学报(4): 295-299.

王玉, 王刚, 马成兵, 等. 2010. 废铅蓄电池铅膏湿法回收制取氯化铅技术的研究. 安徽化工, 36(6): 24-27.

谢巍, 常丽萍, 余江龙, 等, 2006. 煤气净化中 H$_2$S 干法脱除的研究进展. 化工学报, 57(9): 2012-2020.

许豪, 张成, 袁昌乐, 等, 2019. 模拟烟气气氛下矿物元素组分对砷的吸附特性研究. 燃料化学学报, 47(7): 876-883.

徐志田, 李树青, 1997. 铅烟和铅尘共存作业场所卫生评价方法的探讨. 中国公共卫生, 13(9): 546-547.

薛文平, 龙振坤, 1994. 岩金矿山汞污染及防治. 黄金, 15(3): 58-60.

严永桂, 毛中建, 罗津晶, 等, 2020. 臭氧氧化-生物炭吸附体系协同脱硫脱硝除汞研究. 燃料化学学报, 48(12): 1452-1460.

杨绍晋, 钱琴芳, 姜镰, 等, 1983. 火力发电厂燃煤过程中元素在各产物中的分布. 环境科学, 2(2): 32-38.

杨士建, 2012. 磁性铁基尖晶石对气态零价汞的化学吸附研究. 上海: 上海交通大学.

杨姝, 柴立元, 袁园, 等, 2017. 锌冶炼烟尘中铅汞分布及形态研究. 安全与环境学报, 17(1): 301-305.

杨艳杰, 2015. 洗煤机械工艺以及常见问题探讨. 中国新技术新产品(6): 61.

叶群峰, 王成云, 徐新华, 等, 2007. 高锰酸钾吸收气态汞的传质-反应研究. 浙江大学学报(工学版), 41(5): 831-835, 870.

余清, 陈贺海, 张爱珍, 等, 2009. 火焰原子吸收光谱法快速测定铁矿石中铅锌铜. 岩矿测试, 28(6): 598-599.

喻秋梅, 曾汉才, 吴育松, 等, 1996. 煤燃烧细微粒子中重金属元素富集规律的研究. 热力发电, 25(6): 29-32.

张博, 2015. 煤中有害微量元素的洁净潜势分析. 洁净煤技术, 21(4): 20-24.

张建平, 王运泉, 张汝国, 等, 1999. 煤及其燃烧产物中砷的分布特征. 环境科学研究, 12(1): 28-34.

张军营, 任德贻, 钟秦, 等, 2000. CaO 对煤中砷挥发性的抑制作用. 燃料化学学报, 28(3): 198-200.

张强, 徐世森, 王志强, 2004. 选择性催化还原烟气脱硝技术进展及工程应用. 热力发电, 33: 1-6.

张小锋, 卓建坤, 宋蔷, 等, 2007. 燃烧过程中铅颗粒粒径分布的实验研究. 清华大学学报(自然科学版),

47(8): 1347-1351.

张月, 王春波, 刘慧敏, 等, 2015. 金属氧化物吸附剂干法脱除气相 As_2O_3 实验研究. 燃料化学学报, 43(4): 476-482.

张振桴, 樊金串, 晋菊芳, 等, 1992. 煤中砷, 铅, 铍, 铬等元素的存在状态. 燃料化学学报, 20(2): 206-212.

郑惠华, 1999. 测定车间空气铅烟、铅尘时样品前处理的改进. 中国公共卫生, 15: 167.

赵峰华, 任德贻, 许德伟, 等, 1999. 燃煤产物中砷的物相研究. 中国矿业大学学报, 28(4): 365-367.

朱烨 1999. 波立登-诺辛克除汞技术. 有色金属, 51(3): 93-95.

资振生, 武金丽, 王湧淦, 1981. 酸性碘汞络合液电解脱汞. 有色冶炼(9): 24-29.

邹云娣, 赵群, 2000. 空气中铅尘质量浓度的测定. 吉林林学院学报, 16(3): 164-165.

Aboud S, Sasmaz E, Wilcox J, 2008. Mercury adsorption on PdAu, PdAg and PdCu alloys. Main Group Chemistry, 7(3): 205-215.

Akers D, Dospoy R, 1994. Role of coal cleaning in control of air toxics. Fuel Processing Technology, 39(1-3): 73-86.

Ali S A, Mazumder M A J, 2018. A new resin embedded with chelating motifs of biogenic methionine for the removal of Hg(II) at ppb levels. Journal of Hazardous Materials, 350: 169-179.

Auzmendi-Murua I, Castillo A, Bozzelli J W, 2014. Mercury oxidation via chlorine, bromine, and iodine under atmospheric conditions: Thermochemistry and kinetics. The Journal of Physical Chemistry A, 118(16): 2959-2975.

Baltrus J P, Granite E J, Pennline H W, et al., 2010. Surface characterization of palladium -alumina sorbents for high temperature capture of mercury and arsenic from fuel gas. Fuel, 89(6): 1323-1325.

Cao Y, Chen B, Wu J, et al., 2007. Study of mercury oxidation by a selective catalytic reduction catalyst in a pilot-scale slipstream reactor at a utility boiler burning bituminous coal. Energy & Fuels, 21(1): 145-156.

Cao Y, Gao Z Y, Zhu J S, et al., 2008. Impacts of halogen additions on mercury oxidation, in a slipstream selective catalyst reduction (SCR), reactor when burning sub-bituminous coal. Environmental Science & Technology, 42(1): 256-261.

Chang H Z, Wu Q R, Zhang T, et al., 2015. Design strategies for CeO_2-MoO_3 catalysts for $DeNO_x$ and Hg^0 oxidation in the presence of HCl: The significance of the surface acid-base properties. Environmental Science & Technology, 49(20): 12388-12394.

Charpenteau C, Seneviratne R, George A, et al., 2007. Screening of low cost sorbents for arsenic and mercury capture in gasification systems. Energy & Fuels, 21(5): 2746-2750.

Chen D, Hu H, Xu Z, et al., 2015. Findings of proper temperatures for arsenic capture by CaO in the simulated flue gas with and without SO_2. Chemical Engineering Journal, 267: 201-206.

Chen L H, Xu H M, Xie J K, et al., 2019. $[SnS_4]^{4-}$ clusters modified MgAl-LDH composites for mercury ions removal from acid wastewater. Environmental Pollution, 247: 146-154.

Chen W M, Pei Y, Huang W J, et al., 2016. Novel effective catalyst for elemental mercury removal from coal-fired flue gas and the mechanism investigation. Environmental Science & Technology, 50(5): 2564-2572.

Chen W Y, Jiang X F, Lai S N, et al., 2020. Nanohybrids of a MXene and transition metal dichalcogenide for selective detection of volatile organic compounds. Nature Communications, 11(1): 1302.

Chu P, Laudal D, Brickett L, et al., 2003. Power plant evaluation of the effect of SCR technology on mercury//Department of Energy-Electric Power Research Institutes U.S. Environmental Pretection Agencys Air and Waste Management Association Combined Power Pant Air Pollutant Control Symposium: 19-22.

Cimino S, Scala F, 2016. Removal of elemental mercury by MnO_x catalysts supported on TiO_2 or Al_2O_3. Industrial & Engineering Chemistry Research, 55(18): 5133-5138.

Cole E R, Lee A Y, Paulson D L, 1983. Recovery of lead from battery sludge by electrowinning. JOM, 35(8): 42-46.

Contreras M L, Arostegui J M, Armesto L, 2009. Arsenic interactions during co-combustion processes based on thermodynamic equilibrium calculations. Fuel, 88(3): 539-546.

Davis S B, Gale T K, Wendt J O L, et al., 1998. Multicomponent coagulation and condensation of toxic metals in combustors. Symposium (International) on Combustion, 27(2): 1785-1791.

Dou Y X, Pang Y J, Gu L L, et al., 2018. Core-shell structured Ru-Ni@ SiO_2: Active for partial oxidation of methane with tunable H_2/CO ratio. Journal of Energy Chemistry, 27(3): 883-889.

Ettireddy P R, Ettireddy N, Mamedov S, et al., 2007. Surface characterization studies of TiO_2 supported manganese oxide catalysts for low temperature SCR of NO with NH_3. Applied Catalysis B: Environmental, 76(1-2): 123-134.

Fan H, Li C, Xie K, 2001. Sorbents for high temperature removal of hydrogen sulfide from coal-derived fuel gas. Journal of Natural Gas Chemistry, 10(3): 256-270.

Fan X P, Li C T, Zeng G M, et al., 2012. The effects of Cu/HZSM-5 on combined removal of Hg^0 and NO from flue gas. Fuel Processing Technology, 104: 325-331.

Fang P, Cen C P, Tang Z J, 2012. Experimental study on the oxidative absorption of Hg^0 by $KMnO_4$ solution. Chemical Engineering Journal, 198-199: 95-102.

Findlay D M, McLean R A N, 1981. Removal of elemental mercury from wastewaters using polysulfides. Environmental Science & Technology, 15(11): 1388-1390.

Finkelman R B, 1994. Modes of occurrence of potentially hazardous elements in coal: Levels of confidence. Fuel Processing Technology, 39(1-3): 21-34.

Frandsen F, Damjohansen K, Rasmussen P, 1994. Trace elements from combustion and gasification of coal: An equilibrium approach. Progress in Energy and Combustion Science, 20(2): 115-138.

Gao W, Liu Q C, Wu C Y, et al., 2013a. Kinetics of mercury oxidation in the presence of hydrochloric acid and oxygen over a commercial SCR catalyst. Chemical Engineering Journal, 220: 53-60.

Gao Y, Zhang Z, Wu J, et al., 2013b. A critical review on the heterogeneous catalytic oxidation of elemental mercury in flue gases. Environmental Science & Technology, 47(19): 10813-10823.

Ghorishi B, Gullett B K, 1998. Sorption of mercury species by activated carbons and calcium-based sorbents: Effect of temperature, mercury concentration and acid gases. Waste Management & Research, 16(6): 582-593.

Granite E J, Myers C R, King W P, et al., 2006. Sorbents for mercury capture from fuel gas with application to gasification systems. Industrial & Engineering Chemistry Research, 45(13): 4844-4848.

Gullett B K, Raghunathan K, 1994. Reduction of coal-based metal emissions by furnace sorbent injection.

Energy & Fuels, 8(5): 1068-1076.

Gupta V K, Kumar R, Nayak A, et al., 2013. Adsorptive removal of dyes from aqueous solution onto carbon nanotubes: A review. Advances in Colloid and Interface Science, 193-194: 24-34.

Hall B, Schager P, Lindqvist O, 1991. Chemical reactions of mercury in combustion flue gases. Water Air & Soil Pollution, 56: 3-14.

Han F X, Su Y, Monts D L, et al., 2003. Assessment of global industrial-age anthropogenic arsenic contamination. Naturwissenschaften, 90(9): 395-401.

Han Y, Zheng H, Liu K, et al., 2016. In-situ ligand formation-driven preparation of a heterometallic metal-organic framework for highly selective separation of light hydrocarbons and efficient mercury adsorption. ACS Applied Materials & Interfaces, 8(35): 23331-23337.

He C, Shen B X, Chen J H, et al., 2014. Adsorption and oxidation of elemental mercury over Ce-MnO$_x$/Ti-PILCs. Environmental Science & Technology, 48(14): 7891-7898.

He C, Shen B X, Li F K, 2016. Effects of flue gas components on removal of elemental mercury over Ce-MnO$_x$/Ti-PILCs. Journal of Hazardous Materials, 304: 10-17.

He S, Zhou J S, Zhu Y Q, et al., 2009. Mercury oxidation over a vanadia-based selective catalytic reduction catalyst. Energy & Fuels, 23: 253-259.

Hirsch M E, Sterling R O, Huggins F E, et al., 2000. Speciation of combustion-derived particulate phase arsenic. Environmental Engineering Science, 17(6): 315-327.

Hong Q Y, Xu H M, Li J X, et al., 2022. Regulation of the sulfur environment in clusters to construct a Mn-Sn$_2$S$_6$ framework for mercury bonding. Environmental Science & Technology, 56(4): 2689-2698.

Hong Q Y, Xu H M, Yuan Y, et al., 2020. Gaseous mercury capture using supported CuS$_x$ on layered double hydroxides from SO$_2$-rich flue gas. Chemical Engineering Journal, 400: 125963.

Hou T T, Chen M, Greene G W, et al., 2015. Mercury vapor sorption and amalgamation with a thin gold film. ACS Applied Materials & Interfaces, 7(41): 23172-23181.

Hrdlicka J A, Seames W S, Mann M D, et al., 2008. Mercury oxidation in flue gas using gold and palladium catalysts on fabric filters. Environmental Science & Technology, 42(17): 6677-6682.

Hu C X, Zhou J S, Luo Z Y, et al., 2006. Effect of oxidation treatment on the adsorption and the stability of mercury on activated carbon. Journal of Environmental Sciences, 18(6): 1161-1166.

Huggins F E, Senior C L, Chu P, et al., 2007. Selenium and arsenic speciation in fly ash from full-scale coal-burning utility plants. Environmental Science & Technology, 41(9): 3284-3289.

Jadhav R A, Fan L S, 2001. Capture of gas-phase arsenic oxide by lime: Kinetic and mechanistic studies. Environmental Science & Technology, 35(4): 794-799.

Jadhav R A, Gupta H, Misro S, 1999. Activated carbon for gas phase arsenic capture//Proceedings of 16th annual international Pittsburgh coal conference. Pittsburgh: 535-432.

Jain A, Seyed-Reihani S A, Fisher C C, et al., 2010. Ab initio screening of metal sorbents for elemental mercury capture in syngas streams. Chemical Engineering Science, 65(10): 3025-3033.

Jampaiah D, Ippolito S J, Sabri Y M, et al., 2015. Highly efficient nanosized Mn and Fe codoped ceria-based solid solutions for elemental mercury removal at low flue gas temperatures. Catalysis Science & Technology, 5(5): 2913-2924.

Jampaiah D, Ippolito S J, Sabri Y M, et al., 2016. Ceria-zirconia modified MnO_x catalysts for gaseous elemental mercury oxidation and adsorption. Catalysis Science & Technology, 6(6): 1792-1803.

Jawad A, Liao Z W, Zhou Z H, et al., 2017. Fe-MoS_4: An effective and stable LDH-based adsorbent for selective removal of heavy metals. ACS Applied Materials & Interfaces, 9(34): 28451-28463.

Jeon S H, Eom Y, Lee T G, 2008. Photocatalytic oxidation of gas-phase elemental mercury by nanotitanosilicate fibers. Chemosphere, 71(5): 969-974.

Jiao F C, Ninomiya Y, Zhang L, et al., 2013. Effect of coal blending on the leaching characteristics of arsenic in fly ash from fluidized bed coal combustion. Fuel Processing Technology, 106: 769-775.

Kamata H, Ueno S I, Naito T, et al., 2008a. Mercury oxidation by hydrochloric acid over a VO_x/TiO_2 catalyst. Catalysis Communications, 9(14): 2441-2444.

Kamata H, Ueno S, Naito T, et al., 2008b. Mercury oxidation over the V_2O_5 $(WO_3)/TiO_2$ commercial SCR catalyst. Industrial & Engineering Chemistry Research, 47(21): 8136-8141.

Kamata H, Ueno S, Sato N, et al., 2009. Mercury oxidation by hydrochloric acid over TiO_2 supported metal oxide catalysts in coal combustion flue gas. Fuel Processing Technology, 90(7-8): 947-951.

Karatza D, Prisciandaro M, Lancia A, et al., 2011. Silver impregnated carbon for adsorption and desorption of elemental mercury vapors. Journal of Environmental Sciences, 23(9): 1578-1584.

Kilgroe J D, Senior C L, 2003. Fundamental science and engineering of mercury control in coal-fired power plants. Air Quality Conference IV, Arlington, VA: 22-24.

Kim B J, Bae K M, Park S J, 2012. Elemental mercury vapor adsorption of copper-coated porous carbonaceous materials. Microporous and Mesoporous Materials, 163: 270-275.

Kong F H, Qiu J R, Liu H, et al., 2011. Catalytic oxidation of gas-phase elemental mercury by nano-Fe_2O_3. Journal of Environmental Sciences, 23(4): 699-704.

Kong L N, Zou S J, Mei J, et al., 2018. Outstanding resistance of H_2S-modified Cu/TiO_2 to SO_2 for capturing gaseous Hg^0 from nonferrous metal smelting flue gas: Performance and reaction mechanism. Environmental Science & Technology, 52(17): 10003-10010.

Lay B, Sabri Y M, Ippolito S J, et al., 2014. Galvanically replaced Au-Pd nanostructures: Study of their enhanced elemental mercury sorption capacity over gold. Physical Chemistry Chemical Physics, 16(36): 19522-19529.

Lee S H, Park Y O, 2003. Gas-phase mercury removal by carbon-based sorbents. Fuel Processing Technology, 84(1-3): 197-206.

Lee T G, Hyun J E, 2006. Structural effect of the in situ generated titania on its ability to oxidize and capture the gas-phase elemental mercury. Chemosphere, 62(1): 26-33.

Lee Y G, Park J W, Kim J H, et al., 2004. Comparison of mercury removal efficiency from a simulated exhaust gas by several types of TiO_2 under various light sources. Chemistry Letters, 33(1): 36-37.

Li G L, Wang S X, Wu Q R, et al., 2016a. Mercury sorption study of halides modified bio-chars derived from cotton straw. Chemical Engineering Journal, 302: 305-313.

Li H L, Feng S H, Qu W R, et al., 2018. Adsorption and oxidation of elemental mercury on chlorinated ZnS surface. Energy & Fuels, 32(7): 7745-7751.

Li H L, Feng S H, Yang Z Q, et al., 2019. Density functional theory study of mercury adsorption on CuS surface: Effect of typical flue gas components. Energy & Fuels, 33(2): 1540-1546.

Li H L, Wu C Y, Li Y, et al., 2011. CeO$_2$-TiO$_2$ catalysts for catalytic oxidation of elemental mercury in low-rank coal combustion flue gas. Environmental Science & Technology, 45(17): 7394-7400.

Li H L, Wu C Y, Li Y, et al., 2012. Role of flue gas components in mercury oxidation over TiO$_2$ supported MnO$_x$-CeO$_2$ mixed-oxide at low temperature. Journal of Hazardous Materials, 243: 117-123.

Li H L, Zhu L, Wang J, et al., 2017. Effect of nitrogen oxides on elemental mercury removal by nanosized mineral sulfide. Environmental Science & Technology, 51(15): 8530-8536.

Li H L, Zhu L, Wang J, et al., 2016b. Development of nano-sulfide sorbent for efficient removal of elemental mercury from coal combustion fuel gas. Environmental Science & Technology, 50(17): 9551-9557.

Li J X, Xu H M, Huang Z J, et al., 2021. Strengthen the affinity of element mercury on the carbon-based material by adjusting the coordination environment of single-site manganese. Environmental Science & Technology, 55(20): 14126-14135.

Li J X, Xu H M, Liao Y, et al., 2020a. Atomically dispersed manganese on a carbon-based material for the capture of gaseous mercury: Mechanisms and environmental applications. Environmental Science & Technology, 54(8): 5249-5257.

Li S, Gong H Y, Hu H Y, et al., 2020b. Re-using of coal-fired fly ash for arsenic vapors in-situ retention before SCR catalyst: Experiments and mechanisms. Chemosphere, 254: 126700.

Li Y, Murphy P D, Wu C Y, et al., 2008. Development of silica/vanadia/titania catalysts for removal of elemental mercury from coal-combustion flue gas. Environmental Science & Technology, 42(14): 5304-5309.

Li Y Z, Tong H L, Zhuo Y Q, et al., 2007. Simultaneous removal of SO$_2$ and trace As$_2$O$_3$ from flue gas: Mechanism, kinetics study, and effect of main gases on arsenic capture. Environmental Science & Technology, 41(8): 2894-2900.

Liao Y, Chen D, Zou S, et al., 2016. Recyclable naturally derived magnetic pyrrhotite for elemental mercury recovery from flue gas. Environmental Science & Technology, 50(19): 10562-10569.

Liao Y, Xu H M, Liu W, et al., 2019. One step interface activation of ZnS using cupric ions for mercury recovery from nonferrous smelting flue gas. Environmental Science & Technology, 53(8): 4511-4518.

Lim D H, Wilcox J, 2013. Heterogeneous mercury oxidation on Au(111) from first principles. Environmental Science & Technology, 47(15): 8515-8522.

Lin H J, Williams N, King A, et al., 2016. Electrochemical sulfide removal by low-cost electrode materials in anaerobic digestion. Chemical Engineering Journal, 297: 180-192.

Ling C, Li C T, Gao Z, et al., 2010. Experimental study of removing elemental mercury from flue gas by MnO$_x$/HZSM-5. China Environmental Science, 30: 1026-1031.

Liu H, Chang L, Liu W J, et al., 2020. Advances in mercury removal from coal-fired flue gas by mineral adsorbents. Chemical Engineering Journal, 379: 122263.

Liu H M, Wang C B, Zhang Y, et al., 2016a. Experimental and modeling study on the volatilization of arsenic during co-combustion of high arsenic lignite blends. Applied Thermal Engineering, 108: 1336-1343.

Liu T, Xue L C, Guo X, 2016b. DFT and experimental study on the mechanism of elemental mercury capture in the presence of HCl on α-Fe$_2$O$_3$(001). Environmental Science & Technology, 50(9): 4863-4868.

Liu W, Xu H M, Liao Y, et al., 2019a. Recyclable CuS sorbent with large mercury adsorption capacity in the presence of SO_2 from non-ferrous metal smelting flue gas. Fuel, 235: 847-854.

Liu X, Jiang S J, Li H L, et al., 2019b. Elemental mercury oxidation over manganese oxide octahedral molecular sieve catalyst at low flue gas temperature. Chemical Engineering Journal, 356: 142-150.

Liu Y, Li H L, Liu J, 2016c. Theoretical prediction the removal of mercury from flue gas by MOFs. Fuel, 184: 474-480.

Liu Y, Liu M X, Swihart M T, 2017. Plasmonic copper sulfide-based materials: A brief introduction to their synthesis, doping, alloying, and applications. The Journal of Physical Chemistry C, 121(25): 13435-13447.

Liu Y, Wang Y J, Wang H Q, et al., 2011. Catalytic oxidation of gas-phase mercury over Co/TiO_2 catalysts prepared by sol-gel method. Catalysis Communications, 12(14): 1291-1294.

Liu Z Y, Adewuyi Y G, Shi S, et al., 2019c. Removal of gaseous Hg^0 using novel seaweed biomass-based activated carbon. Chemical Engineering Journal, 366: 41-49.

López-Antón M A, Díaz-Somoano M, Fierro J L G, et al., 2007. Retention of arsenic and selenium compounds present in coal combustion and gasification flue gases using activated carbons. Fuel Processing Technology, 88(8): 799-805.

López-Antón M A, Díaz-Somoano M, Spears D A, et al., 2006. Arsenic and selenium capture by fly ashes at low temperature. Environmental Science & Technology, 40(12): 3947-3951.

Luo G Q, Yao H, Xu M H, et al., 2010. Carbon nanotube-silver composite for mercury capture and analysis. Energy & Fuels, 24(1): 419-426.

Ma L J, Islam S M, Xiao C L, 2017. Rapid simultaneous removal of toxic anions $[HSeO_3]^-$, $[SeO_3]^{2-}$, and $[SeO_4]^{2-}$, and Metals Hg^{2+}, Cu^{2+}, and Cd^{2+} by MoS_4^{2-} intercalated layered double hydroxide. Journal of the American Chemical Society, 139(36): 12745-12757.

Ma S L, Chen Q M, Li H, et al., 2014a. Highly selective and efficient heavy metal capture with polysulfide intercalated layered double hydroxides. Journal of Materials Chemistry A, 2(26): 10280-10289.

Ma S L, Shim Y, Islam S M, et al., 2014b. Efficient Hg vapor capture with polysulfide intercalated layered double hydroxides. Chemistry of Materials, 26(17): 5004-5011.

Mahuli S, Agnihotri R, Chauk S, et al., 1997. Mechanism of arsenic sorption by hydrated lime. Environmental Science & Technology, 31(11): 3226-3231.

Martellaro P J, Moore G A, Peterson E S, et al., 2001. Environmental application of mineral sulfides for removal of gas-phase Hg^0 and aqueous Hg^{2+}. Separation Science and Technology, 36(5-6): 1183-1196.

McNicholas T P, Zhao K, Yang C H, et al., 2011. Sensitive detection of elemental mercury vapor by gold-nanoparticle-decorated carbon nanotube sensors. The Journal of Physical Chemistry C, Nanomater Interfaces, 115(28): 13927-13931.

Mei J, Wang C, Kong L N, et al., 2019. Outstanding performance of recyclable amorphous MoS_3 supported on TiO_2 for capturing high concentrations of gaseous elemental mercury: Mechanism, kinetics, and application. Environmental Science & Technology, 53(8): 4480-4489.

Mei Z J, Shen Z M, Mei Z Y, et al., 2008a. The effect of N-doping and halide-doping on the activity of $CuCoO_4$ for the oxidation of elemental mercury. Applied Catalysis B: Environmental, 78(1-2): 112-119.

Mei Z J, Shen Z M, Yuan T, et al., 2007. Removal of vapor-phase elemental mercury by N-doped $CuCoO_4$

loaded on activated carbon. Fuel Processing Technology, 88(6): 623-629.

Mei Z J, Shen Z M, Zhao Q J, et al., 2008b. Removing and recovering gas-phase elemental mercury by $Cu_xCo_{3-x}O_4$ ($0.75 \leqslant x \leqslant 2.25$) in the presence of sulphur compounds. Chemosphere, 70(8): 1399-1404.

Morency J R, 2002. Zeolite sorbent that effectively removes mercury from flue gases. Filtration & Separation, 39(7): 24-26.

Niksa S, Fujiwara N, 2005. A predictive mechanism for mercury oxidation on selective catalytic reduction catalysts under coal-derived flue gas. Journal of the Air & Waste Management Association, 55(12): 1866-1875.

Niksa S, Fujiwara N, Fujita Y, et al., 2002. A mechanism for mercury oxidation in coal-derived exhausts. Journal of the Air & Waste Management Association, 52(8): 894-901.

Norton G A, Yang H Q, Brown R C, et al., 2003. Heterogeneous oxidation of mercury in simulated post combustion conditions. Fuel, 82(2): 107-116.

Olson E S, Mibeck B, Benson S, et al., 2004. The mechanistic model for flue gas-mercury interactions on activated carbons: The oxidation site. American Chemical Society, Division of Fuel Chemistry, 49(1): 279-280.

Owens T M, Biswas P, 1996. Vapor phase sorbent precursors for toxic metal emissions control from combustors. Industrial & Engineering Chemistry Research, 35(3): 792-798.

Ozaki M, Uddin M A, Sasaoka E, et al., 2008. Temperature programmed decomposition desorption of the mercury species over spent iron-based sorbents for mercury removal from coal derived fuel gas. Fuel, 87(17-18): 3610-3615.

Pavlish J H, Sondreal E A, Mann M D, et al., 2003. Status review of mercury control options for coal-fired power plants. Fuel Processing Technology, 82(2-3): 89-165.

Player R L, Wouterlood H J, 1982. Removal and recovery of arsenious oxide from flue gases: A pilot study of the activated carbon process. Environmental Science & Technology, 16(11): 808-814.

Poulston S, Granite E J, Pennline H W, et al., 2007. Metal sorbents for high temperature mercury capture from fuel gas. Fuel, 86(14): 2201-2203.

Poulston S, Granite E J, Pennline H W, et al., 2011. Palladium based sorbents for high temperature arsine removal from fuel gas. Fuel, 90(10): 3118-3121.

Presto A A, Granite E J, 2006. Survey of catalysts for oxidation of mercury in flue gas. Environmental Science & Technology, 40(18): 5601-5609.

Presto A A, Granite E J, 2008. Noble metal catalysts for mercury oxidation in utility flue gas. Platinum Metals Review, 52(3): 144-154.

Qiao S H, Chen J, Li J F, et al., 2009. Adsorption and catalytic oxidation of gaseous elemental mercury in flue gas over MnO_x/alumina. Industrial & Engineering Chemistry Research, 48(7): 3317-3322.

Qu Z, Yan L L, Li L, 2014. Ultraeffective ZnS nanocrystals sorbent for mercury(II) removal based on size-dependent cation exchange. ACS Applied Materials & Interfaces, 6(20): 18026-18032.

Quan Z W, Huang W J, Liao Y, et al., 2019. Study on the regenerable sulfur-resistant sorbent for mercury removal from nonferrous metal smelting flue gas. Fuel, 241: 451-458.

Rankin R B, Hao S Q, Sholl D S, et al., 2008. DFT characterization of adsorption and diffusion mechanisms of H, As, S, and Se on the zinc orthotitanate (010) surface. Surface Science, 602(10): 1877-1882.

Reddy B M, Khan A, Yamada Y, et al., 2003. Structural characterization of CeO_2-TiO_2 and V_2O_5/CeO_2-TiO_2 catalysts by Raman and XPS techniques. The Journal of Physical Chemistry B, 107(22): 5162-5167.

Reddy K K, Shoaibi A A, Srinivasakannan C, 2013. Elemental mercury adsorption on sulfur-impregnated porous carbon: A review. Environmental Technology, 35: 18-26.

Rumayor M, Svoboda K, Švehla J, 2018. Mercury removal from MSW incineration flue gas by mineral-based sorbents. Waste Management, 73: 265-270.

Rungnim C, Meeprasert J, Kunaseth M, et al., 2015. Understanding synergetic effect of TiO_2-supported silver nanoparticle as a sorbent for Hg^0 removal. Chemical Engineering Journal, 274: 132-142.

Sasmaz E, Aboud S, Wilcox J, 2009. Hg binding on Pd binary alloys and overlays. The Journal of Physical Chemistry C, 113(18): 7813-7820.

Scotto M V, Peterson T W, Wendt J O L, 1992. Hazardous waste incineration: The in-situ capture of lead by sorbents in a laboratory down-flow combustor. Symposium on Combustion, 24(1): 1109-1117.

Senior C L, 2006. Oxidation of mercury across selective catalytic reduction catalysts in coal-fired power plants. Journal of the Air & Waste Management Association, 56(1): 23-31.

Senior C L, Sarofim A F, Zeng T F, 2000. Gas-phase transformations of mercury in coal-fired power plants. Fuel Processing Technology, 63(2-3): 197-213.

Shim Y, Yuhas B D, Dyar S M, et al., 2013. Tunable biomimetic chalcogels with Fe_4S_4 cores and $[Sn_nS_{2n+2}]^4$ (n= 1, 2, 4) building blocks for solar fuel catalysis. Journal of the American Chemical Society, 135(6): 2330-2337.

Sjostrom S, Durham M, Bustard C J, et al., 2010. Activated carbon injection for mercury control: Overview. Fuel, 89(6): 1320-1322.

Skodras G, Diamantopoulou I, Sakellaropoulos G P, 2007. Role of activated carbon structural properties and surface chemistry in mercury adsorption. Desalination, 210(1-3): 281-286.

Sliger R N, David J G, John C K, 1998. Kinetic investigation of the high-temperature oxidation of mercury by chlorine species//Proceedings of Western States Section/The Combustion Institute Fall 1998 Meeting, Seattle, WA: 98F-18.

Sliger R N, Kramlich J C, Marinov N M, 2000. Towards the development of a chemical kinetic model for the homogeneous oxidation of mercury by chlorine species. Fuel Processing Technology, 65: 423-438.

Sterling R O, Helble J J, 2003. Reaction of arsenic vapor species with fly ash compounds kinetics and speciation of the reaction with calcium silicates. Chemosphere, 51(10): 1111-1119.

Sun L S, Zhang A C, Su S, et al., 2011. A DFT study of the interaction of elemental mercury with small neutral and charged silver clusters. Chemical Physics Letters, 517(4-6): 227-233.

Sun M Y, Hou J A, Cheng G H, et al., 2014. The relationship between speciation and release ability of mercury in flue gas desulfurization (FGD) gypsum. Fuel, 125: 66-72.

Sun M Y, Hou J A, Tang T M, et al., 2012. Stabilization of mercury in flue gas desulfurization gypsum from coal-fired electric power plants with additives. Fuel Processing Technology, 104: 160-166.

Sun Y N, Deng M, Huang W J, et al., 2021. Radical-induced oxidation removal of mercury by ozone coupled with bromine. ACS ES&T Engineering, 1(1): 110-116.

Sun Y, Lou Z M, Yu J B, 2017. Immobilization of mercury(II) from aqueous solution using Al_2O_3-supported nanoscale FeS. Chemical Engineering Journal, 323: 483-491.

Tan Z Q, Su S, Qiu J R, et al., 2012. Preparation and characterization of Fe_2O_3-SiO_2 composite and its effect on elemental mercury removal. Chemical Engineering Journal, 195: 218-225.

Tian L H, Li C T, Li Q, et al., 2009. Removal of elemental mercury by activated carbon impregnated with CeO_2. Fuel, 88(9): 1687-1691.

Tong L, Xu W Q, Zhou X, et al., 2015. Effects of multi-component flue gases on Hg^0 removal over HNO_3-modified activated carbon. Energy & Fuels, 29(8): 5231-5236.

Turan M D, Altundoğan H S, Tümen F, 2004. Recovery of zinc and lead from zinc plant residue. Hydrometallurgy, 75(1-4): 169-176.

Wang J W, Zhang Y S, Wang T, et al., 2020. Effect of modified fly ash injection on As, Se, and Pb emissions in coal-fired power plant. Chemical Engineering Journal, 380: 122561.

Wang T, Li C T, Zhao L K, et al., 2017. The catalytic performance and characterization of ZrO_2 support modification on CuO-CeO_2/TiO_2 catalyst for the simultaneous removal of Hg^0 and NO. Applied Surface Science, 400: 227-237.

Wang X Y, Huang Y J, Pan Z G, et al., 2015a. Theoretical investigation of lead vapor adsorption on kaolinite surfaces with DFT calculations. Journal of Hazardous Materials, 295: 43-54.

Wang Y Y, Shen B X, He C, et al., 2015b. Simultaneous removal of NO and Hg^0 from flue gas over Mn-Ce/Ti-PILCs. Environmental Science & Technology, 49(15): 9355-9363.

Wang Z, Liu J, Yang Y J, et al., 2019. Heterogeneous reaction mechanism of elemental mercury oxidation by oxygen species over MnO_2 catalyst. Proceedings of the Combustion Institute, 37(3): 2967-2975.

Wang Z, Liu J, Zhang B K, et al., 2016. Mechanism of heterogeneous mercury oxidation by HBr over V_2O_5/TiO_2 catalyst. Environmental Science & Technology, 50(10): 5398-5404.

Wouterlood H J, Bowling K, 1979. Removal and recovery of arsenious oxide from flue gases. Environmental Science & Technology, 13(1): 93-97.

Wu C Y, Barton T, 2001. A thermodynamic equilibrium analysis to determine the potential sorbent materials for the control of arsenic emissions from combustion sources. Environmental Engineering Science, 18(3): 177-190.

Wu Y, Wang S X, Streets D G, et al., 2006. Trends in anthropogenic mercury emissions in China from 1995 to 2003. Environmental Science & Technology, 40(17): 5312-5318.

Xiang W, Liu J, Chang M, et al., 2012. The adsorption mechanism of elemental mercury on CuO(110) surface. Chemical Engineering Journal, 200-202: 91-96.

Xie J K, Qu Z, Yan N Q, et al., 2013. Novel regenerable sorbent based on Zr-Mn binary metal oxides for flue gas mercury retention and recovery. Journal of Hazardous Materials, 261: 206-213.

Xu H M, Ma Y P, Huang W J, et al., 2017a. Stabilization of mercury over Mn-based oxides: Speciation and reactivity by temperature programmed desorption analysis. Journal of hazardous materials, 321: 745-752.

Xu H M, Qu Z, Zhao S J, et al., 2015a. Different crystal-forms of one-dimensional MnO_2 nanomaterials for the catalytic oxidation and adsorption of elemental mercury. Journal of Hazardous Materials, 299: 86-93.

Xu H M, Qu Z, Zong C X, et al., 2015b. MnO_x/graphene for the catalytic oxidation and adsorption of elemental mercury. Environmental Science & Technology, 49(11): 6823-6830.

Xu H M, Xie J K, Ma Y P, et al., 2015c. The cooperation of Fe-Sn in a MnO_x complex sorbent used for capturing elemental mercury. Fuel, 140: 803-809.

Xu H M, Yan N Q, Qu Z, 2017b. Gaseous heterogeneous catalytic reactions over Mn-based oxides for environmental applications: A critical review. Environmental Science & Technology, 51(16): 8879-8892.

Xu H M, Yuan Y, Liao Y, et al., 2017c. $[MoS_4]^{2-}$ cluster bridges in Co-Fe layered double hydroxides for mercury uptake from S-Hg mixed flue gas. Environmental Science & Technology, 51(17): 10109-10116.

Xu W Q, Yu Y B, Zhang C B, et al., 2008. Selective catalytic reduction of NO by NH_3 over a Ce/TiO_2 catalyst. Catalysis Communications, 9(6): 1453-1457.

Yamaguchi A, Akiho H, Ito S, 2008. Mercury oxidation by copper oxides in combustion flue gases. Powder Technology. 180(1-2): 222-226.

Yan N Q, Chen W M, Chen J, et al., 2011. Significance of RuO_2 modified SCR catalyst for elemental mercury oxidation in coal-fired flue gas. Environmental Science & Technology, 45(13): 5725-5730.

Yang S J, Guo Y F, Yan N Q, et al., 2010. A novel multi-functional magnetic Fe-Ti-V spinel catalyst for elemental mercury capture and callback from flue gas. Chemical Communications, 46(44): 8377-8379.

Yang S J, Guo Y F, Yan N Q, et al., 2011a. Nanosized cation-deficient Fe-Ti spinel: A novel magnetic sorbent for elemental mercury capture from flue gas. ACS Applied Materials & Interfaces, 3(2): 209-217.

Yang S J, Guo Y F, Yan N Q, et al., 2011b. Elemental mercury capture from flue gas by magnetic Mn-Fe spinel: Effect of chemical heterogeneity. Industrial & Engineering Chemistry Research, 50(16): 9650-9656.

Yang S J, Guo Y F, Yan N Q, et al., 2011c. Nanosized cation-deficient Fe-Ti spinel: A novel magnetic sorbent for elemental mercury capture from flue gas. ACS Applied Materials & Interfaces, 3(2): 209-217.

Yang S J, Guo Y F, Yan N Q, et al., 2011d. Remarkable effect of the incorporation of titanium on the catalytic activity and SO_2 poisoning resistance of magnetic Mn-Fe spinel for elemental mercury capture. Applied Catalysis B: Environmental, 101(3-4): 698-708.

Yang S J, Wang C Z, Li J H, et al., 2011e. Low temperature selective catalytic reduction of NO with NH_3 over Mn-Fe spinel: Performance, mechanism and kinetic study. Applied Catalysis B: Environmental, 110: 71-80.

Yang S J, Yan N Q, Guo Y F, et al., 2011f. Gaseous elemental mercury capture from flue gas using magnetic nanosized $(Fe_{3-x}Mn_x)$ 1-δO_4. Environmental Science & Technology, 45(4): 1540-1546.

Yang Y J, Liu J, Liu F, et al., 2018. Molecular-level insights into mercury removal mechanism by pyrite. Journal of Hazardous Materials, 344: 104-112.

Yang Y J, Liu J, Zhang B, et al., 2017. Density functional theory study on the heterogeneous reaction between Hg^0 and HCl over spinel-type $MnFe_2O_4$. Chemical Engineering Journal, 308: 897-903.

Yao H, Mkilaha I S N, Naruse I, 2004. Screening of sorbents and capture of lead and cadmium compounds during sewage sludge combustion. Fuel, 83(7-8): 1001-1007.

Yao H, Naruse I, 2009. Using sorbents to control heavy metals and particulate matter emission during solid fuel combustion. Particuology, 7(6): 477-482.

Yao T, Duan Y F, Bisson T M, et al., 2019. Inherent thermal regeneration performance of different MnO_2 crystallographic structures for mercury removal. Journal of Hazardous Materials, 374: 267-275.

Yuan Y, Zhao Y C, Li H L, et al., 2012. Electrospun metal oxide-TiO_2 nanofibers for elemental mercury removal from flue gas. Journal of Hazardous Materials, 227-228: 427-435.

Zhang B K, Liu J, Shen F H, 2015a. Heterogeneous mercury oxidation by HCl over CeO_2 catalyst: Density functional theory study. The Journal of Physical Chemistry C, 119(27): 15047-15055.

Zhang B K, Liu J Y, Zhang J, et al., 2014. Mercury oxidation mechanism on Pd(100) surface from first-principles calculations. Chemical Engineering Journal, 237: 344-351.

Zhang L, Wang S X, Wang L, et al., 2015b. Updated emission inventories for speciated atmospheric mercury from anthropogenic sources in China. Environmental Science & Technology, 49(5): 3185-3194.

Zhang W, Yang J K, Wu X, et al., 2016. A critical review on secondary lead recycling technology and its prospect. Renewable and Sustainable Energy Reviews, 61: 108-122.

Zhang Y, Wang C B, Li W H, et al., 2015. Removal of gas-phase As_2O_3 by metal oxide adsorbents: Effects of experimental conditions and evaluation of adsorption mechanism. Energy & Fuels, 29: 6578-6585.

Zhao B, Yi H H, Tang X L, et al., 2016. Copper modified activated coke for mercury removal from coal-fired flue gas. Chemical Engineering Journal, 286: 585-593.

Zhao H T, Mu X L, Yang G, et al., 2017a. Graphene-like MoS_2 containing adsorbents for Hg^0 capture at coal-fired power plants. Applied Energy, 207: 254-264.

Zhao H T, Mu X L, Yang G, et al., 2017b. Microwave-induced activation of additional active edge sites on the MoS_2 surface for enhanced Hg^0 capture. Applied Surface Science, 420: 439-445.

Zhao H T, Yang G, Mu X L, et al., 2017c. Hg^0 capture over MoS_2 nanosheets containing adsorbent: Effects of temperature, space velocity, and other gas species. Energy Procedia, 105: 4408-4413.

Zhao H T, Yang G, Gao X, et al., 2015a. Hg^0 capture over $CoMoS/\gamma$-Al_2O_3 with MoS_2 nanosheets at low temperatures. Environmental Science & Technology, 50(2): 1056-1064.

Zhao L K, Li C, Zhang X, et al., 2015b. A review on oxidation of elemental mercury from coal-fired flue gas with selective catalytic reduction catalysts. Catalysis Science & Technology, 5(7): 3459-3472.

Zhao S J, Ma Y P, Qu Z, et al., 2014. The performance of Ag doped V_2O_5-TiO_2 catalyst on the catalytic oxidation of gaseous elemental mercury. Catalysis Science & Technology, 4(11): 4036-4044.

Zhao S J, Qu Z, Yan N Q, et al., 2015c. The performance and mechanism of Ag-doped CeO_2/TiO_2 catalysts in the catalytic oxidation of gaseous elemental mercury. Catalysis Science & Technology, 5(5): 2985-2993.

Zhao Y X, Mann M D, Pavlish J H, et al., 2006. Application of gold catalyst for mercury oxidation by chlorine. Environmental Science & Technology, 40(5): 1603-1608.

Zhou C S, Sun L S, Zhang A C, et al., 2015. $Fe_{3-x}Cu_xO_4$ as highly active heterogeneous Fenton-like catalysts toward elemental mercury removal. Chemosphere, 125: 16-24.

Zhou Z J, Liu X W, Zhao B, et al., 2016. Elemental mercury oxidation over manganese-based perovskite-type catalyst at low temperature. Chemical Engineering Journal, 288: 701-710.

Zielinski R A, Foster A L, Meeker G P, et al., 2007. Mode of occurrence of arsenic in feed coal and its derivative fly ash, Black Warrior Basin, Alabama. Fuel, 86(4): 560-572.

第4章　有色金属冶炼烟气重金属控制技术及应用

4.1　有色金属生产流程

4.1.1　铅冶炼

目前国内外通用的炼铅工艺可分为粗炼和精炼，其中粗炼分为火法和湿法。火法炼铅有传统炼铅法与直接炼铅法两大类，而直接炼铅法可简单分为闪速熔炼和熔池熔炼两种（图4.1）。

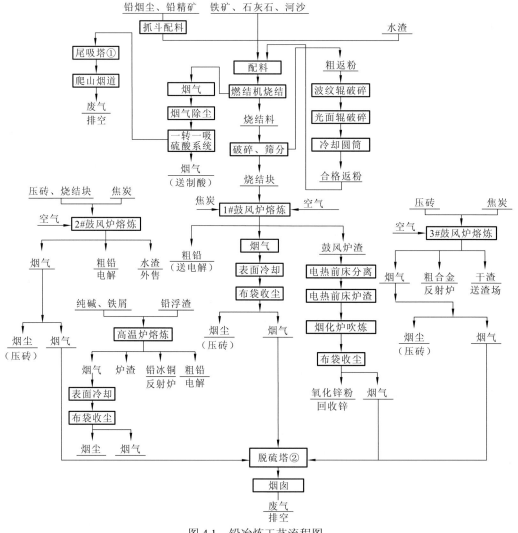

图4.1　铅冶炼工艺流程图

1. 传统炼铅法

传统炼铅法即烧结—鼓风炉还原熔炼工艺，其主要设备为烧结机和鼓风炉，分两段分别完成氧化和还原过程，该工艺本身存在一些缺陷：烧结过程中 SO_2 浓度偏低，烟气 SO_2 转换率只能达 90% 左右，SO_2 利用率低；烧结过程产生的反应热不能有效回收利用，鼓风炉熔炼时需消耗大量冶金焦，能耗较高；烧结烟气中夹带粉尘量大，烧结返料约 80%，烧结成本高；鼓风炉烟气 SO_2 浓度低，不能有效回收，环保压力大；工作、卫生及操作环境差，难以实现清洁生产，对职工健康危害大。由于该工艺较为成熟，且投资小，目前在国外铅生产仍有重要作用，而在国内该工艺已经列入《产业结构调整指导目录（2011年版）》淘汰类，属于淘汰类工艺。

2. 直接炼铅法

直接炼铅法分为闪速熔炼和熔池熔炼：闪速熔炼的典型代表有基夫赛特法、奥托昆普法；溶池熔炼的典型代表有直接炼铅法、水口山法、艾萨炉、卡尔多法等。下面介绍几种常用的方法。

1）基夫赛特法

关键设备为基夫赛特炉，主要由反应塔、电热还原区、铜水套和包括余热锅炉在内的直升烟道组成，该法在反应塔内完成氧化过程和 80% 左右的还原过程，在电热还原区完成 20% 左右的还原过程。该炼铅方法有以下特点：原料适应性强，对原料品位没有过多要求，可处理铅精矿、多金属金矿、锌渣、铅烟尘和二次铅物料等；炉子运行稳定、连续，炉体寿命长，维修费用低，作业率可高达 95% 以上；主金属回收率高，铅回收率达 98%，金银回收率达 99%，锌回收率达 60% 以上；工作环境卫生条件好，烟尘率低，炉体密闭，烟尘烟气逸散少，工艺环保性好；烟气中 SO_2 浓度高，制酸成本低；自动化程度高，工人劳动强度低，所需员工数量少。基夫赛特法有着如上诸多优点，但也有着投资成本高、原料需经预干燥处理、工艺连贯性过强等缺点。

2）直接炼铅法

关键设备为直接炼铅（QSL）炉，QSL 炉为可 90° 转动的卧式长圆筒型炉，一炉内设有氧化区和还原区分别完成氧化和还原过程，有着能耗低、对环境友好、备料简单、烟气 SO_2 浓度高、生产成本低等优点，但该工艺同时有着物料品位要求高、操作控制要求高、渣含铅高、烟尘率高、粗铅含硫高、浮渣率高等缺点，国内曾由德国引进该工艺，但因诸多原因均被迫停产。

3）底吹—鼓风炉炼铅工艺（水口山法即 SKS 法）

将铅精矿、铅烟尘、熔剂及少量粉煤经计量、配料、制粒后，由炉子上方的加料口加入炉内；工业氧气从炉底的氧枪喷入熔池，氧气进入熔池后，首先与铅液接触反应，生成氧化铅，其中一部分氧化铅在激烈的搅动状态下与位于熔池上部的硫化铅进行交互反应生成一次粗铅、氧化铅和 SO_2；所生成的一次粗铅和铅氧化渣沉淀分离后，粗铅虹吸或直接放出；铅氧化渣则由铸锭机铸块后，送往鼓风炉还原熔炼，产出二次粗铅。氧化熔炼产生的 SO_2 烟气经余热锅炉和电收尘器后送硫酸车间制酸。

水口山法在借鉴直接炼铅法基础上，保留了直接炼铅法的氧化段，取消了还原段，还原段采用鼓风炉熔炼完成，炉体结构相对简单；与传统烧结、鼓风炉炼铅法相比，自动化程度明显提高，工作环境明显改善，劳动强度明显下降，较为彻底地解决了烧结粉尘、低浓度 SO_2 污染等问题，且投资相对较低，在国内推广应用较多。

4）卡尔多法

关键设备为卡尔多炉，卡尔多炉本体由内衬铬铅砖的圆筒形炉缸和喇叭形炉两部分构成，通过炉体的驱动电机可使炉子转动，使熔体在生产时处于转动之中，熔体传热传质效果优良，热利用率高，在一炉内完成加料、氧化、还原、出铅放渣 4 个步骤，但该工艺所产烟气中 SO_2 时断时续，SO_2 浓度低，制酸成本高，且有中间物料多、金属直收率低、炉衬寿命短、耐火材料消耗高等缺陷。国内曾从瑞典引进该工艺，但由于生产成本高被迫关停。

5）富氧底吹＋液态高铅渣直接还原熔炼工艺

该工艺前面的氧化炉熔炼部分与 SKS 法等熔炼工艺基本相同，还原炉采用富氧熔炼炉替代了鼓风炉，取消了铸渣机，用溜槽将氧化炉与还原炉进行连接。氧化炉产生的液态高铅渣经溜槽直接进入还原炉进行还原熔炼，有效利用高铅渣的显热，还原炉内加煤粒或焦炭，采用天然气或煤或煤气等进行还原熔炼。还原炉产出二次粗铅送至后续的精炼系统，还原炉渣送后续的烟化炉处理，回收锌。

6）富氧顶吹熔炼工艺（ISA 法）

富氧顶吹熔炼法系富氧顶吹浸没式熔池熔炼过程，ISA 法为顶吹熔炼，核心设备为艾萨炉。工艺流程与 SKS 法大致相同，只是用富氧空气代替了工业氧气。

7）富氧侧吹炼铅工艺

富氧空气从炉子侧墙上位于静置熔体平面以下约 0.5 m 处的风口以约 100 kPa 的表压送入炉内，使熔体强烈鼓泡与激烈搅动，控制炉内温度及气氛灯完成熔炼过程。其核心设备是侧吹熔炼炉，炉子是由三层冷却水套围成的横断面呈矩形的炉子，自下而上分为炉缸、炉身（熔池区和再燃烧区）、炉顶三部分。炉缸用耐火材料砌筑于钢板焊接而成的钢槽内，呈倒拱形；炉身两侧装有熔池风口和再燃烧风口，炉一端为加料室，另一端为渣虹吸井，有放渣口和虹吸放铅口；炉顶有上层（熔炼室）炉顶和中层（加料室）炉顶，炉顶均为钢水套内衬耐火泥，加料室炉顶有主加料口。上层炉顶设有备用加料口和直升烟道，直升烟道也由水套围成。

富氧侧吹炼铅工艺由两台串联炉子组成，经过配料的炉料计量后送入氧化炉内进行富氧侧吹氧化熔炼，产出一次粗铅、富铅渣、含高浓度 SO_2 烟气，其烟气送制酸；热态富铅渣经溜槽直接流入还原炉，加入还原剂进行富氧侧吹还原熔炼，产出二次粗铅和还原炉渣，还原炉渣进烟化炉吹炼进一步回收铅、锌。氧化炉和还原炉产出的粗铅送至后续精炼系统。

3. 粗铅精炼工艺

粗铅精炼主要有火法和电解法。

火法经过除铜（先熔析或凝析除铜，再加硫深度除铜）、除碲（加苛性钠）、除砷锑锡（氧化法或碱性精炼法：原理基于在 450 ℃条件下，砷、锑、锡在 $NaNO_3$ 强氧化剂的作用下氧化成高价氧化物→变成软铅）、除银（加锌回收金银）、除锌（铅钙）、除铋后，最终精炼成精铅。其优点是投资少，生产周期短，占用资金少，生产成本低，特别适用于处理含铋低的粗铅；缺点是工序多，铅直收率低，劳动条件差。

国内普遍采用电解精炼工艺。电解的原料一般为粗铅。粗铅先进行火法精炼除铜、锡，调整锑含量，铸成阳极板，用硅氟酸和硅氟酸铅的水溶液进行电解。除铜渣进行处理后，粗铅返回电解工序，冰铜进入下道工序回收铜。析出铅经过氧化精炼除去砷、锑、锡等杂质后，铸成产品铅锭。电解阳极泥送到下道工序进一步回收其中的有价金属。

4.1.2 锌冶炼

世界上锌冶炼工艺主要分为两种：火法冶炼和湿法冶炼。火法炼锌是利用物料中锌与其他组分沸点不同，在高温下利用还原剂将 ZnO 焙烧矿还原生成锌蒸气，然后冷凝降温形成粗锌，最后经过精馏得到锌锭。火法炼锌的基本工序包括焙烧、还原蒸馏和精炼三个过程，主要工艺包括鼓风炉炼锌、横罐炼锌、竖罐炼锌和电炉炼锌。竖罐和横罐炼锌是 20 世纪初采用的炼锌方式，其优点是生产过程简单、投资成本低，但由于环保等问题已于 80 年代被淘汰；电炉炼锌设备简单，原料适应性好，但是能耗巨大，限制了该技术的发展；密闭鼓风炉炼锌是英国帝国熔炼公司于 20 世纪 50 年代发展的一种适用于冶炼铅锌混合矿的方法，对原料适应性强、能耗较低、产能大，是当前火法炼锌的主要工艺。全世界共有 15 台密闭鼓风炉仍然进行生产，占锌总产量的 12%～13%。湿法冶炼是利用物料中 ZnO 和其他组分在酸中溶解度的不同，将锌矿焙烧后得到的锌焙砂进行选择性浸出使锌溶解，浸出液经过净化除杂，然后进行电解得到锌锭。湿法炼锌发展迅速，主要原因在于其产品质量高，冶炼回收率高，能更好地综合回收伴生的有价金属，易于实现连续化、机械化和自动化，较易控制环境污染。湿法炼锌的基本工序包括焙烧、浸出、浸出液净化、电积 4 个过程。目前全球锌产量的 80%以上是由湿法冶炼工艺产出，我国锌冶炼行业也以湿法冶锌工艺为主。

如图 4.2 所示，锌矿采用沸腾炉焙烧，焙烧所得的 ZnO 焙砂经中浸、酸浸两段浸出、浓密、过滤，得到中浸上清液及酸浸渣。酸浸渣中一般含有 20%左右的锌，以铁酸锌形式存在，工业上将酸浸渣送至转窑挥发处理回收其中的锌。中浸上清液经过净化除杂、电解沉积得到产品锌锭。因此，湿法炼锌工艺包含两路烟气。

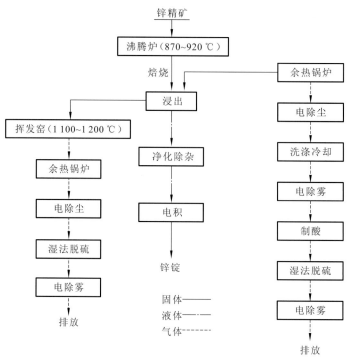

图 4.2　锌冶炼工艺流程图

1. 沸腾炉烟气

锌矿在沸腾炉焙烧过程产出的烟气中含有大量颗粒物、汞、SO_3 和 SO_2。烟气中高浓度 SO_2 是生产硫酸的原料，因而锌冶炼烟气制酸也是为了满足环保要求必须采取的手段。烟气经过余热回收和除尘后，进入制酸系统的烟气净化工段，净化后的烟气经过两转两吸制取硫酸，再经过尾气脱硫装置净化后排放。该类烟气中气态汞浓度较高，伴有高浓度 SO_2 和一定浓度的 SO_3。

目前大型冶炼制酸烟气净化以稀酸洗涤为主，净化工艺一般由空塔、填料塔、电除雾器等组成，主要有以下几种工艺组合。

（1）一级动力波-填料冷却塔-二级动力波-两级电除雾器。从填料塔出来的稀酸通过板式换热器移除热量，如豫光锌业锌冶炼烟气制酸系统、大冶有色硫酸装置、中铝东南铜业铜冶炼烟气制酸系统、包头华鼎铜业铜冶炼烟气制酸系统。

（2）一级动力波-填料冷却塔-两级电除雾器。如铜陵有色金昌冶炼厂铜冶炼制酸系统。

（3）空塔-填料塔-间冷器-电除雾器。如贵溪冶炼一期、葫芦岛有色、西北铅锌冶炼、韶关冶炼二期、金川集团 III 系统；上述制酸烟气净化工艺均采用了湿法洗涤和电除雾组合工艺，在动力波、冷却塔和电除雾过程中均会产生大量的污酸，是目前冶炼厂酸性重金属废水的主要来源。

2. 挥发窑烟气

挥发窑处理浸出渣时也会产生含汞、SO_2 烟气，这类烟气中 SO_2 浓度较低无法直接用于制酸，通常采用湿法脱硫进行治理。烟气中汞浓度相对较低，在洗涤过程中进入洗涤液中，影响脱硫副产物的综合利用。

4.1.3　铜冶炼

世界上由铜精矿生产电解铜的冶炼方法分为两大类：火法冶炼和湿法冶炼。目前精炼铜产量的 80% 以上是用火法冶炼生产的，湿法冶炼生产的精炼铜占 20% 左右，详细情况如下。

1. 火法冶炼

火法炼铜是当今生产铜的主要方法，占铜产量的 80%～90%，主要是处理硫化矿。火法炼铜的优点是原料适应性强，能耗低，效率高，金属回收率高。火法炼铜可分两类：一是传统工艺，如鼓风炉熔炼、反射炉熔炼、电炉熔炼；二是现代强化工艺，如闪速炉熔炼、熔池熔炼。

由于 20 世纪中叶以来全球性的能源和环境问题突出，能源日趋紧张，环境保护法规日益严格，劳动成本逐步上涨，促使铜冶炼技术从 20 世纪 80 年代起获得飞速发展，迫使传统的方法被新的强化方法代替，传统冶炼方法逐渐被淘汰。随之兴起的是以闪速炉熔炼和熔池熔炼为代表的强化冶炼先进技术，其中最重要的突破是氧气或富氧的广泛应用。经过几十年的努力，闪速炉熔炼与熔池熔炼已基本取代传统火法冶炼工艺。

火法冶炼工艺过程主要包括 4 个主要步骤：造锍熔炼、冰铜吹炼、粗铜火法精炼和阳极铜电解精炼。

造锍熔炼（铜精矿—冰铜）：主要是使用铜精矿造冰铜熔炼，目的是使铜精矿部分铁氧化，造渣除去，产出含铜较高的冰铜。

冰铜吹炼（冰铜—粗铜）：将冰铜进一步氧化、造渣脱除冰铜中的铁和硫，生产粗铜。

粗铜火法精炼（粗铜—阳极铜）：将粗铜通过氧化造渣进一步脱除杂质元素，生产阳极铜。

阳极铜电解精炼（阳极铜—阴极铜）：通过引入直流电，阳极铜溶解，在阴极析出纯铜，杂质进入阳极泥或电解液，从而实现铜和杂质的分离，产出阴极铜。

2. 湿法冶炼

湿法冶炼（SX-EW 法）占铜生产量的 10%～20%，是用溶剂浸出铜矿石或铜精矿使铜进入溶液，然后从经过净化处理后的含铜溶液中回收铜，主要用于处理低品位铜矿石、氧化铜矿和一些复杂的铜矿石。

湿法炼铜设备更简单，在矿山附近就近生产，生产成本低，不生产硫酸，无 SO_2 污染。但杂质含量较高，且炼铜周期长、效率低、产能规模小；贵金属回收困难，回收率不确定；处理黄铜矿精矿的湿法工艺还没有工业应用，存在技术障碍。

虽然目前湿法炼铜在铜生产中所占比重不大，但从今后资源发展趋势看，随着矿石逐渐贫化，氧化矿、低品位难选矿石和多金属复杂铜矿的利用日益增长，湿法炼铜将成为处理这些原料的有效途径。

4.2 有色金属冶炼烟气重金属的排放标准

表 4.1～表 4.3 所示为《铅、锌工业污染物排放标准》（GB 25466—2010），其中主要的污染物为颗粒物，二氧化硫，硫酸雾，铅、汞及其化合物，其中重金属主要关注铅和汞及其化合物，现有企业两者的排放浓度限值分别为 10 mg/m³、1.0 mg/m³，新建企业两者的排放浓度限值分别为 8 mg/m³、0.05 mg/m³，而对于企业边界大气污染物两者的排放浓度限值分别为 0.006 mg/m³、0.000 3 mg/m³。

表 4.1　现有企业大气污染物排放浓度限值（铅、锌工业）　（单位：mg/m³）

序号	污染物	适用范围	排放浓度限值	污染物排放监控位置
1	颗粒物	干燥	200	
		其他	100	
2	二氧化硫	所有	960	车间或生产设施排气筒
3	硫酸雾	制酸	35	
4	铅及其化合物	熔炼	10	
5	汞及其化合物	烧结、熔炼	1.0	

表 4.2　新建企业大气污染物排放浓度限值（铅、锌工业）　（单位：mg/m³）

序号	污染物	适用范围	排放浓度限值	污染物排放监控位置
1	颗粒物	所有	80	
2	二氧化硫	所有	400	
3	硫酸雾	制酸	20	车间或生产设施排气筒
4	铅及其化合物	熔炼	8	
5	汞及其化合物	烧结、熔炼	0.05	

表 4.3　现有和新建企业边界大气污染物排放浓度限值（铅、锌工业）　（单位：mg/m³）

序号	污染物	排放浓度限值
1	颗粒物	1.0
2	二氧化硫	0.5
3	硫酸雾	0.3
4	铅及其化合物	0.006
5	汞及其化合物	0.000 3

表 4.4～表 4.6 所示为《铜、钴、镍工业污染物排放标准》（GB 25467—2010），其中主要的污染物为二氧化硫，颗粒物，砷及其化合物，硫酸雾，氯气，氯化氢，镍及其化合物，铅及其化合物，氟化物，以及汞及其化合物。对于铜冶炼厂，排放标准中对砷、铅、汞及其化合物进行了明确的排放限制，现有企业和新建企业三者的排放浓度限值分别为 0.5 mg/m³、0.7 mg/m³、0.012 mg/m³，而对于企业边界大气污染物三者的排放浓度限值分别为 0.01 mg/m³、0.006 mg/m³、0.001 2 mg/m³。

表 4.4　现有企业大气污染物排放浓度限值（铜、钴、镍工业）　　　（单位：mg/m³）

序号	生产类别	工艺或工序	排放浓度限值										污染物排放监控位置
			二氧化硫	颗粒物	砷及其化合物	硫酸雾	氯气	氯化氢	镍及其化合物	铅及其化合物	氟化物	汞及其化合物	
1	采选	破碎、筛分	—	150	—	—	—	—					车间或生产设施排气筒
		其他	800	100		45	70	120					
2	铜冶炼	物料干燥	800										
		环境集烟	960	100	0.5	45	—	—		0.7	9.0	0.012	
		其他	900										
3	镍、钴冶炼	全部	960	100	0.5	45	70	120	4.3	0.7	9.0	0.012	
4	烟气制酸	一转一吸	960	50	0.5	45				0.7	9.0	0.012	
		两转两吸	860										
单位产品基准排气量		铜冶炼/(m³/t)	24 000										
		镍冶炼/(m³/t)	40 000										

表 4.5　新建企业大气污染物排放浓度限值（铜、钴、镍工业）　　　（单位：mg/m³）

序号	生产类别	工艺或工序	排放浓度限值										污染物排放监控位置
			二氧化硫	颗粒物	砷及其化合物	硫酸雾	氯气	氯化氢	镍及其化合物	铅及其化合物	氟化物	汞及其化合物	
1	采选	破碎、筛分	—	100	—	—	—	—	—				车间或生产设施排气筒
		其他	400	80		40	60	80					
2	铜冶炼	全部	400	80	0.4	40				0.7	3.0	0.012	
3	镍、钴冶炼	全部	400	80	0.4	40	60	80	4.3	0.7	3.0	0.012	
4	烟气制酸	全部	400	50	0.4	40	—	—		0.7	3.0	0.012	
单位产品基准排气量		铜冶炼/(m³/t)	21 000										
		镍冶炼/(m³/t)	36 000										

表 4.6　现有和新建企业边界大气污染物排放浓度限值（铜、钴、镍工业）　　　（单位：mg/m³）

序号	污染物	排放浓度限值
1	二氧化硫	0.5
2	颗粒物	1.0
3	硫酸雾	0.3
4	氯气	0.02
5	氯化氢	0.15
6	砷及其化合物	0.01
7	镍及其化合物	0.04

序号	污染物	排放浓度限值
8	铅及其化合物	0.006
9	氟化物	0.02
10	汞及其化合物	0.001 2

注：镍、钴冶炼企业监控

4.3　重金属在原料中的赋存形态

大气环境中汞的存在形式有元素（Hg^0）、水溶性无机汞化合物（Hg^{2+}）、有机汞化合物和颗粒态汞。其中，95%以上的是以元素形式存在，颗粒态汞只占总气态汞的0.3%～0.9%。大气中重要的有机汞化合物主要以甲基汞的形式存在，它们在空气中会发生光化学分解，并可随雨水进入陆地生态系统。颗粒态汞主要是以 Hg^0 为代表的二价无机汞化合物，通过沉降进入各圈层，参与各圈层的循环。

不同形态的汞呈现截然不同的大气行为。Hg^0 是汞在大气中最主要的存在形态，占总汞的90%以上，具有较强的化学惰性和较低的水溶性，在大气中的稳定性较强，停留时间为数月至一年以上，可长距离传输。Hg^{2+} 主要是指 HgO、$Hg(OH)_2$、$HgCl_2$、$HgBr_2$等氧化钛汞，占总汞的 1%以下，具有较强的水溶性，易通过湿沉降被去除，在大气中的停留时间较短，仅为几个小时至数天。气态甲基汞主要包括气态单甲基汞和二甲基汞，含量较低，易沉降，大气滞留时间为几个小时至数天。Hg^p 主要是指吸附于大气颗粒物上的汞，可能包括单质汞、活性汞或者甲基汞，约占总汞的10%以下，易被降水清除且干沉降速率高(高于单质汞而低于活性气态汞)，在大气中的停留时间为数十小时至数天。

元素 Hg^0 在大气中停留时间较长，并能够参与长距离的传输，这也是造成全球汞污染的一个重要因素。大气中的 Hg^0 能与 O_3、O_2、NO_2、H_2O_2 等氧化剂和卤族元素等发生氧化反应，转化为 Hg^{2+}。与 Hg^0 相比，Hg^{2+} 在大气中的停留时间较短，几天到几个星期不等，并趋于溶解在大气水蒸气中或吸附在雨滴、颗粒的表面，沉降速度比 Hg^0 快。这是大气汞通过湿沉降进入陆地生态系统的主要形式。

铅是矿物中自然存在的元素，通常以很低的含量存在于岩石和土壤中。地壳平均铅质量分数为12～17 mg/kg，可形成土壤类岩石的铅质量分数为22 mg/kg。全球不同类型土壤的铅质量分数从碱土类土壤的0.2 mg/kg到红土土壤的115 mg/kg 不等。铅含量升高与铅的沉积密切相关。通过岩石风化，铅排放到土壤和水体中，进入生物群落。随后面临着包括铅在内的大陆基础金属的扩散，叠加在土壤上面。这个过程在全球铅循环中发挥重要作用，并导致一些地方的土壤铅含量升高。在生物圈内，铅通过不同过程迁移，例如盐末和土壤颗粒通过风进行传输。大气铅污染物的自然排放源主要是火山、土壤颗粒污染物、海水细末、生物和森林火灾。

砷广泛分布于环境中。地球表面所含砷的总量约为 4.01×10^{16} kg，平均质量分数为6 mg/kg。砷的地球化学参数显示，3.7×10^9 t 存在于海洋，其余 9.97×10^8 t 存在于陆地，

2.5×10^{13} t 存在于沉积物，8.12×10^3 t 存在于大气中。砷是 200 多种矿物的主要成分，包括砷单质、砷化物、硫化物、氧化物、砷酸盐和亚砷酸盐。大多数砷为矿物矿石或其他衍生物。但这些矿物砷在自然环境中相对罕见。自然界中砷的存在多以硫化矿伴生。雌黄、雄黄、砷黄铁矿、黄榴石、镍矾石、钴矾石、砷黝铜矿和硫砷铜矿都是含砷的矿物。砷含量最高的矿物为砷黄铁矿。土壤中砷的地球化学基线一般为 5~10 mg/kg。大气中砷的基线较低，但是会因为冶炼等其他工业行为，以及化石燃料燃烧和火山活动的排放造成其含量升高。通常，未污染地区的砷质量浓度为 10^{-5}~10^{-3} mg/m^3，城市区升高至 0.003~0.180 mg/m^3，工业区附近超过 1 mg/m^3。

4.4 有色金属冶炼烟气中重金属的排放特征

有色行业烟气按性质可大致分为三类：第一类为采矿、选矿过程中产生的以粉尘为主的烟气；第二类为有色金属冶炼过程中产生的冶炼烟气；第三类为有色金属加工过程中排放的烟气。其中，汞、铅、砷等污染物主要来源于有色金属的冶炼烟气。在一些有色金属冶炼过程中，它们会随高温烟气排出。这些重金属冶炼烟气成分复杂，排放量较大，污染面较广，治理难度较大。下面详述汞、铅、砷三种污染物烟气的排放特征。

4.4.1 汞排放特征

我国是全球汞资源最丰富的国家之一，汞资源总保有储量仅次于西班牙和俄罗斯，居世界第三。我国汞矿资源主要集中在贵州、湖北、四川、湖南、广西等省（自治区）。然而，我国自 2018 年 8 月 16 日起由于《关于汞的水俣公约》的正式生效而禁止开采新的原生汞矿，并且对用汞行业的管理日趋严格，我国汞资源产量持续下降，到 2020 年降至 1 993 t，同比下降 10.71%。但是，我国仍是全球最大的汞资源生产国。2017 年我国汞资源产量达到 3 574 t，占整个世界汞资源产量的 88.2%，远超其他国家和地区。而且目前我国仍大量生产、销售和使用用汞量大的体温计、血压计和含汞电池等产品，汞排放的问题依然严峻。

大气汞的无意排放包括燃煤电厂、工业锅炉、铅锌冶炼、铜冶炼、工业黄金冶炼、废物焚烧和水泥生产七类排放源。有色金属冶炼独占三类，是汞排放的最主要来源，其过程如图 4.3 所示。我国是有色金属生产大国，2020 年精锌产量为 6.43×10^6 t，精铅产量为 6.44×10^6 t，精炼铜产量为 1.003×10^7 t，黄金产量为 365.3 t。其中铅冶炼过程释放的汞主要来自铅精矿。在熔炼过程中，铅精矿中的汞绝大部分都会进入熔炼烟气中。锌冶炼过程释放的汞主要来自锌精矿。在高温焙烧过程中，锌精矿中的汞绝大部分都会进入烟气中。铜冶炼过程释放的汞主要来自铜精矿。在熔炼过程中，铜精矿中的汞绝大部分都会进入渣选尾矿和熔炼烟气中。由于混汞提金法工艺已经被列为落后工艺予以淘汰，黄金冶炼烟气大气汞的排放问题不再突出，很少引起人们的关注。

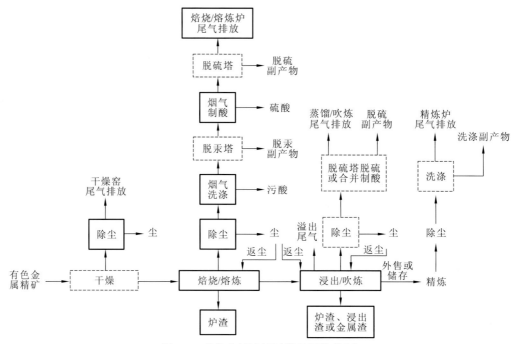

图 4.3 有色金属冶炼过程及污染控制

总的来说，有色金属冶炼过程一般包含干燥、焙烧/熔炼、浸出/吹炼和精炼 4 个工段。其中，精矿是否干燥取决于冶炼厂所在地的气候条件、焙烧/熔炼炉体对精矿水分的要求。冶炼过程主要采用大气污染控制设备控制气态污染物的排放。干燥工段主要产生颗粒物，一般安装除尘器进行除尘。目前大部分冶炼厂采用布袋除尘器，也有少数冶炼厂采用文丘里除尘器、旋风除尘器等低效率的除尘器。除尘器捕集到的尘主要是精矿颗粒，一般与精矿一起送入焙烧/熔炼炉。焙烧/熔炼工段的温度往往在 800 ℃以上，是大气污染物的主要释放节点，也是冶炼过程汞污染控制的重点。目前，仍有部分小企业仅对焙烧/熔炼烟气进行简单除尘，甚至完全无烟气治理设施。大部分冶炼厂采用除尘+净化+制酸的方式控制烟气中的颗粒物和 SO_2 的排放。株洲冶炼集团股份有限公司、西北铅锌冶炼厂、韶关冶炼厂和葫芦岛锌业股份有限公司等 4 家冶炼厂在洗涤之后装有脱汞设施。但是，受原料汞含量的影响，目前仅株洲冶炼集团股份有限公司的专门脱汞设备尚在运行。焙烧/熔炼烟气的除尘设备一般包括余热锅炉、旋风除尘器和电除尘器。净化系统一般包括烟气净化冲洗塔（FGS，如动力波洗涤器、填料塔+空塔等）和电除雾（electrostatic demister，ESD）。烟气 SO_2 处理方式取决于烟气中 SO_2 的浓度。当烟气 SO_2 浓度小于 2.5%时，一般采用烟气脱硫（FGD）系统脱硫。当烟气 SO_2 浓度大于 2.5%时，SO_2 可以直接进行烟气制酸，主要包括采用单转单吸（APS，非稳态制酸和常规单转单吸制酸）和双转双吸两种制酸方式。在锌冶炼浸出工段，污染物主要以浸出渣或金属渣的形式排出冶炼系统。其他工艺的吹炼/蒸馏环节主要排放颗粒物、SO_2 等大气污染物，烟气往往进行除尘和脱硫。除尘器一般使用布袋除尘器，脱硫往往采用湿法或干法烟气脱硫系统。部分铜冶炼工艺吹炼环节的烟气与熔炼烟气一起处理，从而调节用于制酸的 SO_2 浓度。精炼工段一般由初步火法精炼和电解精炼两个环节组成。气态污染物主要在初步火法精炼过程产生。大部分工艺火法精炼只进行除尘，少数冶炼厂安装了脱硫设施。锌冶炼焙烧浸出湿法炼锌工艺只含有电解精炼环节。

我国的有色重金属矿石大多数是硫化矿，伴生较多的汞。以锌精矿为例，据调查，我国陕甘地区锌精矿含汞量在 33.07～499.91 g/t，这是造成西北地区锌冶炼烟气汞含量高的直接原因。通过分析我国 82 个锌矿山的 208 个锌精矿样品的汞浓度，获得了我国锌精矿汞浓度的分布特征。结果显示，我国锌精矿汞质量分数为 0.07～2 534.06 μg/g，几何平均值为 9.45 μg/g。约 63% 的锌矿山精矿汞质量分数在 15 μg/g 以下。在宋敬祥（2010）样品的基础上，研究者又采集了我国 36 个锌矿山的 183 个锌精矿样品，83 个铅矿山的 190 个铅精矿样品和 55 个铜矿山的 174 个铜精矿样品，建立了我国有色金属精矿的汞浓度数据库。该数据库包含我国 391 个锌精矿样品，190 个铅精矿样品和 174 个铜精矿样品。锌、铅和铜精矿所在矿山的产量分别占我国锌、铅和铜精矿总产量的 94%、98% 和 93%。全球精矿汞浓度的分布范围跨度非常大。锌、铅和铜精矿样品中汞质量分数的最高值分别达到 1 500 μg/g、325 μg/g 和 6 000 μg/g，而最低值都小于 1 μg/g。大部分锌、铅精矿样品的汞质量分数显著低于 10 g/g，铜精矿样品的汞质量分数则普遍低于 5 μg/g。全球锌、铅和铜精矿样品中汞质量分数的算术平均值分别达到 64 μg/g、34 μg/g 和 62 μg/g，而中值仅为 9 μg/g、10 μg/g 和 3.5 μg/g。这为估算全球有色金属冶炼行业汞排放提供了重要的基础数据。

有色金属冶炼烟气汞排放作为我国大气汞污染的主要来源之一，近年来才被高度重视，而且国内目前对该行业汞排放控制技术的研究尚不成熟。早期的研究者根据排放清单估计了有色金属冶炼中汞的排放量，但对发展中国家的有色金属冶炼行业汞排放的评估数据大多集中在 2003 年以前。我国有色金属冶炼行业具有规模不大、企业众多、工艺复杂、布局较为分散、原料成分差异大、重金属污染物的排放环节多、污染物形态不同、对环境污染程度不同等特点，对于目前的排放情况存在很大的不确定性。

有色金属冶炼烟气汞排放主要集中在铅、锌、铜的冶炼过程。根据早期科学家的研究，在 1995～2003 年，我国有色金属冶炼烟气汞排放量以平均每年 4.2% 的速度增长，在 2003 年排放量为 320 t，其中锌冶炼、铅冶炼和铜冶炼烟气汞排放量分别占 58.6%、22.1% 和 5.5%。物料衡算法研究了土法炼锌大气汞排放因子，结果显示利用氧化矿土法炼锌的大气汞排放因子平均为 79 g(Hg)/t(Zn)，用硫化矿土法炼锌的大气汞排放因子平均为 155 g(Hg)/t(Zn)，都远大于文献中所沿用的发展中国家锌冶炼大气汞排放因子 25 g(Hg)/t(Zn)。对具有较完善的汞回收设备的大型湿法炼锌厂和没有汞回收设备的炼锌厂进行对比，大气汞排放因子相差较大，分别平均为 5.7 g(Hg)/t(Zn) 和 34～122 g(Hg)/t(Zn)。我国锌冶炼汞的大气汞排放因子平均为 83.4 g(Hg)/t(Zn)。各种炼锌工艺中，无静电除汞的湿法炼锌工艺大气汞排放因子是（31～22）g(Hg)/t(Zn)，有静电除汞的湿法炼锌工艺大气汞排放因子是（5.7±4.0）g(Hg)/t(Zn)，竖罐炼锌工艺大气汞排放因子是（34～71）g(Hg)/t(Zn)，鼓风炉熔炼工艺大气汞排放因子是（122～122）g(Hg)/t(Zn)，土法炼锌工艺大气汞排放因子是（75～115）g(Hg)/t(Zn)。大气汞排放因子在 0.09～2.98 g(汞)/t(产品)，分析其低排放因子与企业烟气净化工艺有关。

2010 年，有色金属冶炼过程的大气汞排放量达到 97.4 t。从各省份的大气汞排放来看，冶炼过程大气汞排放量较大的 5 个省份分别为甘肃、云南、河南、湖南和陕西。这 5 个省份的大气汞排放量达到 79.6 t，占冶炼过程大气汞排放量的 81.7%。锌冶炼过程的大气汞排放量为 62.9 t，占有色金属冶炼行业冶炼过程大气汞排放量的 64.6%。铅冶炼过程的大气汞排放量为 30.1 t，而铜冶炼过程的大气汞排放量为 3.5 t，远低于锌、铅冶炼过程的大气排放量。从各个工艺的大气汞排放来看，锌冶炼工艺中，焙烧浸出炼锌工艺的大气汞排放量最大，达到 45.0 t，约占锌冶炼过程大气汞排放量的 71.6%。土法炼锌、密闭鼓风炉熔炼（imperial smelting process，ISP）工艺炼铅锌、电路炼锌和竖罐炼锌的大气汞排放量分别占锌冶炼过程大气汞排放量的 14.4%、5.5%、2.4% 和 6.3%。铅冶炼工艺中，烧结机炼铅和土法炼铅工艺的大气汞排放量，占铅冶炼过程大气汞排放量的 92.1%；而铅产量占我国铅产量 47.3% 的熔池炼铅工艺，仅排放 5.1% 的大气汞。铜冶炼过程的污染控制设备是有色金属冶炼行业相对较为完善的。因此，铜冶炼行业的大气汞排放量主要由精矿消耗量决定。铜冶炼过程使用的主要工艺为熔池炼铜和闪速炉炼铜，这两个工艺的铜精矿消耗量分别占 52.4% 和 34.2%；相应的大气汞排放量占铜冶炼过程大气汞排放量的 17.5% 和 10.7%。电炉/反射炉等落后炼铜工艺的产量仅占铜冶炼产量的 0.8%，但是其大气汞排放量占到铜冶炼过程大气汞排放量的 59.3%。锌、铅和铜冶炼过程烟气污染控制设备的总脱汞效率分别为 90.5%、71.2% 和 91.8%。

2023 年，我国十种有色金属总产量达 7 470 万 t，同比增长 7.1%。随着我国经济发展加快，有色金属产品需求量也将逐年增长。我国的有色金属冶炼产能急剧扩张与粗放型经营发展，大量消耗矿产资源和环境污染加剧等问题凸显。目前国内外对燃煤电厂大气汞污染问题非常重视，有色金属冶炼行业对大气汞污染问题的贡献也将日益凸显，加强对有色冶炼烟气汞排放控制技术研究迫在眉睫。产量的快速增加，必将进一步增大我国有色金属冶炼行业大气汞的减排压力。研究者在我国少数有色金属冶炼厂开展的测试表明，冶炼厂的烟气污染控制设备有协同脱汞的作用。然而，我国有色金属冶炼厂工艺复杂，烟气污染控制设备类型多样。现有的工艺及污染控制设备能否满足有色金属冶炼厂汞减排的需求？污染控制设备协同脱除烟气汞的同时，更多的汞会被转移到有色金属冶炼副产物中，副产物再利用方式多样，处理过程是否将汞重新释放到环境中？这些问题都将影响我国有色金属冶炼行业汞减排策略的制定。因此，我们需要系统地分析有色金属冶炼行业汞的排放途径和排放特征，确定汞排放控制对策，为汞污染控制提供科学依据。

我国是全球最大的汞排放国，排放量占全球 30%～40%（Lin et al.，2017）。据估计，我国大陆的年汞沉积总量为 0.422 t，其中约 2/3 来自国内排放，而年净汞迁移预算为 0.511 t，占世界其他地区汞沉积量的 10%（Wang et al.，2018）。Wu 等（2006）核算了我国 1995～2003 年的人为汞排放清单，有色金属冶炼和燃煤行业的汞排放量合计占总量的 80%，其中燃煤的汞排放量从 202 t 增加至 257 t，有色金属冶炼的汞排放量从 230 t 增加至 321 t。Zhang 等（2015）核算了 2000～2010 年的汞排放清单，显示燃煤、有色金属冶炼和水泥生产行业是我国最主要的汞排放源，其中有色金属冶炼行业的年排放量为 96.4～146.4 t，占中国人为汞排放总量的 18%～33%，仅次于燃煤行业。Lin 等（2017）研究表明，2010年有色冶炼（仅包括锌、铅、铜和工业黄金）行业的大气汞排放量占总排放量的 27.6%，超过了燃煤锅炉（15.8%）、燃煤电厂（17.9%）和水泥熟料生产（26.5%）。Liu 等（2019）研究发现，由于燃煤电厂超低排放改造的成功实施，燃煤电厂已不再是大气汞的最主要排放源，其 2017 年大气汞排放量相对于 2013 年下降了 54.2%，而有色冶炼行业汞排放量仅下降了 21.4%。Wu 等（2021）发现我国为抑制新型冠状病毒（COVID-19）的传播而在 2020 年采取的封控措施使得工业停产期间减少了 12.5 kg/d 的汞排放，相应地使大气汞浓度降低了 0.07 ng/m³。

上述排放清单的估算方法主要有两种：一种为基于产品的排放因子法；另一种为基于原料的排放因子法。基于产品的排放因子法是当前清单估算使用最多的方法。该方法所计算的排放量为排放因子与金属产量的乘积。因此，该方法的准确性一方面取决于排放因子的赋值，另一方面取决于金属产量数据的可靠性。中国有色金属冶炼行业汞排放清单的排放因子主要基于欧洲、北美等地区少数重点源的排放数据。铅冶炼的大气汞排放因子为 2.0～4.0 g/t 精铅，冶炼的排放因子为 8.0～45.0 g/t 精锌。估算欧洲有色金属大气汞排放量时，均采用这些排放因子。在 1995 年的全球大气汞排放清单中，亚洲地区锌、铅、铜冶炼的大气汞排放因子分别采用 20.0 g/t、3.0 g/t 和 10.0 g/t。在估算 2000 年全球大气汞排放量时，根据各国专家提供的本国数据和相关厂家的数据，将锌、铜冶炼的大气汞排放因子分别调整为 7.5～8.0 g/t 和 5.0～6.0 g/t。然而，这种调整被认为可能低估了当时的排放情况。这种低估有可能是各国专家估算的排放量或排放因子有误，或者各国相关部门给出的报告并不完善。然而，限于当时的研究水平，这套排放因子并没有考虑大气污染控制设备对汞的脱除效果。因此，可以认为这套数据一定程度上反映了我国有色金属冶炼行业的汞输入水平，但是高估了汞的排放。由此可见，已有的排放因子差异很大。排放因子的赋值很大程度上取决于研究者对该领域的认识。排放因子本身并无法准确定量污染控制对排放量的贡献。

4.4.2 铅排放特征

我国是世界矿铅产量最大的国家，2023 年全国铅产量为 89.5 万 t，累计增长 12.2%，居世界首位。我国铅矿资源比较丰富的省份有云南、内蒙古、广东、甘肃、江西、湖南和四川等。环境中 Pb 的来源有自然源和人为源，而人为源是 Pb 污染的主要原因。近年来，伴随着无铅汽油的推广使用，由机动车汽油燃烧排放的 Pb 大幅减少，燃煤源和工业生产过程成为我国大气 Pb 的主要来源。Pb 污染环境健康事件，多数是由有色金属冶炼和铅蓄电池生产企业废气违规排放所致。因此，了解工业过程大气 Pb 的排放现状，对应对我国有害重金属污染、保障民众身体健康具有切实意义。

大气中的铅主要富集在细颗粒表面，可长时间停留在大气中，并通过呼吸系统进入人体，同时，还可经由大气干湿沉降过程迁移进入水体和土壤，危害水和土壤生态环境，并最终对人体造成各种急慢性毒性伤害。研究显示，大气铅污染是造成人体铅暴露的主要因素，同时，大气干湿沉降还是有害重金属在土壤中富集的主要途径。大气铅等挥发性有毒有害重金属元素的排放及控制已成为国际学术界高度关注的大气污染防治领域的新兴热点之一。

我国大气环境中的铅污染主要来自工业排放。大气铅污染源主要包括燃煤，铅及其他伴生矿的开采、选矿，铅冶炼，再生铅生产，玻璃制造，粉末冶金生产，电子产品锡铅焊料及使用，聚氯乙烯生产加工，油漆、涂料、颜料、彩釉、化妆品、化学试剂及其他含铅制品的生产和使用，含铅垃圾焚烧排放等。在有色行业中，铅、锌等金属矿山的开采及铅的冶炼和加工是重要的大气铅污染源。我国工业过程大气铅排放呈逐年递增趋势，年均增长率为12.5%，2010年，我国工业过程大气铅排放总量为14 920.47 t。有色金属冶炼过程作为大气铅的主要排放源，其占比高达66.7%，其中铅冶炼过程对整个工业过程的铅排放贡献达到29%。目前，铅冶炼和铜冶炼行业都以火法冶炼为主，锌冶炼行业则以湿法冶炼为主。但无论是湿法冶炼还是干法冶炼，有色金属矿石中重金属的释放比例均可高达90%以上。钢铁冶炼为仅次于有色金属冶炼的第二大铅排放源，其中烧结炉是大气Pb排放的主要工序。铅酸电池和建筑材料生产的排放占比均在5%左右，但其对周边环境的影响仍不容忽视。我国铅酸蓄电池企业普遍规模小、较为分散，且大多生产工艺落后，致使铅酸蓄电池行业环境问题频出。建材生产过程的烟气和粉尘排放较为严重，其中熟料煅烧和物料熔化过程分别是水泥和平板玻璃生产过程的大气铅主要排放过程，目前我国砖瓦焙烧窑中90%为落后的轮窑工艺，不可避免地产生大量无组织的铅排放。

对于铅锌金属矿山开采行业，由于铅锌单体矿床资源储量小，矿山企业分散，冶炼企业集中度低，多数企业的技术比较落后，造成了铅污染。铅锌矿企业在矿石破碎、筛分、磨矿等工序和露天堆放含铅尾矿过程中都会产生含铅扬尘。不过，随着我国日益完善行业规范，改进开采技术和严格环境标准，全国规模以上铅锌矿山开采企业不断减少，从2006年年末的600多家降至2021年的223家，来自铅锌金属矿山开采的铅污染不断减少。

我国现有铅冶炼行业较多，粗铅冶炼厂、电解铅冶炼厂和综合铅冶炼厂各占1/3。我国已建成的铅冶炼厂有400多家，且分布较广。铅锌矿等多金属矿原矿中含有铅，在选矿时将其富集，并形成铅精矿产品，然后运送至冶炼厂进行冶炼，在冶炼过程中将排出大量烟粉尘，虽然经过除尘器处理后，绝大部分烟粉尘会被捕收下来，但是仍然会有少部分烟尘排入大气中，这部分烟尘中含有铅。我国铅冶炼生产工艺中传统的烧结-鼓风炉工艺的铅产量占全国总产量的80%以上。该工艺在生产过程中会产生如下含铅烟尘：①烧结焙烧含铅烟尘，硫化铅精矿在烧结过程中排放的烟气含烟尘浓度很高，并含有铅、汞、砷、氟及氯等有害物质；②熔炼含铅烟尘，在鼓风炉熔炼铅时会产生烟气，烟尘中铅质量分数为2%～3%，还含有镉和硒等；③烟化含铅烟尘，用烟化炉法处理炉渣时会排出烟化烟气，其烟尘中铅质量分数为10.6%，锌质量分数为60%。目前，铅冶炼和铜冶炼行业都以火法冶炼为主，锌冶炼行业则以湿法冶炼为主（李若贵，2010；李卫锋 等，2010）。但无论是湿法冶炼还是干法冶炼，有色金属矿石中重金属的释放比例均可高达90%以上。烧结机-鼓风炉炼铅生产工艺及常规湿法炼锌生产工艺及排污节点如图4.4和图4.5所示。

在玻璃制品中，含铅玻璃由于具有良好的防辐射性能、导电性能、光学性能、可加工性能，在我国现阶段甚至今后更长的时间内还有较大的存在价值。计算机、电视机行业的显像管玻壳生产过程中玻璃熔融产生大量烟尘，铅在其中的形态比较复杂，主要以氧化铅、硅酸铅、硫酸铅的形式存在。一家年产30万只显像管玻壳的企业，年产生含铅粉尘约500 t。除此之外，晶质玻璃中一般也含有较多的氧化铅，日用陶瓷的生产过程中，

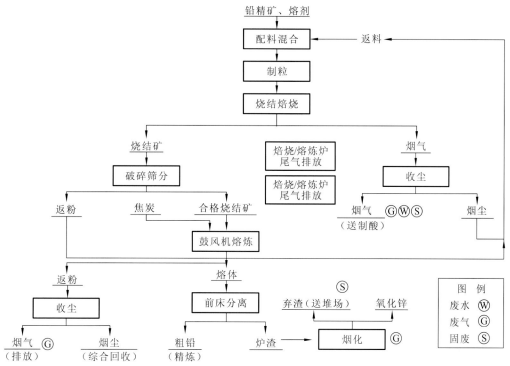

图 4.4 烧结机-鼓风炉炼铅生产工艺及排污节点

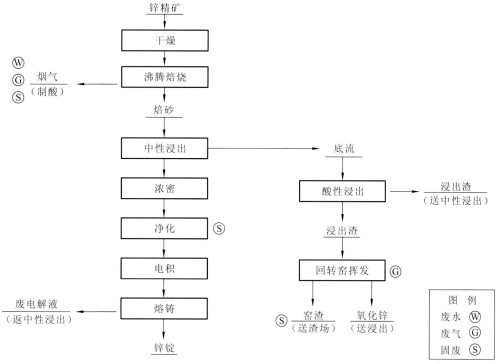

图 4.5 常规湿法炼锌生产工艺及排污节点

釉和装饰颜料中大多含有铅。在熔制玻璃和烧制陶瓷的过程中，受热熔化的铅有一部分脱离液面，随之生成氧化铅或其他的铅盐，以气溶胶的状态悬浮在空气中，形成含铅烟尘。

在铜冶金工艺中，矿石中大量的铅、砷元素在富氧、高温环境下被氧化成铅、砷氧化物颗粒，进入冶金工艺中的废烟、尘、渣中。根据楚基卡马塔冶炼厂对铜精矿中铅、砷在火法冶炼过程中的走向进行调查分析可以发现，大约80%的重金属氧化物进入废烟、尘中，最后对自然环境、职工健康造成巨大危害。根据铜冶金原理可知，铅、砷对自然环境和人体的危害源主要是含有铅、砷的粉尘、烟尘和烟气。铜冶金工艺中，矿石的输送、熔炼、吹炼、废酸作业过程中往往都会产生大量的含铅、砷的粉尘。

有色金属冶炼采用的估算方法如下：

$$E_{NFi} = \sum F_{Pi} EF_{Pi} + \sum F_{Si} EF_{Si} \qquad (4.1)$$

式中：E_{NF} 为有色金属冶炼过程中 Pb 的大气排放量；F_P 为铜、铅和锌矿石消费量；F_S 为铜、铅和锌精矿石消费量；EF_P 为矿石冶炼过程中 Pb 的大气排放因子；EF_S 为再生精矿石冶炼过程中 Pb 的大气排放因子。

通过汇总国内外已公开发表文献资料中大气 Pb 排放测试数据（Nyberg et al.，2009；EMEP/EEA，2009；USEPA，2001；Pacyna et al.，2001；NPI，1999），有色冶炼行业各生产工艺大气 Pb 排放因子见表 4.7。

表 4.7 有色冶炼行业大气 Pb 排放因子

工业过程	工艺过程	Pb（95% CI）排放因子/(g/t)
有色冶炼	铜矿石	110（57～230）
	铜精矿	150（50～450）
	铅矿石	140（47～420）
	铅精矿	430（150～590）
	锌矿石	17（4.9～34）
	锌精矿	5.3（3.2～8.1）

注：CI 为置信区间

2000～2020 年，我国有色金属产量持续大幅度增长，铜、铅和锌的产量分别由 1.32×10^6 t、1.10×10^6 t 和 1.91×10^6 t，增加到 1.003×10^7 t、6.44×10^6 t 和 6.43×10^6 t。2000～2005 年，我国铅酸电池产量年均增长率保持在 25%左右。2005 年以后，随着我国电池行业产业调整，大量小规模生产企业被取缔，整体铅酸电池产量增速有所减缓，但仍保持稳步增长趋势。2005 年，我国铅酸电池产量为 6.64×10^7 kVAh，截至 2020 年底，铅酸电池产量已增至 2.27×10^8 kVAh，年均增长率约为 15.1%。

2010 年，我国工业过程大气 Pb 排放总量为 14 920.47 t。有色金属冶炼过程为大气 Pb 的主要排放源，其占比高达 66.7%，其中 Pb 冶炼过程对整个工业过程的 Pb 排放贡献达到 29.0%。图 4.6 给出了 2000～2010 年有机金属冶炼工业过程大气 Pb 排放历史变化趋势。从图中可以看出，有色金属冶炼工业过程的大气 Pb 排放呈现明显的逐年递增趋势，年均增长率为 11.0%。主要原因在于行业产能增速过快、产业结构不合理，以及大气污染排放控制设施应用比例达不到减排需求。由于各地区产业结构差异较大和矿产资源分布不均，工业过程大气 Pb 排放的地区差异明显。大气 Pb 排放主要集中在湖南、河南、云南、河北和江西等省份。其中河南、湖南和云南的排放多源于铅冶炼企业，江西的排放主要来自铜冶炼过程，钢铁冶炼则为河北省的主要贡献源。受矿藏资源分布的影响，有色金属工业在各省间分布不均匀。铜冶炼重点企业分布在甘肃、安徽、辽宁、云南、上海、湖北、山西、江西、广东、湖南和四川等地，年生产能力在 $1\times10^4\,t\sim1.5\times10^5\,t$。铅锌冶炼重点企业主要分布在株洲、韶关、沈阳、白银、长沙、柳州和昆明等地，年生产能力在 $2.5\times10^4\,t\sim3.0\times10^5\,t$，其中，铅冶炼重点企业有 15 个，铅年产量占全国总产量的 65%左右，锌冶炼重点企业有 17 个，锌年产量占全国总产量的 70%左右。河北是我国钢铁的主要产地，2010 年钢铁产量占全国的 20%以上；建材生产大气 Pb 排放方面，河北、山东和广东等省份的排放量较大；浙江、广东和河北是我国铅酸电池的主要产地，大气 Pb 排放量占全国铅酸电池行业的 46.8%。

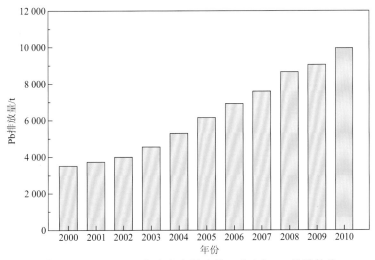

图 4.6　2000～2010 年有色金属冶炼工业大气 Pb 排放趋势

4.4.3　砷排放特征

中国、俄罗斯、法国、墨西哥、德国、秘鲁、纳米比亚、瑞典和美国是砷的主要生产国，砷的产量占世界总产量的 90%。目前，砷在农业中的利用率正在下降。大约 3%的砷最终产品用作金属冶炼添加剂，97%为砒霜。

砷主要赋存于有色金属矿床中，以伴生矿产出，占砷矿总储量的 80%以上，其中铜精矿中的砷质量分数为 0.19%～1.88%。砷在有色金属提取过程中以硫化物或盐的状态不同程度地进入废气、废水和废渣中，构成了我国有色冶炼企业最主要的环境污染源。砷污染物一旦进入环境，就会对生态环境和人类健康产生持续影响。有色冶炼行业年产排砷占全国人为砷排放量近一半，已成为我国主要的砷污染来源。其中，铜冶炼排放的砷占有色金属冶炼行业砷排放总量的 80%以上。

2017 年中国精炼铜（电解铜）产量达 888.9 万 t，较 2016 年同比增加 5.4%，其中矿产铜产量达 676 万 t，再生铜产量达 212.9 万 t。各省份矿产精炼铜产量分布不均衡，最主要产铜省省份为安徽和江西，其次为山东和云南。

可采用砷元素比例系数法，估算我国铜冶炼行业生产活动产生的砷元素大气排放量：

$$Q = F \cdot E \tag{4.2}$$

式中：Q 为重金属砷元素的大气排放量，t；F 为重金属砷元素在排放颗粒物中的质量分数，%；E 为精炼铜（电解铜）生产活动排放烟尘量，t。

我国相继发布了《污染源普查产排污系数手册》等相关技术指南。根据企业产品、原料、工艺、规模及末端治理技术的组合情况，运用铜冶炼行业废气污染物产排污系数，通过烟尘排污系数与废气中砷排污系数的比值计算企业废气烟尘中砷的质量分数，得出铜冶炼过程排放烟尘中砷含量系数表（表4.8）。

表 4.8　铜冶炼过程排放烟尘中砷含量系数表

产品	原料	工艺	末端治理技术	烟尘中砷的质量分数/%
精炼铜（阴极铜）	铜精矿	闪速熔炼—吹炼—电解精炼	烟气制酸、过滤式除尘法、环境集烟直排	0.25
			烟气制酸、过滤式除尘法、环境集烟脱硫	0.20
粗铜	铜精矿	熔池熔炼—吹炼	烟气制酸、过滤式除尘法、环境集烟直排	0.43
			烟气制酸、过滤式除尘法、环境集烟脱硫	0.36
阳极铜	铜精矿	熔池熔炼—吹炼—火法精炼	烟气制酸、过滤式除尘法、环境集烟直排	0.42
			烟气制酸、过滤式除尘法、环境集烟脱硫	0.35
精炼铜（阴极铜）	铜精矿	熔池熔炼—吹炼—电解精炼火法	烟气制酸、过滤式除尘法、环境集烟直排	0.42
			烟气制酸、过滤式除尘法、环境集烟脱硫	0.35
精炼铜（阴极铜）	铜精矿	熔池熔炼—吹炼—电解精炼火法	烟气制酸、过滤式除尘法、环境集烟脱硫	0.20
阳极铜	粗铜杂铜	火法精炼	过滤式除尘法	0.40
精炼铜（阴极铜）	粗铜杂铜	火法精炼—电解精炼	过滤式除尘法	0.40

在铜冶炼行业各工艺中，排污较严重的主要是采用火法冶炼工艺对铜矿石进行处理的工序，在各种熔炼工序过程中会排放出含砷废气，并且不同的熔炼工艺对污染物产生及排放情况的影响不同。按熔池熔炼、闪速熔炼和双闪熔炼三大工艺类型，分别对废气砷元素排放量进行统计，结果如表 4.8 所示。熔池熔炼占三大类工艺企业总产量的 43.49%，且废气砷元素排放量最大，占三大类工艺总排放量的 59.40%。采用闪速熔炼工艺的企业精炼铜（电解铜）产量和废气砷元素排放量次之，采用双闪熔炼工艺的企业精炼铜（电解铜）产量和废气砷元素排放量均最小。由 2017 年各省砷元素排放清单可知，2017 年全国铜冶炼行业企业废气重金属砷元素排放量约为 26.334 t。精炼铜（电解铜）产量较多的省份依次为安徽、江西、云南、山东、甘肃、内蒙古、福建、河南、湖北等，其中最主要产铜省份为安徽和江西，分别占统计总产量的 17.50% 和 17.37%，其次为云南和山东，分别占统计总产量的 11.45% 和 11.36%。各省铜冶炼企业废气重金属砷元素排放量大小排序依次为安徽、云南、江西、内蒙古、山东、甘肃、河南、湖北、福建等。比较可知，各省废气重金属砷元素排放量大小规律与各省精炼铜（电解铜）产量大小规

律总体一致，在铜冶炼区域内铜冶炼企业废气重金属砷元素排放总量较大。行业产业集中度相对较高的地区闪速熔炼生产工艺流程及排污节点如图4.7所示。

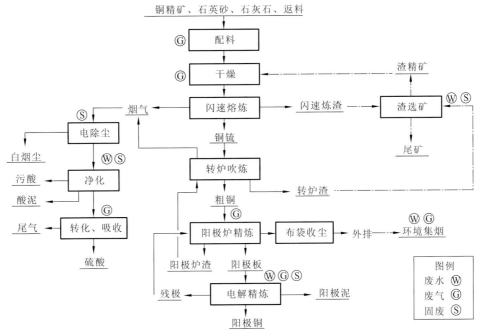

图 4.7　闪速熔炼生产工艺流程及排污节点示意图

研究者对冶炼行业砷的形态转化进行研究并发现：As 在燃烧过程中挥发主要受温度的影响，析出率随燃烧温度的升高而升高。不同温度对 As 析出率的影响具有阶段性：低温阶段，主要是有机 As 及少量热稳定性差的含 As 化合物的分解，析出率较低；随温度的不断升高，含 As 磷酸盐和砷酸盐及含 As 硫化物逐渐分解（此为 As 主要析出阶段）；高温阶段，部分高稳定性的含 As 盐及含 As 化合物氧化分解。有 Ca 存在的条件下，在 1 270 K 下，结晶态砷酸钙是最主要的存在状态；温度在 550 K 以下，主要产物是 As_2S_2；550～700 K，砷主要以单质形式存在；大于 700 K，砷的主要产物是 AsO(g)。温度在 550～950 K 时有 As_2(g)和 AsH_3(g)生成，且在 750 K 时其产量达到最大值。1 270 K 时又以气态 AsO 为主。在标准还原条件下，砷具有富集于细粒飞灰表面的特征。郭欣等（2001）对煤粉锅炉砷排放特征进行研究发现，砷主要以飞灰形式排放，占原煤砷总量的84.6%，而底渣和烟气分别占 0.53%和 2.16%。飞灰中砷质量分数与粒度密切相关，随粒度降低而升高。砷在飞灰中富集，在渣中亏损，并且在细小飞灰中明显富集，在 20 μm 以下的飞灰中分布均匀。铜冶炼企业不同工艺废气砷元素排放量对比如表 4.9 所示。

表 4.9　铜冶炼企业不同工艺废气砷元素排放量对比

工艺	2017 年实际产量/t	占比/%	废气砷元素排放量/t	占比/%	单位产量废气砷排放量/(g/t)
熔池熔炼	2 175 968	43.49	14.886	59.40	6.841
闪速熔炼	1 913 518	38.25	7.092	28.30	3.706
双闪熔炼	913 578	18.26	3.083	12.30	3.375
总计	5 003 064	100	25.061	100	—

4.5　有色金属冶炼烟气重金属控制技术及应用案例

4.5.1　汞的控制及应用

1. 直接冷凝技术

用冷凝法从冶炼烟气中回收汞，一般是在除尘器至电除雾之间安装特定的冷凝器使烟气冷却，工业上多利用冷水循环的方法冷却，利用汞饱和蒸气压与温度的关系将其中的汞进行集中冷却，达到分离并回收汞的目的。汞饱和蒸气压与温度的关系见表 3.1。冷凝法一般设置两级冷却塔，第一冷却塔去除汞约 20%，烟气温度降至 60 ℃左右，烟气汞质量浓度大于 200 mg/m³。第二洗涤冷却塔除汞率约为 65%，因此冷凝法总汞回收率在 85%以上。

冷凝法可实现烟气汞的去除和有效回收。但是该方法的缺点在于，有色金属冶炼烟气含汞浓度高，且烟气量大，冷凝法的总汞去除效率偏低。若想要使冷凝法的除汞效率达到去除预期，需要将烟气温度降至零度甚至更低，因此而带来的能耗问题使得该法在工业上实现的可行性很低。因此，该法通常仅作为汞的预去除方法，与后续的除汞技术结合使用。

2. 吸附过滤技术

1）硒鼓过滤

硒过滤法的过滤元件类似触媒器，是经过硒浸泡过的多孔载体。过滤元件的制作是将活性载体在二氧化硒溶液中浸泡，生成的活性硒负载在载体中。含汞烟气经过除尘和干燥后进入吸附塔，与硒过滤器进行接触，达到吸附脱汞的目的。硒过滤器的捕集效率约为 90%，有时也可达到更高。硒过滤元件能够连续吸收汞的量达到其自身重量的 10%～15%。当硒元件吸附饱和后，可以作为原料回收汞，并使硒的活性实现再生。

在硒过滤器吸附法中，将吸附载体置于含二氧化硒的溶液中充分浸泡，使得活性硒能够负载到载体上。含高浓度汞的有色金属冶炼烟气经过除尘装置及干燥塔后进入硒过滤器中进行吸附，为实现高效率的汞去除，将烟气与富含硒的载体充分接触，使得硒过滤器对汞的去除率能够达到 90%左右，硒过滤器吸附法中用活性硒活化后的载体能够实现充分、连续地吸附-脱附烟气中的汞，汞的吸附量可达到自身重量的 10%～15%。硒过滤器吸附法的优点是当吸附饱和后，可以回收利用所吸附的汞，同时对载体进行处理，从而实现硒过滤器对汞吸附活性的恢复。但是，对硒过滤器吸附法而言，若烟气没有经过充分的干燥，让水汽进入硒过滤原件中将会导致除汞效率的下降，严重可导致过滤器的钝化，影响硒过滤器的再生。硒过滤器吸附法虽然操作简单，但是要保证充分的气固接触时间，足够长的停留时间才能保证除汞的效率，且出口烟气中的汞浓度理论值会受到 HgSe 平衡时的蒸气压的限制。

随着吸附法的发展，逐渐发展起来的吸附剂除碳基吸附剂、富含硒载体外，还有金属氧化物吸附剂、贵金属吸附剂等。在实际应用中，有色金属冶炼烟气中高浓度二氧化硫的存在，使得金属氧化物吸附剂在除汞时会出现二氧化硫中毒，导致其失去对零价汞的吸附性能。相比于金属氧化物，贵金属吸附剂对汞有着高吸附容量，在高浓度二氧化硫存在的情况下不会影响贵金属对汞的去除效率，但是贵金属吸附剂的价格高昂，导致其无法在实际工业中进行大规模的应用。

硒过滤器的缺点是元件对水非常敏感，当水蒸气凝结进入元件中时，汞的过滤效率会明显降低。如果未导致黑色硒生成，则过滤元件经过干燥处理后能恢复其活性；一旦元件中生成了黑色的硒，则表明元件被钝化，不仅再生的困难很大，而且会造成元件中硒的损失。因此在使用硒过滤器前一般要采取措施降低烟气的相对湿度，并尽量去除水分。

2）碳过滤

碳过滤器是将经活化处理的活性炭制作为元器件，其方法及用法与硒过滤器相似。在制作过程中，需要用 SO_2 气体处理碳过滤器，直到元件不再发热为止。工业中一般将碳过滤塔设置在烟气干燥塔和鼓风机之间，然后将含汞烟气从干燥塔中引出通过碳过滤器进行吸附去除，汞的总捕集效率可达到 90% 左右。值得注意的是，该过滤过程受烟气温度影响非常大，操作过程中需要谨慎控制温度变化，烟气中 SO_2 通过活性炭时会释放大量的热，使元件升温，而碳过滤元件温度过高会发生燃烧或爆炸，因此烟气净化过程中必须防止 SO_2 浓度发生急剧波动。

3）活性炭吸附

活性炭具备良好的吸附能力，同时比表面积大，单位质量的吸附容量大，因此在吸附分离中具备广泛的应用。通过活性炭吸附脱除烟气中的汞的技术，主要分为两种。一种是在烟气通过除尘装置前，将活性炭粉末喷入烟气中与烟气混合并吸附烟气中的汞。当烟气通过除尘装置时，汞随着活性炭粉末一起去除。该方法又称为活性炭喷射（ACI），是目前最成熟且操作简单的烟气除汞方法。采用活性炭喷射对含汞量较低的城市固体垃圾焚烧产生的烟气进行脱汞处理时，最佳效率可以达到 90%，但是对燃煤烟气脱汞时，其效率不明显。同时要保证较高的脱汞效率，活性炭喷射中的碳汞比例较大，使得单位除汞成本较高，实际应用价值低。同时，活性炭喷射增大了除尘设备的负荷，难以保证活性炭粉末 100% 被除尘设备去除，带来了新的空气污染源。另一种是将烟气通过活性炭吸附床，一般设置于脱硫装置和除尘器后面，作为最后的烟气净化装置。与 ACI 相比，该方法的优点是活性炭回收简便。

未改性的活性炭主要通过物理吸附单质汞，因此吸附能力较弱，在高温下被吸附的汞容易被解吸。通过对活性炭改性，利用化学吸附能提高其对汞的吸附能力，目前主要有在活性炭表面注入硫、氯、碘、溴、酸性离子、碱性离子，以及负载银和表面活性剂等。

相比于未经过改性的活性炭，注硫活性炭在 40℃ 对汞的吸附效果明显提高，并且当温度上升到 150℃ 后，未经过改性的活性炭的脱汞效率相比于注硫活性炭的脱汞效率可以忽略不计。这主要是因为在活性炭表面注入的硫能与 Hg 发生反应生成 HgS，防止了被活性炭吸附的 Hg 因解吸而再次进入烟气，提高了汞的脱除效率。研究表明在煤基活性炭中注入硫时，不同的注入反应温度和活性炭负载上的硫含量会显著影响活性炭的孔径分布和孔隙率，从而影响汞脱除效果。当反应温度降低时，活性炭负载的硫含量会升高，从而造成孔隙减小。同时在较低温度下，硫在活性炭表面形成的环状或者长链基团，虽然其在大孔隙中产生的空间位阻较小，但在小孔隙中会起到阻碍的作用。

抑制汞进入这部分孔隙内部而降低除汞效率。当温度较高时，活性炭表面的硫会倾向形成小分子的含硫分子，并在活性炭表面均匀分布。通过 H_3PO_4 与硫热处理坚果果壳和甘草制备注硫活性炭（AC-S），发现注入的硫质量分数可以达到 8%，并且与单纯的 H_3PO_4 处理相比，改性后的活性炭具备更高的孔隙率、较大的含硫比例，以及在活性炭表面形成的 S—H、S—S、C—S 和 S＝O 化学键的双重作用下，汞的吸附速率和活性炭的吸附容量相比于未改性的活性炭大大提高。

当活性炭注入卤素原子 X（X=Cl、I 和 Br）后，不同的卤素并不会对 Hg 的吸附能量造成明显影响，但是 HgX 形成的反应活化能差异较大，从 HgI、HgBr、HgCl 依次递增，因此注碘活性炭除汞效率一般高于注溴和注氯活性炭。同时，通过理论计算分析，汞会以 HgX 的形式被吸附于活性炭表面，而不会以 HgX 形态从活性炭表面解吸或者被氧化为 HgX_2。将商业颗粒状活性炭 BPL 中分别注入氯（BPL-C）、β-氨基蒽醌（BPL-A）、2-氨基甲基吡啶（BPL-P）和氨基乙硫醇（BPL-T），发现 BPL-A 和 BPL-T 在 25℃时的吸附容量较高，但是当温度上升到 140℃后，其吸附能力明显降低，BPL-P 的吸附能力较弱，并且受温度影响不大。当氯注入量为 5%（质量分数）时，其吸附能力明显优于注硫活性炭，但氯的注入量随反应温度升高而降低，并且汞与 BPL-C 上氯之间的化学键的稳定性较差，这使其无法得到普遍的应用。但是从成本上考虑，与 BPL-A、BPL-P 和 BPL-T 螯合物注入的活性炭相比，注氯活性炭更具应用潜力。当活性炭表面注入氯化金属化合物时，吸附反应过程中，氯化金属化合物会生成氯离子和金属氧化物，并且这些化学性质活跃的氯离子和金属氧化物会与汞发生反应生成 HgO 和 $HgCl_2$，同时活性炭上的金属元素也会作为催化剂，促进 Hg 的氧化和卤化。在此过程中，氯化金属化合物起到了金属元素催化和氯元素的氧化的协同作用。

4）飞灰吸附

飞灰对汞的吸附能力与飞灰的物理性质和化学性质紧密相关，同时由于飞灰的成分复杂，其对汞的吸附效果受到各种成分之间相互作用的影响。飞灰对汞的吸附效率和吸附容量较高，成本较低。飞灰中未燃烧的碳及含碳量对飞灰的吸附能力有明显的影响，同时碳的结构会影响飞灰对 Hg 的吸附作用。通过 $CuBr_2$、$CuCl_2$ 和 $FeCl_3$ 改性的飞灰，对 Hg 的去除效果可以达到 95% 以上。在吸附过程中，Hg 被卤素自由基氧化。当烟气中含有 HCl 和 O_2 时，Hg 的吸附效果会大大提高，而烟气中的 SO_2 会与 Hg 的氧化和吸附产生竞争反应，起到抑制作用。改性后的飞灰的比表面积、孔径和孔隙率都有可能发生改变。通过 $CaCl_2$、$CaBr_2$ 和 HBr 将飞灰改性后，其比表面积、孔径和孔隙率有所提高，同时与未改性的飞灰相比，三种改性后的飞灰对 Hg 的吸附效果明显提高，其中 HBr 的吸附效果最佳。用 HBr 改性后的飞灰中,孔径为 200 目的飞灰对汞的吸附效果是 80～200 目的 2～6 倍。有研究通过傅里叶变换红外光谱仪和热重-质谱联用测试发现,被 HBr 改性的飞灰在 140℃时会释放出 HBr,随着温度上升到 200℃以上,烟气中会产生 Br_2。这说明 HBr 产生的 Br 自由基在高位下会反应生成 Br_2。

5）硫化物过滤

（1）硫化钠除汞法。多硫化钠除汞法的材料是将焦炭或活性炭载体在多硫化钠（Na_2S_x）溶液中浸泡后干燥制得。其去除烟气汞的原理是冶炼烟气中的二氧化硫和二氧化碳等酸性气体与载体中的 Na_2S_x 反应,生成 S 和 H_2S,而 S 和 H_2S 会与汞反应生成沉淀物 HgS,HgS 附着在焦炭或活性炭载体上而除汞,净化系统中涉及的反应主要有

$$Na_2S_x + CO_2 + H_2O = Na_2CO_3 + H_2S + (x-1)S \tag{4.3}$$

$$Na_2S_x + SO_2 + H_2O = Na_2SO_3 + H_2S + (x-1)S \tag{4.4}$$

$$2H_2S + SO_2 = 2H_2O + 3S \tag{4.5}$$

$$3SO_2 + 2Na_2S = 2Na_2S_2O_3 + S \tag{4.6}$$

$$2H_2S + O_2 = 2H_2O + 2S \tag{4.7}$$

$$Hg + S = HgS \tag{4.8}$$

$$2Hg + 2H_2S + O_2 = 2HgS + 2H_2O \tag{4.9}$$

利用多硫化钠法去除烟气中汞,可以获得 90%以上的去除效率。然而,如果烟气中含有大量的 SO_2 会产生大量单质硫,从而引起堵塞,使过滤器的使用寿命降至 1～2 h,因此需要对烟气进行预脱硫处理。

综合以上吸附过滤方法,采用吸附法去除冶炼烟气汞一般适用于汞浓度较低、相对干洁、湿度较低的情况。该类方法由于汞吸附容量有限、过滤器易中毒、能耗较大、吸附材料再生困难等缺点,目前已经很少应用于有色金属冶炼烟气汞治理中。

（2）硫化锌除汞法。采用吸附法脱除冶炼烟气 Hg^0 是一种应用前景良好的技术。天然硫化矿石吸附剂与活性炭、过渡金属氧化物等传统吸附剂相比,除具有良好的亲汞性能及抗 SO_2 性能以外,还具有明显的成本优势。天然硫化矿（特别是锌矿）中的汞含量要高于其他矿石,导致锌冶炼过程中的汞排放成为有色金属冶炼行业最为突出的问题,但也侧面说明锌矿对汞具有一定的自然富集能力。闪锌矿的化学式为 ZnS,如果闪锌矿具有良好的 Hg^0 吸附性能,作为锌冶炼原料的闪锌矿是最理想的 Hg^0 吸附剂。

（3）硫化铜除汞法。Hg^0 吸附主要发生在吸附剂表面,若能通过浸泡方式直接对闪锌矿表面进行改性使其拥有良好的 Hg^0 吸附性能,将极大地降低吸附剂使用成本。聚硫类物质（S_2^{2-} 或 S_n^{2-}）具有较强的吸附氧化 Hg^0 能力,而 ZnS 因缺乏 S_2^{2-} 或 S_n^{2-} 而导致其 Hg^0 吸附性能较差。ZnS 表面活化使其产生 S_2^{2-} 或 S_n^{2-} 是最直接提升 Hg^0 吸附性能的手段。在硫化矿浮选工艺中,通常采用铜活化闪锌矿的方法提高表面电子传导能力,增强可浮选性。铜活化过程会通过离子交换作用在闪锌矿表面产生含铜的硫化物组分,有可能会增强 Hg^0 吸附性能。如果经过简单的界面活化就可使闪锌矿具有优异的 Hg^0 吸附性能,作为冶炼原料的闪锌矿在冶炼烟气汞污染控制领域将具有更显著的应用前景。

3. 波立登-诺辛克技术

1）技术原理

如图 4.8 所示，波立登-诺辛克除汞法将有色烟气经过降温、除尘、洗涤、除雾等工序后引入洗涤塔中，然后利用酸性氯化汞络合物（$HgCl_n^{2-n}$）作为吸收液的有效成分对烟气中的 Hg^0 进行吸收，生成不溶于水的氯化亚汞（Hg_2Cl_2）沉淀，这是一个连续的气体洗涤过程。生成的 Hg_2Cl_2 经沉降分离后，一部分可以直接作为产品销售，而另外一部分则可以用 Cl_2 进行氧化，生成氯化汞络合物重新补充到吸收液中进行循环利用。工艺主要涉及化学反应如下。

吸收反应：
$$Hg^0 + HgCl_2 = Hg_2Cl_2 \tag{4.10}$$

氯化反应：
$$Hg_2Cl_2 + Cl_2 = 2HgCl_2 \tag{4.11}$$

$$HgCl_2 + (n-2)Cl^- = HgCl_n^{2-n} \tag{4.12}$$

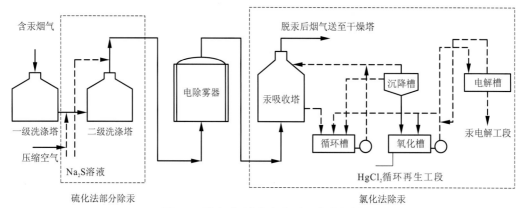

图 4.8 波立登-诺辛克除汞工艺流程图

该法对 Hg^0 的去除率可达到 95% 以上，且吸收液可以循环使用，在高效性和经济性上都较好，全球约有四十几套氯化汞吸收工艺在使用。但是该技术仍然存在一些问题有待解决，主要是氯化汞一般存在于溶液中，而 Hg^0 几乎是气态形式，传质阻力较大；吸收塔的带沫问题也使尾气中汞浓度较高。同时，有色金属冶炼烟气中一般会含有高浓度的 SO_2，会通过将氯化汞溶液中的二价汞还原成零价汞从而降低除汞效率。而且，目前有的少量文献只是综述性报道该技术，并没有相关的影响因素、吸收机理及动力学方面的研究。

2）工艺简介

（1）硫化法部分除汞

从沸腾焙烧炉来的冶炼烟气进入硫酸系统的平均含汞量为 90 mg/m³ 左右，最高 140 mg/m³，最低 50 mg/m³。保证在净化设备中没有金属汞冷凝的温度约为 30 ℃，汞蒸气压与温度的关系见图 4.9，对应的烟气中的汞的饱和蒸气质量浓度为 30 mg/m³，因此烟气中的汞质量浓度控制在不超过 30 mg/m³，净化设备和管道不会冷凝析出金属汞。

控制烟气中汞质量浓度不超过 30 mg/m³，采用向烟气管道中喷射硫化钠的方法来实现，并由汞在线分析仪控制喷射量，这是该工艺的关键之一。其流程如图 4.10 所示。

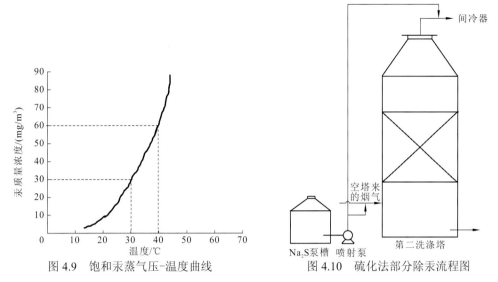

图 4.9 饱和汞蒸气压-温度曲线　　　　图 4.10 硫化法部分除汞流程图

适量的硫化钠溶液通过喷射泵输送到第二洗涤塔前被喷入烟气管道中。在烟气中，硫化钠与汞蒸气发生反应生成硫化汞（HgS）。硫化汞是一种非常稳定的固体化合物，随第二洗涤塔循环液从烟气中分离出来，并从第一洗涤塔的循环液中排出硫酸系统，废液含汞不超过 5×10^{-6}，达到了国家污水排放标准。硫化钠的喷淋量以调节到把金属汞除到一定程度，使余留量低于饱和状态（30 mg/m³）即可。硫化钠喷淋量的自动控制主要是依靠一台安装于间冷器之前的高精度汞在线连续分析仪来完成的。汞的在线分析仪将测量出的烟气含汞量信号反馈给喷射泵，通过变频调速来调整喷入的硫化钠的量，使烟气进入间冷器的含汞量保持在设定值（30 mg/m³）的范围内。当烟气中含汞量低于设定值或烟气停止时，喷射泵自动停止；当只使用第二洗涤塔前喷头不能满足设定值（持续高于 30 mg/m³）时，可启动第二洗涤塔后的第二个喷头，通过手动阀门调整两个喷头之间的溶液分配，以用最少的药剂来获得最好的结果。必须注意的是：①硫化钠的加入量要严格控制，如果加入过量的硫化钠，则会造成在系统内有单体硫析出及硫化氢气体的产生，不仅堵塞设备管道，而且还会造成转化催化剂活性下降等危害；②避免直接接触硫化钠粉末并防止硫化钠与酸性物质接触，以免产生有毒气体（如硫化氢）而造成操作人员中毒。硫化法部分除汞的反应如下。

主反应：　　　　　　　$Hg^{0}+S^{2-}\!=\!\!=\!\!HgS\!\downarrow+2e^{-}$　　　　　　　　　　（4.13）

副反应：　　　　$SO_{2}+2S^{2-}+4H^{+}\!=\!\!=\!\!3S\!\downarrow+2H_{2}O$　　　　　　　（4.14）

　　　　　　　　　　$S+Hg\!=\!\!=\!\!HgS\!\downarrow$　　　　　　　　　　　　　　（4.15）

由于控制喷入的硫化钠的量，副反应得到了控制，所以烟气中 SO_2 的损失极少，并且产生硫化氢气体的机会也很少。因此，控制硫化钠的喷淋量是硫化法部分除汞工艺关键所在。

（2）氯化法除汞

波立登-诺辛克除汞工艺的最终除汞的目的是去除部分除汞后的残余汞蒸气，以防止其被酸吸收，并使酸中含汞量降至 1 mg/L，再使用电解法获得纯度为 99.99% 的金属汞。

它是一套连续的程序，气体被酸性的氯化汞络合物溶液洗涤，洗涤液中溶解的汞离子（Hg^{2+}）与烟气中的汞蒸气（HgO）发生完全、快速的反应，其反应物是难溶的纯氯化亚汞悬浮物。这些物质随汞吸收塔的洗涤液进行循环，同时将其中一部分氯化亚汞经沉淀分离后通入氯气，被氯化成易溶于水的氯化汞（$HgCl_2$），这样得到的浓氯化汞络合物溶液又被送回到洗涤液中作为氯化汞络合物的补偿，从而保证循环洗涤液中汞离子的浓度（要求洗涤液含 Hg^{2+} 量控制在 $1\sim3$ g/L），多余的氯化亚汞泥浆暂时存放。当达到一定量时，可进行氯化、电解，电解生产金属汞，产生的氯气返回氯化设备用以补充氯气消耗，电解后的废液返回洗涤液中用以补充主反应消耗的汞离子，也可以储存起来电解用，电解过程间断进行。氯化法最终除汞工艺流程见图 4.11。

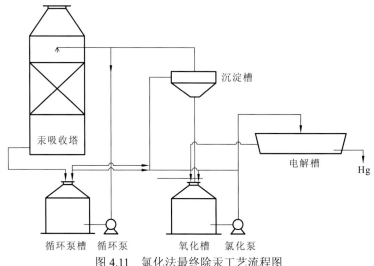

图 4.11　氯化法最终除汞工艺流程图

值得注意的是：①洗涤液中 $HgCl_n^{n-2}$（$2\leqslant n\leqslant4$）的质量浓度要求严格控制在 $1\sim3$ g/L（过高将使溶液中 SO_2 氧化量增大，过低则造成汞的吸收率下降），副反应才能得到控制；②为了防止汞离子溶液的液滴飞溅或者雾化而通过烟气带至成品酸造成污染，在汞吸收塔出口必须安装高效捕沫器，否则，成品酸含汞量低于 1 ng/L 的指标很难达到；③氯化汞、氯化亚汞、氯气都是有害物质，所以应高度重视安全防护。

在氯化法最终除汞工艺中，由于汞吸收塔出入口之间有一定温度差，烟气中的饱和水蒸气将冷凝成水，造成循环洗涤液体积增大，另外，汞离子溶液的补充也将造成洗涤液体积增大，再者为了控制和调整洗涤液的酸度，外排一部分液体是非常必要的（每 $5\sim7$ 天外排 1 次，每次约 40 m^3）。由于这些外排的液体中含有一定量的汞，需化验废液含汞量，再通过计算添加适量的锌粉，使之转变成难溶于水的氯化亚汞，沉淀后上清液外排，其中废液含汞量不超过 5 ng/L，生产的氯化亚汞则返回到氯化设备中再用。

（3）示范工程

该技术示范工程在株洲冶炼集团股份有限公司实施，该公司主要生产铅、锌及其合金产品，并综合回收铜、金、银、铋、镉、铟、碲等多种稀贵金属和硫酸。其铅锌产品年生产能力达到 65 万 t，其中铅 10 万 t，锌 55 万 t，生产系统有价金属综合回收率居全国同行业领先水平，铅、锌出口占全国出口总量的 12%，是我国主要的铅锌生产和出口基地之一。2014 年铅锌总产量为 64.84 万 t。

株洲冶炼集团股份有限公司锌冶炼烟气净化是一个技术集成工程，主体工艺包括预净化和复合吸收液的 SO_2 及重金属协同净化两大部分，预处理包括电除尘、空塔洗涤、填料塔洗涤和除汞塔等装置，规模达 120 000 m^3/h；SO_2 及重金属协同净化是新建部分，规模达 3 500 m^3/h。

锌矿焙烧工艺流程见图 4.12，锌矿焙烧后在沸腾炉处得到大部分焙砂，通过余热锅炉、旋风除尘器、静电除尘器收集到部分灰尘，这些灰尘与焙砂混合作为浸出阶段的原料。经过除尘的烟气通往烟气净化系统。生产相关工况见表 4.10。

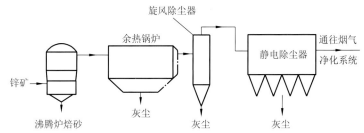

图 4.12 锌矿焙烧工艺流程图

表 **4.10** 锌矿焙烧及烟气净化工况

项目	参数	项目	参数
炉气量/(Nm³/h)	120 000	空塔入口温度/℃	300～320
炉气温度/℃	932～1 000	填料塔入口温度/℃	42～58
炉气标准温度/℃	906	静电除雾器入口温度/℃	41～43
锌冶炼量/(t/h)	41.7	脱汞塔入口温度/℃	39～43

冶炼烟气中粉尘、重金属污染物的净化效果对 SO_2 制酸或后序利用的影响较大，而且关系最后的尾气是否能达标排放。该工艺烟气净化工段主要设置空塔、填料塔、电除雾器、除汞塔等装置。除汞塔采用的是波立登技术。锌冶炼烟气净化工艺流程见图 4.13。

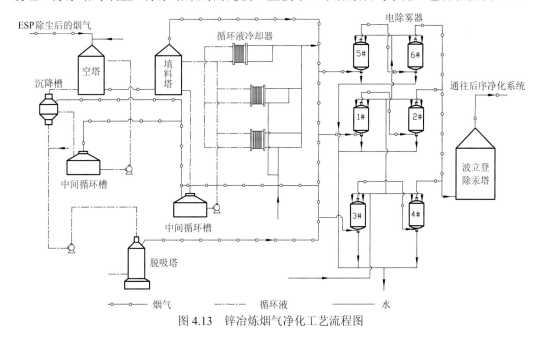

图 4.13 锌冶炼烟气净化工艺流程图

空塔和填料塔采用浓度低于 4% 的循环稀硫酸对烟气进行洗涤，能够去除部分重金属和粉尘。与空塔相比，填料塔中增加了填料，气液接触更充分。电除雾器利用静电作用，降低烟气中酸雾的浓度，以满足后续波立登除汞塔对烟气质量的要求。电除雾器除酸雾的同时也能净化部分粉尘。波立登-诺辛克除汞技术是一种针对冶炼烟气除汞的技术，其基本原理是金属汞蒸气和氯化汞络合物离子反应生成甘汞，甘汞是一种不溶解的化合物，纯度高，可以利用简单的沉降方法回收。此反应速率快、反应完全，反应过程为 $Hg^0 + HgCl_2 \rightleftharpoons Hg_2Cl_2$。波立登-诺辛克除汞技术要求进口气粉尘含量低于 $1\ mg/m^3$，酸雾质量浓度（SO_3）低于 $20\ mg/m^3$，温度低于 40℃。理论上，在规定操作条件下通过波立登-诺辛克技术可以将烟气中 Hg 的质量浓度降低至 $0.02 \sim 0.05\ mg/m^3$。

锌矿焙烧炉的烟气经过除尘之后进入烟气净化工段，依次经过空塔、填料塔、电除雾器、波立登除汞塔。经过不同的处理装置后，烟气中各重金属污染物的浓度逐渐降低，具体净化效果见表 4.11。

表 4.11　烟气中重金属检测结果　　　　　　（单位：mg/m^3）

采样点	Hg	Pb	Cd	As
除尘器前	10.79	166.12	19.37	12.85
除尘器后	10.73	15.53	2.25	4.81
洗涤除雾后	5.75	2.38	0.86	1.38
汞吸收塔后	0.81	1.3	0.73	1.02

烟气净化检测结果表明，进入烟气净化系统的烟气中 Pb 浓度最高，结合锌焙烧过程中的物料分析结果，烟气中 Pb 浓度高与原矿中 Pb 含量相对应。烟气中 Cd 浓度也比较高，As 浓度最低。原矿中 As、Cd 含量基本相同，但是经过焙烧后，焙砂中 Cd 含量远高于 As，而且焙砂中 Cd 的含量只比原矿稍低，旋风除尘器和静电除尘器收集到的灰分中 Cd 的含量都高于 As，说明锌矿焙烧后 Cd 容易存在于固态物质中，而 As 则较多地进入烟气。该冶炼厂的锌矿中 Hg 含量很低，烟气中 Hg 的浓度依然较高，因为 Hg 容易挥发，即使原矿中 Hg 含量较低，但是高温焙烧后 Hg 全部进入烟气，所以烟气中 Hg 的浓度很高。

检测结果表明经过空塔、填料塔、电除雾器、波立登除汞塔的净化，烟气中的重金属浓度都降低，但是与相关标准对比，除 Pb 以外，其他三种重金属的浓度都高于排放标准。

根据各净化单元对重金属的净化后烟气中重金属的含量，计算得到各净化装置对重金属的净化率，结果见表 4.12。

表 4.12　净化装置对重金属的净化率　　　　　　（单位：%）

重金属	除尘器前		除尘器后		洗涤除雾后		汞吸收塔后	
	单元	累积	单元	累积	单元	累积	单元	累积
Hg	0	0	0.56	0.56	46.41	46.71	85.91	92.49
Pb	0	0	90.65	90.65	84.67	98.57	45.38	99.22
Cd	0	0	88.38	88.38	61.78	95.56	15.12	96.23
As	0	0	62.57	62.57	71.31	89.26	26.09	92.06

从表 4.12 中可以看出，对于 Pb、As 和 Cd 元素，洗涤采用循环稀酸吸收烟气中的污染物，通过稀酸洗涤，粉尘和一些气态污染物都可以被吸收而除去，洗涤部分空塔和填料塔的净化率较高，通过空塔和填料塔之后，Pb、Cd 和 As 的累积净化率分别为 98.57%、95.56% 和 89.26%。冶炼烟气中 Hg 主要以单质 Hg 的形式存在，单质 Hg 难溶于水，也不易被稀酸吸收，所以酸洗对 Hg 的净化效率不高，波立登除汞塔对 Hg 的净化率最高，可去除 85.91% 左右的 Hg，但还需进一步深度净化方能达标。

4. SO_2 及重金属协同净化工艺及装置

1）冶炼烟气 SO_2 及重金属协同净化主要任务

烟气进入硫化铵吸收塔，采用多功能复合吸收液对含 SO_2 冶炼烟气进行高效吸收，达标排放，同时有效地吸收烟气中的 Hg、Pb、As、Cd，将重金属分离脱除（回收），含 NH_4HSO_3 和 $(NH_4)_2S_2O_3$ 的吸收液进入中和槽中和，反应后进行蒸发、冷却结晶获得硫酸铵产品。

基础数据：烟气处理量为 3 500 m^3/h；烟气温度为 40 ℃；烟气中 SO_2 体积分数为 4%；烟气处理后 SO_2 质量浓度为 200 mg/m^3。

2）冶炼烟气 SO_2 及重金属协同净化生产原理

有色冶炼烟气中高浓度 SO_2 及重金属协同时净化回收的方法，针对有色冶炼烟气 SO_2 浓度高、气量波动大、同时含有 Hg、As、Cd、Pb 等多种重金属（催化剂）的特征，这些重金属在烟气中多为重金属氧化物存在，但汞也有以单质汞（零价汞）形态存在，采用 $(NH_4)_2S$ 溶液吸收法在脱除 SO_2 的同时，可将烟气中的 HgO、As_2O_3、CdO、PbO 等重金属氧化物脱除并加以回收，由此，烟气中的硫资源和重金属资源得到回收利用。

（1）$(NH_4)_2S$ 脱除重金属原理

硫化铵与重金属氧化物反应如下：

$$(NH_4)_2S + PbO + H_2O \longrightarrow PbS\downarrow + 2NH_3 \cdot H_2O \tag{4.16}$$

$$(NH_4)_2S + HgO + H_2O \longrightarrow HgS + 2NH_3 \cdot H_2O \tag{4.17}$$

$$(NH_4)_2S + CdO + H_2O \longrightarrow CdS\downarrow + 2NH_3 \cdot H_2O \tag{4.18}$$

$$3(NH_4)_2S + As_2O_3 + 3H_2O \longrightarrow As_2S_3\downarrow + 6NH_3 \cdot H_2O \tag{4.19}$$

反应生成的 $NH_3 \cdot H_2O$ 又与烟气中 SO_2 生成亚硫酸氢铵：

$$NH_3 \cdot H_2O + SO_2 \Longrightarrow NH_4HSO_3 \tag{4.20}$$

生成的 Hg、As、Cd、Pb 的重金属硫化物均为沉淀物，通过沉淀过滤将沉淀物回收，沉淀物与原料混合可重新进行焙烧利用。

单质汞（零价汞）很稳定，采用脱汞吸附剂吸附的方法脱除。

（2）$(NH_4)_2S$ 溶液吸收 SO_2 的机理

①一级吸收反应

硫化铵与烟气中的 SO_2 反应

$$2NH_4HS + 2O_2 \longrightarrow (NH_4)_2S_2O_3 + H_2O \tag{4.21}$$

$$(NH_4)_2S + SO_2 + H_2O \longrightarrow NH_4HSO_3 + NH_4HS \tag{4.22}$$

$$(NH_4)_2S + SO_2 + H_2O \longrightarrow (NH_4)_2SO_3 + H_2S \tag{4.23}$$

$$(NH_4)_2SO_3+SO_2+H_2O \longrightarrow 2NH_4HSO_3 \qquad (4.24)$$
$$NH_4HS+O_2 \longrightarrow 0.5(NH_4)_2S_2O_3+0.5H_2O \qquad (4.25)$$

一级吸收反应生成的亚硫酸氢铵对 SO_2 具有很好的吸收能力,是主要的有效吸收剂,在一级溶液中 $(NH_4)_2SO_3$ 必须保持一定浓度,留给二级吸收反应使用,由上述反应来看,在一级吸收中出现 H_2S 是必然的。

一级烟气用一级吸收液循环洗涤,一级循环液组分主要是 NH_4HSO_3 和 $(NH_4)_2S_2O_3$,少量的 $(NH_4)_2SO_3$,NH_4HSO_3 与 $(NH_4)_2S_2O_3$ 之比应为 2:1;并含有较多的重金属硫化物的沉淀物,一级循环槽也作为沉淀槽,沉淀物从底部引出。产品回收也从一级循环槽引出,引出的溶液量由二级循环槽中的溶液进行补充。

一级溶液组分:$(NH_4)_2S$ 质量浓度为 $15\sim20$ g/L,pH 为 $3\sim4$,NH_4HSO_3 质量浓度为 $240\sim260$ g/L,$(NH_4)_2S_2O_3$ 质量浓度为 $170\sim190$ g/L。

②二级吸收反应

一级吸收塔出来的烟气进入二级吸收塔,从一级吸收塔出来的烟气中主要为 H_2S 和未完全脱除的 SO_2。

在二级吸收塔中可能产生如下反应:

$$H_2S+(NH_4)_2S \longrightarrow 2NH_4HS \qquad (4.26)$$
$$(NH_4)_2S+SO_2+H_2O \longrightarrow NH_4HSO_3+NH_4HS \qquad (4.27)$$
$$2NH_4HS+2O_2 \longrightarrow (NH_4)_2S_2O_3+H_2O \qquad (4.28)$$

副反应:

$$2H_2S+O_2 \longrightarrow 2S+2H_2O \qquad (4.29)$$
$$2(NH_4)_2S+S+3O_2 \longrightarrow Na_2S_2O_3 \qquad (4.30)$$

二级烟气用二级吸收液循环洗涤,向一级循环槽补充的溶液为新配制的硫化铵溶液。二级循环液组分主要是 $(NH_4)_2S$,$(NH_4)_2S$ 的质量浓度应控制在 $30\sim40$ g/L,其他组分为 NH_4HS、NH_4HSO_3、$(NH_4)_2S_2O_3$,pH 为 $7\sim8$。

一级、二级吸收塔尽管没有明确的分工界限,硫化铵脱除烟气中的 SO_2 的总反应应为

$$3(NH_4)_2S+3SO_2+3/2H_2O+3O_2 \Longrightarrow 3NH_4HSO_3+3/2(NH_4)_2S_2O_3 \qquad (4.31)$$

以此反应作为工艺计算基础。试验现象:第一阶段,反应刚开始 pH=9.9 时,有较高浓度的 H_2S 产生并逐渐升高,在 pH=9 左右达到最大值 37 381 mg/m³;第二阶段,当 pH 小于 7 时产生很少量的 H_2S 气体,可以达到排放标准,这一阶段主要是亚硫酸铵吸收二氧化硫生成亚硫酸氢铵,反应终点在 pH=2.8,这一过程基本无硫化氢和二氧化硫气体产生;第三阶段,当 pH 小于 2.8 时溶液对 SO_2 的吸收能力减弱,尾气中 SO_2 的浓度也迅速升高,这一阶段主要是水吸收二氧化硫生成亚硫酸。pH 从 7 降至 2.8 这一过程没有 SO_2 和 H_2S 产生,可以吸收净化工业尾气中的二氧化硫气体(反应时间为 1 h 10 min 左右)。当反应达到终点后,添加新液并调节 pH 到 7,继续吸收二氧化硫气体,这一过程中溶液呈现乳白色浑浊状,尾气中基本无 SO_2 产生,在 pH 小于 2.8 时溶液对 SO_2 的吸收能力减弱,溶液仍呈现白色浑浊状(较开始时澄清一些),相同 pH 变化时间上也比第一次反应短些。

③溶液过滤

从槽底取出部分二级循环液，只有组分为亚硫酸氢铵，混有重金属硫化物沉淀物，用过滤泵加压至 0.5 MPa，通过板框压滤机过滤，清液送往中和，滤渣送回收。

④中和

在吸收液被引出吸收塔后，溶液含有较高浓度的 NH_4HSO_3 和 $(NH_4)_2S_2O_3$，一般是将吸收液用氨中和或用碳酸氢铵中和，使吸收液中的 NH_4HSO_3 全部转变成 $(NH_4)_2SO_3$。

用氨中和，反应过程如下：

$$NH_3 + NH_4HSO_3 \rule[0.5ex]{1.2em}{0.4pt} (NH_4)_2SO_3 \tag{4.32}$$

用碳酸氢铵中和，反应过程如下：

$$NH_4HCO_3 + NH_4HSO_3 \rule[0.5ex]{1.2em}{0.4pt} (NH_4)_2SO_3 + CO_2 + H_2O \tag{4.33}$$

⑤加热回收硫化铵

中和后的溶液组分主要为 $(NH_4)_2SO_3$ 和 $(NH_4)_2S_2O_3$，尚有少量 $(NH_4)_2S$，将溶液加热至 80～90 ℃，加热即开始分解，产生的 NH_3 和 H_2S 在冷却器中又转化为硫化铵返回系统，其反应如下。

加热：
$$(NH_4)_2S \rule[0.5ex]{1.2em}{0.4pt} 2NH_3 + H_2S \tag{4.34}$$

冷凝：
$$2NH_3 + H_2S \rule[0.5ex]{1.2em}{0.4pt} (NH_4)_2S \tag{4.35}$$

⑥亚硫酸铵溶液的氧化

该法生产的亚硫酸铵中硫酸铵含量很高，不适宜生产亚硫酸铵产品，将亚硫酸铵进一步氧化成硫酸铵，作为化肥使用，化肥销量大。亚硫酸铵溶液的氧化有两种方法：浓硫酸分解和空气氧化法。

用浓硫酸分解，按式（4.33）反应得到含水蒸气的二氧化硫和硫铵；为了使亚盐分解完全，浓硫酸加入量比理论量大 30%～50%，使分解的液酸度为 15～45 滴度，过量的游离硫酸再用氨气或氨水中和。然后按式（4.34）用氨中和过量的硫酸。氨加入量比理论量稍大，使中和液的碱度为 2～3 滴度即可。该法技术成熟，但产生 SO_2，需要纯 SO_2 的场合是适宜的。

$$(NH_4)_2SO_3 + H_2SO_4 \rule[0.5ex]{1.2em}{0.4pt} (NH_4)_2SO_4 + H_2O + SO_2 \tag{4.36}$$

$$H_2SO_4 + 2NH_3 \rule[0.5ex]{1.2em}{0.4pt} (NH_4)_2SO_4 \tag{4.37}$$

利用亚硫酸铵易氧化的原理，用空气将亚硫酸铵氧化为硫酸铵，该法生产的亚硫酸铵中含有 $(NH_4)_2S_2O_3$，具有催化氧化作用，对亚硫酸铵的氧化有利，反应如下：

$$(NH_4)_2SO_3 + 0.5O_2 \rule[0.5ex]{1.2em}{0.4pt} (NH_4)_2SO_4 \tag{4.38}$$

a. 蒸发浓缩：将氧化后的硫铵溶液浓缩至一定浓度。

b. 结晶：浓缩后的硫铵溶液放入结晶槽冷却结晶。

c. 分离：将结晶母液在离心机中连续分离，得到含水 3%～5% 的硫铵结晶，母液返回蒸发浓缩。

3）冶炼烟气 SO_2 及重金属协同净化工艺流程

（1）工艺流程

从冶炼烟气总管由抽风机抽出并加压，通过流量计计量后进入第一个洗涤空塔底部，第二次洗涤液从循环槽由洗涤泵抽出并加压，送往洗涤空塔顶部用旋流喷头喷成雾状，冶炼烟气与第二次洗涤液充分接触进行第一次脱硫，洗涤后的溶液进入循环槽中；第一次脱硫后的冶炼烟气进入第二个洗涤空塔底部，第一次洗涤液从循环槽由洗涤泵抽出并加压，送往洗涤空塔顶部用旋流喷头喷成雾状，冶炼烟气与第一次洗涤液充分接触进行第二次脱硫，洗涤后的溶液进入循环槽中，净化后的烟气进入复挡除雾器（F106）除雾后放空。

第一次洗涤液从循环槽自动流入第二次洗涤液循环槽内，供第一次洗涤用。

复挡除雾器后、阀前引出一副线，进入汞吸附器（F107）进行脱汞试验。

硫化铵新鲜溶液在溶解槽内配制，新鲜溶液根据需要加入第一次洗涤液即循环槽中。

循环槽也作为沉淀槽用，重金属硫化物的沉淀物从第二次洗涤液循环槽底部用过滤泵抽出并加压送往板框压滤机进行过滤，进入中和槽内，中和槽内的酸性液用氨气中和，中和后的中性溶液进入中性液槽。

中性液用中性液泵经流量计后送往加热槽内，在此用蒸汽加热，同时进行硫化铵分解，H_2S、NH_3 和水蒸气进入冷凝冷却器用冷却水进行冷却，冷却后的硫化铵溶液进入第一次洗涤液即循环槽内。

加热器底部的硫铵溶液进入硫铵液槽内，再用硫铵液泵送往蒸发器内，蒸发器用蒸汽加热，符合要求的浓缩硫铵液放入结晶槽内，结晶槽用冷却水冷却至 35 ℃以下。工艺示范工程照片如图 4.14 所示。

图 4.14　工艺示范工程照片

（2）运行效果

在装置稳定运行后，于 2014 年 6 月 1 日～8 月 30 日连续运行，运行期间检测机构云南科诚环境检测有限公司对装置运行情况进行了系统标定测试，标定测试时间分别为连续运行前、中、后段，共 8 天，检测数据见表 4.13。

表 4.13　示范工程连续运行检测数据　　　　　　　　　　（单位：mg/m³）

采样日期	采样点	SO₂	汞	铅	镉	砷
2014-06-01 上午	一级脱硫塔前	127 130	0.81	1.30	0.73	1.02
	二级脱硫塔后	118	0.22	0.37	0.25	0.41
	脱汞塔后	—	0.008	—	—	—
2014-06-01 下午	一级脱硫塔前	119 730	0.93	1.78	0.95	0.92
	二级脱硫塔后	125	0.35	0.41	0.32	0.33
	脱汞塔后	—	0.010	—	—	—
2014-06-02 上午	一级脱硫塔前	132 670	0.92	1.25	0.68	0.91
	二级脱硫塔后	175	0.27	0.36	0.22	0.38
	脱汞塔后	—	0.011	—	—	—
2014-06-02 下午	一级脱硫塔前	132 460	1.19	1.43	0.88	1.06
	二级脱硫塔后	139	0.28	0.34	0.29	0.32
	脱汞塔后	—	0.008	—	—	—
2014-06-03 上午	一级脱硫塔前	149 050	0.94	1.21	0.62	0.83
	二级脱硫塔后	196	0.29	0.40	0.21	0.34
	脱汞塔后	—	0.013	—	—	—
2014-06-03 下午	一级脱硫塔前	153 310	0.87	1.55	0.84	0.93
	二级脱硫塔后	375	0.22	0.33	0.16	0.37
	脱汞塔后	—	0.007	—	—	—
2014-07-02 上午	一级脱硫塔前	140 280	0.86	1.23	0.71	0.93
	二级脱硫塔后	163	0.34	0.35	0.23	0.31
	脱汞塔后	—	0.010	—	—	—
2014-07-02 下午	一级脱硫塔前	135 290	0.93	1.38	0.77	0.89
	二级脱硫塔后	292	0.32	0.31	0.19	0.27
	脱汞塔后	—	0.011	—	—	—
2014-07-03 上午	一级脱硫塔前	122 750	1.05	1.27	0.59	0.77
	二级脱硫塔后	120	0.36	0.34	0.18	0.32
	脱汞塔后	—	0.012	—	—	—
2014-07-03 下午	一级脱硫塔前	139 420	1.12	1.39	0.78	0.97
	二级脱硫塔后	187	0.36	0.28	0.24	0.33
	脱汞塔后	—	0.011	—	—	—
2014-07-22 上午	一级脱硫塔前	136 320	0.87	1.20	0.57	0.68
	二级脱硫塔后	261	0.24	0.37	0.17	0.33
	脱汞塔后	—	0.006	—	—	—

采样日期	采样点	SO₂	汞	铅	镉	砷
2014-07-22 下午	一级脱硫塔前	145 270	0.97	1.58	0.71	0.92
	二级脱硫塔后	192	0.35	0.39	0.22	0.23
	脱汞塔后	—	0.011	1.21	—	—
2014-07-23 上午	一级脱硫塔前	125 440	0.99	1.21	0.62	0.87
	二级脱硫塔后	164	0.25	0.34	0.20	0.36
	脱汞塔后	—	0.009	—	—	—
2014-07-23 下午	一级脱硫塔前	140 270	0.85	1.31	0.75	0.94
	二级脱硫塔后	227	0.47	0.25	0.21	0.27
	脱汞塔后	—	0.018	—	—	—
2014-07-24 上午	一级脱硫塔前	121 660	1.08	1.26	0.68	0.90
	二级脱硫塔后	310	0.37	0.39	0.21	0.38
	脱汞塔后	—	0.012	—	—	—
2014-07-24 下午	一级脱硫塔前	127 350	0.79	1.18	0.66	0.87
	二级脱硫塔后	186	0.28	0.19	0.26	0.18
	脱汞塔后	—	0.009	—	—	—

从连续运行数据看，示范工程入口 SO_2 浓度为 4%～6%，经复合吸收液两级洗涤净化后出口 SO_2 质量浓度小于 400 mg/m³，重金属除汞外均达到环保标准要求和指标要求，而汞质量浓度为 0.22～0.47 mg/m³，经最后精脱汞工序后汞质量浓度稳定在小于 0.012 mg/m³ 的指标。

5. 液相碘循环协同除汞制酸技术

日本东邦锌公司基于碘络合原理开发了一种硫化钠-碘化钾法组合除汞技术。该工艺由三个部分组成，第一部分先在洗涤塔中喷入硫化钠溶液，大部分汞将反应生成硫化汞进行沉淀分离，初步处理后烟气被送去制造硫酸，制成的酸含少量汞，将其通入第二部分，向酸内加入碘化钾，汞与其反应生成碘汞化合物进行沉淀分离，滤渣进入第三部分进行再处理，同时第一、第二部分的洗涤废液、废渣均进入第三部分处理。该工艺的特点是处理流程完整，过程可靠，排污处理简单，废水可一般处理后排放，废渣无毒便于运输。但是该工艺无法对金属汞进行收集再利用，同时工艺流程较为复杂，投入成本高。马永鹏（2014）在热化学水分解硫碘制氢技术的基础上，提出了碘循环除汞制酸吸收体系，达到对含有高汞高二氧化硫的有色冶炼烟气进行协同除汞脱硫的目的。Hg^0 的去除率能达到99%以上，SO_2 去除率达到95%以上，I_2 的利用率在95%左右。

碘汞络合液电解脱汞的理论基础如下。

电解实验证明，在阳极上析出元素碘，在阴极上析出金属汞，电解过程的总反应为

$$HgI_4 \Longrightarrow Hg + I_2 + 2I^-$$ (4.39)

在酸性介质中：

$$HgI_4^- + 2e^- \rightleftharpoons Hg + 4I^- \qquad E_-^\circ = -0.04 \text{ V} \qquad (4.40)$$

$$I_2 + 2e^- \rightleftharpoons 2I^- \qquad E_+^\circ = 0.535 \text{ V} \qquad (4.41)$$

则 HgI_4^- 理论分解电压为

$$E_分 = E_+^\circ - E_-^\circ = 0.575 \text{ V} \qquad (4.42)$$

实验液中 HgI_4^- 离子浓度为 0.030 2 mol/L，I^- 离子浓度为 0.18 mol/L，按照能斯特公式分别计算还原电位：

$$E_{HgI_4^-} = 0.003\ 0 \text{ V} \qquad (4.43)$$

$$E_{I_2} = 0.579 \text{ V} \qquad (4.44)$$

因此实验所用电解液计算分解电压为 0.576 V。考虑电解液中 I^- 在阳极上析出元素碘时的超电压为 0.007 V，则分解电压为 0.583 V。实验中测得电解槽电动势为 0.6 V 左右。

1）阴极过程

几种可能在阴极上还原的离子放电电位见表 4.14。从表中可以看出，二价汞离子还原电位是 +0.86 V，由于加入碘离子而生成 HgI_4^- 稳定络合离子，使其电位降低到 -0.04 V。因此，可能优先在阴极放电的离子有亚硫酸根离子 SO_3^{2-}、碘合碘离子 I_3^- 和氢离子 H^+。

表 4.14　几种离子的标准还原电位

序号	反应式	标准还原电位/V
1	$Hg^{2+} + 2e^- \rightleftharpoons Hg$	+0.86
2	$HgI_4^- + 2e^- \rightleftharpoons Hg + 4I^-$	−0.04
3	$SO_3^- + 6H^+ + 4e^- \rightleftharpoons S + 3H_2O$	+0.45
4	$I_3^- + 2e^- \rightleftharpoons 3I^-$	+0.545
5	$2H^+ + 2e^- \rightleftharpoons H_2$	0

（1）氢离子

实验溶液中 HgI_4^- 的离子浓度为 0.03 mol/L，而氢离子浓度可在酸度很广的范围内变化，因此从浓度上看氢离子在阴极上放电。但由于氢离子在汞阴极上放电超电压为 1.006～1.036 V，所以 HgI_4^- 可以有限放电而还原成金属汞。一旦阴极材料变化（如阴极表面停止搅拌而产生汞泥），氢离子的超电压改变，就会发生 HgI_4^- 和氢离子的同时放电，这为实验所证实。

（2）亚硫酸根离子的放电

实验碘汞络合液电解在 pH=4、二氧化硫含量在 0.001 mol/L 以下时才不会在阴极上析出硫磺。但是考虑到二氧化硫溶解先形成亚硫酸，而亚硫酸电离常数很小，如一级电离常数一般是 0.01 级别，二级电离常数 0.001 级，所以碘汞络合液含二氧化硫在 0.001 mol/L 时仍可以不在阴极上析出硫。更值得一提的是，从电解过程总反应来看，在电流密度一定的情况下，当阴极上析出 1 g 汞时，如二氧化硫 0.319 g 才能使之全部转变为碘离子，因此控制电解液中二氧化硫质量浓度为 0.3 g/L 时，按计算控制电解液循环速度，其电解液中实际不含二氧化硫。所以在此情况下，可以顺利进行电解，而不在阴极析出硫磺。从 pH 看一定温度的电解液含二氧化硫一定时，其电位与 pH 成直线函数，斜率为负值。即 $E_{SO_3^{2-}}$ 随着酸度的升高而增大，从而在阴极上析出硫磺更容易。

（3）碘合碘离子 I_3^- 在阴极上放电

一般情况下，碘汞络合液中存在一定量的二氧化硫，由于存在其与亚硫酸根的氧化还原反应，碘合碘离子是不存在的。但当碘合碘离子多而电解液中二氧化硫较少时，碘离子在阳极氧化，这种氧化还原的反复循环严重影响了电解电流效率。

2）阳极过程

如表 4.15 所示，从放电电位看，在阳极上分解释放出氧气是不可能的。氢氧根离子的放电电位虽比碘离子的电位低，但由于在石墨阳极上的氧析出超电压高达 0.5～0.9 V。元素碘的超电压仅为 0.002 V 以下，所以碘汞络合液电解时在阳极上析出的是元素碘而不是氧气。析出的新鲜碘元素立刻又溶解于富有碘离子的电解液中，形成碘合碘离子。如果电解液中含有二氧化硫，进一步反应生成碘离子，整个阳极反应过程如下：

$$HgI_4^- \rightleftharpoons Hg + I_2 + 2I^- \tag{4.45}$$

表 4.15　几种可能在阳极上氧化的离子放电电位

序号	反应式	标准氧化电位/V
1	$O_2 + 4H^+ + 4e^- \rightleftharpoons 2H_2O$	+1.229
2	$O_2 + 2H_2O + 4e^- \rightleftharpoons 4OH^-$	+0.401
3	$I_2 + 2e^- \rightleftharpoons 2I^-$	+0.535

在酸性介质中：

$$HgI_4^- + 2e^- \rightleftharpoons Hg + 4I^- \qquad E^\ominus = -0.04 \text{ V} \tag{4.46}$$

$$2I^- - 2e^- \rightleftharpoons I_2 \tag{4.47}$$

$$I_2 + I^- \rightleftharpoons I_3^- \tag{4.48}$$

$$I_3^- + SO_3^{2-} + H_2O \rightleftharpoons 3I^- + SO_4^{2-} + 2H^+ \tag{4.49}$$

HgI_4^- 在电场作用下，在阴极上析出汞，在阳极上析出元素碘。只要电解前液保持适量的二氧化硫，阴极保持新鲜的金属汞表面，碘汞络合液的电解是容易进行的。

6. 溴氧化法脱汞实施案例

对安徽平圩电厂三期 5#机组电袋中试平台的进出口烟气中汞浓度进行测试分析。该中试平台总体尺寸为（常温工况）6 400 mm×2 500 mm×14 520 mm（长×宽×高）；中试实验台从 5#机组的除尘器进口烟道旁路引出一部分烟气，利用引风机旁路抽取烟气，并通过增设的 DN500 圆形烟道引至电袋中试平台系统中，实验平台进出口的烟气量可以通过设置于电袋中试平台系统出口的变频风机进行调节。进出口测试位置位于水平管烟道，测口位置距离地面约 15 m，测孔管径为 DN80。测点分别设于电袋除尘中试装置烟气进出口，测试期间对 5#机组烟气净化装置进出口进行采样测试，测试内容及测点布置见表 4.16。

表 4.16　测试内容与测点布置

序号	测点布置	测试内容
1	电袋中试平台进口	烟气汞、SO_3 浓度
2	电袋中试平台出口	烟气汞、SO_3 浓度

序号	测点布置	测试内容
3	进炉煤粉	固体汞含量
4	电袋灰样	固体汞含量
5	2#和 5#机组 SCR 前	烟气汞、SO_3 浓度
6	2#和 5#机组 SCR 后	烟气汞、SO_3 浓度
7	2#和 5#机组电袋除尘进口	烟气汞浓度
8	2#和 5#机组电袋除尘出口	烟气汞浓度
9	2#和 5#机组脱硫后	烟气汞浓度
10	2#和 5#机组电灰、袋灰、进炉煤粉、脱硫石膏	固体汞含量

注：测试期间机组系统（约 90%负荷工况）

1）各测点位置

测试位点包括中试平台 SCR 装置进口及出口、脱硫装置进口及出口、除尘器进口及出口等。

2）测试方法与仪器设备

测试方法与仪器设备见表 4.17。

表 4.17 测试方法与仪器设备

测试项目	测试方法/仪器	方法来源
烟气汞浓度	EPA 30B 法	美国 EPA 烟气汞标准测试方法
固体汞浓度	Lumex 分析仪	固体样品汞分析测试，美国 EPA Method 30B 标准

3）吸附剂制备方法

（1）高效脱汞吸附剂的种类和成分。脱汞吸附剂以活性炭为载体，以含溴氧化剂（S_2Br_2）等为主要活性组分，按照一定的比例进行负载制备。

（2）吸附剂制备装置。吸附剂制备原理如图 4.15 所示。该工艺将活性炭作为载体，在螺杆推进装置作用下均匀推到改性反应罐中，并根据制备吸附剂的配方定量定速地向吸附剂制备罐中喷入氧化剂雾滴，同时利用吸附剂制备罐中的搅拌叶片不断对活性炭材料进行搅拌，使得氧化剂能与吸附剂更好地结合，最终形成的吸附材料经晾干后可以直接使用。

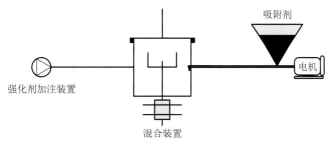

图 4.15 脱汞吸附剂小批量生产工艺原理

4）测试结果

（1）电袋中试平台进出口烟气汞浓度

2017 年 7 月 18 日和 8 月 21 日进行测试，经现场检测，该时间段烟气中氧含量在 3.5%～6.5%波动，具体测试结果如表 4.18～表 4.20 及图 4.16～图 4.24 所示。

表 4.18　中试平台进口汞浓度测试结果（30B 法）

测试日期	测口位置	气态总汞质量浓度/(μg/m³)	Hg⁰质量浓度/(μg/m³)	Hg²⁺质量浓度/(μg/m³)	采样体积（标况）/L	采样时间/min	平均质量浓度/(μg/m³)
7 月 18 日 16:28～17:08	中试平台进口	18.106	—	—	20.2649	40	17.567
	中试平台进口	17.028	—	—	20.2613	40	
7 月 19 日 10:35～11:15	中试平台进口	40.552	11.078	29.474	20.2137	40	34.359
	中试平台进口	28.166	—	—	20.207	40	
7 月 20 日 11:45～12:25	中试平台进口	17.927	—	—	20.1687	40	17.927
7 月 23 日 12:25～14:10	中试平台进口	37.391	—	—	20.2759	40	34.808
	中试平台进口	32.225	—	—	20.2688	40	
8 月 8 日 11:35～12:15	中试平台进口	12.113	—	—	20.1586	40	13.416
	中试平台进口	14.718	—	—	20.1862	40	
8 月 9 日 10:35～11:15	中试平台进口	25.859	—	—	20.1850	40	25.859
8 月 9 日 11:30～12:10	中试平台进口	25.693	—	—	20	40	24.718
	中试平台进口	23.743	—	—	20	40	
8 月 10 日 10:00～10:40	中试平台进口	29.061	—	—	20	40	29.061
8 月 12 日 09:05～09:45	中试平台进口	33.209	—	—	20	40	34.043
	中试平台进口	34.877	—	—	20	40	

表 4.19　中试平台出口汞浓度测试结果（30B 法）

测试日期	测口位置	气态总汞质量浓度/(μg/m³)	Hg⁰质量浓度/(μg/m³)	Hg²⁺质量浓度/(μg/m³)	采样体积（标况）/L	采样时间/min	平均质量浓度/(μg/m³)
7 月 18 日 17:21～18:01	中试平台出口	0.856	—	—	20.1845	40	0.757
	中试平台出口	0.657	—	—	20.2273	40	
7 月 19 日 16:20～17:00	中试平台出口	10.715	1.705	9.009	20.1670	40	11.359
	中试平台出口	12.003	—	—	20.2064	40	
7 月 20 日 9:50～10:30	中试平台出口	4.843	—	—	20.1687	40	4.843
7 月 23 日 10:55～12:20	中试平台出口	19.028	—	—	20.6790	40	18.917
	中试平台出口	18.806	—	—	20.2654	40	
8 月 8 日 10:00～11:30	中试平台出口	1.788	—	—	20.1933	40	1.525
	中试平台出口	1.263	—	—	20.1802	40	
8 月 8 日 13:20～14:00	中试平台出口	0.981	—	—	20	40	0.930
	中试平台出口	0.879	—	—	20	40	

测试日期	测口位置	气态总汞质量浓度/(μg/m³)	Hg⁰质量浓度/(μg/m³)	Hg²⁺质量浓度/(μg/m³)	采样体积（标况）/L	采样时间/min	平均质量浓度/(μg/m³)
8月9日 10:35~11:15	中试平台出口	11.186	—	—	20	40	11.228
	中试平台出口	11.271	—	—	20	40	
8月9日 11:30~12:10	中试平台出口	9.059	—	—	20.1445	40	9.059

表 4.20　中试平台出口汞浓度测试结果（Tekran 在线）

测试日期	测口位置	气态总汞质量浓度/(μg/m³)	Hg⁰质量浓度/(μg/m³)	Hg²⁺质量浓度/(μg/m³)	采样体积（标况）/L	采样时间/min	平均质量浓度/(μg/m³)
7月18日 17:20~18:00	中试平台出口	0.371	0	0.371	—	—	0.371
7月19日 16:20~17:00	中试平台出口	11.039	0.287	10.752	—	—	11.039
7月20日 9:50~10:30	中试平台出口	5.387	0	5.387	—	—	5.387
7月23日 10:55~12:20	中试平台出口	21.266	0.752	20.514	—	—	21.266
8月8日 10:00~11:30	中试平台出口	1.064	0	1.064	—	—	1.064
8月8日 13:20~14:00	中试平台出口	0.939	0	0.939	—	—	0.939
8月9日 10:35~11:15	中试平台出口	8.263	0.484	7.779	—	—	8.263
8月9日 11:30~12:10	中试平台出口	6.774	0.365	6.409	—	—	6.774
8月10日 10:00~10:40	中试平台出口	8.616	0.630	7.985	—	—	8.616
8月12日 09:05~09:45	中试平台出口	10.313	0.700	9.613	—	—	10.313

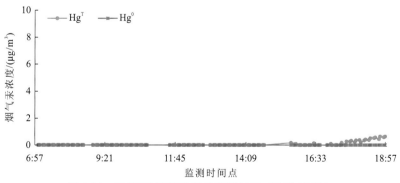

图 4.16　3300RS 烟气汞在线监测结果（7 月 18 日）

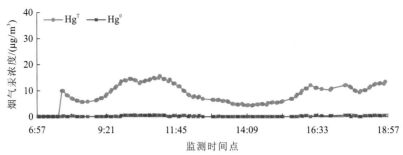

图 4.17　3300RS 烟气汞在线监测结果（7 月 19 日）

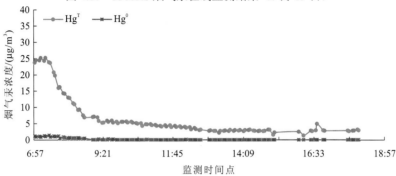

图 4.18　3300RS 烟气汞在线监测结果（7 月 20 日）

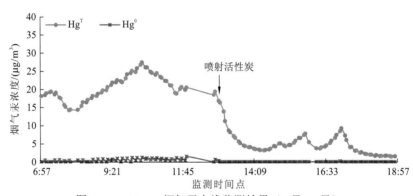

图 4.19　3300RS 烟气汞在线监测结果（7 月 23 日）

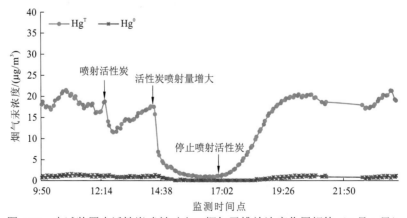

图 4.20　中试装置中活性炭喷射对出口烟气汞排放浓度作用规律（8 月 1 日）

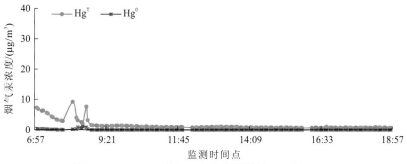

图 4.21　3300RS 烟气汞在线监测结果（8 月 8 日）

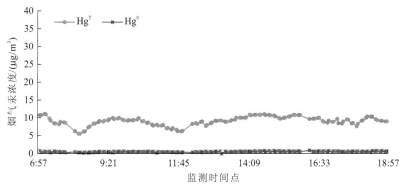

图 4.22　3300RS 烟气汞在线监测结果（8 月 9 日）

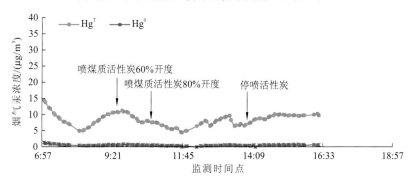

图 4.23　中试装置中活性炭喷射对出口烟气汞排放浓度作用规律（8 月 10 日）

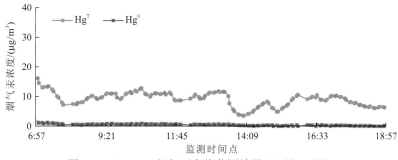

图 4.24　3300RS 烟气汞在线监测结果（8 月 12 日）

　　从图 4.20 可以看出，在静电除尘器和布袋除尘器间喷射活性炭时，烟气中的气态汞可得到进一步脱除，当喷入少量活性炭时（约 10 mg/m³），电袋除尘中试装置出口烟气中气态汞质量浓度由 18 μg/m^3 降至 13 μg/m^3，在增大活性炭喷射量（约 220 mg/m^3）后，中试出口烟气中气态汞浓度迅速下降，出口烟气中气态总汞质量浓度降至 1 μg/m^3 以下，说明烟气中大部分的气态汞已被活性炭捕集脱除。

（2）煤样汞含量分析

对入炉煤样进行采集并测试分析其汞含量，进行 5 次平行测试，测试结果见表 4.21。

表 4.21　入炉煤粉汞含量测试结果（5#机组）

日期	项目	单位	煤样一	煤样二	煤样三	煤样四	煤样五	平均值
7 月 19 日	Hg/5#机组	mg/kg	0.293	0.388	0.246	0.238	0.362	0.305
8 月 9 日	Hg/5#机组	mg/kg	0.248	0.392	0.292	0.286	—	0.304
8 月 13 日	Hg/5#机组	mg/kg	0.224	0.274	0.164	0.289	0.534	0.297
8 月 15 日	Hg/5#机组	mg/kg	0.313	0.582	0.445	0.562	1.653	0.711

（3）电厂混灰汞含量分析

对电厂混灰进行采集并测试分析其汞含量，进行 5 次平行测试，测试结果见表 4.22。

表 4.22　电厂混灰汞含量测试结果

日期	项目	单位	混灰一	混灰二	混灰三	混灰四	混灰五	平均值
8 月 16 日	Hg/5#机组	mg/kg	0.614	0.592	0.659	0.667	0.648	0.636
8 月 16 日	Hg/2#机组	mg/kg	1.340	1.400	1.398	1.406	1.540	1.417

（4）电厂石膏汞含量分析

对电厂石膏进行采集并测试分析其汞含量，进行 5 次平行测试，测试结果见表 4.23。

表 4.23　电厂石膏汞含量测试结果

日期	项目	单位	石膏一	石膏二	石膏三	石膏四	石膏五	平均值
8 月 13 日	Hg/5#机组	mg/kg	3.531	5.044	5.583	3.575	3.713	4.289
8 月 16 日	Hg/2#机组	mg/kg	4.193	4.039	4.060	4.044	4.375	4.142

（5）电厂机组锅炉烟气汞含量测试结果

对电厂机组锅炉烟气进行采集并测试分析其汞含量，测试结果见表 4.24。

表 4.24　电厂机组锅炉烟气汞含量测试结果

日期	机组	测点	Hg^T	Hg^0	Hg^{2+}	Hg^T 平均值
7 月 22 日	5#机组	除尘前	18.090	4.942	13.148	17.176
			16.262	—	—	
		除尘后	7.033	1.208	5.826	6.304
			5.575	—	—	
8 月 11 日	5#机组	SCR 前	56.474	32.767	23.708	55.257
			54.039	—	—	

日期	机组	测点	HgT	Hg0	Hg2+	HgT 平均值
8月11日	5#机组	SCR 后	55.323	7.800	47.523	50.266
			45.208	—	—	
		除尘前	37.280	10.184	27.096	35.550
			33.819	—	—	
		除尘后	23.341	4.009	19.333	23.261
			23.181	—	—	
		脱硫后	2.512	—	—	2.372
			2.232	—	—	
8月16日	2#机组	SCR 前	57.086	34.376	22.711	55.400
			53.714	—	—	
		SCR 后	56.306	28.017	28.289	51.185
			46.065	—	—	
		除尘前	37.292	19.287	18.005	35.630
			33.967	—	—	
		除尘后	24.696	0.447	24.248	22.076
			19.456	—	—	
		脱硫后	1.121	—	—	1.063
			1.004	—	—	
8月19日	5#机组	SCR 前	52.873	30.677	22.196	51.847
			50.821	—	—	
	2#机组	除尘后	31.968	0.579	31.389	30.542
			29.115	—	—	

（6）中试装置电灰汞含量分析

对中试装置静电除尘器中的电灰进行采集并测试分析其汞含量，进行 5 次平行测试，测试结果见表 4.25。

表 4.25　中试装置电灰汞含量测试结果

日期	项目	单位	电灰一	电灰二	电灰三	电灰四	电灰五	平均值
7月23日	Hg	mg/kg	1.543	1.508	1.749	1.600	1.564	1.593
8月9日	Hg	mg/kg	1.119	1.153	1.174	1.141	—	1.147
8月10日	Hg	mg/kg	1.217	1.186	1.277	1.181	1.165	1.205

（7）中试装置袋灰汞含量分析

对中试装置布袋除尘器中的袋灰进行采集并测试分析其汞含量，进行 5 次平行测试，测试结果见表 4.26。

表 4.26　中试装置袋灰汞含量测试结果

日期	项目	单位	袋灰一	袋灰二	袋灰三	袋灰四	袋灰五	平均值
8月9日	Hg	mg/kg	2.604	2.606	2.867	2.688	—	2.691
8月10日	Hg	mg/kg	2.522	2.493	2.599	2.504	2.597	2.543

（8）中试装置添加吸附剂脱汞实验结果

对中试装置布袋除尘器中的添加活性炭等吸附剂强化脱汞进行试验，并测试中试装置进出口烟气汞浓度变化情况，测试结果见表 4.27。

表 4.27　中试装置添加吸附剂对烟气汞浓度影响测试结果

吸附剂种类	测口位置	吸附剂添加浓度/(mg/Nm³)	袋除尘器反吹频率/(min/周期)	气态汞质量浓度/(μg/m³)	中试装置脱汞效率/%
未添加吸附剂	中试平台进口	0	60	25.859	56.6
	中试平台出口			11.228	
未添加吸附剂	中试平台进口	0	60	34.043	69.7
	中试平台出口			10.313	
煤质活性炭	中试平台进口	7.2	60	38.970	85.4
	中试平台出口			5.686	
木质活性炭	中试平台进口	7.2	60	29.116	93.0
	中试平台出口			2.027	
	中试平台进口	3.6	60	39.723	85.2
	中试平台出口			5.874	
	中试平台进口	14.4	60	39.562	92.5
	中试平台出口			2.962	
进口活性炭	中试平台进口	7.2	60	34.023	93.3
	中试平台出口			2.286	
煤质 NaBr 改性	中试平台进口	7.2	60	18.246	90.2
	中试平台出口			1.779	
煤质 S_2Br_2 改性	中试平台进口	7.2	60	19.231	94.5
	中试平台出口			1.049	
木质 S_2Br_2 改性	中试平台进口	7.2	60	29.147	94.1
	中试平台出口			1.709	
	中试平台进口	3.6	60	39.061	88.0
	中试平台出口			4.684	
	中试平台进口	14.4	60	21.807	95.7
	中试平台出口			0.936	
	中试平台进口	7.2	30	42.023	83.5
	中试平台出口			6.928	

吸附剂种类	测口位置	吸附剂添加浓度 /(mg/Nm^3)	袋除尘器反吹频率 /(min/周期)	气态汞质量 浓度/(μg/m^3)	中试装置脱汞 效率/%
木质 S$_2$Br$_2$ 改性	中试平台进口	7.2	90	38.503	87.2
	中试平台出口			4.910	
飞灰 S$_2$Br$_2$ 改性	中试平台进口	7.2	60	39.607	57.5
	中试平台出口			16.840	

4.5.2 铅的控制及应用

目前国内外采用的铅烟尘治理技术和设备多种多样，治理技术总结起来分干法和湿法治理技术两大类。各生产企业依据自身条件及生产状况开发设计不同的铅烟尘净化处理工艺。

1. 干法净化处理工艺

干法净化处理工艺常见的有覆盖法、过滤和静电除尘。

在铅溶液表面加覆盖剂的方法为覆盖法。该方法增加铅分子间碰撞机会，减少了铅烟的生成量，浮在铅液表面的覆盖剂减小了铅液的裸露面积，减少了氧化，从而减少了渣量，同时，覆盖剂增大了体系压力，能够抑制铅蒸气的扩散（于卫国，2000）。覆盖剂的种类主要有氯化锌、氯化锂、石墨粉和氯化钾等。该方法具有一定的效果，但是覆盖剂本身具有导热性、密封性和使用时间长短方面的一些问题，使得覆盖法具有一定的使用局限性。

由于高温燃烧过程生成的气态含铅化合物在冷凝过程中部分富集在细颗粒飞灰上成为烟尘；颗粒态化合物（如碳酸铅、氧化铅、硫酸铅等）大部分成为亚微米气溶胶，传统的除尘设备难以高效地捕集。固体吸附剂具有很大的比表面积，并且在高温下具备一定的化学活性，使挥发性的含铅化合物在吸附剂表面或小孔内表面发生物理或化学反应吸附，从而捕获烟气中的挥发性铅。其中钙基吸附剂和硅铝基吸附剂是研究最多的吸附剂种类（陈文 等，2013；汪凤娇 等，2012）。

活性炭具有很大的比表面积且价格较低，在焚烧烟气中经常用作物理吸附剂，对挥发性污染物及细小颗粒物具有较好的去除效果。通常活性炭粉末喷射与袋式除尘器配套使用：活性炭与烟气的强烈混合有利于加强对污染物的净化效果；随后再与烟气一起进入后续的布袋除尘器中，滞留在滤袋表面形成一层滤饼。烟气中的污染物与活性炭再次充分接触进一步提高净化效果，焚烧烟气中 PbO、PbCO$_3$、PbSO$_4$ 主要以亚微米型颗粒态形式存在，30%左右可以被活性炭及布袋除尘器捕集，其余 70%左右的含铅颗粒物则以铅尘形式排放进入大气。气态氯化铅则大部分以气态形式进入大气环境，随后在环境温度下进一步冷凝形成铅尘随大气一起远距离输移。

吸附剂对重金属的吸附效率与吸附剂类型、烟气温度、燃烧气氛及吸附剂改性方式等多个因素有关。现有研究多集中在吸附剂种类的筛选方面，主要包括钙基吸附剂和硅铝基吸附剂。其中：钙基吸附剂主要为碳酸钙、氧化钙等；硅铝基吸附剂主要为原土矿物，包括高岭土、脱水高岭土、膨润土、石英、沙、矾土、硅土、酸性白土、沸石、多铝红柱石、扇贝、磷灰石等。钙基吸附剂在高温下（>700 ℃）对挥发性重金属具有较好的吸附性能。Chen 等（1999）的实验结果表明，在不同的给料废物组成下，4 种重金属吸附剂的吸附性能排序为石灰石>水>高岭石>氧化铝。对于重金属最优的吸附剂是石灰石，尤其是给料废物含有机氯聚氯乙烯时，因为石灰石泥浆提供许多钙和碱，从而可与金属氯化物和酸性气体反应。卢欢亮等（2005）采用碳酸钙分解产生的活化 CaO 吸附 $CaCl_2$ 的研究表明，CaO 具有发达的比表面积（18.27 m^2/g），在 550 ℃烟气中对 $CaCl_2$ 的吸附以物理吸附为主。刘晶等（2003）的研究表明在 1 250 ℃反应体系中 $CaSO_4$ 对 Pb、Cd、Cu 的排放控制效果为铝土矿>石灰石；但铝土矿对 Pb、Cd、Cu、Co、Ni 这 5 种重金属元素均有一定的吸附作用；粒径小于 75 μm 的吸附剂对重金属的富集系数大于粒径为 125～300 μm 的吸附剂，表明吸附剂粒径越小对重金属的吸附效果越好。固体废物焚烧系统通常采用 CaO 或 $Ca(OH)_2$ 控制焚烧过程中产生的酸性气体 HCl/SO_2，经过干法或半干法脱酸后的焚烧烟气中重金属浓度仍然较高，这表明 CaO 或 $Ca(OH)_2$ 对低温烟气（180～220 ℃）中挥发性重金属的控制效果不理想，因为钙基吸附剂一般需要在高温（>700 ℃）下才有较高的化学反应活性，相对钙基吸附剂而言，一些研究人员的试验结果显示硅铝基吸附剂可能具有更为优良的吸附性能。还有研究发现高岭土和矾土是有效的铅吸附剂，硅土和酸性白土也有较为明显的吸附效果。Vejahati 等（2010）的研究表明硅铝酸盐通过化学作用对铅化合物有较好的捕集能力。Wang 等（2000）的热重和 X 射线荧光光谱分析结果表明吸附剂捕集能力从高到低依次为高岭石>脱水高岭石>膨润土>石英。经脱水后的高岭土的吸附能力强于普通高岭土。Yao 等（2004）筛选硅铝基和钙基吸附剂的化学组成和物理性质发现高岭土是一种高效的吸附剂。吸附剂的表面积和化学组成在捕集效率方面都起了关键作用。添加高岭土改变了 Pb 和 Cd 在飞灰中的分布，使其从微细颗粒物（粒径不到 1 mm）转移到粗糙颗粒物（粒径大于 1 mm），而且 Pb 和 Cd 在粗糙颗粒中的存在形态均属于水不溶物。张小锋等（2008）采用高岭土与氧化铝、氢氧化钙吸附烟气中不同形态的铅，发现亚微米范围的铅未被吸附剂捕集，且仍以 PbO 或 $PbCl_2$ 颗粒存在，而微米范围的铅被吸附剂高效捕集。高岭土对铅的捕集明显好于其他吸附剂，这是因为高岭土与氧化铝、氢氧化钙相比对 Pb 有更强的化学吸附作用。

仲兆平等（2005）比较 3 种吸附剂（高岭土、活性矾土及活性炭）对垃圾焚烧烟气中重金属的吸附效果，发现活性炭对 Cd、Pb 和 Cu 的吸附效果都是最好的，高岭土次之，活性矾土最差。对垃圾焚烧烟气中的酸性气体、重金属、有机物总体净化效果而言，活性炭具有较好的整体吸附性能，氧化硅和高岭土吸附铅生成的新物质部分不溶于水，而膨润土、酸性白土和氧化铝中水溶性铅组分较大，石灰中吸附的铅化合物几乎都可溶于水。吸附剂吸附性能越强，其吸附后生成的铅化合物水溶性越弱，烟气温度及燃烧气氛等工艺为主要的影响因素。氯的存在降低了吸附剂的捕集效率，包括钙基类吸附剂和硅铝基吸附剂。高浓度 Cl 可导致 Pb 和 Cd 在污水污泥燃烧过程中富集于细颗粒表面，使重金属更易向飞灰或气相中迁移。水在高温下能与重金属化合物作用引起物质转变，导致更多的重金属由飞灰和气相转移至底渣（李庆 等，2005）。$PbCl_2$ 和水蒸气反应在高岭土的脱羟基化作用下导致盐酸的部分释放，并且促进了高岭石上的铅固化反应，形成在高温下难挥发的铅组分。Yao 等（2004）的研究表明升高温度（800～950 ℃）可提高高岭土对 Pb 和 Cd 的捕集能力。活性炭吸附剂对重金属的吸附过程既包含物理吸附又包含化学吸附。物理吸附作用实际为吸附和脱附两个过程的竞争，一般吸附是放热过程，低温下有利；而脱附是吸热过程，高温下有利（张淑琴 等，2008）。在低温下，活性炭的化学吸附速率很低，主要是物理吸附。随着烟气温度的升高，化学吸附增强，而物理吸附减弱；但当温度升高到一定程度时，吸附量则降低。

国内外科研人员针对钙基吸附剂进行了多种改性研究以提高吸附剂对重金属的吸附能力，其中以添加无机盐进行改性为主要思路。卢欢亮等（2005）研究了钙基吸附剂高温热活化、NaCl 或 CaCl$_2$ 盐浸泡煅烧及直接加入负载等改性方法对吸附剂性能的影响。高温热活化方法所得 CaO 的比表面积增大两倍以上，盐浸泡煅烧所得产物为 CaO/NaCl 共晶体，其层间距比 CaO 增大了约 0.03 nm，具有良好的表面活性和孔隙结构。与轻质碳酸钙相比，改性钙基吸附剂对镉的吸附效果明显提高，CaO 的吸附机理主要以物理吸附为主，CaO/NaCl 则以化学吸附为主。也有研究表明经过 2%（质量分数）CaCl$_2$ 涂层处理的 CaO 粉末，其内表面利用率升高从而与 PbCl$_2$ 反应生成晶核更大的结晶体，提高了 CaO 对 PbCl$_2$ 的反应效率。Chen 等（1999）的研究也表明被处理的废物中 NaCl 和 Na$_2$SO$_4$ 等无机盐的存在有利于增强重金属吸附剂的捕集效率，并对现有吸附剂对焚烧源铅净化存在的问题进行了分析。

根据以上分析可知，目前对焚烧源铅的控制主要集中于钙基和硅铝基吸附剂及其改性产品，对吸附剂的净化机理和相关影响因素进行较为全面的实验研究，并取得了较为系统的研究成果。但是钙基和硅铝基吸附剂的活性只有在高温（650～1 200 ℃）下才能体现出较高的化学反应活性，对各种形态的铅的净化才有比较理想的结果。在固体废物焚烧及煤燃烧系统中，经过余热锅炉出口后的烟气温度一般只在 180～220 ℃，PbO、PbCl$_2$、PbCl$_4$、PbCO$_3$ 和 PbSO$_4$ 等不可能与钙基或硅铝基吸附剂反应，因此只能通过物理吸附的方式吸附少量的铅，然而钙基和硅铝基吸附剂的物理吸附能力远远低于一般的活性炭。因此在 200 ℃ 左右的低温下采用钙基或硅铝基吸附剂不可能达到净化烟气中铅的目的。另外，即使将烟气加热到钙基/硅铝基吸附剂所需要的活性反应温度以上，其生成的反应物进入布袋除尘器捕集的飞灰中后，仍然会产生新的环境风险。

过滤法是一种采用过滤装置使铅颗粒物与气体分离的技术。目前采用的过滤除尘工艺主要有滤筒收尘和布袋除尘技术两种，该技术设备结构简单，主要用作大颗粒的铅烟尘的净化处理（索云峰，2016；李明阳 等，2005）。其原理是：铅烟尘通过过滤（过筛）、拦截、扩散、惯性分离及静电吸引 5 种过滤机制联合去除铅尘。机械过滤机制对大颗粒的铅烟尘净化效率高，而对亚微米级颗粒的去除效率较低，但亚米级颗粒危害性最大，又是净化的重要对象。所以采用过滤法对铅烟的净化效果不会太理想。此外，阳极铸铅产生的铅烟尘一般带有一定量的水蒸气、酸雾及骨胶等工艺添加物，容易导致布袋板结、清灰困难、透气性下降。

静电除尘是一种将含尘气体经过高压静电场时被电分离，尘粒与负离子结合带上负电后，趋向阳极表面放电而沉积的一种技术（裴冰，2013；李庆 等，2005）。该技术具有动力消耗少、设备阻力低、收尘效率高等特点。但是铅烟尘含有大量的氧化铅。且温度为 20 ℃ 时，氧化铅的比电为 2×10^{11} Ω·cm，150 ℃ 时氧化铅的比电阻为 2×10^{13} Ω·cm，铅烟尘比电阻高，高比电阻的铅烟尘在电收尘器中积聚到一定厚度后会产生反电晕现象，使收尘效率下降。同时，由于氧化铅烟尘粒径细、烟尘黏性大，采用静电除尘技术处理铅烟尘存在清灰难度大的问题。

2. 湿法净化处理工艺

湿法净化处理工艺是采用清水、稀酸或者稀碱吸收液借助相应的设备对铅烟尘进行捕集，采用水作为吸收液配以相应设备对铅烟尘做净化处理，属物理沉降作用，对高浓度铅烟尘有明显效果，但是，若做一次性达标排放的铅烟尘净化处理，则需配备高效设备（柴续斌，1998）。

采用稀酸作为吸收液对铅烟尘做净化处理较水具有更好的效果，这是因为乙酸和硝酸能与铅烟尘中的一氧化铅反应生成溶解度大的乙酸铅和硝酸铅，草酸也可与一氧化铅反应生成草酸铅沉淀。硝酸、乙酸和草酸均可用作铅烟尘的酸性吸收液，但是硝酸的腐蚀性和氧化性强，对设备的腐蚀性大，对设备材质要求也高。通常配制3%的草酸或1‰~3‰的稀乙酸作为酸性吸收液来对铅烟尘做净化处理（冯治宇，2004；冯治宇 等，1996），其反应如下：

$$PbO + H_2C_2O_4 \longrightarrow PbC_2O_4\downarrow + H_2O \tag{4.50}$$

$$PbO + 2CH_3COOH \longrightarrow Pb(CH_3COO)_2 + H_2O \tag{4.51}$$

大颗粒状的铅烟尘和二氧化铅颗粒会被水雾状的吸收液碰撞包裹并物理沉降。乙酸铅的毒性比铅的氧化物更强，且溶解度大，25 ℃时100 mL水中可溶解55 g乙酸铅，所以更换吸收液时必须对乙酸铅进行化学沉淀过滤处理。更换时，将废水过滤到处理池，然后加入碱式氯化铅或者三氯化铁，再加入酚酞酒精指示剂，随后加入碳酸钠或者40%的氢氧化钠，当出现稳定的红色，做静置过滤处理后排放（付志刚，2015）。若乙酸铅仍不能达标排放，可再加入硫化钠，生成溶解度更低的硫化铅沉淀，静置过滤后排放。

$$Pb(CH_3COO)_2 + 2NaOH \longrightarrow Pb(OH)_2\downarrow + 2NaCH_3COO \tag{4.52}$$

$$Pb(CH_3COO)_2 + 2Na_2CO_3 \longrightarrow PbCO_3\downarrow + 2NaCH_3COO \tag{4.53}$$

$$Pb(CH_3COO)_2 + Na_2S \longrightarrow PbS\downarrow + 2NaCH_3COO \tag{4.54}$$

若要一步处理，可直接在废水中加入硫化钠，待反应完成后，静置过滤，检测达标后排放（孙伟 等，2010；祝优珍 等，2001）。

$$Na_2S + 2H^+ \longrightarrow 2Na^+ + H_2S \tag{4.55}$$

$$Pb(CH_3COO)_2 + H_2S \longrightarrow PbS\downarrow + 2CH_3COOH \tag{4.56}$$

处理后得到的废渣，仍有综合回收价值，采用碳粉和铁粉高温熔炼，可回收纯度高的铅。

由于草酸能与一氧化铅反应生成草酸铅沉淀，反应比乙酸更彻底，所以采用草酸作吸收液净化处理效率更高。采用草酸作吸收液时，废水处理较简单，但配制吸收液时浓度高，药品费用大。工业应用时，可根据具体情况，比较选择吸收液。使用酸性吸收液净化铅烟尘，虽然具有废水经过处理不产生二次污染、运转费用低和高效等特点，但是该方法药品消耗量大，对于处理高浓度的铅烟尘还有一定局限性。

采用碱性吸收液也能得到比水更好的效果（郭翠香，2008；彭光复 等，1991），这是因为生产产生的铅烟气温度高于60 ℃，当烟气在吸收塔里与吸收液接触后，可将吸收液升温，该温度有利于氢氧化钠与铅烟尘中的一氧化铅反应：

$$PbO + 2NaOH \longrightarrow Na_2PbO_2 + H_2O \qquad (4.57)$$

往净化后产生的废水中加入 H_2O_2 可将废水中的铅化合物氧化成二氧化铅沉淀物，处理后的碱液可循环利用：

$$Na_2PbO_2 + H_2O_2 \longrightarrow PbO_2 + 2NaOH \qquad (4.58)$$

采用 3%$Ca(OH)_2$ 作碱性吸收液，该吸收液较酸性吸收液腐蚀性小，所以对设备的腐蚀程度较轻，一些企业采用自激式和泡沫塔两级除尘，利用 $Ca(OH)_2$ 作碱性吸收液，净化效果可达 90%左右，但在处理高浓度铅烟尘时，采用该处理工艺仍难以达标排放（陈曜 等，2010）。湿法净化处理铅烟尘的净化效率除了与吸收液的种类有关，还与设备的设计类型与结构有关。研究者对除尘设备从简单的箱式设计到复杂的塔式设计做了大量的工作，目的是高效除尘、消除二次污染及综合回收产生的废渣。

箱式净化设备具有结构简单、造价低廉且除尘效率偏低的特点，小企业使用较多。采用自激、冲激、水膜和喷淋等方式净化铅烟尘的箱式净化设备可用于熔铅量大、含铅烟尘量多、初浓度高的工业生产时的初级除尘处理。塔式净化除尘设备的国内主要应用有：文丘里塔、填料塔、斜孔板塔、旋流板塔和泡沫塔等。在设备运行过程中通过增加两相接触时间、使气液两相分布均匀、提高传质反应速度、降低动力消耗、减少设备阻力等工艺优化，再配以碱性或者酸性吸收液，可达到以上的净化效果。

KE 型系列铅烟尘净化器的设备具有占地面积小、结构紧凑、工艺先进、除尘效率高、使用运行平稳且便于管理维护。该工艺可应用于冶炼、印刷和蓄电池等工业领域，是一种较为典型的吸收液配以塔式除尘设备的湿法除尘工艺。该工艺的工作原理是：铅烟尘在风机的带动下经过抽风罩和连接管道进入 KE 型系列塔式净化器内，烟尘与净化器内喷出的吸收液相互碰撞、润湿、扩散、洗涤、旋流和吸附等，铅烟气中的固体颗粒物被捕集进入废水之中，通过净化后可循环使用，净化后的尾气经过风机、管道和烟囱排出。即便采用高效的酸、碱吸收液配以塔式除尘设备的工艺，仍很难处理高浓度的铅烟尘，处理后的尾气未必就能达标排放。某企业采用斜孔板塔配以 0.25%的乙酸吸收液作除尘处理，净化效率高达 93%，但由于初始烟气浓度高，仍不能达标排放。湿法处理铅烟尘的吸收液必须循环利用，若要对外排放，必须做净化处理，因为吸收液中含有超标的铅离子，且净化得到的废渣有综合回收的价值。生产运行过程中定期测定吸收液的酸碱浓度，以便及时补充。由于高效的酸、碱吸收液配以塔式除尘设备的工艺仍不能很好地处理高浓度的铅烟尘，所以有必要开发更为高效与清洁的净化工艺。

此外，有研究者利用次氯酸的强氧化作用研究开发出一种漂白粉净化法，该法利用次氯酸将铅烟中的氧化铅与水作用生成的氧化铅进一步氧化为二氧化铅并吸附沉淀（张晓玲，1992）。该法操作简单，处理费用低，可用于和其他处理剂交替使用，以达到提高净化效率的目的。

由于铅烟尘的净化处理难度大，高效的湿法除尘一次性投资大，高浓度的铅烟尘也很难保证达标排放，而且直接收益不明显，除尘技术在企业应用进展缓慢。一些研究者从烟尘颗粒的质量分布概率出发，提出应当把除尘的重点放在中等质量的烟尘颗粒上，对不同质量等级的颗粒采取不同除尘措施，形成了成本较低且实用性强的旋风除尘、沉降除尘与布袋收尘三法组合的复合式干法收尘技术。该技术包括：旋风除尘重点集取中等质量、高内能高动能的烟尘颗粒；沉降除尘重点集取大质量、低内能低动能的烟尘颗粒；布袋收尘最后集取质量微小的粉尘颗粒。

铅烟尘中的铅氧化物微粒可采用过滤方法与气体分离。目前多采用布袋除尘技术。布袋除尘器纤维织物滤袋表面有大量孔隙，其中单丝纤维孔隙为 100～200 μm，经纬线间孔隙为 300～700 μm，如滤布选择和结构设计得当，对于 5 μm 以上的粉尘可除去 99%以上，烟尘排放质量浓度为 30 mg/m³。

3. 含铅金属污染处置

虽然采用的铅冶炼工艺不尽相同，但对铅冶炼过程中产生的含铅金属污染物处理工艺在不同企业里大体相同。常见的废水处理工艺有直排、循环利用、化学沉淀分离法、中和法。部分企业采用了铅冶炼污染防治最佳可行技术方法中的高浓度泥浆法、石灰铁盐法、生物制剂法、硫细菌还原硫酸盐法、电絮凝处理法和膜处理技术等方法，出水水质总铅浓度低，满足《铅、锌工业污染物排放标准》（GB 25466—2010）的排放标准值。

4. 实施案例

图 4.25 为一种有色金属行业铅烟及铅尘净化装置流程示意图。在铅冶炼炉上方设置铅烟铅尘收集罩，该收集罩的出口连接布袋除尘器，在布袋除尘器的出口连接设有引风机的管道，文丘里的一端连接引风机的出口，另一端延伸入湿式喷射雾化旋流板吸收塔内，文丘里的内径自入口端向出口端呈渐进式缩小；湿式喷射雾化旋流板吸收塔内的中部设有雾化器，在雾化器的上方设有雾化旋流板，吸收塔的顶部通过管道与烟囱连通。

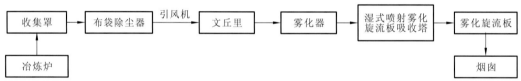

图 4.25　铅烟及铅尘净化装置流程示意图

使用中，铅冶炼炉经过移动式铅烟及铅尘收集罩收集烟尘后，由布袋除尘器进口进入布袋除尘器后进行除尘与净化，处理后的烟气经由引风机引入文丘里进一步处理净化，由文丘里处理后的烟气沿切线方向进入湿式喷射雾化旋流板吸收塔进行塔内多级的湿式洗涤净化与吸收，处理后的烟气已能达到且远低于国家的排放要求，经烟囱排往大气。使用中，箭头所示为铅烟及铅尘行进方向，各种有色金属冶炼炉在冶炼过程中所产生的含铅烟及铅尘（或其他含有色金属的烟气）烟气，首先由移动式收尘罩收集，再由连接烟道进入布袋除尘器进行净化处理，进入布袋除尘器的预收尘室，含尘气流在挡流板碰击下转向流入灰斗。同时，流速减慢，在惯性及粉尘自重作用下，较粗颗粒粉尘直接落入灰斗并从排灰机构卸出，起到了预收尘的作用，其他较轻细粉尘随气流向上吸附在滤袋的外表面上，过滤后干净的气体透过滤袋进入上箱体并汇集到出风管排出。大量的铅尘在此阶段被过滤净化，余下的部分铅尘及其他有害物质进入下阶段处理。净化后的烟气由引风机经管道引入文丘里净化处理（文丘里的设置是借助烟道部门，不影响总体布局及尺寸，浓缩于湿式喷射雾化旋流板吸收塔进口处），由渐缩段引入喉部，使烟气突然加速至 40～45 m/s，被设置在上部的雾化器（材质为纳米高分子聚合物材料）喷射雾化增湿，使烟气中极细小的尘粒（φ 为 1.0～1.5 μm）被极细极多的雾化水滴包围，使尘粒重度增加，经过变速扰动，体积经高速碰撞后增大，而后进入渐扩段，此时烟气流速已迅速降至 8～10 m/s，更进一步加快尘粒重度增加和体积增大的速度，同时以较快的流速引出渐扩段，沿切线方向旋转进入湿式喷射雾化旋流板，约85%的含尘颗粒在此分离，约 15%的残尘烟气在喷射雾化旋流板的作用下旋转上升，除尘液在叶片及喷射雾化旋流板上形成的水膜受高速烟气的冲击，在板内形成流化态，气液两相剧烈搅拌混合，增加了气液的传质过程，使烟气中的残尘更进一步得到脱除，实测除尘效率最高可达99.5%，进一步除尘后的净化烟气继续旋转上升进入喷射雾化旋流板分离汽水后，再经倒锥体蘑菇帽及防水檐形成的"迷宫"型水汽分离器，分离汽水后，由烟道引入烟囱排放到大气中。

该工艺的优势：布袋除尘器的箱体及灰斗均按承受 7 000 Pa 的负压设计，并保证在冷态起动时除尘器壳体及框架的刚度符合国家规范，启动时不会出现壳体变形。袋上端采用弹簧涨圈式结构，不但密封性能好，而且在维修更换滤袋时快捷简单。滤袋底端采用加固环布，更加有利于延长滤袋的使用寿命。布袋除尘器清灰程序、间隔、强度均可在控制柜上方便可调。整套除尘器设置差压等一系列检测仪表用于设备的控制、在线检测和保护。除尘器顶部设检修门，用于检修和换袋（除尘器的维护、检修、换袋工作仅需在机外就可执行，不必进入除尘器内部）。设备支撑件的底座考虑地震力加速度的作用，外壳充分考虑膨胀要求。顶板有开裂的可靠措施。落入灰斗中的粉尘经由卸灰阀排出，利用输灰设施集中送出，除灰程序、间隔均为可调。文丘里预吸收能力强，同时降低了进入吸收塔的气体温度，有利于吸收。喷射雾化器雾化性能强，覆盖范围大，吸收洗涤能力强。雾化旋流板采用独特的安装角度与数量，吸收能力强、效果好。干式汽水分离器采用旋流反向汽水分离，汽水分离效果好。

分级过滤铅尘净化装置如图 4.26 所示，包括储灰斗、箱体、滤筒、密封座、初净化室、脉冲喷吹器、墙板、单元格、滤尘块、净化室和风道。箱体为钣金矩形壳，无底的箱体以底边框密封连接并沟通漏斗状的储灰斗，居中立置的墙板将箱体分隔成左右两个腔体，右腔体由密封座定位安装竖排的一组滤筒构成初过滤结构，上部余下的空间为初净化室，右腔体底部进入的尘气经初过滤结构后从滤筒顶部出口进入初净化室；脉冲喷

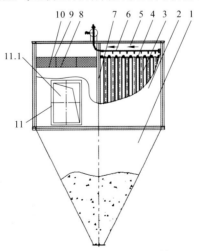

图 4.26　分级过滤铅尘净化装置

1—储灰斗，2—箱体，3—滤筒，4—密封座，5—初净化室，
6—脉冲喷吹器，7—墙板，8—单元格，9—滤尘块，10—净化室，11—风道

吹器控制滤筒定时清尘；箱体左腔体由横置的单元格密封安装滤尘块组成再净化结构，处在再净化结构之上的左腔体与初净化室连通，处在再净化结构之下的左腔体为净化室，净化室中内置贯穿前后壁的风道；风道为矩形管道，风道内纵向斜置的隔板分隔成两个独立通道，隔板下部与储灰斗内腔和尘气进口连通，隔板上部与净化室和净化气出口连通。上述结构中，滤尘块通过的铅尘粒径≤0.1 μm，滤筒通过的铅尘粒径≤0.5 μm，密封座为螺旋式压紧密封结构。

在实际使用时，工位外排含铅尘废气从尘气进口引入，废气经隔板折射进入储灰斗转流到箱体右腔体，废气经滤筒初过滤后外排到初净化室，再顺序经滤尘块进一步过滤后进入净化室，进入净化室中的净化气被风道中的隔板阻挡，从净化气出口引出外排。

实际运行中，某铅冶炼有限公司精炼炉设计处理烟气量 30 000 m³/h，原治理系统使用一台布袋除尘器，入口铅尘浓度为 7.8 g/m³，出口排放浓度为 10.14 mg/m³。在原治理系统中用作者发明的分级过滤铅尘净化装置替代布袋除尘器，该装置正常运转一周后，第一次检测出口排放浓度平均为 0.15 mg/m³，正常运转 45 天后第二次检测排放浓度为 0.078 mg/m³。某铅蓄电池有限公司分片、包片、烧焊、组装生产线共 8 条，每条生产线 36 个工位，每两条生产线设计采用一套治理系统，处理风量 48 000 m³/h，原治理系统使用一台过滤面积 630 m² 的覆膜布袋除尘器，多次检测达不到理想的排放效果，排放不稳定。应用作者发明的 800 m² 分级过滤铅尘净化装置，正常运转 20 天检测其出口排放浓度在 0.03 mg/m³ 以下，综合除尘效率为 99.99% 以上，排放速率为 0.002 kg/h，远远低于国家标准 0.07 kg/h 的要求。

我国近年大量淘汰铅冶炼中的落后产能，抛开产能低下、工艺落后的原因，还有一个因素就是容易产生铅尘和铅蒸气，危害人体健康。目前，多采用高效除尘器净化铅粉尘及铅蒸气，收集的粉尘与原料混合，重新利用。但干法除尘或者一次性投资过大，操作、维修管理复杂，或者对操作工人的技术水平要求高，同时也无法达到排放标准。而利用化学吸收法净化含铅烟尘效果较好，但会产生二次废水，需要添加相应的废水处理设备，增加设备投资和运行成本。采用综合湿法除尘和氟硅酸湿法净化的新型铅尘环保工艺处理后的铅尘浓度小于 0.7 mg/m³，在满足国家大气污染排放标准的同时，净化后的废水回零排放。

目前在高炉煤气除尘中领先的工艺——毕肖夫环缝洗涤装置，也称为环缝文丘里装置。自熔铅炉口挥发出来的铅尘经除尘后，除尘效率可达到 99%。经过除尘后的尾气依然会超标，需要通过湿法净化处理。常规的如乙酸法化学吸收会生成乙酸铅，对于乙酸铅的后处理，大多采用碱液置换铅沉淀析出，需要配置沉降槽、反应槽、离心机或者压滤机等设备，操作复杂。该装置使铅尘依次进入环缝文丘里管、连接管、湍冲式洗涤器及喷淋填料塔；同时使水进入喷淋填料塔并对其中的铅尘进行喷淋吸收，再使下落至循环槽内的液体分别进入环缝文丘里管、湍冲式洗涤器及连接管并对其中的铅尘进行喷淋洗涤。该铅尘净化处理方法先利用环缝文丘里装置除尘后，再通过湍冲式洗涤与喷淋填料塔多级净化吸收的铅尘处理工艺，除尘效率≥99%，吸收后的尾气中铅离子质量浓度仅为 0.2 mg/m³，远低于国家排放标准。

还有学者提出一种文丘里棒耦合双极性电凝并促进细微铅尘团聚及汞氧化的装置

及方法，控制有色金属冶炼烟气铅尘细颗粒物排放。该装置设置在烟道或专用壳体中，由 1～5 个凝并组叠加而成，凝并组由交错设置的两排电极和文丘里棒组成。由旋转炉窑焙烧铅精矿提供铅冶炼烟气，其烟气量为 200 m³/h。烟气经旋风除尘器预除尘和降温处理后，烟气中含尘浓度为 10 000 mg/m³，温度为 180 ℃。烟气经过一个方形烟道（0.10 m×0.10 m）后，通过后续的布袋除尘器进一步除尘，烟气中的含尘浓度降低至 80 mg/m³。

实际运行时在烟道中设置该装置，该装置由 2 个凝并组叠加而成，每个凝并组由两排电极和两排文丘里棒交错设置组成，其中两排电极中前排电极带负电，接高压电源负极，后排电极带正电，接高压电源正极。与电极相连的高压电源为两组直流电源，电压范围在 20～100 kV；一组电源负极与前排电极相连，另一组电源正极与后排电极相连。两排电极和文丘里棒垂直设置在烟道中，并与烟气流动方向垂直，以便烟气绕着电极和文丘里棒流动。其中，电极为光滑圆形线；电极距离文丘里棒的中心 100 mm。文丘里棒为金属椭圆柱体，外部喷涂一层耐热绝缘层或进行搪瓷处理，并通过同性电荷排斥及"反电晕"效应，减少粉尘的沉积，增强凝并作用。两排文丘里棒内部的金属椭圆柱体与地线相连，两排文丘里棒中心线的间距为 100 mm；单排中文丘里棒的横向间隙为 20 mm；单个文丘里棒短轴为 20 mm，长轴为短轴的 1.0 倍，高度为 1 m。电极和文丘里棒设置在布袋除尘器、静电除尘器或电袋复合除尘器之前的烟道段内。

采用该装置促进有色金属冶炼烟气中细微铅尘团聚及汞氧化的方法，包括以下步骤：第一步，在烟道中设置上述装置；第二步，将经过降温处理后的冶炼烟气（该烟气温度为 120～250 ℃）通入上述装置中；第三步，当烟气经过前排电极后，部分细颗粒物被荷负电，而当烟气经过后排电极后，部分细颗粒物又会被荷正电，分别带正负电荷的细颗粒物在电荷异性相吸的作用下碰撞团聚；第四步，烟气经由两排文丘里棒之间的缝隙向下游流动，在文丘里棒的扰流作用下增大了气流的混合程度和细颗粒物之间的碰撞团聚机会，同时促进零价汞的氧化；第五步，经过上述 2 个凝并组的作用，细颗粒物经过反复扰流和电荷双重作用团聚，形成更大颗粒物，然后借助后续布袋/静电除尘装置将大颗粒物进行高效去除。通过荷电与文丘里棒扰流双重作用后，布袋除尘器出口的颗粒物质量浓度下降至 15 mg/m³。

该装置的优点在于对烟气中的含铅细颗粒物分别荷负电和正电，通过细颗粒物之间异性相吸的凝并反应形成易被捕集的大颗粒，从而提高了后续除尘器对含铅细颗粒物的捕集效率；设置在烟道中的文丘里棒对烟气流动产生扰流作用，促进了细颗粒物之间的碰撞团聚，从而提高了含铅细颗粒物的捕集效率（图 4.27）。该装置还适用于垃圾焚

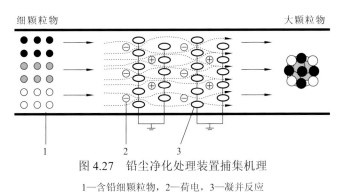

图 4.27　铅尘净化处理装置捕集机理

1—含铅细颗粒物，2—荷电，3—凝并反应

烧炉、金属冶炼、水泥生产等行业的烟气细颗粒物、重金属和可凝结性物质的协同排放控制。

各再生铅生产企业在使用转炉进行铅物料冶炼的过程中，由于加料时需要打开转炉的进料口，铅烟会从进料口溢出；同时放出的粗铅一般也是露天放置，自然冷却，也会有大量铅烟、铅尘进入工作环境，而现有技术中缺乏有效的收集处理装置，这样就导致大量的铅释放到环境中，危害环境。

基于此，有学者提出旋转炉除尘装置，该装置的实际应用示例如图4.28所示，除尘装置主要包括铅烟铅尘烟道、主烟道，放铅锅吸尘罩和转炉吸尘罩，此外还包括相应的转炉（再生铅转炉）、放铅锅、出铅口。上述各部分的连接关系为：再生铅转炉的炉体整体处于转炉吸尘罩中，放铅锅和出铅口在同一条中心轴线上，放铅锅的正上方为铅烟铅尘烟道；铅烟铅尘烟道的两端分别与放铅锅吸尘罩和主烟道相连接，转炉吸尘罩直接与主烟道相连接。放铅锅吸尘罩的长度根据放铅锅的数量来确定，以保证放铅锅中的粗铅在冷却过程中不再有烟气在露天环境中扩散。转炉吸尘罩的上方呈梯形，四周为矩形，全方位罩住转炉。另外，放铅锅吸尘罩和转炉吸尘罩的材料均为厚钢板，厚度为5 mm。且在主烟道的后方还设有引风机。基于上述的除尘装置结构，在转炉进行持续冶炼时，开启位于主烟道后的引风机，转炉吸尘罩保证铅烟气的吸收，打开进料口，进行自动连续加料的同时，打开出铅口放出粗铅，待放铅锅放满后，进入放铅锅吸尘罩，冷却后送入仓库，整个过程中产生的烟尘烟气通过铅烟铅尘烟道，最后并入主烟道。

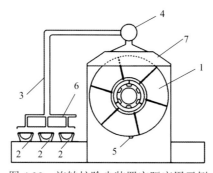

图4.28　旋转炉除尘装置实际应用示例

1—再生铅转炉，2—放铅锅，3—铅烟铅尘烟道，4—主烟道，5—出铅口，6—放铅锅吸尘罩，7—转炉吸尘罩

4.5.3　砷的控制及应用

砷是当前环境中使人致癌的最普遍、危害性最大的物质之一。人为活动因素占大气总砷负荷的60%~75%。其中，金属冶炼占35%~65%，煤燃烧占11%~30%，垃圾焚烧占0.5%~15%。我国有色金属冶炼固体废物产生量巨大，仅2016年全国有色冶炼废物产生量就达390万t，其中，79.6%产生于云南、内蒙古、甘肃、湖南、青海等省（自治区）。冶金生产从矿山开采、金属冶炼到加工制造，都有废水、废气、废渣的产生。这些有色冶炼废物主要来源于铜、铅、锌和铝的火法、湿法及再生冶炼。这类危险废物通常重金属含量较高，被随意倾倒或不规范处置极易造成二次污染，威胁生态环境和人类健康。另外，有色冶炼工艺复杂、化学反应和副反应多，产生的固体废物种类繁多，污

染特性复杂。这类废物还包括污控措施废物和其他非特定过程产生的废物等。2016 年，HW48 有色金属采选和冶炼废物占当年危险废物产生总量的 9.8%。这类危险废物的日常识别和监管难度较大。资源和危险废物的双重属性使得有色冶炼危险废物受关注度极高。近些年，随着我国有色冶炼行业的快速发展和国家对此类危险废物管控的高度重视，有色冶炼危险废物管理中不断暴露出废物产生节点识别困难、废物指向不明确、污染特性不清晰等问题，进而导致管理误判。作者基于我国铜、铅和锌的主流冶炼工艺，全面梳理《国家危险废物名录（2021 年版）》中规定的铜、铅和锌冶炼过程中危险废物的产生节点和特定工艺产生的废物种类，明确废物指向，以期为我国有色冶炼危险废物管理提供参考。

目前国内外高品位精矿供应量减少，精矿资源匮乏、价格上涨。为了降低生产成本，国内外各大冶炼企业对价格较低的低品位高砷精矿的需求量增大。一般情况下，精矿含 As>0.5% 即为高砷矿，国外铜精矿含 As>0.2% 就是高砷矿，高砷矿冶炼时必须采用合理的方法处理含 As 烟气并回收含 As_2O_3 烟尘。

1. 原矿预处理

铜精矿中的砷不仅影响冶炼产品的质量，还会给制酸、烟尘处理、废渣堆放、萃取、电解等工序造成一系列工艺问题和环境问题。冶炼厂一般要求铜精矿中砷质量分数不超过 0.5%。目前，国内外对铜精矿中砷的治理方法主要有两大类。一是在铜冶炼阶段除砷，火法冶炼时，砷主要进入收尘系统，部分进入废渣和冰铜中。二是在冶炼之前进行预处理除砷，可以在铜选矿时浮选除砷；也可以采用湿法工艺对含砷铜精矿预处理除砷，如焙烧、细菌浸出、常压（高压）碱浸、酸浸等。

1）生物冶金技术

目前，矿产资源日渐贫杂，资源、能源、环境问题越发引起人们重视。传统的冶金工艺适用于品位较高的矿物资源，且资源利用率低、能源消耗大、环境污染严重，故几十年来人们一直在寻求更为合理、有效、清洁的资源利用途径。根据美国国家研究委员会 2001 年的研究报告，在未来 20 年，美国矿业最重要的革新将是采用湿法冶金工艺取代有色行业传统的熔炼工艺。而原矿浸出技术有望在湿法冶金工艺中充当越来越重要的角色，原因在于该技术具有如下特点：低成本、低能耗、低药剂消耗量、低劳动力需求、工艺流程短、设备简单；资金消耗少资源利用广，能使更多不同种类及低品位矿物得到有效、经济的利用；无废气，一定程度上可认为无废物、废水排放，可改善环境；增加生产安全性，简化了整个工艺过程。

很早以前，人们便在采矿废石堆及煤矿堆的矿坑水中发现有金属及酸的存在。利用酸性矿坑水从硫化矿中浸出铜的经验性生产早在菲尼基及罗马时代就有发现。之后，16 世纪 Welsh 在安格尔西岛、18 世纪 Rio Tinto 在西班牙曾用有细菌存在的酸性水进行硫化矿的生物浸出，1922 年 Rudolf 用自养菌浸出硫化铁及硫化锌，但直到 20 世纪四五十年代，Brynet、Kelly 及其同事的研究才使人们开始全面认识细菌的作用。接着，较大规模微生物提取金属的研究及应用开始展开，除对铜、铀矿物生物浸出工艺的研究外，对镍、钴、锌的细菌浸出，高砷金矿的预氧化，以及浸矿的原理进行了研究。

细菌冶金（生物冶金）技术对环境友好，资源利用率高，近年来，在国外该技术的研究与应用已成为矿冶领域热点，堆浸在铜、金等金属的提取上获得工业应用。如表 4.28 所示，自 1980 年以来，智利、美国、澳大利亚、秘鲁、缅甸等国相继建成大规模铜矿物堆浸厂，在金的提取方面，南非、巴西、澳大利亚等国细菌氧化提金技术已得到工业应用。对锌、镍、钴、铀等金属的生物提取技术也得到研究。例如 2000 年纽蒙特矿业公司在美国内华达州采用生物堆浸浸出黄金，提高黄金回收率的同时保护了当地环境。

表 4.28 国外部分铜矿物细菌堆浸厂

堆浸厂/所在地	规模/(kt/d)	矿石 Cu 品位/%	生产时间
Lo Aguirr/智利	16	1.5	1980～1996 年
Mt.Leyshon/澳大利亚	1.37	0.15	1992～1995 年
Cerro Colorado/智利	16	1.4	1993 年至今
Girilambone/澳大利亚	2	3	1993 年至今
Ivan/智利	1.5	2.1	1994 年至今
Quebrada Blanca/智利	18	1.5	1994 年至今
Andacollo/智利	8～12	0.73～0.98	1996 年至今
Dos Amigo/智利	3	2.5	1996 年至今
Zaldivar/智利	约 45	1	1998 年至今
Cerro Verde/秘鲁	32	0.7	1996 年至今
S&K Copper Project/缅甸	18	0.5	1998 年至今
Equatorial Tonopah/美国内华达州	24.5	0.34	2000 年至今
Morenci/美国亚利桑那州	75	0.65	2000 年至今
Nifty/澳大利亚	6.6	1.3	2002 年至今（筹建）

我国西部具有丰富的铜、镍、锌等资源，采用生物技术提取铜及其他金属，合理利用资源是十分必要的。我国从 20 世纪六七十年代就开始进行生物冶金方面的研究，目前已广泛用于从低品位复杂矿和硫化矿中提取有价金属，取得了一定的成绩，并且有了产业化的应用。在国内，微生物浸矿的研究最早始于中国科学院微生物研究所对铜官山铜矿的试验研究，后因种种原因而一度停止。八九十年代，中南大学、北京有色金属研究总院、中国科学院微生物研究所、中国科学院化工冶金研究所、东北大学、内蒙古大学、沈阳黄金研究所、昆明理工大学、北京矿冶研究总院等单位分别对铜、镍等低品位矿的生物提取及高砷金矿预氧化的理论及工艺进行了广泛研究。90 年代中后期，由中南大学与江西铜业公司等单位合作，在江西铜业公司德兴铜矿建成了我国第一家年产电铜的低品位铜矿生物提取堆浸厂。之后，广东大宝山、福建紫金山相继建成千吨级生物提铜堆浸厂。北京有色金属研究总院与福建紫金山矿业有限公司共同承担和完成国家“十五”攻关项目“生物冶金技术及工程化研究”，在福建紫金山建成了万吨级的生物提铜堆浸厂。

应用于生物冶金的菌种种类繁多，其中嗜酸氧化亚铁硫杆菌（*Acidithiobacillus ferrooxidans*，*A. ferrooxidans*）是生物冶金的模式菌种；嗜酸氧化硫硫杆菌（*Acidithiobacillus thiooxidans*，*A. thiooxidans*）是硫养菌，在硫化矿物的浸出过程中起重要作用，二者是目前应用最为广泛的生物冶金菌种。嗜酸氧化亚铁硫杆菌是一种嗜温微生物，它能够通过氧化亚铁离子形成高铁离子，嗜酸氧化硫硫杆菌在酸性条件下是一种强化剂，可以催化氧化硫化矿物。嗜酸氧化硫硫杆菌能够快速氧化元素硫，也能够快速氧化还原硫化物，但不能利用亚铁离子，因此嗜酸氧化亚铁硫杆菌和嗜酸氧化硫硫杆菌联合浸出能够有效地提高硫化矿的浸出效率。以黄铁矿为例，硫化矿物浸出机理化学反应方程式如下：

$$FeS_2 + 14Fe^{3+} + 8H_2O = 15Fe^{2+} + 2SO_4^{2-} + 16H^+ \qquad (4.59)$$

$$2Fe^{2+} + 1/2O_2 + 2H^+ = 2Fe^{3+} + H_2O \qquad (4.60)$$

$$2FeS_2 + 2Fe^{3+} + 2H^+ = H_2S_4 + 4Fe^{2+} \qquad (4.61)$$

$$H_2S_4 + 2Fe^{3+} = 4S_0 + 2Fe^{2+} + 2H^+ \qquad (4.62)$$

$$S_0 + 3/2O_2 + H_2O = SO_4^{2-} + 2H^+ \qquad (4.63)$$

嗜酸氧化亚铁硫杆菌和嗜酸氧化硫硫杆菌联合浸出高锡多金属硫化矿的研究表明，对锡矿脱硫浸出周期较短，在 18 d 内对锡矿的硫脱除率达到 97%，同时硫砷含量<4%。对黄铁矿使用生物预处理—氰化提金试验中发现，直接氰化回收率不足 5%，而采用细菌氧化—氰化提金工艺，在不同的细菌预处理条件下，砷的溶出率显著提升。pH 条件试验结果及氧化时间条件结果分别见表 4.29 和表 4.30。

表 4.29　pH 条件试验结果

pH	氰化渣率/%	渣金品位/(g/t)	氰化钠用量/(kg/t)	铁沉淀率/%	砷溶出率/%	硫氧化率/%	金浸出率/%
1.5	90.71	1.06	47.15	75.23	22.16	89.52	85.15
1.6	90.16	0.62	47.90	75.33	21.19	96.23	91.30
1.8	88.63	0.72	45.65	78.43	15.58	95.28	89.96
2.0	93.10	2.50	46.82	86.25	14.93	92.16	64.51

表 4.30　氧化时间条件结果

反应时间/d	氰化渣率/%	渣金品位/(g/t)	氰化钠用量/(kg/t)	砷溶出率/%	硫氧化率/%	金浸出率/%
2	89.37	2.56	57.76	23.32	86.76	66.78
3	87.27	1.08	54.34	31.16	86.47	86.88
4	88.80	0.55	57.61	33.22	92.11	92.88
5	86.53	0.47	60.12	34.27	97.96	93.94
6	85.04	0.46	60.23	32.16	98.45	94.23
7	70.26	0.34	59.55	33.63	97.99	96.34
8	86.18	0.35	59.80	27.65	98.46	95.26
9	87.06	0.47	59.68	29.77	99.36	93.54
10	86.42	0.40	58.58	24.22	96.76	94.57

　　生物浸铜是一个复杂的过程，化学氧化、生物氧化与原电池反应同时发生，可认为微生物的作用是一种氧化剂，一般认为硫化矿细菌浸出有直接作用与间接作用两种机理。路殿坤等（2002）对中条山低品位次生硫化铜矿的细菌浸出进行了研究，认为细菌浸铜主要以间接机理进行。何良菊等（2002）对硫化铜矿细菌氧化机理和地下溶浸的特点进

行了研究。目前，硫化铜的细菌浸出已在工业上广泛应用。生物浸出过程包括微生物催化氧化铁硫化物（如黄铁矿），释放出 Fe^{2+}，并进一步将 Fe^{2+} 催化氧化为 Fe^{3+}，Fe^{3+} 是强氧化剂，可以将铜硫化物氧化，使铜以硫酸盐形式进入溶液，微生物还可以催化氧化硫化铜矿，氧化过程中表面生成元素硫。最后通过萃取、电积工序生产电积铜。以合成硫化铜为对象，进行细菌浸出研究。

2）碱性硫化钠浸出技术

（1）金精矿硫化钠浸出技术

难处理金精矿含有一定量的锑、砷、硫等，对后续的氰化提金工序有害，工业上通常采用氧化焙烧或者湿法氧压浸出等预处理方法脱除锑、砷、硫有害物质。针对含锑金精矿用湿法工艺脱锑，使锑金分离，随后进行氰化浸出回收金，分别获得锑与金的产品。湿法脱锑具有适用性强、产品灵活、环境污染小等优点，主要包括酸法脱锑和碱法脱锑。碱法脱锑作为一种成熟的脱锑方法，常被用于处理锑金矿。陕西省某冶炼厂对金精矿经过选矿后得到含锑 8%~10% 的金锑矿，由于锑品位较低，不能作为火法炼锑的原料，采用湿法脱锑-浸液电积回收锑。在生产现场浸锑条件、生产流程和设备考察的基础上，分析了锑浸出率较低及阴极锑产品纯度低的原因，对现有的硫化钠碱浸脱锑条件进行了优化，使锑浸出率和阴极锑产品纯度有了明显的提高。

处理含锑金矿工艺流程主要包括：浮选调浆上料；进行一次粗选，两次扫选，两次精选富集锑精矿；浮选尾矿浓密机浓缩进入直接氰化提金工序；浮选锑精矿经板框压滤后进行碱浸脱锑；脱锑矿浆经一次板框压滤；滤饼皮带运输至浆化洗涤工序；矿浆经板框两次压滤；压滤后的脱锑精矿配矿进行两段焙烧-氰化提金；含锑贵液进入无隔膜电沉积锑。工艺流程见图 4.29。

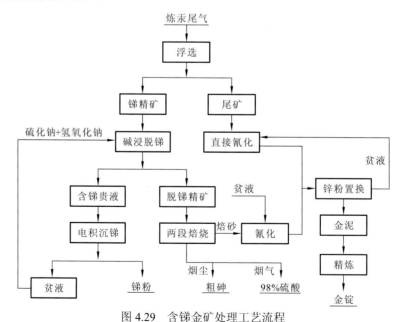

图 4.29　含锑金矿处理工艺流程

由表 4.31 可知，原矿中主要元素为金、硫、锑和砷。工艺矿物学分析表明，含锑金矿中金矿物主要为自然金，银矿物为碲银矿、自然银和辉银矿，金属矿物主要为辉锑矿、黄铁矿和毒砂，脉石矿物主要为石英、白云石和方解石。该锑金矿通过一次粗选、两次扫选、两次精选富集后的锑精矿，其中金、锑、砷及硫质量分数分别为 75.5 g/t、9.83%、9.27%、22.36%。将浮选精矿取样缩分后置于 95 ℃烘箱烘干，用于后续浸锑实验。

表 4.31　锑金精矿中的主要元素组分质量分数　（除 Au、Ag 外，单位：%）

组分	质量分数	组分	质量分数
Au/(g/t)	48.1	Fe	11.98
Ag/(g/t)	21.96	C	1.51
Sb	3.79	Zn	0.15
As	4.2	SiO$_2$	37.44
S	12.34	Al$_2$O$_3$	3.42
Cu	0.12	CaO	2.63
Pb	0.07	MgO	0.71

辉锑矿在含锑金精矿中主要以 Sb$_2$S$_3$ 形态存在，含有少量的锑华，以及铅锡、砷铋等硫化物，硫化钠碱浸 Sb$_2$S$_3$ 反应如下：

$$Sb_2S_3 + 3Na_2S = 2Na_3SbS_3 \tag{4.64}$$

$$Sb_2O_3 + 6Na_2S + 3H_2O = 2Na_3SbS_3 + 6NaOH \tag{4.65}$$

当硫化钠用量不足时，氢氧化钠也可溶解 Sb$_2$S$_3$，反应如下：

$$Sb_2S_3 + 6NaOH = 3Na_2S + 2H_3SbO_3 \tag{4.66}$$

为了抑制硫化钠的水解，添加一定量的氢氧化钠。由于体系是一个有液、固两相都参加的多相反应，浸出体系中所含的锑、硫、钠、砷等杂质组分在水中可形成多种复杂的配合离子。因此，所得浸出液成分较为复杂。

（2）铜精矿浸出除砷技术

砷是熔炼铜矿时的有害成分，对含砷较多的铜矿，希望在冶炼前尽可能把它除去。国内外对含砷的复合硫化铜矿进行了各种除砷研究。如表 4.32 所示，铜精矿含铜、金、银、锌等矿物，砷质量分数较高，达到 4.56%。工艺矿物学研究结果表明：铜精矿中金属矿物约占 86%，脉石矿物含量不高；金属矿物以硫化铜矿物为主，其次是闪锌矿、黄铁矿，含少量方铅矿；砷主要以硫砷铜矿形式存在；所有矿物的单体解离度均较高，不低于 90%；脉石矿物以石英和碳酸盐矿物为主，黏土矿物绢云母等含量较低。

表 4.32　铜精矿主要元素质量分数　（单位：%）

元素	质量分数	元素	质量分数
Au	5.71×10^{-3}	总 S	35.76
Ag	0.05	Pb	9.99
Cu	15.49	Fe	19.49
As	4.56		

有学者对以砷黝铜矿形态存在的高砷铜矿进行了除砷研究，该实验采用的含砷铜矿由江西省武山铜矿提供，粒度为 160～200 目，含水量为 70%，该铜矿主要成分和矿物

组成如表 4.33 和表 4.34 所示。表 4.33 和表 4.34 中 I 为辽宁省冶金研究所分析结果，II 为我们的分析结果。

表 4.33　原料的矿物组成　（单位：%）

编号	辉铜矿	砷黝铜矿	铜蓝	斑铜矿	黄铜矿	黄铁矿	闪锌矿	方铅矿	脉石
I	11.51	18.57	8.09	—	1.23	51.47	—	—	9.12

表 4.34　原料矿的化学分析　（单位：%）

编号	Cu	Fe	S	As	Sb	Pb	Zn	SiO_2	CaO	MgO	Al_2O_3
I	23.50	25.43	34.85	2.96	0.123	0.80	0.26	5.20	<0.16	<0.1	1.96
II	23.80	25.13	38.46	2.80	—	—	—	—	—	—	—

实际浸出过程较为复杂，主要的浸出反应见表 4.35，其中所产生的 Na_3AsS_4 经过冷却结晶，晶体与生石灰在 800 ℃焙烧 1 h，可转变为极难溶解的结晶态砷酸钙。母液 $Na_2S+NaOH$ 可返回浸出工序，如图 4.30 所示。

表 4.35　硫化物浸出反应的等温等压位

反应式	$\Delta Z_{298}/kcal$
$As_2S_3 + Na_2S = 2NaAsS_2$	−31.84
$As_2S_3 + 2Na_2S = NaAsS_2 + Na_3AsS_3$	−17.65
$As_2S_3 + 3Na_2S = 2Na_3AsS_3$	−3.50
$As_2S_3 + 2NaOH = NaAsS_2 + NaAsS(OH)_2$	−2.52
$As_2S_5 + 3Na_2S = 2Na_3AsS_4$	−115.82
$As_2S_5 + 8NaOH = Na_3AsS_4 + Na_3AsO_4 + Na_2S + 4H_2O$	−58.53

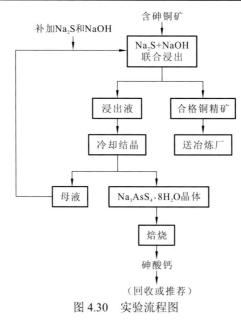

图 4.30　实验流程图

砷黝铜矿用 $Na_2S+NaOH$ 联合浸出脱砷，简便易行，浸出液可以使砷的浸出率大于 90%，并且不受铜矿含砷量高低的限制，含砷量高时可适当提高 $Na_2S+NaOH$ 浓度，以达到除砷的目的。

2. 烟气除砷技术及应用案例

目前烟气中砷的去除（回收）代表技术分为干法和湿法，干法技术是通过冷却的方式将砷从烟气中分离并收集，其中骤冷收砷技术采用急冷方式使烟气温度迅速通过玻璃砷温度区间，解决了采用传统冷却烟道缓冷造成的玻璃砷黏结问题。湿法技术则用于处理含砷烟灰或含砷污酸污水，可提取高纯度的 As_2O_3，但投资远大于骤冷收砷技术。

1）骤冷收砷技术

（1）骤冷收砷技术原理

骤冷收砷技术早期用于黄金冶炼项目含砷烟气的处理，现已应用于铜、铅冶炼含砷烟气的处理，烟气中的 As 以 As_2O_3 烟尘形态回收，降低了污酸处理系统的负荷，实现危废渣减量化。含砷精矿在炉窑内的砷化学反应如下：

$$4FeAsS = 4FeS + As_4(g) \tag{4.67}$$

$$As_4 + 3O_2 = As_4O_6(g) \tag{4.68}$$

$$4FeAsS + 10O_2 = As_4O_6(g) + 2Fe_2O_3 + 4SO_2 \tag{4.69}$$

$$2As_2S_3 + 9O_2 = 6SO_2 + As_4O_6(g) \tag{4.70}$$

烟气经余热回收及收尘系统净化后，所含 99%以上的固态烟尘被收集，并采用蒸发冷却器内骤冷的方式，将烟气温度在 2～4 s 内由 350℃降至 120℃，烟气中气态 As_4O_6 冷凝为固态烟尘饱和析出（As_4O_6 为 As_2O_3 的二聚体）。As_2O_3 的饱和浓度见表 4.36。

表 4.36 不同温度下气体中 As_2O_3 的饱和浓度

温度/℃	饱和浓度/(g/m³)	温度/℃	饱和浓度/(g/m³)
50	8 840	150	0.35
380	3 210	120	0.023
280	490	100	0.005 8
180	2.09		

理论上，烟气温度降至 120℃以下后，其中 95%以上的 As_2O_3 饱和析出，由后续的布袋收砷器收集，As_2O_3 综合捕集效率可达 99%以上。

（2）骤冷收砷技术的工艺流程

骤冷收砷技术（图 4.31）已应用于二段焙烧脱硫除砷的黄金冶炼项目中，焙烧炉工况稳定，有利于收砷系统稳定运行。在铜、铅等有色金属冶炼中，其工艺过程决定了烟气量、温度等会有一定的波动，在这种条件下，收砷系统运行会出现一些问题。且固态 As_2O_3 的形成温度通常与烟气露点相近，甚至低于烟气露点，过程中无法达到烟气温度高于露点温度 30℃的要求，导致设备腐蚀。

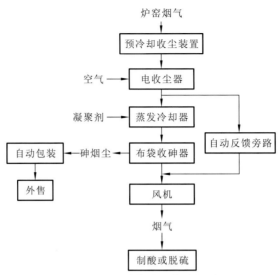

图 4.31　骤冷收砷工艺流程图

表 4.37 所示为已完成的采用骤冷收砷工艺工程项目的概况。初期项目运行情况不稳定，出现结露、腐蚀、砷尘黏结现象，对设备造成损害，也影响了冶炼生产。通过技术升级完善，后续铜冶炼项目中取得了良好效果。

表 4.37　采用骤冷收砷工艺工程项目概况

项目	投产时间	使用效果	烟气含砷/(kg/h)	电收尘器/m²	布袋收砷器/m²	蒸发冷却器/m³	喷水量/(m³/h)	压缩气控制	水流量控制
山东某一期铜冶炼项目	2009 年	较差	约 600	60	2 800	150	4.6	恒压	比例调节阀
山东某二期铜冶炼项目	2011 年	一般	约 700	60	4 000	233	5	恒压	变频调速
云南某铜冶炼项目	2012 年	较好	约 300	80	4 000	315	7.7	恒流	阀站调节

中国恩菲工程技术有限公司以某铜冶炼项目为依托，开展研发工作，以突破技术瓶颈，提升骤冷收砷技术的可靠性。在铜熔炼过程中，精矿中的固态砷多数以气态 As_2O_3 的形式进入烟气，剩余的砷进入冰铜和渣。从顶吹熔炼炉出来的工艺烟气温度约为 1 100 ℃，经余热锅炉降温至 360 ℃后进入高温电收尘器进行收尘。

来自电收尘器出口的烟气经蒸发冷却器骤冷降温，温度在很短时间内降至 120 ℃，气态砷冷凝为固态砷烟尘，随后进入布袋收砷器被捕集，收尘效率可达 99%。蒸发冷却器入口设置烟气旁路，在调试和非正常状况时使用，并参照温度、压力等参数设定值连锁动作。主要设备见表 4.38。

表 4.38　主要设备一览表

序号	设备名称	数量/台	规格性能
1	高温电收尘器	1	80 m² 单室四电场
2	布袋收砷器	1	过滤面积＝4 100 m²
3	蒸发冷却器	1	有效容积＝315 m³

序号	设备名称	数量/台	规格性能
4	高温防腐风机	2	处理风量=220 000 m³/h，压力=5 000~6 500 Pa
5	螺旋包装机	1	25~50 kg/袋
6	自动反馈旁路	2	DN2000

高温电收尘器用于捕捉含 Cu、Pb、Zn 等有价金属烟尘，不仅提高收尘效率，还可提高所收集 As$_2$O$_3$ 烟尘的纯度。电收尘器性能参数见表 4.39。

表 4.39 电收尘器性能参数

序号	项目	参数
1	型号	80 m² 单室四电场卧式，C480 阳极板
2	外形尺寸	电场有效长度 11.5 m
3	烟气流速	0.6 m/s，停留时间 17.2 s
4	振打形式	底部、侧部机械振打
5	供电	硅整流变压器，72 kV/800 mA

蒸发冷却器的作用是将烟气在短时间内降至 120~170 ℃，避开玻璃态砷的生成温度区间（175~250 ℃）。烟气在蒸发冷却器内停留时间应保证液滴完全蒸发；喷枪布置合理，喷淋覆盖面积均匀，不能喷淋至塔内壁。蒸发用冷却水与压缩空气在喷嘴处混合雾化后，产生的液滴平均直径为 50~150 μm。采用双流体雾化喷嘴，内管进水，外环通入雾化压缩空气，在出口混合后带压喷出。双流体雾化喷枪外形见图 4.32。

图 4.32 双流体雾化喷枪

蒸发冷却器内喷入水的雾化效果至关重要，在传热过程中，雾化的液滴一般是越细越有利，效果越好。理论上，粒径 100~150 μm 的水滴蒸发时间为 1.5~3.3 s。但考虑塔内的蒸发过程复杂，为了保证烟气在塔内有足够的反应时间，实际取值应有富余。布袋收砷器用于收集冷凝为固态的 As$_2$O$_3$ 烟尘。由于雾化水形成蒸汽，烟气中含水量升高，露点提高。布袋收砷器应考虑防腐，滤料应考虑抗酸、抗结露等。

试验过程中，系统有正常工况和事故工况两种状况。正常生产时熔炼炉持续投料，烟气中 SO$_2$>5%，收尘尾气送制酸。事故工况指加料量<6 t/h 的工作状况，烟气中 SO$_2$<3%，收尘尾气送脱硫处理。

（3）骤冷收砷技术的实测参数

系统运行时的物料成分及实测工况参数见表 4.40 和表 4.41。由监测数据可见，精矿含砷量较低，但处于收砷范围内。精矿含 As 0.17%～0.8%，脱砷率已达到上述值。

表 4.40　物料成分

项目	SiO₂	CaO	Zn	As	Pb	S	Cu
精矿	8.65	0.24	0.4	0.53	0.065	28.9	24.56
炉渣	0.752	6.3	0.58	0.048	0.045	0.655	0.75
冰铜	0.032	0.003	0.45	0.001	0.045	17.2	58.2
酸滤饼	H₂O: 46.8		3.15	0.046	4.46	0.37	

表 4.41　实测工况参数

工况	投精矿量/(t/h)	烟气量/(m³/h)	烟气温度/℃
正常工况	60～70	65 000	355
事故工况	0～5	20 000	280

在运行过程中，高效电收尘器运行正常，表 4.42 所示为电收尘器各个电场烟灰成分。

表 4.42　电收尘器烟灰成分

项目	Cu	S	SiO₂	CaO	Zn	Pb	As
余热锅炉	13.37	4.63	5.87	1.1	5.75	3.27	1.53
I 电场	10.84	6.07	14.93	0.95	11.29	3.54	1.15
II 电场	5.68	5.22	23.29	1.58	11.85	3.71	1.50
III 电场	4.57	7.67	14.85	0.96	12.19	4.02	2.03
IV 电场	3.40	8.60	12.03	0.772	12.17	3.53	2.48

由表 4.42 可知，余热锅炉烟灰含 Cu 量最高，绝对量大，电收尘器烟灰中 Cu、As 元素的分布符合规律。

本试验蒸发冷却系统采用恒流操作，即保持雾化用压缩空气的流量不变，根据设定温度进行水量调节，调节参数关系曲线见图 4.33。随着喷入水量的增大，喷嘴出口的压力增大，但液滴直径基本不变。恒流操作的优点是适用于工况波动较大的情况，并且在水量要求较大时，压缩空气量较为节省。控制系统采用阀站调节，给水调节阀与蒸发冷

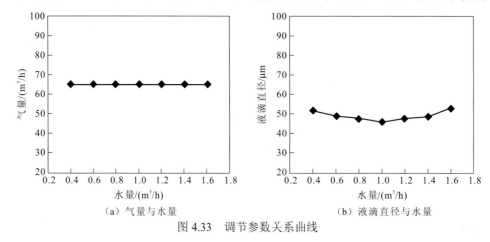

（a）气量与水量　　　　　（b）液滴直径与水量
图 4.33　调节参数关系曲线

却器出口温度连锁动作。正常工况下蒸发冷却效果较为理想，可控制出口烟气温度在设定值±5℃的范围内，设备内干燥；在事故工况下，虽然冷却塔入口温度较高，仍会出现淌水现象。造成该现象的主要原因之一是工况过渡时过量喷水，瞬时喷水量可达正常值 1.5 倍以上；另一原因是保温烟气量小，导致塔内气速降低，传热推动力减小，烟气和蒸发水接触后传热不充分，未蒸发的雾滴与塔壁接触后汇聚排出。经过局部修改和调试后，正常生产时可保持接触面干燥，满足设计要求。

2）湿法除砷技术

湿法除砷技术是针对冶炼烟气的制酸阶段，冶炼烟气制酸装置是冶炼装置附属的生产系统，其装置规模与冶炼金属种类及其生产能力相匹配。目前大型冶炼烟气制酸装置净化主要有以下几种工艺流程。

（1）空塔—填料塔—间冷器—电除雾器，如贵溪冶炼一期、韶关冶炼二期、葫芦岛有色、西北铅锌冶炼、金川集团 III 系统。

（2）空塔—填料塔—电除雾器，从填料塔出来的稀酸用稀酸板式换热器冷却，如云南铜业 IV 系列、株洲冶炼锌 II 系列。

（3）空塔—填料塔—高效洗涤器—电除雾器，从填料塔出来的稀酸用稀酸板式换热器冷却，如大冶有色 III 系统。

（4）空塔—高效洗涤器填料塔—间冷器—电除雾器，如韶关冶炼一期。

（5）一级动力波（高效洗涤器）—填料塔—二级动力波（高效洗涤器）—电除雾器，从填料塔出来的稀酸用稀酸板式换热器冷却，如金隆铜业、贵溪冶炼二期、大冶有色 IV 系统、株洲冶炼铅系统、云南驰宏。

（6）动力波洗涤器（高效洗涤器）—填料塔—电除雾器，从填料塔出来的稀酸用稀酸板式换热器冷却，如金昌冶炼、金川集团 IV 系统。

经过上述的工艺流程，湿法除尘的空塔、填料塔、动力波洗涤器及电除雾器中烟气中的砷均会被转移至污酸废水中。这些污酸废水中均含有铜、汞、砷、氟等杂质，是目前冶炼厂酸性重金属离子废水的主要来源。

3）污酸废水的处理方法及原理

经过对烟气的湿法洗涤，气相中的砷均转移至液相中，而随之产生的污酸中的砷浓度高、危害性大，同时，污酸中的砷以亚砷酸为主，也较难处理，因此这部分污酸进行脱砷处理尤为重要。目前国内外对含砷废水的处理可以概括为以下几类：化学沉淀法、吸附法、离子交换法、膜分离法、生物法等。

（1）化学沉淀法

目前国内处理污酸废水的化学沉淀法主要有中和沉淀法、硫化-中和法、铁盐-中和法、铁盐-氧化-中和法。对含砷浓度极高的废水，采用硫化钠脱砷，再与冶炼厂内其他废水混合后一并中和处理，对含砷浓度较低的废水一般采用石灰-铁盐共沉淀法。

①中和沉淀法

在污酸中投加碱中和剂，使污酸中重金属离子形成溶解度较小的氢氧化物或碳酸盐沉淀而去除，特点是在去除重金属离子的同时能中和污酸及其混合液。金属氢氧化物溶度积见表 4.43。通常采用碱石灰（CaO）、消石灰（$Ca(OH)_2$）、飞灰（石灰粉，CaO）、白云石（$CaCO_3$、$MgCO_3$）等石灰类中和剂，价格低廉，可去除汞以外的重金属离子，工艺简单，处理成本低。目前污酸中和工艺主要有两段中和法和三段逆流石灰法，投加石灰乳反应时控制好酸度，可使产生的 $CaSO_4$ 质量达到用户要求，可以作为石膏出售。污酸中的氟以氢氟酸形态溶于水中，氢氟酸与石灰乳反应后以氟化钙的形式沉淀下来，从而除去氟。

表 4.43　金属氢氧化物溶度积

金属氢氧化物	K_{sp}	pK_{sp}	金属氢氧化物	K_{sp}	pK_{sp}
$Cd(OH)_2$	2.5×10^{-44}	13.66	$Cu(OH)_2$	2.2×10^{-20}	19.30
$Fe(OH)_3$	4×10^{-38}	37.50	$Fe(OH)_2$	1.0×10^{-15}	15
$Pb(OH)_4$	3.2×10^{-66}	65.49	$Pb(OH)_2$	1.2×10^{-15}	14.93
$Hg(OH)_2$	3.0×10^{-26}	25.30	$Mn(OH)_2$	1.1×10^{-13}	12.9
$Sn(OH)_2$	1.4×10^{-28}	27.85	$Zn(OH)_2$	1.2×10^{-17}	16.92
$Ni(OH)_2$	2.0×10^{-15}	14.70	$Sb(OH)_3$	4×10^{-42}	41.4

中和沉淀法处理含重金属废水是调整、控制 pH 的方法，由于影响因素较多，理论计算得到的值只能作为参考，单一的石灰中和法不能将污酸中砷和汞脱除到国家排放标准，尤其是污酸中存在多种重金属离子的情况下，中和沉淀法更难以使多种重金属脱除到稳定达标，因此一般将中和法与硫化法或铁盐沉淀法联用。

②硫化-中和法

硫化-中和法是利用可溶性硫化物与重金属反应，生成难溶硫化物，将其从污酸中去除。金属硫化物溶度积见表 4.44。硫化渣中砷、镉等含量大大提高，在去除污酸中有毒重金属的同时实现了重金属的资源化。硫化剂包括硫化钠、硫氢化钠、硫化亚铁等。

表 4.44　金属硫化物溶度积

金属硫化物	溶度积 K_{sp}	pK_{sp}	金属硫化物	溶度积 K_{sp}	pK_{sp}
CdS	8.0×10^{-27}	26.10	Cu_2S	2.5×10^{-48}	47.60
HgS	4.0×10^{-53}	52.40	CuS	6.3×10^{-36}	35.20
Hg_2S	1.0×10^{-45}	45.00	ZnS	2.93×10^{-25}	23.80
FeS	6.3×10^{-18}	17.50	PbS	8.0×10^{-28}	27.00
CoS	7.9×10^{-21}	20.40	MnS	2.5×10^{-13}	12.60

硫化-中和法脱除重金属离子的机理如下：

$$Me^{n+} + n/2S^{2-} = MeS_{n/2} \tag{4.71}$$
$$3Na_2S + As_2O_3 + 3H_2O = As_2O_3 + NaOH \tag{4.72}$$
$$2H_3AsO_3 + Ca(OH)_2 = Ca(AsO_2)_2 + 4H_2O \tag{4.73}$$

贵溪冶炼厂采用两步除砷法处理生产中排出的工业废水（屈娜，2009）。先用硫化钠法将硫酸净化工序酸性废水中的砷以硫化砷形式固定，再用石灰-硫酸亚铁混凝沉降法进一步处理硫化之后的废水（图 4.34）。硫化过程中控制 Na_2S 的使用浓度为 13.6%，一次沉降控制 pH 为 7~9，二次沉降的 pH 为 9~11，控制 Fe/As 的摩尔比为 10，凝聚剂（聚丙烯酰胺）的浓度为 0.1%。控制经过硫化后的废水中的砷去除率为 99.7%，出水的

pH、Fe 和 As 的含量均低于国家排放标准。

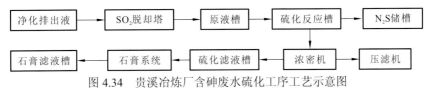

图 4.34　贵溪冶炼厂含砷废水硫化工序工艺示意图

工艺简介：由净化工序产生的废酸先经过脱却塔，由脱却塔风机把溶解于污酸中的 SO_2 气体脱却后送至净化洗涤烟道，污酸作为原液用泵送到 H_2S 硫化反应槽，与加入的 Na_2S 反应，生成 As-S 沉淀，沉淀经溢流至浓密机，经泵送到压滤机进行过滤分离，产生的砷滤饼被送至亚砷酸车间，回收其中的有价金属和砷，滤液送至废水工序处理。

硫化反应的控制核心是氧化还原电位，通过控制氧化还原电位来控制 Na_2S 的添加量，从而达到控制 As 的目的。此控制方法除 As 率高，在处理后的反应液中 As 质量浓度一般 <100 mg/L。

《污水综合排放标准》（GB 8978—1996）限定的砷排放浓度为 0.5 mg/L，在设计选取的工艺指标中，砷离子的总去除率要达到 99%，才能使处理水达标排放。采用简单的石灰乳中和工艺不能保证水质达标排放。贵溪冶炼厂硫酸车间对含砷酸性污水处理均采用了消石灰两段中和加硫酸亚铁盐除砷工艺，经生产实践证明，该工艺是行之有效的，在砷离子达标排放时，其他重金属离子均能达标排放。工艺流程见图 4.35。

图 4.35　贵溪冶炼厂含砷废水中和工序工艺示意图

工艺简介：在中和工序一次中和槽中加入 As 的共沉剂 $FeSO_4$，加消石灰调整 pH 为 7~9 后进入氧化槽，处理液经氧化槽氧化，将其中的 Fe^{2+} 氧化为 Fe^{3+}，As^{3+} 氧化为 As^{5+}，然后进入二次中和槽，在二次中和槽中添加消石灰调整 pH 为 9~11，再加入凝聚剂（聚丙烯酰胺），将沉淀物凝聚成大颗粒后，溢流到中和浓密机，浆液送至真空过滤机过滤，滤饼送至渣场填埋，滤液通过浓密机溜槽进入澄清槽进一步澄清，澄清槽上部清液排放，下部浆液返回到过滤机。

③铁盐-中和法

利用石灰中和污酸并调节 pH，利用砷与铁生成较稳定的砷酸铁化合物，以及氢氧化铁与砷酸铁共同沉淀这一性质将砷除去。铁的氢氧化物具有强大的吸附和絮凝特性，可以用于去除污酸中砷、镉等有害重金属。提高 pH 将污酸的重金属离子以氢氧化物的形式脱除。

$$Fe^{3+}+AsO_3^{3-} = FeAsO_3 \tag{4.74}$$

$$Fe^{3+}+AsO_4^{3-} = FeAsO_4 \tag{4.75}$$

铁离子与砷除生成砷酸铁外，氢氧化铁可作为载体与砷酸根离子和砷酸铁共同沉淀：

$$n_1H_3AsO_4+m_1Fe(OH)_3 = [m_1Fe(OH)_3]\cdot n_1AsO_4^{3-}+3n_1H^+ \tag{4.76}$$

$$n_2FeAsO_4 + m_2Fe(OH)_3 \Longrightarrow [m_2Fe(OH)_3] \cdot n_2FeAsO_4 \qquad (4.77)$$

$FeAsO_4$ 较稳定，但当 pH > 10 时会产生返溶反应，所以一般 pH 控制在 6～9 为宜。返溶反应式如下：

$$FeAsO_4 + 3OH^- \Longrightarrow Fe(OH)_3 + AsO_4^{3-} \qquad (4.78)$$

金隆铜业有限公司炼铜装置是我国"八五"期间自行设计和建造的第一座闪速炉冶炼装置，其烟气制酸过程排出的酸性含砷废水采用石灰-铁盐法处理，生成含砷中和渣。对于这种中和渣，一般的处理方式是堆弃。但考虑中和渣遇酸会浸溶及渣场位置的环境敏感性，该公司采取了围埂筑坝建渣场、渣场底部设多层防浸溶层、设置排水系统等措施，以竭力降低环境风险，获得了很好的效果。

铜冶炼烟气制酸过程酸性废水中的砷大多数以三价形式存在，少数以五价形式存在。该公司采用石灰乳二次中和加硫酸亚铁共沉淀的方法对其进行处理，使砷最终以 $FeAsO_3$、$FeAsO_4$ 的形式进入中和渣中，废水达标排放。废水处理工艺流程见图4.36。

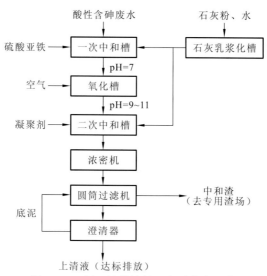

图 4.36 石灰-铁盐法处理含砷废水工艺

中和渣为黄色固态渣，其主要成分见表4.45。

表 4.45 中和渣主要成分 （单位：%）

成分	质量分数	成分	质量分数
H_2SO_4	43～59	Fe	2.98
As	0.2	Ca	13.22
Cu	0.05	F	1.03
Pb	0.01	S	14.35

该公司委托铜陵市环境监测站，按照国家有关标准，对中和渣分别进行了急性毒性、浸出毒性、腐蚀性和放射性鉴定。鉴定结果表明，中和渣没有急性毒性、浸出毒性、腐蚀性和放射性，属一般工业固体废物。对中和渣浸出液的分析结果见表4.46。但是，从前述废酸处理工艺可知，中和渣最终是在碱性条件（pH 为 9～11）下生成的，所以遇到

酸性条件时会发生浸溶，重新析出 AsO_3^{3-} 和 As_2O_3，并且其析出量与环境的酸度呈正相关。所以，该公司的环境影响评价报告明确要求，对中和渣要采取稳妥、慎重的处置措施。

表 4.46　金隆铜业有限公司中和渣浸出液分析结果

项目	浸出液	GB 5085.3—1996	有无超标
pH	6.55	—	无
Cu	0.1	50	无
Pb	0.019	3	无
Zn	0.09	50	无
Cd	0.002	0.3	无
Ni	0.002	—	无
Cr	0.018	10	无
As	0.06	1.5	无

注：GB 5085.3—1996 现已被 GB 5085.3—2007 代替

④铁盐-氧化-中和法

利用 $FeAsO_4$ 比 $FeAsO_3$ 更稳定的性质，通常当废水中的砷质量浓度较高，超过 200 mg/L 甚至达到 1 000 mg/L 以上，且砷在废水中又以三价为主时，通常采用氧化法将三价砷氧化成五价砷，常用的氧化药剂有漂白粉、次氯酸钠，或鼓入空气氧化等方法，再利用铁盐生成砷酸铁共沉淀法除砷。氧化反应分别使 Fe^{2+} 氧化成 Fe^{3+}、As^{3+} 氧化成 As^{5+}，然后生成铁盐共沉淀。

$$4Fe(OH)_2 + O_2 + 2H_2O = 4Fe(OH)_3 \tag{4.79}$$

$$2AsO_3^{3-} + O_2 = 2AsO_4^{3-} \tag{4.80}$$

$$2Fe(OH)_3 + 3As_2O_3 = 2Fe(AsO_2)_3 + 3H_2O \tag{4.81}$$

$$Fe(OH)_3 + H_3AsO_4 = FeAsO_4 + 3H_2O \tag{4.82}$$

江西铜业集团有限公司所产铜精矿中砷含量较高，这些铜精矿进入闪速炉熔炼时，大量的砷、铋等杂质经挥发而富集在闪速炉电收尘（flash furnace electric precipitation，FFEP）烟灰中。这种烟灰直接返回闪速炉，大大增加了闪速炉入炉原料的杂质含量，也使得砷、铋、锑等杂质在系统内不断循环和富集，最终对电铜及硫酸的质量产生影响。2003 年 5 月的统计数据显示，以烟灰形式进入闪速炉的砷、铋量占进入闪速炉砷、铋总量的 50% 以上。因此有必要对 FFEP 烟灰的开路处理和砷的脱除方法进行研究。取自贵溪冶炼厂熔炼车间的 FFEP 烟灰呈深棕色，粉末状；废酸原液则取自硫酸生产车间，烟灰及废酸的化学成分见表 4.47 和表 4.48：

表 4.47　FFEP 烟灰主要成分的质量分数

成分	质量分数/%
H_2O	0.51
Cu	8.88
As	5.49
Fe	15.29

成分	质量分数/%
Zn	1.2
Cd	40.22
Pb	3.87
Bi	0.81
Sb	0.45

表 4.48 废酸原液主要成分的质量分数

成分	质量分数/%
Cu	1.56
As	1.02
Fe	0.94
Zn	0.20
Cd	0.08
Bi	0.70
Sb	0.03
H_2SO_4	148.80

试验流程包括烟灰浸出、浸出液预中和、沉淀砷酸铁、有价金属综合回收 4 部分，工艺流程见图 4.37。

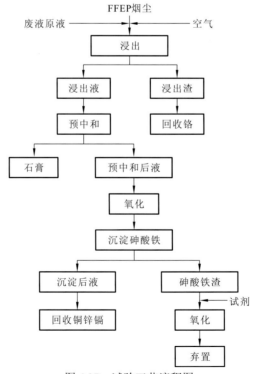

图 4.37 试验工艺流程图

以废酸原液为浸出剂，在普通搅拌装置中进行试验。考察温度、浸出时间及液固体积质量比三因素对浸出率的影响，结果见表 4.49～表 4.51。

表 4.49　温度对浸出率的影响

温度/℃	浸出率/%		
	Cu	As	Fe
室温	75.39	84.05	20.55
60	79.81	86.60	27.93
80	84.03	93.75	29.2
90	83.79	94.88	28.85

注：液固体积质量比为 5:1，浸出时间为 2 h

表 4.50　浸出时间对浸出率的影响

浸出时间/h	浸出率/%		
	Cu	As	Fe
1	78.97	84.07	26.79
2	84.08	92.08	30.18
3	84.79	92.43	31.02

注：液固体积质量比为 5:1，浸出温度为 80℃

表 4.51　液固体积质量比对浸出率的影响

液固体积质量比	浸出率/%		
	Cu	As	Fe
4:1	78.23	90.21	30.25
5:1	83.36	93.08	31.18
6:1	85.05	92.19	33.75

注：浸出时间为 2 h，浸出温度为 80℃

从试验结果可知，在液固体积质量比为 5:1、浸出时间为 2 h 的条件下，升高温度有利于 Cu、As、Fe 的浸出，但当温度高于 80℃时，再提高温度，浸出率则无明显变化。因此浸出温度以 80℃为宜。

浸出液中残酸质量浓度达 130 g/L 左右，要制取砷酸铁必须对其进行预中和脱酸，脱酸后有利于 Fe^{2+} 和 As^{3+} 的进一步氧化。试验用石灰作中和剂，中和产生的沉淀物为石膏，不同中和终点的试验结果见表 4.52。

表 4.52　不同中和终点的金属沉淀率

中和终点残酸质量浓度/(g/L)	主要金属沉淀率/%			石膏中 As 质量分数/%
	Cu	As	Fe	
40	0.23	0.77	1.97	<0.1
30	0.73	1.07	3.61	<0.1
20	1.08	3.97	8.97	0.275

从表 4.52 可看出，要避免浸出液中 As 的分散和 Cu 的损失，中和终点残酸质量浓度以控制在 30 g/L 左右为宜。所产石膏中砷质量分数低于 0.1%，可与硫酸车间废酸原液处理时产出的石膏合并处理。若进一步降低残酸质量浓度，砷及金属沉淀率将迅速提高，导致石膏中 As 质量分数升高。预中和后液中 As^{5+} 和 Fe^{3+} 分别占总 As 和总 Fe 的 85.30% 和 96.62%。

氧化后液中残酸质量浓度为 30 g/L 左右。溶液中 Fe^{3+} 与 As^{5+} 的质量浓度比为 1.6 左右，满足形成砷酸铁的要求。用石灰中和可使 Fe^{3+} 与 As^{5+} 形成砷酸铁沉淀。Cu 存留于溶液中，As 和 Fe 分离。室温下，中和终点 pH 过低会导致溶液中的 As 和 Fe 沉淀不完全，而 pH 过高又会使 Cu 的沉淀率升高。综合各种因素，中和终点 pH 以控制在 2.0～2.4 较为合适。室温下，不同中和终点 pH 条件下的金属沉淀率见表 4.53。

表 4.53　不同中和终点 pH 条件下的金属沉淀率

中和终点 pH	主要金属沉淀率/%		
	Cu	As	Fe
1.6	4.39	51.59	46.12
2.0	5.89	94.63	97.05
2.4	7.23	95.78	97.35
4.0	33.25	97.93	98.25

（2）吸附法

除化学沉淀法以外，吸附法也是一种适合处理含砷、镉废水的有效方法。目前常用的吸附剂主要包括：活性炭、铁氧化物/氢氧化物及植物性吸附材料等。研究和开发具有高吸附容量、价格低廉、环境友好性能的吸附剂一直是该领域研究的热点。

①活性炭

活性炭是一种传统的吸附剂，它具有巨大的比表面积及活性吸附位点，主要包括活性炭颗粒和活性炭纤维等。目前，活性炭吸附的研究主要是将其作为基本吸附载体，通过改性等途径增大其吸附容量。Navarro 等（1996）证明了活性炭能用来吸附溶液中的砷，利用活性炭来净化电解铜后废液，发现废液中砷、锑等杂质被吸附去除，从而获得洁净的电解液。此外，研究报道经过铜浸处理后的活性炭吸附砷的机制及影响因素，以砷酸根或氧化物的形式与负载在活性炭表面的铜结合，最适宜的 pH 为 6。在间歇反应器中砷在锯末炭表面的吸附过程符合朗缪尔等温吸附，最大吸附量在 pH 为 7 时获得。负载有铁离子的颗粒活性炭对饮用水中砷的去除同样有着优异的性能，结果表明，这种新型吸附剂能将大于 50 μg/L 的砷降至 10 μg/L 以下。当溶液中砷浓度低于 300 μg/L，采用纳米氢氧化铁改性的活性炭纤维吸附剂对砷具有高效的吸附性能。Agrafiobi 等（2014）以稻壳和城市固废为生物炭的前驱体，考察了由 Ca 和 Fe 修饰的生物炭在液相中的除 As(V) 和 Cr(VI) 的能力，结果显示经 Fe 修饰的生物炭有较好的除砷效果（除砷率＞95%）。研究表明在 15 min 的接触时间内，纳米氧化铁和结合了 BACI-2017 的纳米氧化铁的最大 As(III) 萃取量分别为 19.47 mg/g 和 99.36 mg/g。

活性炭吸附多被用于去除饮用水中的砷，由于其吸附容量有限，并不适用于砷浓度较高的工业废水。

②铁氧化物/氢氧化物

铁氧化物/氢氧化物是一种新兴的吸附剂，主要包括自然界中各种铁矿石、合成的铁氧化物/氢氧化物、含铁氧化物的材料等。此类型的吸附剂对 As(III)、As(V) 和 Cd 都具有强烈的特征吸附，获得了广泛的关注和研究。

磁铁矿（Fe_3O_4）的颗粒粒径对砷吸附性能有影响，当粒径由 320 nm 降至 12 nm 时，As(III) 和 As(V) 的吸附容量均提高了 200 倍。采用钢铁厂废弃的纳米 Fe_2O_3 粉末作为吸附剂去除含砷废水中的 As^{3+}，表现出良好的吸附性能。Wilkie 等（1996）研究了 As(III) 和 As(V) 在水合氧化铁（hydrated ferric oxide，HFO）上的吸附过程及共存离子 Ca^{2+}、SO_4^{2-} 对吸附过程的影响，结果发现，As(III) 吸附效果随着其在总砷中所占的比例的增大而升高，且与 SO_4^{2-} 存在剧烈的吸附竞争，程度的大小取决于 pH；SO_4^{2-} 对 As(V) 吸附效果的影响较小，在高 pH 时，Ca^{2+} 有利于 As(V) 在 HFO 表面的吸附。颗粒氢氧化铁是一种多孔吸附材料，其对砷的吸附过程被进行了大量的研究。Huang 等（2014）发现在沙砾的表面用 Fe 和 Mn 的氢氧化物修饰，可用来去除砷和磷酸盐，实验结果显示，Fe:Mn（物质的量之比）= 7:3 时，可通过将 As(III) 氧化为 As(V) 更好地去除砷，去除率可达 98%（pH 中性，砷质量浓度 <0.02 mg/L）。Pan 等（2018）研究了在微波辐照下，铁负载的碳化硅（Fe/SiC）体系中 As(III) 催化氧化为 As(V) 及砷（As）的去除。Ding 等（2018）研究了在中性条件下 As 和 Fe 的反应机理，结果表明，在中性条件下，分子氧对 Fe(II) 的氧化可导致 As(III) 的共氧化，Fe(II) 同 As(III) 易形成 Fe(II)-As(III) 络合物，Fe(II)-As(III) 的氧化促进了 H_2O_2 和胶态氢氧化铁的生成，H_2O_2 通过将 Fe(II) 氧化为 Fe(IV) 与 Fe(II)-As(III) 络合物反应，然后引起 As(III) 的部分氧化（约 50%），As(III) 的另一部分被 H_2O_2 氧化，以 Fe(II)-As(III) 络合物的形式发生，是通过从 As(III) 到 H_2O_2 的直接电子转移，而不是通过 Fe(IV)。Zhang 等（2007）研究了 Fe-Mn 双金属氧化物对 As(V) 和 As(III) 的去除效率，饱和容量分别为 0.93 mmol/g 和 1.77 mmol/g。

③植物性吸附材料

近年来，廉价易得的植物性吸附材料，如木质纤维的材料及农作物产品废料等成为研究的热点。这些材料的主要成分为生物大分子，主要是由含有羟基、羧基或酚类的多糖构成，因此，易通过化学改性的方法形成具有特定性质的化合物。

Pehlivan 等（2013a）利用水合氧化铁（HFO）改性甘蔗渣后，形成了一种具有吸附 As(V) 能力的吸附剂，结果表明，该吸附剂在最佳条件下的吸附量高达 22.1 mg/g。Pehlivan 等（2013b）将铁负载在谷壳表面得到一种新的吸附剂并研究了其对水溶液中砷的吸附效果，结果表明，当 pH 为 4.0 时，As(V) 的去除率为 94%。Saqib 等（2013）比较研究了乔松刨花、胡桃木碎壳及豌豆皮这几种廉价吸附剂对砷的吸附效果，结果表明乔松刨花具有吸附水溶液中砷的潜能，胡桃木碎壳稍次之，豌豆皮对砷的吸附效果并不明显。Gutierrez-Muñiz 等（2013）将菠萝树的树冠热解后获得的木炭用纳米铁进行改性，得到一种新的碳吸附剂，能够用来吸附水溶液中的 As(V)。Shafique 等（2012）用西藏长叶松的树叶吸附水溶液中的砷，在 pH 为 4.0 时达到最大吸附量 3.27 mg/g。

（3）离子交换法

离子交换法的本质是一个吸附过程，根据离子在固相表面的吸附能力不同，溶液中的目标离子通过与固相表面的离子进行离子交换后被吸附到固相上而得以去除。该方法具有效率高、反应器容积小等优点，被广泛应用于水体的软化、硝酸盐的去除、矿物离子及其他杂质的去除。

对于饮用水中砷的去除，离子交换法是最佳方法之一。废水通过装有阴离子交换树脂的反应器后，溶解在溶液中的 As(V)（如 $HAsO_4^{2-}$ 和 $H_2AsO_4^-$）通过与 Cl^- 交换后吸附在树脂上而得以有效去除。由于离子交换只能对带电的离子起作用，因此，溶液中不带电的 As(III) 必须经过预氧化后才能用离子交换法来去除。Kim 等（2003）将两个离子交换反应器串联使用来去除溶液中的 As(V)，使 As(V) 质量浓度由 40 μg/L 降至 10 μg/L 以下。Kim 等（2004）研究表明，采用离子交换法除砷时，利用 Ca^{2+} 等离子来结合吸附在树脂上的 SO_4^{2-}，可以延长树脂使用寿命。

（4）膜分离法

在各种饮用水中砷的去除技术中，膜分离法能够使出水中的砷浓度保持在极低的范围内，是以膜两边溶液的压力差为推动力来实现分离的过程。根据操作压力的不同，膜分离法可以分为以下几种：微滤、超滤、纳滤及反渗透等。

Xia 等（2007）研究了砷的种类、pH、共存离子对纳滤去除地下水中砷的影响，结果表明，溶液中 As(V) 几乎被全部去除，而 As(III) 的去除率仅为 5%；砷的去除率随着 pH 的升高而逐渐增大，共存离子影响纳滤对砷的去除。水溶液中 As(V) 的氧化物能有效地被反渗透去除。Walker 等（2008）考察了反渗透对 59 个家庭用水样品中砷的去除效果，结果表明 80.2% 的砷被去除。Akin 等（2011）采用反渗透技术分离溶液中的 As(V) 和 As(III)，考察了膜类型、pH 及操作压力对砷去除的影响，结果表明，As(V) 和 As(III) 获得最大去除率时的 pH 分别为 4.0 和 9.1；与 FilmTec 膜相比，SWHR 膜对砷渗透浓度最低；随着操作压力的增大，两种砷的去除率均升高。

（5）生物法

污酸废水除含有砷等有毒有害重金属外，还含有大量的 SO_4^{2-}。硫酸盐还原细菌在厌氧的状态下，能够将硫酸盐、亚硫酸盐等还原为硫化氢。因此，可以利用细菌还原 SO_4^{2-} 产生的硫化氢来沉淀废水中的砷。

Jong 等（2003）证明在还原性环境中，硫酸盐还原菌（SRB）还原 SO_4^{2-} 产生硫化氢能与砷形成难溶性沉淀物。Hammack 等（1998）利用 SRB 还原 SO_4^{2-} 产生的硫化氢来去除采矿废水中的砷，中试研究结果表明该方法能将砷质量浓度由 8 mg/L 降至 0.03 mg/L。Jackson 等（2013）采用两个连续放置的生物反应器来处理尾矿矿区的渗滤液，研究了砷的去除机制，XRD 结果显示砷在这个过程中转化为 As_2S_3，并且证明 Zn^{2+} 存在时，砷可以形成砷酸锌沉淀而得以去除。Liu 等（2017）利用还原铁细菌嗜酸杆菌 JF-5 和 SRB 生物合成纳米 FeS 包覆的石灰石从溶液中去除 As(V)，在批处理和柱实验中，As(V) 的吸附效率从单独使用石灰石的 6.64 mg/g 提高到使用 FeS 涂层石灰石的 187 mg/g。

4.6　有色金属冶炼烟气重金属防治建议及研究展望

4.6.1　防治建议

有色金属矿物常是多种重金属并存，通过选矿等环节难以有效从源头实现重金属的减排。而其生产过程大多为火法冶炼，重金属在高温下会释放到烟气中，通过生产工艺调整的过程控制手段同样也难以减少烟气重金属的释放。因此，冶炼烟气中的重金属主要依靠除尘、洗涤、脱硫或制酸等常规烟气净化工序得到有效控制。本质上说，有色金属冶炼烟气重金属净化过程是气-固、气-液的介质转移过程。大量的重金属通过吸附、吸收等方法进入废渣和废水中，仍然有待后续的处理，才能真正实现其有效控制。同时由于有色金属冶炼矿物大多为金属硫化矿，其冶炼过程会产生高浓度的硫氧化物。因此，烟气洗涤过程中会产生大量的洗涤污酸。酸性废水与其中的重金属相互制约、难以处理，由此成为有色金属行业的瓶颈问题。此外，很多重金属也是一种资源，如果作为废物进行抛弃，则会导致大量宝贵资源的浪费。因而，在有色金属烟气治理过程中还需要尽可能考虑重金属的回收利用。基于上述分析，对有色金属冶炼烟气重金属的防治可以从如下方面开展。

（1）在烟气净化过程中最好秉持"宁干勿湿"的原则，充分利用吸附方法将烟气中的重金属捕集下来，为后续的回收处置奠定基础。同时，该方法也可以避免先将重金属吸收至废水中然后再吸附处理的冗长工艺，更可以降低洗涤污酸处理的难度。

（2）有色金属冶炼过程属于高温操作，挥发的重金属会在降温过程中凝结成细颗粒物或高度富集在细颗粒物上。由此可能出现尾气中颗粒物排放浓度达标，而其上附着的重金属含量超标的情况。因此，需要进一步提高除尘效率，特别是采用一些凝并的方法，强化对细颗粒物的捕集效果，从而实现颗粒物与重金属同步达标排放的目标。

（3）关注处置后废物中的重金属资源化技术，实现重金属及其化合物的回收利用。

4.6.2　研究展望

未来重金属的防控重点主要包括重金属污染物（铅、汞、镉、铬、砷、铊等），重点行业（有色金属矿采选业、重有色金属冶炼业、铅蓄电池制造业、电镀行业、化学原料及化学制品制造业、皮革鞣制加工业等）和重点区域（依据重金属污染物排放状况、环境质量改善和环境风险防控需求，划定重金属污染防控重点区域）的控制。进一步增强重金属环境管理能力并建立健全重金属污染防控制度和长效机制，全面提升重金属污染治理能力、环境风险防控能力和环境监管能力，全面有效管控重金属环境风险。

在烟气重金属控制技术方面，需要结合有色冶炼烟气硫/尘/重金属等污染物共存且浓度高的特点，着重开发适合高硫环境的吸附技术、细颗粒物凝并技术、多污染物协同控制技术及重金属回收技术，以满足烟气重金属达标排放及资源化的双重目标。

参 考 文 献

曹龙文, 刘祖鹏, 邓文彬, 2012. 大冶有色 700 kt/a 铜冶炼烟气制酸装置的设计及试生产. 硫酸工业(2): 16-21.

柴续斌, 1998. 湿法治理铅烟尘吸收液的选择. 有色金属加工(4): 31-32.

常耀超, 刘大学, 王云, 等, 2011. 含砷、锑难处理金精矿提金工艺研究. 有色金属(冶炼部分) (10): 31-33.

陈锦凤, 2013. CaO/γ-Al$_2$O$_3$ 干法脱除燃煤烟气中砷的实验研究. 华中师范大学学报(自然科学版), 47(4): 519-522.

陈南洋, 2005. 国内有色冶炼低浓度二氧化硫烟气制酸技术的应用与进展. 工程设计与研究(2): 19-24.

陈宁, 姚英杰, 程蓉, 等, 2008. 微生物分解难处理金矿的动力学研究. 有色金属(冶炼部分)(1): 38-41.

陈人仪, 石青, 1978. 国外冶金工业环境污染及其控制技术(上). 环境保护, 6(5): 45-47.

陈人仪, 石青, 1978. 国外冶金工业环境污染及其控制技术(下). 环境保护, 6(6): 41-43.

陈文, 熊琼仙, 庞小峰, 等, 2013. 原子吸收光谱法研究巯基改性膨润土对 Pb^{2+}的吸附解吸. 光谱学与光谱分析(3): 817-821.

陈曜, 刘树军, 吕剑, 等, 2010. 鼓泡吸收塔在铅冶炼尾气处理中脱硫除铅尘的中试试验. 合肥工业大学学报(自然科学版), 33(3): 426-428, 459.

陈志伟, 李文勇, 2018. 中铝东南铜业 1 462 kt/a 铜冶炼烟气制酸系统的简介及思考. 冶金与材料, 38(3): 52-53.

丁松君, 林宝启, 王业光, 1983. 高砷铜矿硫化钠-氢氧化钠浸出脱砷研究. 有色金属(冶炼部分)(4): 24-27.

董博文, 2015. 含砷含碳难处理金矿原矿的生物预处理: 氰化提金试验. 有色金属(冶炼部分) (7): 47-49, 54.

段东平, 周娥, 陈思明, 等, 2012. 高砷硫金精矿提金研究. 有色金属(冶炼部分)(1): 39-41.

冯治宇, 2004. 化学吸收法处理含铅废气工艺的研究. 辽宁工学院学报, 24(1): 35-36, 43.

冯治宇, 冯治祥, 1996. 利用稀醋酸—斜孔板吸收塔处理含铅粉尘的研究. 工业安全与防尘(11): 14, 35.

付志刚, 2015. 钢铁冶金烧结灰中铅的浸取回收和一氧化铅的制备. 长沙: 湘潭大学.

郭持皓, 李云, 王云, 等, 2012. 从难处理含砷金矿中湿法回收砷. 有色金属(冶炼部分)(5): 8-10.

郭翠香, 2008. 碱浸-电解法从含铅废物和贫杂氧化铅矿中提取铅工艺及机理. 上海: 同济大学.

郭欣, 郑楚光, 刘迎晖, 等, 2001. 煤中汞, 砷, 硒赋存形态的研究. 工程热物理学报, 22(6): 763-766.

郭智生, 黄卫华, 2007. 有色冶炼烟气制酸技术的现状及发展趋势. 硫酸工业, 2: 13-21.

何良菊, 王春, 蒋开喜, 2002. 地下溶浸细菌氧化辅助浸出硫化铜矿的研究. 矿冶, 11(2): 35-38, 42.

洪育民, 2003. 贵溪冶炼厂闪速炉电收尘烟灰除砷及综合利用研究. 湿法冶金, 22(4): 208-212.

侯书阳, 张凯华, 王传风, 等, 2023. Fe-Ce-La 复合氧化物在中低温烟气脱砷过程中的协同作用. 中国电机工程学报, 43(2): 640-650.

黄喜寿, 叶凡, 陈志明, 等, 2018. 改性活性炭吸附铅锌冶炼废水中的铅和镍. 大众科技, 20(8): 31-33, 52.

黄中省, 伍赠玲, 邹刚, 等, 2011. 难处理金精矿生物氧化: 氰化炭浆提金试验. 有色金属(冶炼部分)(3):

34-38.

金创石, 张廷安, 曾勇, 等, 2012. 从难处理金精矿氯化浸金溶液中吸附金. 有色金属(冶炼部分)(3): 39-42.

蓝碧波, 2012. 铜精矿湿法除砷试验研究. 湿法冶金, 31(2): 122-124, 132.

李大江, 2011. 含砷金精矿的酸性热压氧化预处理试验. 有色金属(冶炼部分)(8): 28-31.

李明阳, 张丙怀, 阳海彬, 等, 2005. 钢铁厂含锌铅粉尘中锌铅分离的半工业试验. 有色金属(冶炼部分)(6): 7-9, 28.

李庆, 赵强, 张子生, 等, 2005. 铅烟除尘特性研究. 北京理工大学学报, 25(S1): 161-164.

李若贵, 2010. 我国铅锌冶炼工艺现状及发展. 中国有色冶金, 39(6): 13-20.

李树华, 韩至成, 樊培根, 1988. 世界锌冶炼工业现状及加速发展的基本途径. 北方工业大学学报(2): 99-104.

李卫锋, 张晓国, 郭学益, 等, 2010. 我国铅冶炼的技术现状及进展. 中国有色冶金, 39(2): 29-33.

李云, 王云, 袁朝新, 等, 2010. 提高含砷金精矿两段焙烧焙砂中金浸出率的研究. 有色金属(冶炼部分)(6): 33-36.

李云, 王云, 袁朝新, 等, 2011. 难处理复杂金矿循环流态化 焙烧提金技术. 有色金属(冶炼部分)(3): 31-33.

李云, 袁朝新, 王云, 2005. 难处理砷金矿原矿焙烧试验研究. 有色金属(冶炼部分)(2): 21-23.

林锦富, 丘逢杭, 张衍训, 2017. 910 kt/a 冶炼烟气制酸系统挖潜改造及运行实践. 有色金属(冶炼部分), 11: 67-70.

刘晶, 郑楚光, 曾汉才, 等, 2003. 固体吸附剂控制燃煤重金属排放的实验研究. 环境科学, 24(5): 23-27.

刘少武, 2001. 硫酸工作手册. 南京: 东南大学出版社.

路殿坤, 蒋开喜, 王春, 等, 2002. 低品位次生硫化铜矿的细菌浸出研究. 有色金属(冶炼部分)(5): 2-5.

卢欢亮, 王伟, 2005. 改性钙基吸附剂对垃圾焚烧模拟烟气中镉的吸附研究. 环境科学学报, 25(8): 999-1003.

马书妍. 含砷金矿的预处理及多金属回收. 吉林: 吉林大学.

马永鹏, 2014. 有色金属冶炼烟气中汞的排放控制与高效回收技术研究. 上海: 上海交通大学.

闵玉涛, 袁丽, 刘阳生, 2012. 载硫活性炭纤维（ACF/S）吸附脱除模拟焚烧烟气中的铅. 北京大学学报(自然科学版), 48(6): 989-997.

裴冰, 2013. 燃煤电厂烟尘铅排放状况外场实测研究. 环境科学学报, 33(6): 1697-1702.

彭光复, 张学发, 李挡, 1991. 铅冶炼副产物白灰中金银的富集方法: 甘油、碱液浸取除锑铅的研究. 有色金属(冶炼部分)(2): 4, 33-35.

屈娜, 2009. 贵冶硫化中和法除砷工艺探讨. 铜业工程(2): 16-19.

盛强, 韦江宏, 2010. 300 kt/a 铜冶炼烟气制酸装置净化工序生产实践. 硫磷设计与粉体工程, 1: 36-42.

宋敬祥, 2010. 典型炼锌过程的大气汞排放特征研究. 北京: 清华大学

宋亚利, 刘宝, 2018. 国内新建锌冶炼厂工艺应用现状. 化工设计通讯, 44(4): 247-248.

孙伟, 董艳红, 张刚, 2010. 硫化钠在铜铅分离中的应用. 金属矿山(10): 44-47, 56.

索云峰, 2016. 氧气底吹熔炼—底吹煤粉熔融还原炼铅工艺//西宁: 中国有色金属学会第十届学术年会: 133-137.

谭希发, 2012. 难处理金矿的热压氧化预处理技术. 有色金属(冶炼部分)(9): 38-43.

汪凤娇, 吴秀文, 陈树森, 2012. 硅铝介孔分子筛与膨润土复合吸附剂对 Pb(Ⅱ)动态吸附性能的实验研究. 硅酸盐通报, 31(4): 759-765.

王仍坚, 蒋开喜, 王海北, 等, 2012. 合成硫化铜的细菌浸出研究. 有色金属(冶炼部分)(11): 16-18.

王新民, 贺瑞萍, 李昆洋, 2017. 450 kt/a 铜冶炼烟气制酸装置的设计与运行实践. 硫酸工业(6): 8-12.

肖若珀, 1992. 砷的提取、环保和应用方向. 桂林: 广西金属学会: 50-51.

徐洁书, 2009. 高砷硫金矿焙烧烟气中砷的回收. 硫酸工业(4): 28-29.

杨金林, 肖汉新, 罗美秀, 2016. 锌的冶炼方法概述. 金属材料与冶金工程, 44(3): 41-45.

杨松荣, 邱冠周, 胡岳华, 等, 2006. 含砷难处理金矿石生物氧化工艺及应用. 北京: 冶金工业出版社.

于卫国, 2000. 一种新型铅液覆盖法在铅浴炉上的应用. 金属制品, 26(2): 52-53.

袁朝新, 王云, 2003. 含砷、锑、碳难处理金精矿焙烧氰化提金工艺研究. 有色金属(冶炼部分)(3): 32-34.

张大伟, 王云, 靳冉公, 等, 2017. 碱性硫化钠浸出含锑金精矿的试验与工业实践. 有色金属(冶炼部分)(9):1-4.

张淑琴, 童仕唐, 2008. 活性炭对重金属离子铅镉铜的吸附研究. 环境科学与管理, 33(4): 91-94.

张小锋, 姚强, 宋蔷, 等, 2008. 燃烧中吸附剂捕集铅的实验研究. 中国电机工程学报(2): 61-65.

张晓玲, 1992. 铅烟净化处理: 漂白粉净化法. 环境保护(11): 17, 20.

仲兆平, 金保升, 黄亚继, 等, 2005. 管道喷射吸附法净化垃圾焚烧尾气试验研究. 东南大学学报(自然科学版), 35(1): 116-121.

周敬元, 2001. 铅锌冶炼技术现状及发展动向. 中国有色金属(5): 42-45, 47.

朱海波, 梅凡民, 陈敏, 2008. 西安市工业燃煤汞排放清单. 环境保护科学, 34(2): 96-98.

朱兴荣, 张文岐, 2017. 1200kt/a 冶炼烟气制酸系统设计与运行总结. 硫酸工业, 7: 16-19.

祝优珍, 赵由才, 2001. 硫化物沉淀法选择性分离碱性锌溶液中的铅. 上海应用技术学院学报(自然科学版), 1(1): 59-63.

Agrafioti E, Kalderis D, Diamadopoulos E, 2014. Ca and Fe modified biochars as adsorbents of arsenic and chromium in aqueous solutions. Journal of Environmental Management, 146: 444-450.

Akin I, Arslan G, Tor A, et al, 2011. Removal of arsenate[As(V)] and arsenite[As(III)] from water by SWHR and BW-30 reverse osmosis. Desalination, 281: 88-92.

Ali S A, Mazumder M A, 2018. A new resin embedded with chelating motifs of biogenic methionine for the removal of Hg(II) at ppb levels. Journal of Hazardous Materials, 350: 169-179.

Barth B E K, Leusmann E, Harms K, et al., 2013. Towards the installation of transition metal ions on donor ligand decorated tin sulfide clusters.Chemical Communications, 49(59): 6590-6592.

Brierley C L, Brierley J A, 2013. Progress in bioleaching: Part B: Applications of microbial processes by the minerals industries. Applied Microbiology and Biotechnology, 97(17): 7543- 7552.

Cao Y, Chen B, Wu J, et al., 2007. Study of mercury oxidation by a selective catalytic reduction catalyst in a pilot-scale slipstream reactor at a utility boiler burning bituminous coal. Energy & Fuels, 21(1): 145-156.

Chen J C, Wey M Y, Ou W Y, 1999. Capture of heavy metals by sorbents in incineration flue gas. Science of the Total Environment, 228(1): 67-77.

Chen L, Xu H, Xie J, et al., 2019. [SnS$_4$]$^{4-}$ clusters modified MgAl-LDH composites for mercury ions removal from acid wastewater. Environmental Pollution, 247: 146-154.

Chen W M, Pei Y, Huang W J, et al., 2016. Novel effective catalyst for elemental mercury removal from coal-fired flue gas and the mechanism investigation. Environmental Science & Technology, 50(5): 2564-2572.

Cho J H, Eom Y, Jeon S H, et al., 2013. A pilot-scale TiO_2 photocatalytic system for removing gas-phase elemental mercury at Hg-emitting facilities. Journal of Industrial and Engineering Chemistry, 19(1): 144-149.

Cimino S, Scala F, 2016. Removal of elemental mercury by MnO_x catalysts supported on TiO_2 or Al_2O_3. Industrial & Engineering Chemistry Research, 55(18): 5133-5138.

Deveci H, Akcil A, Alp I, 2004. Bioleaching of complex zinc sulphides using mesophilic and thermophilic bacteria: Comparative importance of pH and iron. Hydrometallurgy, 73(3-4): 293-303.

Ding W, Xu J, Chen T, et al., 2018. Co-oxidation of As(III) and Fe(II) by oxygen through complexation between As(III) and Fe(II)/Fe(III) species. Water Research, 143: 599-607.

Dou Y X, Pang Y J, Gu L L, et al., 2018. Core-shell structured Ru-Ni@ SiO_2: Active for partial oxidation of methane with tunable H_2/CO ratio. Journal of Energy Chemistry, 27(3): 883-889.

Gutierrez-Muñiz O E, García-Rosales G, Ordoñez-Regil E, et al., 2013. Synthesis, characterization and adsorptive properties of carbon with iron nanoparticles and iron carbide for the removal of As(V) from water. Journal of Environmental Management, 114: 1-7.

Hammack R W, De Vegt A L, Schoeneman A L, 1998. The removal of sulfate and metals from mine waters using bacterial sulfate reduction: Pilot plant results. Mine Water and the Environment, 17(1): 8-27.

Hou T T, Chen M, Greene G W, et al., 2015. Mercury vapor sorption and amalgamation with a thin gold film. ACS Applied Materials & Interfaces, 7(41): 23172-23181.

Huang Y X, Yang J K, Keller A A, 2014. Removal of arsenic and phosphate from aqueous solution by metal (hydr-) oxide coated sand. ACS Sustainable Chemistry & Engineering, 2(5): 1128-1138.

Huggins F E, Senior C L, Chu P, et al., 2007. Selenium and arsenic speciation in fly ash from full-scale coal-burning utility plants. Environmental Science & Technology, 41(9): 3284-3289.

Jackson C K, Koch I, Reimer K J, 2013. Mechanisms of dissolved arsenic removal by biochemical reactors: A bench-and field-scale study. Applied Geochemistry, 29: 174-181.

Jawad A, Liao Z, Zhou Z, et al., 2017. Fe-MoS_4: An effective and stable LDH-based adsorbent for selective removal of heavy metals. ACS Applied Materials & Interfaces, 9(34): 28451-28463.

Jeon S H, Eom Y, Lee T G, 2008. Photocatalytic oxidation of gas-phase elemental mercury by nanotitanosilicate fibers . Chemosphere, 71(5): 969-974.

Jong T, Parry D L, 2003. Removal of sulfate and heavy metals by sulfate reducing bacteria in short-term bench scale upflow anaerobic packed bed reactor runs. Water Research, 37(14): 3379-3389.

Kamata H, Ueno S-I, Naito T, et al., 2008. Mercury oxidation over the V_2O_5 (WO_3)/TiO_2 commercial SCR catalyst. Industrial & Engineering Chemistry Research, 47(21): 8136-8141.

Karatza D, Prisciandaro M, Lancia A, et al., 2011. Silver impregnated carbon for adsorption and desorption of elemental mercury vapors. Journal of Environmental Sciences, 23(9): 1578-1584.

Kim J, Benjamin M M, 2004. Modeling a novel ion exchange process for arsenic and nitrate removal. Water Research, 38(8): 2053-2062.

Kim J, Benjamin M M, Kwan P, et al., 2003. A novel ion exchange process for As removal. Journal AWWA, 95(3): 77-85.

Lay B, Sabri Y, Ippolito S J, et al., 2014. Galvanically replaced Au-Pd nanostructures: Study of their enhanced elemental mercury sorption capacity over gold. Physical Chemistry Chemical Physics, 16(36): 19522-19529.

Lee T G, Hyun J E, 2006. Structural effect of the in situ generated titania on its ability to oxidize and capture the gas-phase elemental mercury. Chemosphere, 62(1): 26-33.

Li J F, Yan N, Qu Z, et al., 2010. Catalytic oxidation of elemental mercury over the modified catalyst Mn/α-Al$_2$O$_3$ at lower temperatures. Environmental Science & Technology, 44(1): 426-431.

Lim D H, Wilcox J, 2013. Heterogeneous mercury oxidation on Au(111) from first principles. Environmental Science & Technology, 47(15): 8515-8522.

Lin Y, Wang S X, Steindal E H, et al., 2017. Minamata convention on mercury: Chinese progress and perspectives. National Science Review, 4(5): 677-679.

Liu J, Zhou L, Dong F Q, et al., 2017. Enhancing As(V) adsorption and passivation using biologically formed nano-sized FeS coatings on limestone: Implications for acid mine drainage treatment and neutralization. Chemosphere, 168: 529-538.

Liu K Y, Wu Q R, Wang L, et al., 2019. Measure-specific effectiveness of air pollution control on China's atmospheric mercury concentration and deposition during 2013-2017. Environmental Science & Technology, 53(15): 8938-8946.

López-Antón M A, Díaz-Somoano M, Spears D A, et al., 2006. Arsenic and selenium capture by fly ashes at low temperature. Environmental Science & Technology, 40(12): 3947-3951.

Ma L, Islam S M, Xiao C, et al., 2017. Rapid simultaneous removal of toxic anions [HSeO$_3$]$^-$, [SeO$_3$]$^{2-}$, and [SeO$_4$]$^{2-}$, and metals Hg^{2+}, Cu^{2+}, and Cd^{2+} by MoS$_4^{2-}$. Journal of the American Chemical Society, 139(36): 12745-12757.

Mei J, Wang C, Kong L N, et al., 2019. Outstanding performance of recyclable amorphous MoS$_3$ supported on TiO$_2$ for capturing high concentrations of gaseous elemental mercury: Mechanism, kinetics, and application. Environmental Science & Technology, 53(8): 4480-4489.

Navarro P, Alguacil F J, 1996. Removal of arsenic from copper electrolytes by solvent extraction with tributylphosphate. Canadian Metallurgical Quarterly, 35(2): 133-141.

Pacyna E G, Pacyna J M, Sundseth K, et al., 2010. Global emission of mercury to the atmosphere from anthropogenic sources in 2005 and projections to 2020. Atmospheric Environment, 44(20): 2487-2499.

Pan H, Hou H J, Shi Y, et al., 2018. High catalytic oxidation of As(III) by molecular oxygen over Fe-loaded silicon carbide with MW activation. Chemosphere, 198: 537-545.

Pavlish J H, Sondreal E A, Mann M D, et al., 2003. Status review of mercury control options for coal-fired power plants. Fuel Processing Technology, 82(2-3): 89-165.

Pehlivan E, Tran H T, Ouédraogo W K I, et al., 2013a. Sugarcane bagasse treated with hydrous ferric oxide as a potential adsorbent for the removal of As(V) from aqueous solutions. Food Chemistry, 138(1): 133-138.

Pehlivan E, Tran T H, Ouédraogo W K I, et al., 2013b. Removal of As(V) from aqueous solutions by iron coated rice husk. Fuel Processing Technology, 106: 511-517.

Presto A A, Granite E J, 2008. Noble metal catalysts for mercury oxidation in utility flue gas. Platinum Metals Review, 52(3): 144-154.

Qiao S H, Chen J, Li J F, et al., 2009. Adsorption and catalytic oxidation of gaseous elemental mercury in flue gas over MnO_x/alumina. Industrial & Engineering Chemistry Research, 48(7): 3317-3322.

Qu Z, Yan N Q, Liu P, et al., 2009. Bromine chloride as an oxidant to improve elemental mercury removal from coal-fired flue gas. Environmental Science & Technology, 43(22): 8610-8615.

Qu Z, Yan N Q, Liu P, et al., 2010. The role of iodine monochloride for the oxidation of elemental mercury. Journal of Hazardous Materials, 183(1-3): 132-137.

Quan Z W, Huang W J, Liao Y, et al., 2019. Study on the regenerable sulfur-resistant sorbent for mercury removal from nonferrous metal smelting flue gas. Fuel, 241: 451-458.

Raofie F, Snider G, Ariya P A, 2008. Reaction of gaseous mercury with molecular iodine, atomic iodine, and iodine oxide radicals: Kinetics, product studies, and atmospheric implications. Canadian Journal of Chemistry, 86(8): 811-820.

Saqib A N S, Waseem A, Khan A F, et al., 2013. Arsenic bioremediation by low cost materials derived from Blue Pine (*Pinus wallichiana*) and Walnut (*Juglans regia*). Ecological Engineering, 51:88-94.

Seames W S, 2000. The partitioning of trace elements during pulverized coal combustion. Tucson: University of Arizona.

Seames W S, 2003. An initial study of the fine fragmentation fly ash particle mode generated during pulverized coal combustion. Fuel Processing Technology, 81(2): 109-125.

Seames W S, Wendt J O L, 2007. Regimes of association of arsenic and selenium during pulverized coal combustion. Proceedings of the Combustion Institute, 31(2): 2839-2846.

Shafaei-Fallah M, Rothenberger A, Katsoulidis A P, et al., 2011. Extraordinary selectivity of $CoMo_3S_{13}$ chalcogel for C_2H_6 and CO_2 adsorption. Advanced Materials, 23(42): 4857-4860.

Shafique U, Ijaz A, Salman M, et al., 2012. Removal of arsenic from water using pine leaves. Journal of the Taiwan Institute of Chemical Engineers, 43(2): 256-263.

Shim Y, Yuhas B D, Dyar S M, et al., 2013. Tunable biomimetic chalcogels with Fe_4S_4 cores and $[Sn_nS_{2n+2}]^{4-}$ ($n=1, 2, 4$).Journal of the American Chemical Society, 135(6): 2330-2337.

Sun L S, Zhang A C, Su S, et al., 2011. A DFT study of the interaction of elemental mercury with small neutral and charged silver clusters . Chemical Physics Letters, 517(4-6): 227-233.

Sun Y N, Deng M, Huang W J, et al., 2021. Radical-induced oxidation removal of mercury by ozone coupled with bromine. ACS ES&T Engineering, 1(1): 110-116.

Sun Y, Liu Y L, Lou Z M, et al., 2018. Enhanced performance for Hg(II) removal using biomaterial (CMC/gelatin/starch) stabilized FeS nanoparticles: Stabilization effects and removal mechanism. Chemical Engineering Journal, 344: 616-624.

Vejahati F, Xu Z H, Gupta R, 2010. Trace elements in coal: Associations with coal and minerals and their behavior during coal utilization: A review. Fuel, 89(4): 904-911.

Vera M, Schippers A, Sand W, 2013. Progress in bioleaching: Fundamentals and mechanisms of bacterial metal sulfide oxidation: Part A. Applied Microbiology & Biotechnology, 97(17): 7529-7541.

Walker M, Seiler R L, Meinert M, 2008. Effectiveness of household reverse-osmosis systems in a Western U. S. region with high arsenic in groundwater. Science of the Total Environment, 389(2-3): 245-252.

Wang H Q, Zhou S Y, Xiao L, et al., 2011, Titania nanotubes: A unique photocatalyst and adsorbent for elemental mercury removal. Catalysis Today, 175(1): 202-208.

Wang J, Takarada T, 2000. Fixation of lead chloride on kaolinite and bentonite at temperatures between 550 and 950 ℃. Industrial & Engineering Chemistry Research, 39(2): 335-341.

Wang X, Lin C J, Feng X B, et al., 2018. Assessment of regional mercury deposition and emission outflow in mainland China. Journal of Geophysical Research Atmospheres, 123(17): 9868-9890.

Wilkie J A, Hering J G, 1996. Adsorption of arsenic onto hydrous ferric oxide: Effects of adsorbate/adsorbent ratios and co-occurring solutes. Colloids and Surfaces A: Physicochemical and Engineering Aspects, 107: 97-110.

Wu Q R, Tang Y, Wang L, et al., 2021. Impact of emission reductions and meteorology changes on atmospheric mercury concentrations during the COVID-19 lockdown. Science of the Total Environment, 750: 142323.

Wu Y, Wang S X, Streets D G, et al., 2006. Trends in anthropogenic mercury emissions in China from 1995 to 2003. Environmental Science & Technology, 40(17): 5312-5318.

Xia M C, Bao P, Liu A J, et al., 2018. Isolation and identification of *Penicillium chrysogenum* strain Y5 and its copper extraction characterization from waste printed circuit boards. Journal of Bioscience and Bioengineering, 126(1): 78-87.

Xia S J, Dong B Z, Zhang Q L, et al., 2007. Study of arsenic removal by nanofiltration and its application in China. Desalination, 204(1-3): 374-379.

Xu H, Qu Z, Zhao S J, et al., 2015. Different crystal-forms of one-dimensional MnO_2 nanomaterials for the catalytic oxidation and adsorption of elemental mercury. Journal of Hazardous Materials, 299: 86-93.

Xu H M, Xie J K, Ma Y P, et al., 2015. The cooperation of FeSn in a MnO_x complex sorbent used for capturing elemental mercury. Fuel, 140: 803-809.

Xu H M, Yan N Q, Qu Z, et al., 2017. Gaseous heterogeneous catalytic reactions over Mn-based oxides for environmental applications: A critical review. Environmental Science & Technology, 51(16): 8879-8892.

Yao H, Mkilaha I S N, Naruse I, 2004. Screening of sorbents and capture of lead and cadmium compounds during sewage sludge combustion. Fuel, 83(7-8): 1001-1007.

Yao T, Duan Y F, Bisson T M, et al., 2019. Inherent thermal regeneration performance of different MnO_2 crystallographic structures for mercury removal. Journal of Hazardous Materials, 374: 267-275.

Yu R L, Hou C W, Liu A J, et al., 2018. Extracellular DNA enhances the adsorption of *Sulfobacillus thermosulfidooxidans* strain ST on chalcopyrite surface. Hydrometallurgy, 176: 97-103.

Yuan Y, Zhang J Y, Li H L, et al., 2012. Simultaneous removal of SO_2, NO and mercury using TiO_2-aluminum silicate fiber by photocatalysis. Chemical Engineering Journal, 192: 21-28.

Yuan Y, Zhao Y C, Li H L, et al., 2012. Electrospun metal oxide-TiO_2 nanofibers for elemental mercury removal from flue gas. Journal of Hazardous Materials, 227-228: 427-435.

Yuhas B D, Smeigh A L, Samuel A P S, et al., 2011. Biomimetic multifunctional porous chalcogels as solar fuel catalysts. Journal of the American Chemical Society, 133(19): 7252-7255.

Zhang B, Liu J, Zhang J, et al., 2014. Mercury oxidation mechanism on Pd (100) surface from first-principles calculations. Chemical Engineering Journal, 237: 344-351.

Zhang G S, Qu J H, Liu H J, et al., 2007. Preparation and evaluation of a novel Fe-Mn binary oxide adsorbent for effective arsenite removal. Water Research, 41(9): 1921-1928.

Zhang L, Wang S X, Wang L, et al., 2015. Updated emission inventories for speciated atmospheric mercury from anthropogenic sources in China. Environmental Science & Technology, 49(5): 3185-3194.

Zhao Y X, Mann M D, Pavlish J H, et al., 2006. Application of gold catalyst for mercury oxidation by chlorine . Environmental Science & Technology, 40(5): 1603-1608.

Zielinski R A, Foster A L, Meeker G P, et al., 2007. Mode of occurrence of arsenic in feed coal and its derivative fly ash, Black Warrior Basin, *Alabama*. Fuel, 86(4): 560-572.

第 5 章　垃圾焚烧烟气重金属控制技术及应用

5.1　垃圾焚烧工艺流程

垃圾可划分为生活垃圾和医疗废物两大类，均来自人类生活过程。随着我国经济社会发展和城镇化进度加快，生活垃圾和医疗废物的产生量逐年递增，垃圾清运量直到 2019 年达到顶点，2020 年小幅下降，如图 5.1 所示，生活垃圾的无害化处置率也逐年上升，2020 年达到 99.7%，接近完全处置。

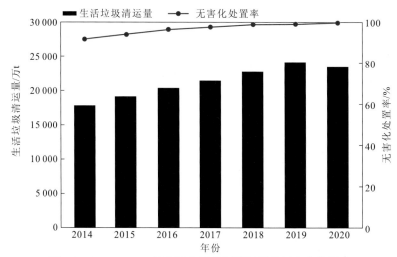

图 5.1　2014～2020 年中国生活垃圾清运量及无害化处置率

2019 年 COVID-19 新型冠状病毒的流行造成世界范围内医疗废物爆发性增长。正常时期武汉市垃圾处置能力为日均 45～50 t，疫情期间，医护人员所用的防护服、口罩、护目镜等，以及患者所用的输液瓶、口罩、生活物品等均有传播病毒的可能性，因而造成医疗废物产生量爆发式增长，也导致医疗废物处置装置超负荷运行。2017～2021 年北京市医疗废物产生量见图 5.2。

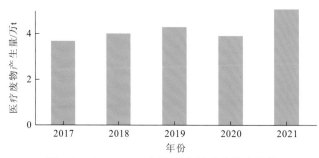

图 5.2　2017～2021 年北京市医疗废物产生量

5.1.1 垃圾焚烧主流工艺

通过适当的热分解、燃烧、熔融等反应，使垃圾经过高温下的氧化进行减容，成为残渣或者熔融固体物质的过程，称为垃圾焚烧。垃圾焚烧处理后，减量化效果显著，节省用地，还可消灭各种病原体，已在世界范围内广泛应用。现代的垃圾焚烧炉炉内温度高于 850℃，烟气热量用于发电，可同时实现垃圾减量化和能源化。《"十四五"城镇生活垃圾分类和处理设施发展规划》（发改环资〔2021〕642 号）指出，"十三五"期间，全国共建成生活垃圾焚烧厂 254 座，累计在运行生活垃圾焚烧厂超过 500 座，焚烧设施处理能力 58 万 t/d。全国城镇生活垃圾焚烧处理率约 45%，初步形成了新增处理能力以焚烧为主的垃圾处理发展格局。对于医疗垃圾，《医疗废物管理条例》规定"具有传染性的医疗废物 24 h 内清运并处理完毕"，该处理通常也是焚烧或热解等高温处理。

5.1.2 垃圾焚烧炉炉型

目前世界各地的垃圾焚烧炉种类众多，具有代表性的炉型主要有炉排炉、流化床焚烧炉、回转窑等。我国生活垃圾焚烧应用较多是炉排炉和流化床焚烧炉，医疗废物燃烧应用回转窑较多。

炉排炉中的垃圾焚烧过程如图 5.3 所示，通常分为干燥、热解和燃烧三个阶段。干燥阶段根据热量传递方式不同可分为传导干燥、对流干燥和辐射干燥。生活垃圾的含水量较高（约 40%），干燥阶段可视为生活垃圾焚烧前的预处理阶段。热解阶段垃圾中多种有机物在高温条件下发生分解或聚合反应，反应后的产物多为烃类物质、固定碳等。燃烧阶段是在充足 O_2 的条件下有机物的高温氧化燃烧，是气相燃烧和非均相燃烧的混合过程，最终产物以 CO_2 和 H_2O 为主。有时为避免不完全燃烧产生的 CO，燃烧阶段还会加入辅助燃料，使生活垃圾的热值足以维持燃烧过程（阙正斌 等，2022）。

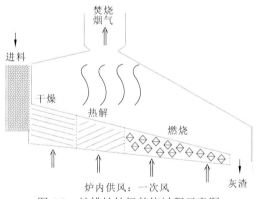

图 5.3　炉排炉垃圾焚烧过程示意图

流化床焚烧炉发展于 1960 年，我国开发了循环流化床垃圾焚烧技术，具有热强度高、焚烧温度均匀、燃料适应性强、焚烧效率高、污染物排放少、寿命长等优点。但对燃料的粒度有严格的要求，垃圾需要进行预处理，达到粒度要求，才能进入循环流化床锅炉进行焚烧。循环流化床垃圾焚烧过程见图 5.4（吕国钧 等，2019）。

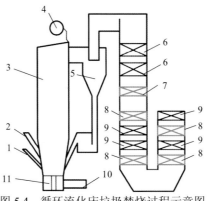

图 5.4　循环流化床垃圾焚烧过程示意图

1—给煤口；2—垃圾给料口；3—炉膛；4—锅筒；5—旋风分离器；

6—过热器；7—对流管束；8—省煤器；9—对流换热器；10—点火装置；11—风室

回转窑焚烧炉具有物料适应性好、可以同时处理多种相态废弃物、入炉物料尺寸要求不高、操作简单等优点。《危险废物污染防治技术政策》中明确指出："危险废物的焚烧宜采用以旋转窑炉为基础的焚烧技术。"因此，医疗废物通常采用回转窑焚烧炉进行处理。传统回转窑主要考虑高温燃烧反应，而新型气化回转窑系统则采用先中低温气化后高温焚烧的设计思路，由回转窑、气化室、二燃室、燃尽室组成，其原理如图 5.5 所示（刘洋 等，2021）。

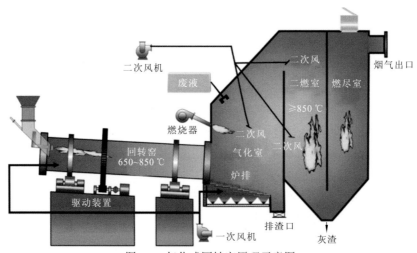

图 5.5　气化式回转窑原理示意图

5.2　垃圾焚烧烟气重金属种类及排放标准

本节将介绍垃圾焚烧行业烟气多种重金属排放标准及其分类。

5.2.1　垃圾焚烧烟气重金属种类

垃圾中含有的重金属种类众多，在焚烧炉中剧烈燃烧后，根据重金属的挥发性不同，可分为以下三类。

（1）易挥发性重金属，如汞 Hg 等，在焚烧中极易挥发，主要以气态形式存在。

（2）中度挥发性重金属，熔点低于焚烧温度（800～1 000 ℃），如铅 Pb、镉 Cd、锑 Sb、铊 Tl 等，焚烧达到一定温度后，会有部分挥发到烟气中，随后在烟气的冷凝过程中发生均相成核或异相凝结，形成细颗粒物或者富集在细颗粒物内。

（3）难挥发性重金属，熔点超过 1 000 ℃，如钴 Co、铬 Cr、铜 Cu、锰 Mn、镍 Ni 等，主要分布在焚烧底渣中，烟气中的含量较低。

考虑垃圾焚烧烟气中有 O_2、HCl 和 H_2S 等组分，表 5.1 列出了垃圾焚烧中多种重金属及其氧化物、氯化物、硫化物的熔点和沸点。

表 5.1　垃圾焚烧重金属及其化合物的熔点、沸点　　　　　　（单位：℃）

类别	元素态			氧化物			氯化物			硫化物		
	元素	熔点	沸点	物质	熔点	沸点	物质	熔点	沸点	物质	熔点	沸点/闪点
易挥发	Hg	-38.86	356.7	HgO	500	—	HgCl	277	320	Hg_2S	1450	—
中度挥发	As	—	613	As_2O_3	312.3	465	$AsCl_3$	-18	130.2	As_2S_3	300	707
	Cd	321	756	CdO	900	1 385	$CdCl_2$	568	960	CdS	1 750	980
	Pb	328	1 725	PbO	886	1 470	$PbCl_2$	501	954	PbS	1 114	1 280
	Sb	630	1 587	Sb_2O_3	655	1 550	$SbCl_3$	73.4	223.5	Sb_2S_3	546	550
难挥发	Co	1 495	2 870	Co_3O_4	895	3 800	$CoCl_2$	724	1 049	CoS	1 182	—
	Cr	1 857	2 672	Cr_2O_3	2 435	4 000	$CrCl_3$	83	—	Cr_2S_3	1 350	—
	Cu	1 083	2 595	CuO	1 326	—	$CuCl_2$	—	993	CuS	220	—
	Mn	1 244	1 692	MnO	1 650	—	$MnCl_2$	650	1 190	MnS	1 650	280
	Ni	1 453	2 732	NiO	1 960	—	$NiCl_2$	1 001	987	NiS	797	—

由表 5.1 可知，除铜元素以外，同种金属的氯化物熔点/沸点通常低于氧化物和硫化物，金属氯化物和金属硫化物更容易迁移到气相中。因此生活垃圾焚烧中重金属的迁移转化与 O、Cl、S 的密切相关。

除了按照挥发性分类，基于多位研究者对生活垃圾焚烧烟气现场检测数据，赵曦等（2015b）根据重金属在底渣、飞灰和气相中的分布，将重金属分为 4 类，如图 5.6 所示，其中没有包含重金属铊，这是由于铊主要存在于危险废物中，一般不会混入城市生活垃圾。

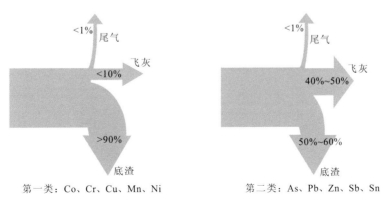

第一类：Co、Cr、Cu、Mn、Ni　　　　　　第二类：As、Pb、Zn、Sb、Sn

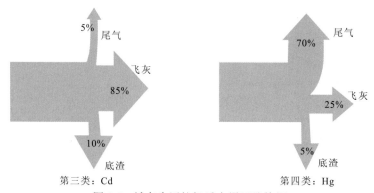

第三类：Cd 第四类：Hg

图 5.6 城市生活垃圾重金属迁移特征

5.2.2 垃圾焚烧烟气重金属排放标准

垃圾焚烧炉产生的烟气中具有多种污染物，包括飞灰、HCl、重金属和二噁英等。《生活垃圾焚烧污染控制标准》（GB 18485—2014）中规定上述污染物排放限值，见表 5.2。

表 5.2 垃圾焚烧烟气污染物排放限值

序号	污染物项目	限值	取值时间
1	颗粒物/(mg/m^3)	30	1 h 均值
		20	24 h 均值
2	氮氧化物（NO$_x$）/(mg/m^3)	300	1 h 均值
		250	24 h 均值
3	二氧化硫（SO$_2$）/(mg/m^3)	100	1 h 均值
		80	24 h 均值
4	氯化氢（HCl）/(mg/m^3)	60	1 h 均值
		50	24 h 均值
5	汞及其化合物（以 Hg 计）/(mg/m^3)	0.05	测定均值
6	镉、铊及其化合物（以 Cd+Tl 计）/(mg/m^3)	0.1	测定均值
7	锑、砷、铅、铬、钴、铜、锰、镍及其化合物（以 Sb+As+Pb+Cr+Co+Cu+Mn+Ni 计）/(mg/m^3)	1.0	测定均值
8	二噁英类/(ng TEQ/m^3)	0.1	测定均值
9	一氧化碳（CO）/(mg/m^3)	100	1 h 均值
		80	24 h 均值

由表 5.2 可知，生活垃圾焚烧烟气中的重金属分为 3 类，汞及其化合物，镉、铊及其化合物，锑、砷、铅、铬、钴、铜、锰、镍及其化合物。但在实际的生活垃圾焚烧烟气中很少检测出铊，这是由于铊主要出现在危险废弃物中，很少出现在生活垃圾中。因此后续将着重介绍除铊以外的重金属在生活垃圾焚烧过程中的生成、转化和排放控制。

综上所述，本章后续将分别从重金属的挥发性、氧化物、氯化物、硫化物的反应等方面详细介绍垃圾焚烧中多种重金属的迁移、转化和烟气控制技术。

5.3 垃圾种类及元素组成

5.3.1 生活垃圾种类及元素组成

以我国东北某垃圾焚烧发电厂为例，生活垃圾中包含的可燃物的含量和种类随季节变化较为明显，其中有机物的含量是比较高的。近年来随着我国经济的飞速发展，城镇居民消费水平大幅提升，用于家电等电子产品生产的塑料、金属等无机废物在生活垃圾无机成分中所占的比重有所增加。具体垃圾种类及元素分析见表 5.3，其中总体金属占比约为 2.07%（韩铮，2017）。

表 5.3　我国东北某垃圾焚烧发电厂垃圾种类及元素分析表　　　（单位：%）

类别	含量	含湿量	干重	灰分	C	H	O	N	S	Cl
纸	7.93	20.00	80.00	14.66	2.450 4	0.330 7	3.264 0	0.015 9	0.005 6	0
金属	2.07	5.00	95.00	95.00	0.000 0	0.000 0	0.000 0	0.000 0	0.000 0	0
玻璃	3.95	7.00	93.00	93.00	0.000 0	0.000 0	0.000 0	0.000 0	0.000 0	0
织物	3.18	30.00	70.00	7.84	1.054 8	0.159 0	1.008 0	0.117 7	0.004 5	0.005
动物厨余	4.91	48.96	51.04	17.67	0.992 3	0.087 9	0.541 9	0.035 8	0.005 4	0
植物厨余	56.26	72.00	28.00	1.50	7.555 7	0.956 4	4.398 4	0.410 7	0.061 9	0
塑料	6.38	8.00	92.00	22.26	3.269 8	0.271 8	1.012 0	0.016 6	0.005 1	0.023
砖瓦陶瓷	3.31	7.00	93.00	92.70	0.000 0	0.000 0	0.000 0	0.009 9	0.000 0	0
灰土	12.01	20.00	80.00	62.85	1.186 6	0.082 9	0.089 1	0.000 0	0.014 4	0

5.3.2 医疗废物种类及元素组成

医疗垃圾的成分极其复杂，大致分为两大类：无机物和有机物。无机物有水分、玻璃和一些锐器（金属、针头等）。有机物可分为塑料、纸张、棉花、木棍等。孙振鹏等（2005）分析调查了全国多地医疗废物，具体结果见表 5.4，其中塑料和橡胶由于生产中需要热稳定剂和着色剂，可能含有重金属镉、铅、铬等，而玻璃碎片若来自温度计，则含有重金属汞。

表 5.4　医疗废物组成表

城市或企业	垃圾组成/%						热值/(kJ/kg)
	有机物（干垃圾）			无机物			
	塑料和橡胶	纤维类	其他	玻璃	水分	其他	
天津	10.12	36.86	44.10	6.50	64.00	2.51	5 348.9
郑州	28.32	27.63	25.12	16.50	22.60	—	16 183.7
黑龙江	8.35	52.33	15.32	10.30	70.00	13.70	12 270.6

城市或企业	垃圾组成/%						热值/(kJ/kg)
	有机物（干垃圾）			无机物			
	塑料和橡胶	纤维类	其他	玻璃	水分	其他	
广铁集团	7.73	38.38	25.20	27.35	56.46	—	16 086.8
北京	17.89	23.30	26.04	—	—	0.11	—
杭州	26.10	9.20	28.90	—	—	0.10	—
沈阳	16.60	31.00	—	52.40	—	—	—
长沙	20.00	15.00	6.00	55.00	—	4.00	—
郑州	28.32	27.63	25.12	16.50	22.60	—	16 183.7
武汉	17.91	44.97	0.05	26.66	43.84	12.41	5 372.0

注："—"代表未检测项目

5.4 垃圾焚烧烟气重金属的排放特征及影响因素

国内外研究者对垃圾焚烧过程重金属生成和迁移开展了大量研究工作。Belevi 等（2000a）对垃圾焚烧中的 21 种金属和非金属元素进行迁移特性的研究，并在总结前人研究的基础上给出了元素迁移特性受温度和气氛的影响关系，如图 5.7 所示，右侧的元素 Cd、Pb、Cu、Zn 对温度敏感，尤其是 Cd、Pb，但受焚烧气氛影响不明显。

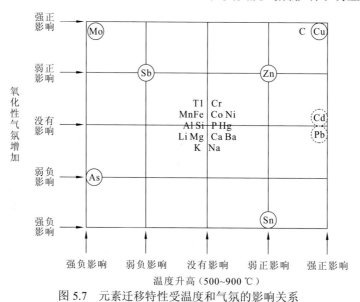

图 5.7　元素迁移特性受温度和气氛的影响关系

本节将重金属分为易挥发性重金属、中度挥发性重金属、难挥发性重金属三种，分别介绍垃圾焚烧过程中这三种重金属的迁移和转化。

5.4.1 生活垃圾焚烧烟气中重金属的含量、形态

1. 易挥发性重金属的含量与形态

朱廷钰等（2017）研究表明在垃圾焚烧过程中，随着焚烧炉膛温度的升高，烟气中高挥发性的汞主要以气态的形式存在。超过 80%的汞在垃圾焚烧过程中释放到气相中，存在于底灰中的汞仅占总量的 20%。在垃圾焚烧烟气中，汞主要有三种形态：气态元素汞（Hg^0），气态二价汞（Hg^{2+}）和颗粒态汞（Hg^p）。垃圾焚烧炉温度通常在 800 ℃左右，在此温度下 98%以上的汞都以气态元素汞（Hg^0）的形式存在。但随着烟道温度逐渐降低至 200 ℃左右，由于烟气中存在较高浓度的 O_2 和 HCl 气体，Hg^0 会与烟气中的 HCl 或者其他氧化性强的气体进行反应，形成二价汞（Hg^{2+}）。热力学数据表明，随着烟气温度降低，$HgCl_2$ 比 HgO 更为稳定，因此烟气中的 Hg^{2+} 多以 $HgCl_2$ 形式存在。此外，一些零价汞（Hg^0）和二价汞（Hg^{2+}）会沉积或者吸附到垃圾焚烧飞灰上，形成颗粒态汞（Hg^p）。

以下是重金属汞在焚烧炉中及随后的烟道内可能发生的一些反应：

$$2Hg(g)+O_2(g) = 2HgO(s,g) \tag{5.1}$$

$$HgO(s) \rightleftharpoons HgO(g) \tag{5.2}$$

$$2Hg(g)+2Cl(g) \rightleftharpoons 2HgCl_2(s,g) \tag{5.3}$$

$$2Hg(g)+Cl_2(g) \rightleftharpoons Hg_2Cl_2(s,g) \tag{5.4}$$

$$Hg(g)+2HCl(g) \rightleftharpoons HgCl_2(s,g)+H_2(g) \tag{5.5}$$

$$2Hg(g)+4HCl(g)+2O_2(g) \rightleftharpoons 2HgCl_2(s,g)+2H_2O(g) \tag{5.6}$$

$$4Hg(g)+4HCl(g)+O_2(g) \rightleftharpoons 2Hg_2Cl_2(s,g)+2H_2O(g) \tag{5.7}$$

$$Hg(g)+NO_2(g) = HgO(s,g)+NO(g) \tag{5.8}$$

$$HgO(s,g)+2HCl(g) = HgCl_2(g)+H_2O(g) \tag{5.9}$$

$$2HgCl_2(g)+H_2(g) \rightleftharpoons Hg_2Cl_2(s,g)+2HCl(g) \tag{5.10}$$

$$2Hg_2Cl_2(g) \rightleftharpoons Hg_2Cl_2(s,g)+Hg(g)+Cl_2(g) \quad （>400 ℃时分解） \tag{5.11}$$

烟囱排出的烟气中，气态 Hg^0 占总汞的 10%~20%，气态 Hg^{2+} 占总汞的 75%~85%。并且烟气中元素形态和二价态比例的划分主要依赖烟气中碳颗粒、HCl 及其他污染物的浓度。不同形态的汞在大气中的物理和化学特性差别很大，在大气中的传输特性也有所不同。Hg^0 可进行长距离传输，参与全球汞循环，且在大气中的停留时间较长；Hg^{2+} 可扩散到几十到几百千米，易溶于水，易随降水沉降到地面；Hg^p 一般在排放源附近沉降，如图 5.8 所示。

2. 中度挥发性重金属镉、铅、砷、锑含量与形态

重金属在垃圾焚烧过程的迁移和分布，存在蒸发、凝结、机械迁移和飞灰吸附等机理。Davison 等（1974）分析飞灰中各种金属化合物及单质的熔融特性，发现金属化合物的沸点或升华温度低于 1550 ℃时，金属（Cd、Pb、As、Sb、Cr 和 Ni）含量随着飞灰粒径的减小而明显升高；而 Fe、Mn 等难挥发金属含量随飞灰粒径减小而降低。因此，对于 Cd、Pb、As、Sb、Cr 和 Ni 等金属，学者们提出了高温气化蒸发、优先凝结或吸附

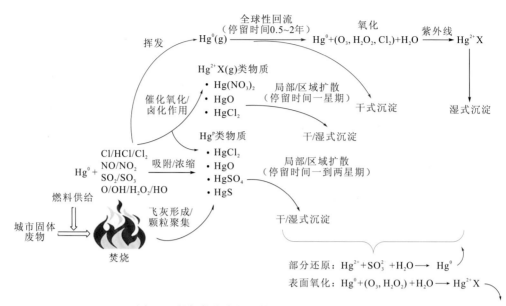

图 5.8 垃圾焚烧中的汞排放及在大气中的传输

在细颗粒物表面的机理。Cahill 等（1982）检测城市垃圾焚烧厂的飞灰和底灰中的 Cd、Pb、Cr、Cu 和 Mn，发现重金属多以化合物的形式附着在飞灰颗粒表面。

垃圾焚烧过程因入炉成分复杂，实际涉及的化学反应比燃煤锅炉更加复杂。重金属在垃圾燃烧过程中的形态取决于其化合物的热力学稳定性。Fernandez 等（1992）基于重金属、氧气和盐酸的标准自由能，研究了垃圾焚烧重金属氧化物和氯化物的标准生成能，进而研究重金属的迁移转化行为，并为飞灰中的重金属建立了含量与氯化标准蒸发能的关联式。结果发现，当氧化态的热力学稳定性大于氯化态时，重金属被机械迁移并构成飞灰颗粒的基体；当两者稳定性接近时，重金属经历蒸发-冷凝和机械迁移两种过程；当氯化态热力学稳定性大于氧化态时，重金属氯化物经历蒸发-冷凝过程，并最终沉降在飞灰颗粒表面。

Verhulst 等（1996）基于热力学平衡理论对多种重金属化合物进行了热力学稳定性分析。无硫时 Cd、Pb、As 和 Sn 的物种热力学平衡了见图 5.9。硫元素存在时 Cd、Pb 的物种热力学平衡见图 5.10。

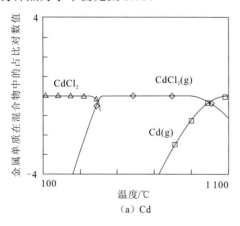

（a）Cd

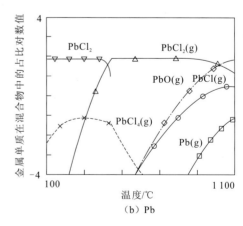

（b）Pb

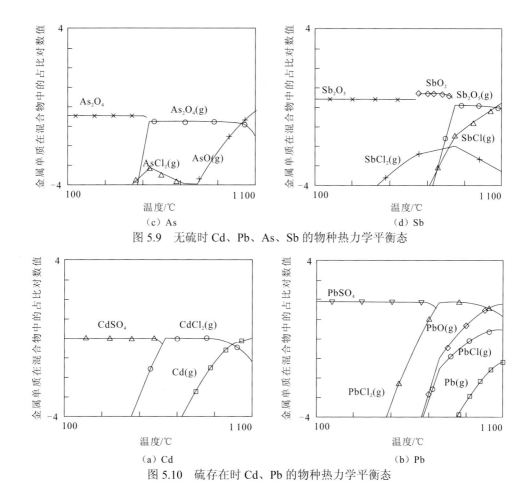

图 5.9　无硫时 Cd、Pb、As、Sb 的物种热力学平衡态

图 5.10　硫存在时 Cd、Pb 的物种热力学平衡态

计算结果表明，当温度较低时，Cd、Pb 会与 S 反应生成凝结相的重金属硫酸盐，当温度升高（>300 ℃）时，重金属硫酸盐逐渐分解。实际焚烧炉中，还存在其他金属氧化物（CaO、MgO、Na_2O 和 K_2O），它们与 S 有着较强的结合能力，可改变 S 对重金属迁移和转化特性的影响。

Linak 等（1993）基于含重金属颗粒物在烟气中的数目和尺寸的变化，提出以下结论：任何挥发性金属的转化和蒸发取决于燃烧环境、氯和硫、炉内活性金属反应和其他无机物种（如硅酸铝）等。一旦汽化，金属蒸气云通常会形成微小的核，或在已有粒子周围凝聚，形成气溶胶。通过气溶胶动力学模型，可预测燃烧中金属气溶胶粒径分布，包括原子自凝结气溶胶，以及与较大颗粒凝结的气溶胶。温度在露点以上时，金属蒸气也能与某些铝硅酸盐发生反应，形成不溶于水的金属化合物。

综上所述，垃圾焚烧过程中蒸发和机械迁移过程影响重金属在底渣、飞灰、烟气之间的分配，凝结和吸附则决定了重金属在飞灰和气相之间的分配比例。而焚烧炉温度、垃圾中碱金属、硫和氯含量与重金属形态转化密切相关。本小节重点考察重金属沸点、氧化物、氯化物、硫化物等对中度挥发性重金属 Cd、Pb、As、Sb 在垃圾焚烧烟气中迁移和转化行为。

垃圾焚烧过程中 Cd 和 Pb 多存在于气固两相，约 80% 的 Cd 存在于飞灰中，而 Pb

主要存在于飞灰和底灰中，以底灰居多。在炉内温度对 Cd 和 Pb 影响方面，Lockwood 等（2000）通过数值模拟，研究了三种燃料燃烧的火焰温度和含氧量，如图 5.11 所示，三种燃料分别为煤、污泥、煤与污泥混合物。该模型对半挥发性金属 Pb 和 Cd 的分离和排放进行预测，并与大型燃烧室的数据进行了对比，结果显示：小颗粒上的金属明显富集，然而金属蒸气的非均相冷凝不能完全解释金属蒸气的迁移转化，表面反应和均相反应不可忽略。Lockwood 等（2000）还测量了 Cd、Pb、Zn、Ni 物种在 250～2250 ℃的蒸气压，如图 5.12 所示，由图可知，氯物种存在明显降低金属化合物的挥发温度，金属氯化物挥发温度几乎都低于 1000 ℃。

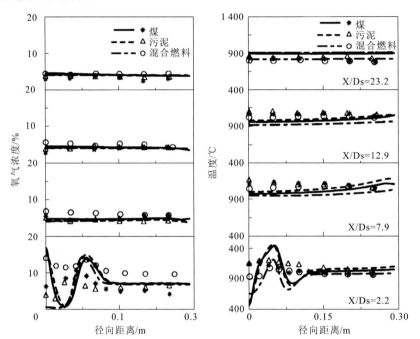

图 5.11　氧气浓度和温度径向分布的模拟与实测数据

X/Ds 为无量纲高度

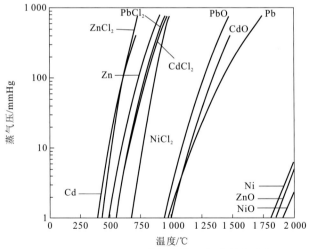

图 5.12　Cd/Pb/Ni/Zn 及其氧化物和氯化物的蒸气压

1 mmHg=1.333 22 × 10^2 Pa

孙路石等（2004）在流化床实验装置内研究生活垃圾中 Cd 和 Pb 在不同气氛条件下的迁移特性，研究表明，HCl 的存在和还原气氛会使 Cd 和 Pb 更加容易挥发，N_2 气氛下有利于 Cd 的挥发转化。Zhang 等（2008）通过管式炉模拟垃圾焚烧过程，研究了温度和停留时间及 Cl、S 元素对 Cd 迁移转化的影响，并通过热力学平衡模拟研究了相关化合物相图。焚烧过程中，垃圾停留时间越长，剩余质量越少，燃烧越充分，见图 5.13，垃圾堆入后 30 s 左右开始燃烧，在最初 2 min 内其质量迅速减少，燃烧 5～20 min 垃圾质量变化不大，到 12 min 后，垃圾剩余质量达到最小，且不再变化。

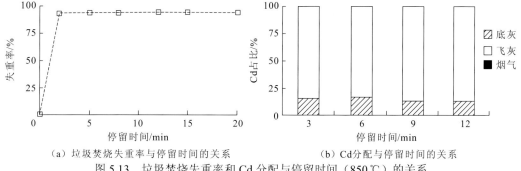

（a）垃圾焚烧失重率与停留时间的关系　　（b）Cd分配与停留时间的关系

图 5.13　垃圾焚烧失重率和 Cd 分配与停留时间（850℃）的关系

随温度的升高，Cd 在底渣中的分布逐渐减少，在飞灰和烟气中的分布逐渐增加，如图 5.13 所示。温度从 350℃上升到 950℃，Cd 在底渣中的分布比例从 53%降低到 11%，飞灰中的 Cd 从 47%上升到 81%，当温度为 950℃时，Cd 开始在烟气中分布，约 8.5%。在实际焚烧炉运行温度下，约 90%的 Cd 分布于飞灰和烟气中。

图 5.14 展示了温度对 Cd 形态转化的影响，随着温度的升高，Cd 的化学形态不断变化。当温度低于 250℃时，Cd 主要以 $CdCO_3(s)$ 的形式存在，427℃以上开始分解。温度为 427～727℃时，CdO(s)是唯一存在的 Cd 物种。温度继续升高到 800℃以上，CdO(s)开始分解，出现金属蒸气 Cd(g)。Cd(g)含量随温度升高而增加，温度超过 950℃时，Cd 主要以 Cd(g)的形式存在，此时有小部分 CdO(g)共存。

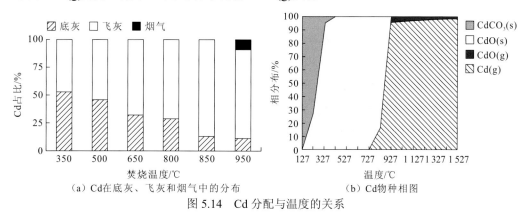

（a）Cd在底灰、飞灰和烟气中的分布　　（b）Cd物种相图

图 5.14　Cd 分配与温度的关系

向管式炉中添加 0.1%～1.0%的含硫物种，包括 S、Na_2S、Na_2SO_3 和 Na_2SO_4 四种，Cd 在底灰、飞灰和烟气中的分布及 Cd 物种相图见图 5.15。不论添加的硫物种和添加比例如何，飞灰中的 Cd 占比超过 70%。

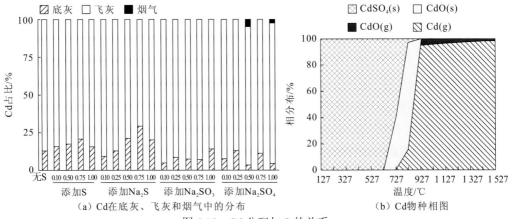

（a）Cd在底灰、飞灰和烟气中的分布　　　　（b）Cd物种相图

图 5.15　Cd 分配与 S 的关系

单质 S 和 Na$_2$S 的加入使 Cd 在底渣中的分布增加，而 Na$_2$SO$_3$ 和 Na$_2$SO$_4$ 的作用相反。加入单质 S 后，XRD 分析显示底渣中 S 和 Cd 的化合物主要为 CdS、CdSO$_3$ 和 CdSO$_4$，而无论加入何种形态的硫，飞灰中 Cd 的存在形态均以 CdSO$_4$、CdO 和 CdS 为主。加入 Na$_2$SO$_4$ 后底渣中 Cd 主要以 CdO 和 CdO$_2$ 存在。在所有 S 和 Cd 的化合物中，CdS 是熔点最高的，而 CdSO$_4$ 则是不稳定的，容易分解。据此分别推测 S 和 Na$_2$SO$_4$ 与 Cd 可能存在的反应途径。

S 与 Cd 的反应途径如下：

$$S(s)+O_2(g)\longrightarrow SO_2(g) \tag{5.12}$$
$$(CH_3COO)Cd\cdot 2H_2O\longrightarrow CdO(s) \tag{5.13}$$
$$CdO(s)+S(s)\longrightarrow CdS(s) \tag{5.14}$$
$$CdO(s)+SO_2(g)\longrightarrow CdSO_3(s) \tag{5.15}$$
$$CdsSO_3(s)+O_2(g)\longrightarrow CdSO_4(s) \tag{5.16}$$
$$CdSO_4(s)\longrightarrow CdO(s) \tag{5.17}$$

Na$_2$SO$_4$ 与 Cd 的反应途径如下：

$$(CH_3COO)Cd\cdot 2H_2O\longrightarrow CdO(s) \tag{5.18}$$
$$CdO(s)+Na_2SO_4(s)\longrightarrow CdSO_4(s) \tag{5.19}$$
$$CdSO_4(s)\longrightarrow CdO(s) \tag{5.20}$$
$$CdO(s)+O_2(g)\longrightarrow CdO_2(s) \tag{5.21}$$

向管式炉中添加 2%～8% 的含氯物种，包括 PVC 和 NaCl 两种，Cd 在底灰、飞灰和烟气中的分布及 Cd 物种相图见图 5.16。图 5.16（a）显示，与含硫物种的作用相反，PVC 和 NaCl 的加入使 Cd 在飞灰中的比例提高到 99%。图 5.16（b）中，400～1 000 ℃下，气态 CdCl$_2$ 是主要物种，而温度继续升高，CdCl$_2$(g) 和 CdO(g) 分解，金属蒸汽 Cd(g) 成为主要物种。

焚烧过程中氯的加入，无论是有机氯 PVC 还是无机氯 NaCl，均易形成自由 Cl 和 HCl，其中有机氯 PVC 生成 HCl 的能力大于无机氯 NaCl（Wang et al.，1999a）。这是由于 PVC 中 C—Cl 键的键能是 397 kJ/mol，低于 Na—Cl 键的键能 771 kJ/mol。加入 PVC 后，焚烧飞灰中形成了 CdCl$_2$、Na$_2$CdCl$_4$、K$_4$CdCl$_6$、Na[Cd(ClO$_4$)$_3$] 等化合物。加入 NaCl 后，焚烧飞灰中主要 Cd 物种有 CdCl$_2$、CdCl$_2$(NaCl)$_6$ 和 Na$_2$CdCl$_4$。因此，有机氯和无

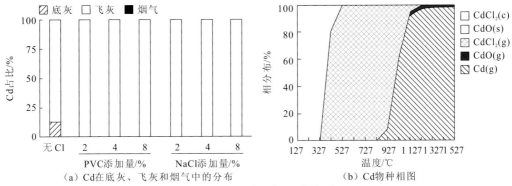

（a）Cd在底灰、飞灰和烟气中的分布　　（b）Cd物种相图

图 5.16　Cd 分配与 Cl 的关系

机氯对 Cd 的转化作用不同，有机氯 PVC 会生成 Cd 的氯酸盐，而无机氯 NaCl 能直接与 $CdCl_2$ 化合形成 $CdCl_2(NaCl)_6$。

有机 Cl 与飞灰 Cd 的反应途径如下（陈勇，2008）：

$$有机 Cl(s)+飞灰 Cd+H_2O+O_2(g)\longrightarrow 活性 Cl(g)+HCl(g)+(CH_3COO)Cd\cdot2H_2O \quad（5.22）$$

$$(CH_3COO)Cd\cdot2H_2O\longrightarrow CdO(s) \quad（5.23）$$

$$CdO(s)+S(s)\longrightarrow CdS(s) \quad（5.24）$$

$$CdO(s)+活性 Cl(g)\longrightarrow CdCl_2(s) \quad（5.25）$$

$$CdO(s)+HCl(g)\longrightarrow CdCl_2(s) \quad（5.26）$$

$$2NaCl+CdCl_2(s)\longrightarrow Na_2CdCl_4(s) \quad（5.27）$$

$$4KCl+CdCl_2(s)\longrightarrow K_4CdCl_6(s) \quad（5.28）$$

$$NaCl+CdCl_2(s)+6O_2(g)\longrightarrow Na[Cd(ClO_4)_3](s) \quad（5.29）$$

胡济民等（2018）以上海市城市生活垃圾为对象，在管式炉中研究了氯化物、硫化物、氧化物对 Pb 迁移分布的影响，如图 5.17 所示。随着氯化物的添加，Pb 明显地向飞灰中迁移，有机氯 PVC 对 Pb 向飞灰迁移的影响略强于无机氯 NaCl。向管式炉中添加 0%～0.8%的含硫物种，包括 S、Na_2S 和 Na_2SO_4 三种，随含硫物种添加量增加，Pb 明显向飞灰中迁移。S 与 Pb 生成 PbS、$PbSO_4$、PbS_2 等化合物，吸附在飞灰表面，此外 Na_2S 和 Na_2SO_4 有助熔作用，能降低灰渣固体熔点，使灰渣发生熔融，更易向飞灰迁移。因此，含硫物种对 Pb 向飞灰迁移的影响排序为 $S<Na_2S<Na_2SO_4$。

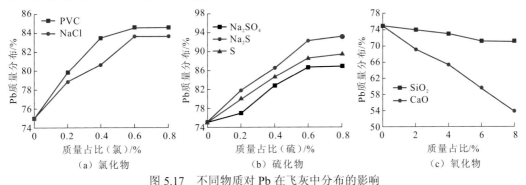

（a）氯化物　　　　　　　（b）硫化物　　　　　　　（c）氧化物

图 5.17　不同物质对 Pb 在飞灰中分布的影响

CaO 和 SiO_2 对 Pb 均有一定的捕集作用，CaO 的捕集能力强于 SiO_2。Gale 等（2005）的研究表明，SiO_2 与 Pb 发生化学反应生成硅酸铅，其熔沸点很高，进而固定在焚烧底

渣中。而 CaO 与飞灰结合，增加飞灰的孔隙结构，对气态 Pb 具有吸附作用。此外，CaO 也会与垃圾中的氯化物和烟气中的 HCl 反应，减少铅的氯化物种生成和挥发（Dia-Somoano et al.，2005）。

Si 与 Pb 化合物可能的反应如下：

$$2PbCl_2 + SiO_2 + O_2 \longrightarrow 2PbO \cdot SiO_2 + 2Cl_2 \tag{5.30}$$

$$PbCl_2 + SiO_2 + H_2O \longrightarrow 2PbO \cdot SiO_2 + 2HCl \tag{5.31}$$

$$4PbO + SiO_2 \longrightarrow Pb_4SiO_6 \tag{5.32}$$

砷是城市垃圾中普遍存在的高毒性类金属元素，高温氧化条件下，As 主要有三价和五价两种价态，易挥发和富集到飞灰中。其中 As(III) 对人体的毒害远大于 As(V)。因此对于垃圾焚烧烟气中的 As，除了总量，还需要关注其价态。

王里奥等（2009）检测了重庆垃圾焚烧厂飞灰中 As 的含量与粒径的关系，发现 As 在 75～100 μm 的粒径区间含量最高。徐章等（2015）采集 6 个地区两种炉型垃圾焚烧电厂的飞灰和底渣，分析 As 的赋存形态，结果表明，飞灰中 As 的总量存在一定的地域性差异，且炉排炉飞灰中 As 含量高于流化床飞灰。其中飞灰中 As(III) 很少，占 0.34%～0.56%，飞灰中大部分 As 在高温焚烧过程中与 Ca、Fe、Al 等元素化合物发生交互反应以 As(V) 存在（42.84%～72.07%），此外少量 As 被硅铝酸盐固化。As(III) 主要化合物是低沸点的 As_2O_3，多以气态形式存在，而 As(V) 主要化合物是高沸点的砷酸盐，多存在于飞灰和底渣中。而 As(III) 和 As(V) 遇到 Ca、Fe、Al 等元素后，反应形成难挥发物质，从而留在飞灰中。

具体反应如下：

$$As_2O_3(g) + Al_2O_3 + O_2 \longrightarrow 2AlAsO_4 \tag{5.33}$$

$$As_2O_3(g) + Fe_2O_3 + O_2 \longrightarrow 2FeAsO_4 \tag{5.34}$$

$$As_2O_3(g) + 3CaO + O_2 \longrightarrow Ca_3As_2O_8 \tag{5.35}$$

$$2Ca^{2+} + 4AsO_4^{3-} + 3Fe^{3+} + OH^- + 12H_2O \longrightarrow Ca_2Fe_3(AsO_4)_4(OH) \cdot 12H_2O \tag{5.36}$$

飞灰中 As 的化合物结合形态分为 6 种：非特异性吸附态、特异性吸附态、钙结合态、无定形铁/铝结合态、稳定的铁/铝结合态和王水提取残渣态。6 种形态的比例如图 5.18 所示。

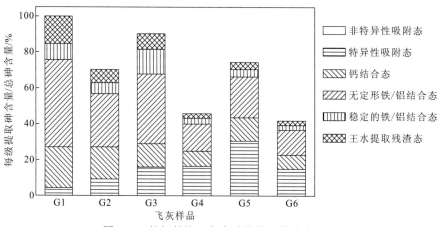

图 5.18 垃圾焚烧飞灰中砷的化合物结合形态

通过上述实验，归纳出垃圾焚烧过程中砷的迁移转化机理，如图 5.19 所示。高温下，部分砷以气态 $As_2O_3(g)$ 存在于烟气中，Ca、Fe、Al 等元素的化合物促进砷通过化学反应以砷酸盐（As(V)）的形式富集于飞灰中；生活垃圾中的硅铝化合物在高温下将生成硅铝酸盐，促进砷稳定地固化在飞灰基质中；在烟气冷凝过程的低温段，喷入烟气中用于净化烟气的活性炭及 CaO 将促进 $As_2O_3(g)$ 以物理吸附将 As(III) 富集于飞灰中。

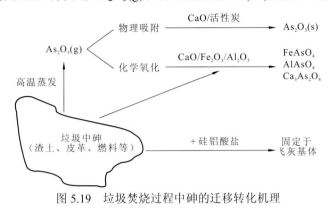

图 5.19 垃圾焚烧过程中砷的迁移转化机理

与 As 类似，锑（Sb）是一种有毒有害的类金属。Sb 是一种天然的亲铜元素，原子序数为 51，是元素周期表中第 V 主族的元素。Sb 在化合物中主要有三种价态，分别是 +5 价、+3 价和 -3 价。其中 +5 价（Sb(V)）和 +3 价（Sb(III)）在大气、水、土壤环境中及生物体内较为常见（Fu et al., 2010）。在自然环境中，Sb 能够以无机及有机这两种形式存在，常见的存在形式有氧化物（Sb_2O_3 和 Sb_2O_5）、氟化物（SbF_3 和 SbF_5）、氯化物（$SbCl_3$ 和 $SbCl_5$）、硫化物（Sb_2S_3 和 Sb_2S_5）、氢化物（SbH_3）及有机化合物等。Sb 是重要的工业原料，是生产有机聚合物的催化剂和稳定剂，同时作为一种性能极佳的白色颜料常用在油漆、纺织、陶瓷、橡胶、玻璃及化工产业等很多工业领域中（He et al., 2012）。当上述废弃物进入垃圾焚烧炉，烟气中有 Sb 存在。Sb 的毒性与其存在的形态有关（张亚平 等，2011）。其毒性顺序为：Sb(0) > Sb(III) > Sb(V)，且锑的无机物形态的毒性要比有机物形态的毒性强。Sb 可以通过呼吸及食物链等进入人体，与巯基（—SH）结合，抑制某些含巯基的酶活性，对神经系统、肝脏等各个器官造成损害（陈臻 等，2014）。

梅俊等（2012）采集垃圾焚烧厂烟气中的飞灰，通过酒石酸进行 Sb 提取并分析了 Sb 的存在形态，在高温高氧条件下，单质 Sb 不存在，Sb(III)、Sb(V) 和总 Sb 的含量如表 5.5 所示。Sb(III) 占总 Sb 的比例极少，为 1.27%～2.11%，表明垃圾焚烧飞灰中 Sb 主要以五价锑酸盐形态存在。

表 5.5 不同价态 Sb 在飞灰的含量　　　　　　　　　　　　（单位：μg/g）

样品编号	Sb 的价态	测定值	加入量	测得值	回收率/%
	Sb(III)	0.012	0.200	0.238	113
FA1	Sb(V)	0.935			
	总锑	0.947	0.400	1.286	84.8
	Sb(III)	0.006	0.100	0.108	102
FA2	Sb(V)	0.022 5			
	总锑	0.028 5	0.200	0.236	104

3. 难挥发性重金属铬、铜、钴、镍、锰含量与形态

铬（Cr）、铜（Cu）、钴（Co）、镍（Ni）和锰（Mn）这5种重金属单质的熔点均超过1 000 ℃，但其氧化物、氯化物和硫化物的熔点、沸点均有所降低，而垃圾焚烧炉内同时具有 O_2、氯源和硫源等条件，会导致上述金属在焚烧炉内发生复杂的反应、蒸发、凝结等迁移转化过程。其中 Cr 和 Ni 是致癌物，而 Cu、Co、Mn 是慢性非致癌物。

Cr 通常有三价和六价物种，其中 Cr(VI) 毒性超过 Cr(III)100 倍。赵学等（2019）以重庆市生活垃圾中的重金属为研究对象，发现难挥发性重金属 Cr 热稳定性好，通过管式炉焚烧后在灰渣中的质量分数达到 98.48%；但在管式炉中加入 5%的钙基添加剂（$CaCO_3$ 和 $Ca(OH)_2$），Cr 和 Zn 在气相中的质量分数分别增加了 2.43%和 5.36%。宋珍霞等（2009）研究了重庆市垃圾焚烧发电厂焚烧飞灰的粒径分布和重金属的含量和形态分布特征，结果表明，Cr、Cu 和 Mn 普遍表现出向小颗粒富集的趋势，Ni 的分布与粒径的相关性不大，在各粒径区间的分布较均匀。飞灰中 Cr、Ni 和 Mn 主要以稳定态存在，而 60%的 Cu 则主要以不稳定态（氯化铜、硫酸铜等）存在，易被酸雨溶出。

Cu 是生活垃圾中含量较高的重金属之一，经过焚烧后多数富集在底渣和飞灰中。生活垃圾中的 Cl 与 Cu 在焚烧过程中形成 CuCl 或 $CuCl_2$，是二噁英生成的重要催化剂和氯源。孙进等（2014）对比了不同氯化物存在下 Cu 物种转化，如图5.20所示。管式炉中的模拟垃圾中添加 PVC 和 NaCl 后，烟气中的 Cu 分布变化不大，均<0.6%；而飞灰中的 Cu 含量明显增加，底渣中的含量明显减少，温度为 1 000 ℃、氯含量为 1%时，飞灰中的 Cu 质量分数分别为 19.6%和 60%。无机盐 NaCl 对 Cu 向飞灰的迁移作用强于有机物 PVC。

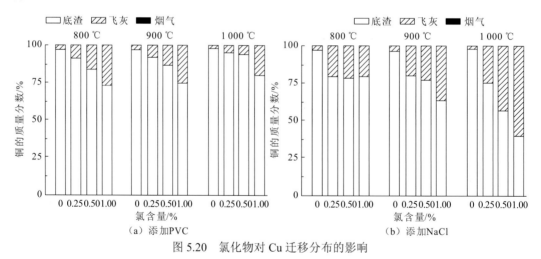

图 5.20　氯化物对 Cu 迁移分布的影响

赵曦等（2015a）研究了广东两座垃圾焚烧厂多种重金属的分布，发现焚烧后 Co、Cu、Ni、Cr 主要迁移到底渣和飞灰中，底渣中的重金属质量分数为 70%～90%，气相中未检测到上述 4 种重金属，详见表5.6。

表 5.6　两座垃圾焚烧厂重金属迁移比例　　　　　　　（单位：%）

重金属	WI-A				WI-B			
	渗滤液	底渣	飞灰	烟气	渗滤液	底渣	飞灰	烟气
铬	0.14	86.37	13.49	0	0.21	78.86	20.93	0
铜	0.01	90.02	9.97	0	0.06	89.34	10.60	0
镍	0.33	88.32	11.35	0	1.31	71.02	27.67	0
钴	0.55	89.64	9.81	0	1.03	72.50	26.47	0

注：重金属迁移比例以质量分数计；WI 为垃圾焚烧（waste incineration），A、B 为两家厂

综上所述，难挥发性重金属主要存在于底渣和飞灰中，当垃圾中氯化物含量高时会迁移到飞灰中，气相中含量很低，因此对垃圾焚烧烟气中 Cr、Cu、Co、Ni 和 Mn 的控制可以通过捕集飞灰来实现。

5.4.2　医疗废物焚烧烟气中重金属的含量、形态

由于医疗废物中含有温度计、针头等，医疗废物焚烧烟气中含有多种重金属。罗克菊等（2018）对 2014~2016 年重庆市某医疗废物焚烧烟气检测数据开展统计分析，研究汞及其化合物的排放浓度与 6 种污染物（烟尘/SO_2/ NO_x /CO/HCl/氟化物）排放浓度的相关性，结果表明：烟气中汞排放浓度与 NO_x 和氟化物排放浓度具有显著相关性，且均成正比。这可能是因为焚烧温度直接影响汞和氟化物从固相到气相的迁移转化及热力型 NO_x 的生成，因此可通过控制焚烧温度进而实现重金属、NO_x 和氟化物协同控制。

冯大伟等（2012）检测了大庆市医疗废物焚烧飞灰及底灰中多种重金属总量，详见表 5.7 和表 5.8。易挥发性元素汞主要分布于焚烧烟气中，飞灰重金属含量排序为铅>铬>镉>砷>汞，且铅、铬、镉有向小颗粒富集的趋势。

表 5.7　医疗废物焚烧烟气重金属含量　　　　　（单位：mg/m³）

样品	总砷	总汞	总铅	总镉	总铬
第一季度焚烧炉烟气	0.42	0.06	0.68	0.05	0.42
第二季度焚烧炉烟气	0.53	0.07	0.34	0.06	0.56
第三季度焚烧炉烟气	0.48	0.09	0.69	0.08	0.72
第四季度焚烧炉烟气	0.44	0.06	0.62	0.06	0.65

表 5.8　医疗废物焚烧飞灰重金属含量　　　　　（单位：mg/kg）

样品	总砷	总汞	总铅	总镉	总铬
第三季度焚烧飞灰	16.6	7.86	1985	92.1	324
第四季度焚烧飞灰	11.6	8.92	1068	86.1	273
第三季度焚烧底灰	0.38	0.312	41.8	5.13	58.3
第四季度焚烧底灰	0.69	0.293	66.3	6.76	27.6

Liu 等（2014）研究了医疗废物焚烧飞灰中重金属的含量、存在形态及比例，重金属含量见表 5.9，其中 5 种重金属分别为 Cd、Zn、Pb、Cu 和 Cr，重金属含量与浸出浓

度排序为 Zn>Pb>Cu>Cr>Cd，其中，Cd 的浸出浓度超过《危险废物鉴别标准 浸出毒性鉴别》（GB 5085.3—2007）限制的 1 mg/L 要求，说明 Cd 化合物多为易溶解的氯化物。

表 5.9   医疗废物焚烧飞灰重金属含量与浸出浓度

项目	Cd	Zn	Pb	Cu	Cr
总含量/(mg/kg)	88	5 235	1 410	1 022	112
浸出浓度/(mg/L)	1.42	28.43	3.51	2.95	0.16

5 种重金属的存在形态及比例见图 5.21，Cd、Zn、Pb 的可交换态和碳酸盐结合态占比较高，Cu 次之，Cr 最低。由于医疗废物中存在氯元素，焚烧飞灰重金属元素通常以可交换态（氯盐等）和碳酸盐结合态（碳酸盐、氢氧化物等）赋存。

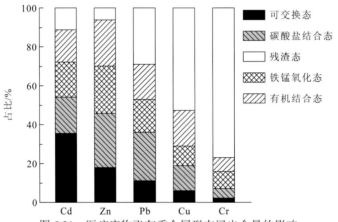

图 5.21   医疗废物飞灰重金属形态浸出含量的影响

综上所述，重金属在医疗废物焚烧烟气与生活垃圾焚烧烟气中的生成和排放有相似之处。汞主要存在于烟气中，铅、镉、铬、砷等重金属主要存在于飞灰中，铜等其他重金属主要存在于底渣中。控制医疗废物焚烧烟气重金属，可以考虑炉内的焚烧温度控制和末端的烟气重金属控制两种方法。

5.5   垃圾焚烧烟气重金属控制技术及应用案例

垃圾焚烧烟气重金属控制从流程上可以分为焚烧前控制、焚烧炉内控制和焚烧后末端控制三种。焚烧前控制是在垃圾入炉前通过垃圾分类、机械分选等方法将重金属分离出来，减少入炉垃圾的重金属含量。焚烧炉内控制是在焚烧炉内添加抑制剂，与氯源和硫源反应，进而降低金属氯化物、金属硫化物的生成。焚烧后末端控制则是通过吸附、飞灰捕集等技术，分别控制气相和飞灰中的重金属。

5.5.1   焚烧前控制技术

城市生活垃圾按其产生源的不同分为七类：生活居住废物，商业废物，公共机构废物，建设和爆破废物，农业畜牧业废物，工业废物及特殊废物。垃圾焚烧中的重金属主要来自工业废物，尤其是电池和电子产品。生活垃圾中重金属来源见表 5.10。

表 5.10　生活垃圾中重金属来源

重金属	垃圾类别
Pb	电池、橡胶、印刷电路板、印刷油墨、显示屏、着色剂
Cd	镍铬电池、橡胶、金属、玻璃、塑料
Zn	金属、电池、塑料、燃料
Cu	电子产品、金属、印刷油墨、涂料着色剂
Ni	镍铬电池、塑料
Cr	金属、电池、燃料
Hg	电容板、电池的电极
Sn	电子印刷电路板
Se、Te	电子半导体

　　垃圾分类是垃圾处理的第一个环节。2019 年 7 月 1 日，《上海市生活垃圾管理条例》正式实施。上海市绿化和市容管理局统计数据显示，上海市湿垃圾分出量超过 4 400 t/d，垃圾回收资源化量能达到 1 100 t/d；2019 年底上海平均垃圾回收量为 4 049 t/d，是 2018 年底的 5.3 倍；干废物平均处置量为 1 7731 t/d，仅为 2018 年底的 82.5%。吕岩岩等（2020）对比了垃圾分类措施实施前后上海市某垃圾焚烧炉的热工参数，详见表 5.11。由于垃圾分类提高了入炉燃料的热值，焚烧炉的燃烧温度、燃烧强度都有不同程度的提高，锅炉蒸发量增加约 5%，焚烧炉总热效率提高约 4%，排烟温度从 178.9 ℃提高到 203.1 ℃，烟气氮氧化物浓度有所上升，但没有超过末端净化装置的处理负荷。

表 5.11　垃圾分类前后上海市某垃圾焚烧炉热工参数对比

序号	名称	符号	单位	垃圾分类前的参数	垃圾分类后的参数
1	输出蒸气量	D_{out}	kg/h	65 850	69 070
2	蒸气压力（表压）	p	MPa	3.87	3.89
3	过热蒸气温度	$T_{st.sh.lv}$	℃	398.4	399.4
4	给水温度	t_{fw}	℃	125.8	130
5	给水压力	p_{fw}	MPa	6.15	6.18
6	燃料消耗量	B	kg/h; m³/h	34 600.00	19 500.00
7	输入热量	Q_{in}	kJ/kg	6 280.00	11 350.00
8	炉渣淋水后含水量	M_s	%	19.51	22.25
9	湿炉渣质量	G_{HumsL}	kg/h	10 813.50	5 144.00
10	炉渣质量	$G_{sl.}$	kg/h	87 003.79	3 999.50
11	炉渣可燃物含量	C_s	%	2.85	2.59
12	飞灰可燃物含量	C_{as}	%	7.21	6.85
13	固体不完全燃烧热损失	q_4	%	8.03	3.38

序号	名称	符号	单位	垃圾分类前的参数	垃圾分类后的参数
14	排烟处 RO_2(即:CO_2+SO_2)	RO_2'	%	14.20	14.70
15	排烟处 O_2	O_2'	%	4.90	4.10
16	排烟处 CO	CO'	%	$18.00×10^{-3}$	$8.00×10^{-4}$
17	排烟处过量空气系数	α_{ds}	—	1.30	1.23
18	气体不完全燃烧热损失	q_3	%	0.01	0.01
19	入炉冷空气温度	t_{ca}	℃	28.9	26.7
20	排烟温度	t_{ds}	℃	178.9	203.1
21	排烟热损失	q_2	%	9.29	11.68
22	散热损失	q_5	%	0.98	0.98
23	燃烧室排出炉渣温度	t_s	℃	600.00	600.00
24	灰渣物理热损失	q_6	%	2.56	1.17
25	热损失之和	$\sum q$	%	20.87	17.21
26	反平衡热效率	η_2	%	79.13	82.79

2020 年 9 月 25 日开始,新版《北京市生活垃圾管理条例》正式实施。全国的各个大型城市先后通过垃圾分类措施,将热值较低、处理难度较大的厨余垃圾单独分类处理,可回收利用的垃圾直接资源化利用。减少入炉垃圾总量和入炉重金属总量,从源头减少垃圾焚烧烟气重金属的生成。

5.5.2　焚烧炉内控制技术

焚烧炉内控制技术可分为空气分级燃烧技术、焚烧烟气再循环技术和炉内喷吹技术等。其中空气分级燃烧技术和焚烧烟气再循环技术通过降低燃烧温度,减少重金属由固相到气相的转移,属于间接重金属控制技术。炉内喷吹技术则通过添加碱性物料直接固定或吸附重金属。

1. 空气分级燃烧技术

影响垃圾焚烧过程重金属生成的重要因素之一是焚烧炉的燃烧工况,包括燃烧温度、烟气在高温区的停留时间、烟气与空气的混合程度等。降低燃烧温度峰值,可有效减缓重金属从固相到气相的迁移转化速率,该思路与燃煤烟气 NO_x 控制技术中的低氮燃烧技术思路完全相符。低氮燃烧技术中空气分级燃烧技术非常适合垃圾焚烧炉。空气分级燃烧技术具体包括缺氧燃烧与富氧燃烧。缺氧燃烧是将助燃空气分级送入焚烧炉中,从而降低初始燃烧区(也称一次区)的氧浓度,对于炉排炉,将炉排供入炉膛的一次性风量降低到理论空气量的 70%~80%,促使垃圾在缺氧状态下燃烧,减缓燃烧过程,降低此区域燃烧速度与燃烧温度的整体水平,控制重金属从固相中的释放速率。富氧燃尽是由炉排上方鼓入二次风和缺氧燃烧环境下生成的烟气混合后,含氧量上升,促使燃料在此区域内实现完全燃烧,在该氧化性气氛下,重金属中各元素(如汞)更多呈现氧化态而非单质态,可降低重金属化合物的毒性。

某垃圾发电厂一期项目处理垃圾能力为 400 t/d,焚烧炉采用顺推式机械炉排炉,垃圾设计热值为 6 280 kJ/kg,炉排热负荷为 456 kW/m^2,炉排机械负荷为 240 kg/(m^2·h)。在实际运行中发现炉膛喉口部位烟气温度较高,容易发生积灰结焦,情况严重时,焦块不断在喉口积聚,喉口流通面积不断减小,影响垃圾焚烧炉安全稳定运行。对该炉排炉进行空气分级燃烧技术改造,在接近喉口处分别设置二次风喷管,如图 5.22(a)所示,改造后一次风与二次风比例为 7:3,炉膛出口烟气温度较改造前降低 50 ℃,如图 5.22(b)和(c)所示,维持在 1 050 ℃左右(王杰 等,2022)。

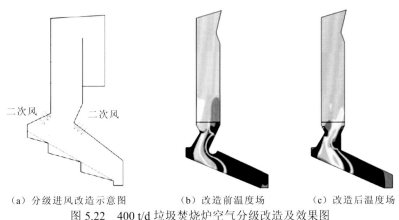

(a)分级进风改造示意图　　　(b)改造前温度场　　　(c)改造后温度场

图 5.22　400 t/d 垃圾焚烧炉空气分级改造及效果图

2. 焚烧烟气再循环技术

焚烧烟气再循环技术最初也应用于燃煤烟气 NO_x 控制,把烟气掺入助燃空气,降低助燃空气的氧浓度,是一种降低燃气、燃油锅炉 NO_x 排放的方法。通常从省煤器出口抽出烟气,加入二次风中,炉膛火焰中心不受影响,其唯一作用是降低火焰温度。当应用于垃圾焚烧炉时,考虑到垃圾焚烧烟气中酸性气体和重金属浓度较高,直接回用提高烟气中污染物浓度,因此选取净化后的焚烧烟气进行再循环。王沛丽等(2022)以 750 t/d 容量的炉排炉焚烧系统为研究对象,开展烟气再循环技术研究,再循环工艺流程见图 5.23。

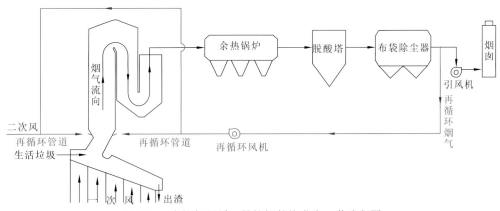

图 5.23　含烟气再循环的垃圾焚烧发电工艺流程图

烟气再循环率与系统安全可靠性、炉膛温度、炉内流场、脱硝效果、成本与收益等因素密切相关。不同烟气再循环率对应的工况和排烟条件分别见表 5.12 和表 5.13。烟气再循环率为 10%~40% 时，脱硝效率为 23%~47%，可以发挥较好的低氮燃烧效果；烟气再循环率低于 10%，脱硝和扰流促燃效果不显著；烟气再循环率超过 30%，经济性变差，可能会影响炉膛温度控制，超出系统设备负荷，影响安全可靠性，并且脱硝速率变缓。因此优选烟气再循环率 10%~25%，可兼顾脱硝效率、燃烧效果、系统安全可靠性及经济性。

表 5.12　不同烟气再循环率的工况对比

参数	单位	原始工况	再循环工况				
总过空	—	1.7	1.36	1.36	1.36	1.36	1.36
一次风量	Nm³/h	84 138	84 138	84 138	84 138	84 138	84 138
一次风温度	℃	220	220	220	220	220	220
二次风量	Nm³/h	21 034	0	0	0	0	0
二次风温度	℃	40	—	—	—	—	—
再循环率	%	—	10	19.3	30	40	50
再循环烟气量	Nm³/h	—	10 912	21 034	32 735	43 646	54 558
再循环烟气温度	℃	—	140	140	140	140	140
余热锅炉烟气量(含再循环烟气)	Nm³/h	130 150	120 027	130 150	141 850	152 762	163 673
烟囱排烟量	Nm³/h	130 150	109 116	109 116	109 116	109 116	109 116

表 5.13　不同烟气再循环率的排烟条件对比

参数	单位	原始工况	再循环工况				
再循环率	%	—	10	19.3	30	35	40
焚烧炉出口 CO 体积分数	10^{-6}	39	192	85	56	27	12
第一烟道出口 CO 体积分数	10^{-6}	0	0	0	0	0	0
第一烟道出口 NO_x 浓度（无 SNCR 时）	mg/Nm³	300	230	200	166	159	150
再循环的脱硝率	%	—	23	33	40	44	47
焚烧炉出口温度	℃	1 056	1 071	1 039	956	932	894
第一烟道出口温度	℃	820	853	827	800	788	785
850 ℃ 主控温度区烟气停留时间	s	4.11	5.04	4.21	3.13	2.60	1.86

3. 炉内喷吹技术

重金属在垃圾焚烧炉内迁移转化到飞灰和烟气中，氯元素起到极大的促进作用，在焚烧炉内添加吸附剂与氯结合，可起到抑制金属氯化物生成的作用，进而控制重金属向飞灰和烟气中迁移。

刘晶等（2003）在管炉实验台上进行了烟煤添加固体吸附剂的燃烧实验，研究了硫酸钙、石灰石、铝土矿 3 种吸附剂对 Cd、Pb、Cu、Co、Ni 排放特性的影响。结果表明，吸附剂本身物理化学特性的差异使其对重金属的吸附性能各有不同。硫酸钙对 Cd、Pb、

Cu 的排放有控制作用，石灰石对 Cd、Pb、Cu、Ni 的排放有控制作用，铝土矿对 5 种重金属的排放均具有控制作用。

Zhang 等（2008）通过热力学平衡分析，研究了吸附剂（SiO₂ 和 Al₂O₃）对垃圾焚烧过程 Cd 物种的影响，如图 5.24 所示。在 300～1200 ℃，SiO₂ 和 Al₂O₃ 与 Cd 结合，形成稳定的镉盐物种（CdSiO₃(s)和 CdAl₂O₄(s)）。当温度为 850 ℃时，约 85%的 Cd 以 CdSiO₃(s)和 CdAl₂O₄(s)形态存在。

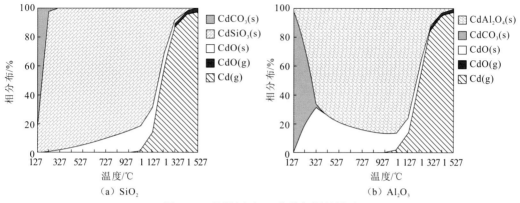

图 5.24　吸附剂对 Cd 物种相图的影响

更进一步，Zhang 等（2008）比较了 SiO₂ 和 Al₂O₃ 同时存在，以及 SiO₂、Al₂O₃、S、Cl 同时存在时，垃圾焚烧过程 Cd 物种转化，如图 5.25 所示。图 5.25（a）显示温度低于 900 ℃时，CdSiO₃(s)是主要的 Cd 物种；温度低于 1 100 ℃时，主要 Cd 物种是 CdSiO₃(s)、CdAl₂O₄(s)和 CdO(s)。温度超过 1 200 ℃时，金属蒸气 Cd(g)是主要物种。图 5.25（b）显示 S 和 Cl 物种显著改变 Cd 的存在形态，温度低于 600 ℃时，CdSO₄(s)是主要的 Cd 物种；温度为 600～1 100 ℃时，CdSiO₃(s)、CdAl₂O₄(s)、CdO(s)与 CdCl₂(g)共存；温度超过 1200 ℃时，金属蒸汽 Cd(g)是主要物种。温度低于 1 100 ℃时，气相中 Cd 含量低于 35%。上述研究说明 Si 和 Al 化合物可有效抑制 Cd 向气相迁移。

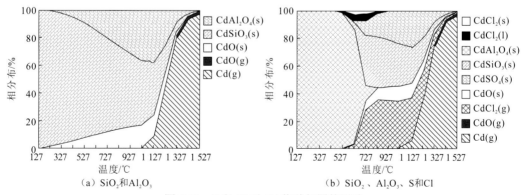

图 5.25　S 和 Cl 对 Cd 物种相图的影响

吴安等（2021）同样研究了管式炉模拟生活垃圾焚烧过程，考察了 SiO₂、Al₂O₃ 和 MgO 添加下，重金属 Cd 的迁移转化。通过 HSC Chemistry 热力学软件模拟的焚烧过程中 Cd 形态分布见图 5.26，Al₂O₃ 和 SiO₂ 会与 Cd 反应生成各种不易挥发的金属化合物，而 MgO 可与体系中的 Cl 结合，抑制易挥发的重金属氯化物的生成。

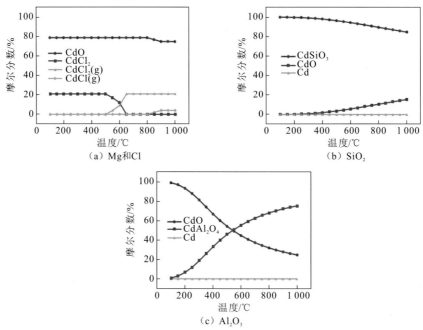

图 5.26　三种氧化物对 Cd 热力学平衡分布的影响

　　实验发现不同氧化物均能抑制 Cd 的挥发，且温度越低、氧化物添加量越大，抑制效果越好，如图 5.27 所示。随着氧化物添加量的增加，底渣中 Cd 含量均有所升高，这表明氧化物有利于 Cd 固定于底渣中。

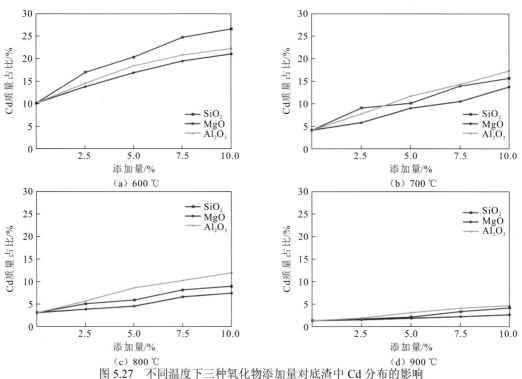

图 5.27　不同温度下三种氧化物添加量对底渣中 Cd 分布的影响

Al_2O_3 和 SiO_2 可与 CdO 反应生成稳定的铝酸盐和硅酸盐，MgO 虽不能直接与重金属 Cd 发生反应，但与 HCl 反应的能力比重金属更强（吴荣 等，2009），从而减少重金属氯化物的生成，抑制了 Cd 的挥发，并使 Cd 残留在底渣中。具体反应如下：

$$Al_2O_3 + CdO \longrightarrow CdAl_2O_4 \tag{5.37}$$

$$SiO + CdO \longrightarrow CdSiO \tag{5.38}$$

$$MgO + 2HCl \longrightarrow MgCl_2 + H_2O \tag{5.39}$$

5.5.3　焚烧烟气末端控制技术

垃圾焚烧烟气中，易挥发性重金属汞主要存在于烟气和飞灰中，中度挥发性重金属主要存在于飞灰中，难挥发性重金属同样富集在飞灰中，因此对烟气中重金属的末端控制需要首先通过固体吸附剂将气相中的重金属吸附下来，然后通过高效除尘装置，同时捕集吸附剂和飞灰。

垃圾焚烧烟气中污染物种类多，除飞灰和重金属外，还有 HCl、HF、SO_2、NO_x 等污染物。与国家标准相比，国内重点地区的地方标准更加严格，引导垃圾焚烧厂进行超低排放改造。《生活垃圾焚烧污染控制标准》（GB 18485—2014），以及上海市、河北省和深圳市的生活垃圾焚烧烟气地方标准（方民兵，2021），如表 5.14 所示。

表 5.14　生活垃圾焚烧烟气地方标准　　　　　　　　（单位：mg/m^3）

项目	GB 18485—2014	DB 31/768—2013	DB 13/5325—2021	深圳地方标准（试行）
颗粒物	20.00	10.00	8.00	10.00
HCl	50.00	10.00	10.00	10.00
HF	—	—	—	1.00
SO_2	80.00	80.00	20.00	30.00
NO_x	250.00	200.00	120.00	80.00
TOC	—	—	—	—
CO	80.00	50.00	80.00	80.00
Hg	0.05	0.05	0.02	0.02
Cd+Tl	0.10	0.05	0.04	0.04
其他重金属	1.00	0.50	0.30	0.30

注：Hg、Cd+Tl 和其他重金属取值为测定均值，其他项目取值均为 24 h 均值；DB 31/768—2013 为上海地方标准，DB 13/5325—2021 为河北省地方标准，深圳市地方标准为《深圳市温室气体重点排放单位自行监测技术指南生活垃圾焚烧（试行）》

目前，应用最为广泛的超低排放技术是"选择性非催化还原脱硝（SNCR）+半干法+干法+活性炭吸附+布袋除尘器"工艺（刘丽青 等，2021），如图 5.28 所示。图 5.28（a）显示，在焚烧炉内或者烟道中温度 900～1 050℃的位置处喷入氨水或尿素，脱除 NO_x；其后焚烧烟气经过余热回收发电装置后，温度降低到 200℃以下，采用半干法或干法脱酸，吸收烟气中的 HCl、HF 和 SO_2；接着喷入活性炭，吸附二噁英、重金属，最终通过布袋除尘器将脱酸灰、吸附后的活性炭全部捕集，烟气通过烟囱排放，飞灰则通过固化后填埋。图 5.28（b）所示工艺的不同之处在于，活性炭和消石灰加入同一个脱酸反应器中，同时实现二噁英/重金属吸附和酸性气体吸收。

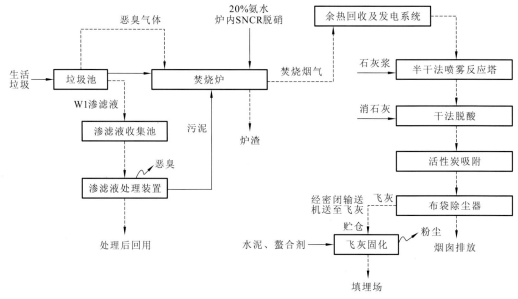

（a）"半干法+干法+活性炭吸附"在单独反应器中完成

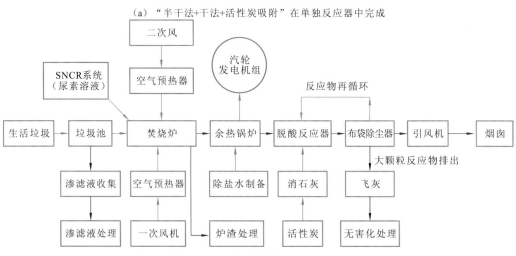

（b）"半干法+干法+活性炭吸附"在一个反应器中完成

图 5.28　生活垃圾焚烧厂工艺流程

目前垃圾焚烧厂常用的吸附剂为活性炭，为降低吸附剂成本，Cheng 等（2023）开发了 Si/Al 基吸附剂，研究其对铅和镉蒸气的吸附特性和吸附机理。结果表明：高岭土和蒙脱石对重金属的吸附能力优于 SiO_2 和 Al_2O_3，对 Pb 的吸附能力明显强于 Cd。在高温度条件下，Si/Al 基吸附剂对 Pb/Cd 的吸附主要以化学吸附为主；DFT 计算结果见图 5.29，化学吸附机制主导了 Pb 和 Cd 物种在偏高岭石(001)晶面的吸附，且 Pb 物种在偏高岭石(001)晶面的吸附能大于 Cd 物种。偏高岭石(001)晶面暴露的 O 原子和不饱和 Al 原子是对重金属及其氯化物的有效吸附活性位点。在吸附反应中，Pb/Cd 原子与表面暴露的 O 位结合及 Cl 和不饱和 Al 原子之间的强相互作用是偏高岭石吸附 Pb 和 Cd 氯化物的主要原因。

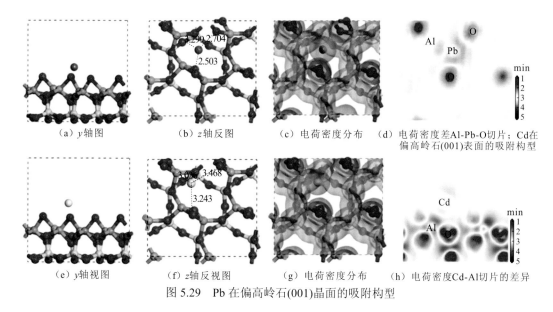

（a）y轴图 　（b）z轴反图 　（c）电荷密度分布 　（d）电荷密度差Al-Pb-O切片；Cd在偏高岭石(001)表面的吸附构型

（e）y轴视图 　（f）z轴反视图 　（g）电荷密度分布 　（h）电荷密度Cd-Al切片的差异

图 5.29　Pb 在偏高岭石(001)晶面的吸附构型

半干法和干法脱酸塔对重金属具有脱除作用。以汞为例，美国国家环境保护局研究结果表明，钙基类物质脱除效率与烟气中汞的化学形态有很大关系，如 $Ca(OH)_2$ 对 $HgCl_2$ 的吸附效率可达到 85%，CaO 同样可以很好地吸附 $HgCl_2$，然而对单质汞的吸附效率却很低。Stouffer 等（1996）研究结果表明，反应条件的控制对汞的脱除有重大影响，当反应温度为 93 ℃时，Ca/Hg 比为 $5×10^3 \sim 1×10^5$:1（质量比），$Ca(OH)_2$ 对 Hg^{2+} 吸附率为 55%～85%；对于 Hg^0，当 Ca/Hg 比为 $3×10^5$ 时，也只有 10%～20%的脱除率。总体看来，钙基类物质对汞高吸附率主要是针对 Hg^{2+}，对单质汞的吸附却很有限。

张明华等（2020）对河北、北京、深圳和海南的 4 家垃圾焚烧厂的调研发现，4 家企业的布袋除尘器均选用覆膜滤料，2020 年 1 月 4 家焚烧厂颗粒物排放浓度见图 5.30，颗粒物排放浓度基本保持在 5 mg/m^3 以下，满足生活垃圾焚烧行业超低排放要求。

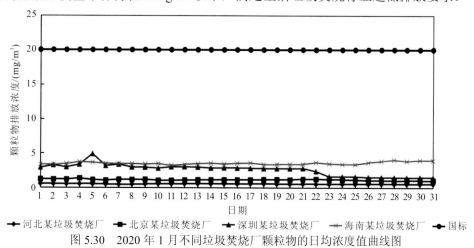

图 5.30　2020 年 1 月不同垃圾焚烧厂颗粒物的日均浓度值曲线图

2014 年后燃煤锅炉超低排放要求颗粒物、SO_2、NO_x 的排放浓度分别低于 10 mg/Nm^3[①]、35 mg/Nm^3、50 mg/Nm^3，垃圾焚烧厂也逐渐向该标准靠拢。采用上述"SNCR

---

① Nm^3 是指在0 ℃、1个标准大气压（1 atm＝1.013 25×10^5 Pa）、相对湿度为0%条件下的气体体积、N代表标准条件

脱硝+半干法+干法+活性炭吸附+布袋除尘器"工艺无法满足超低排放要求,有垃圾焚烧厂在此工艺基础上增设中/低温选择性催化还原脱硝(SCR)和湿法脱酸(赵丹,2019),具体超低排放技术路线见图5.31。中/低温SCR的脱硝效率可达90%,湿法脱酸的效率可达95%。图5.31(a)和(b)的不同之处在于选用中/低温SCR和湿法脱酸的前后顺序,整体流程相对传统处理工艺更加复杂。

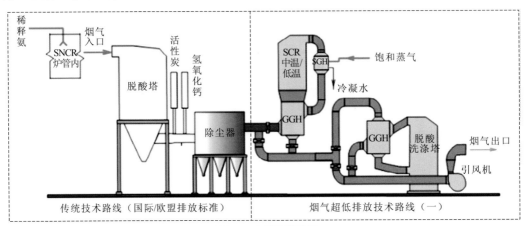

（a）SCR在湿法脱酸前

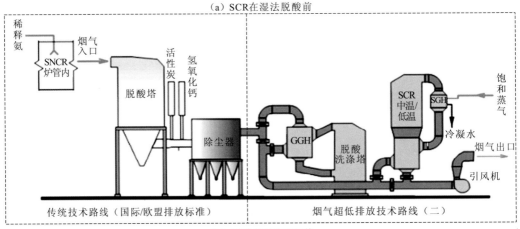

（b）湿法脱酸在SCR前

图5.31　垃圾焚烧烟气超低排放技术路线图

①SGH为蒸汽-烟气换热器,steam-gas heat exchanger;②GGH为气-气换热器,gas-gas heat exchanger

SCR催化剂对NO_x和元素汞存在协同催化作用,其催化机理如图5.32所示,NO和O_2吸附在催化剂表面形成硝酸根,与零价汞结合形成硝酸汞停留在吸附剂表面,在烟气中HCl作用下,转化为$HgCl_2$,进入烟气中(Yang et al.,2019)。

当入口元素汞质量浓度为(69±1)$\mu g/m^3$、空速为260 000 h^{-1}时,不同NH_3、NO、O_2浓度下,汞在钒钛和钒铈钛催化剂上的氧化效率见图5.33,NO、O_2和HCl均促进汞的氧化,而NH_3起到抑制作用,钒铈钛催化剂对零价汞的氧化效果显著优于钒钛催化剂。

通过SCR装置后的二价汞可以在湿法脱酸塔中洗涤脱除,几乎所有的$HgCl_2$都被碱性溶液所捕集。河北省某垃圾焚烧发电厂1×600 t/d机械炉排炉,采用类似图5.31(a)中的技术路线(席洋 等,2020),烟囱排放的烟尘≤8 mg/Nm^3,很好地捕集了富集重金属的飞灰。

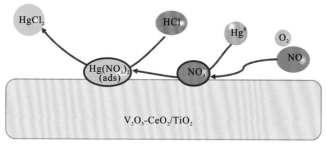

图 5.32　NO 和 Hg⁰ 在钒铈钛催化剂上的转化过程

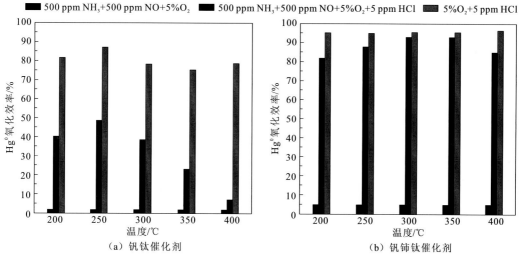

（a）钒钛催化剂　　　　　　　　　（b）钒铈钛催化剂

图 5.33　不同气氛下 Hg⁰ 在钒钛和钒铈钛催化剂上的氧化效率

海南省文昌市生活垃圾焚烧发电厂二期 1×600 t/d 机械炉排生活垃圾焚烧发电项目则采用图 5.34 所示的超低排放工艺路线（钱冉冉，2020），烟囱排放的烟尘和重金属浓度如下：烟尘浓度≤5 mg/Nm³，Hg 浓度≤0.02 mg/Nm³，Cd＋Tl 浓度≤0.03 mg/Nm³，Pb＋Cr 等其他重金属浓度≤0.3 mg/Nm³。

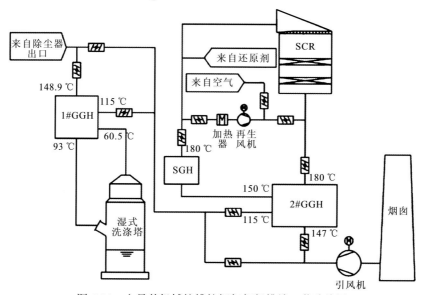

图 5.34　文昌某机械炉排炉烟气超低排放工艺路线图

5.6 垃圾焚烧烟气重金属防治建议及研究展望

5.6.1 防治建议

  研究者对现有垃圾焚烧烟气治理技术已开展环境影响评估,以期给出更加绿色和具有经济性的防治技术建议。Liu 等(2017)采用能值-生命周期评价联合方法来评估北京市垃圾处理系统投入和产出的环境影响,包括垃圾分类收集运输系统、填埋系统、流化床焚烧系统和堆肥系统,如图 5.35 所示。结果表明,随着源分离率的提高,回收材料和分选垃圾的回收率也有所提高。因此,源头的垃圾分选技术是关键。

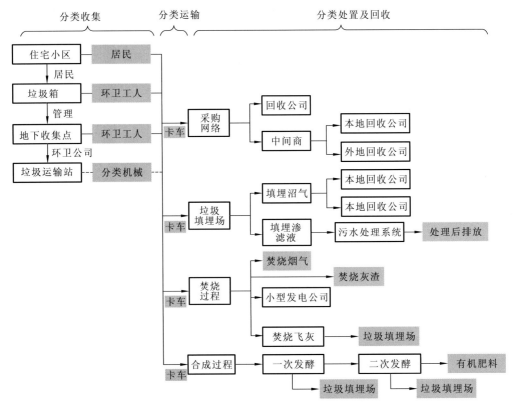

图 5.35 北京市城市固体废物目的地流程图

  在烟气末端控制方面,由于重金属主要吸附在颗粒物表面,除尘技术是主要的末端治理技术。Xiong 等(2020)基于生命周期评价方法,集成了模糊综合评价和层次分析法,分别对颗粒物捕集技术和锅炉燃烧技术进行定量化核算研究。细颗粒物控制技术包括 5 种,即电除尘器、袋式除尘器、电袋除尘器、湿式静电除尘器和低温静电除尘器。最终的综合评估结果中,电除尘器在给定方案下的排名最高,综合经济效益和减排效果最好,电袋除尘器排第二,优于其他三种技术。而对烟气再循环、低氮燃烧+烟气再循环、空气分级燃烧技术等 5 项典型锅炉燃烧技术的综合评估结果表明,低氮燃烧+烟气再循环技术的综合评分最高。

结合以上研究结论，对于垃圾焚烧重金属防治，可从以下 4 个方面开展。

（1）控制技术从末端控制技术前移到焚烧前控制技术，强化焚烧前垃圾分类回收技术，从源头阻断重金属进入焚烧炉进而迁移到焚烧飞灰中。

（2）在焚烧中控制技术方面，开发节能型焚烧炉和焚烧技术，结合烟气再循环和空气分级燃烧技术等，降低炉膛内的温度峰值，实现重金属和 NO_x 的协同生成控制，降低末端控制装置的负荷。

（3）在焚烧后末端控制技术方面，鉴于电除尘器可能导致垃圾焚烧烟气中二噁英增加，建议采用电袋除尘器等其他几种除尘技术。

（4）关注焚烧飞灰的无害化和资源化处置，实现重金属化合物的无害化固定和回收利用。

5.6.2　研究展望

未来在垃圾焚烧烟气重金属控制方面，需要研究垃圾焚烧烟气超低排放下如何降低碳增量。对于垃圾焚烧行业建立多种污染物（尤其是重金属和二噁英）的排放清单，以便于生态环境部门监管；现有的生命周期评估研究中，仍缺乏垃圾焚烧行业源头、燃烧技术、末端控制技术的全过程污染物、碳排放和环境影响综合评价，未来针对多种垃圾焚烧炉窑及烟气防治技术，分别进行定量评价，考察能耗、资源消耗、碳足迹、多种污染物和重金属的减排效果及环境影响，为垃圾焚烧炉和污控设施的升级改造提供数据支持，为垃圾焚烧行业绿色发展提供理论支撑。

参 考 文 献

陈勇, 2008. 垃圾焚烧中镉、铅迁移转化特性研究. 北京: 清华大学.

陈臻, 吕文英, 2014. 锑的环境毒理效应研究进展. 广东化工, 41(10): 78-79.

董亚子, 2014. 阜新垃圾焚烧发电厂烟气净化设计. 科技创新导报, 11(34): 56.

方民兵, 2021. 垃圾焚烧行业烟气净化系统超低排放技术新路线研究. 节能, 40(4): 57-59.

冯大伟, 李钟玮, 2012. 大庆市医疗废物焚烧飞灰及底灰中重金属含量水平调查. 化学分析计量, 21(4): 94-95, 101.

韩铮, 2017. 北方某生活垃圾焚烧厂大气污染防治措施及环境影响分析. 哈尔滨: 哈尔滨工业大学.

胡济民, 王瑟澜, 徐浩然, 等, 2018. 城市生活垃圾焚烧过程中铅的迁移特性探究. 华东理工大学学报（自然科学版）, 44(6): 800-806.

刘晶, 郑楚光, 曾汉才, 等, 2003. 固体吸附剂控制燃煤重金属排放的实验研究. 环境科学, 24(5): 23-27.

刘丽青, 孙英战, 王灵, 等, 2021. 生活垃圾焚烧发电厂废气治理实证研究. 资源节约与环保(4): 68-70.

刘洋, 胡彦霞, 张晔, 等, 2021. 气化式回转窑焚烧炉设计理念与实践. 工业锅炉(1): 20-25.

罗克菊, 刘美玲, 吴渝嘉, 2018. 医疗废物焚烧烟气中汞排放浓度影响因素研究. 绿色科技(24): 98-99.

吕国钧, 蒋旭光, 蔡永祥, 等, 2019. 400t/d 循环流化床垃圾焚烧锅炉改造的设计和运行. 锅炉技术, 50(2): 27-34.

吕岩岩, 杨麟, 徐煜, 2020. 垃圾分类对垃圾焚烧炉运行性能影响的分析. 工业锅炉(3): 44-47.

梅俊, 王秀季, 吴喜仁, 等, 2012. HG-AFS 测定垃圾焚烧炉烟道气中锑的形态. 广东微量元素科学, 19(4): 62-66.

钱冉冉, 2020. 垃圾焚烧烟气脱硝超低排放典型工艺及案例分析. 能源与环境, 5: 75-76, 86.

阙正斌, 李德波, 肖显斌, 等, 2022. 垃圾焚烧发电厂炉排炉数值模拟研究进展. 洁净煤技术, 28(10): 15-29.

宋珍霞, 王里奥, 丁世敏, 等, 2009. 垃圾焚烧飞灰中重金属的分布规律及化学形态分析. 安全与环境学报, 9(3): 53-56.

孙进, 李清海, 李国岫, 等, 2014. 城市生活垃圾焚烧中氯化物对铜迁移转化特性的影响. 中国电机工程学报, 34(8): 1245-1252.

孙路石, 陆继东, 李敏, 等, 2004. 垃圾焚烧中 Cd、Pb、Zn 挥发行为的研究. 中国电机工程学报, 24(8): 157-161.

孙振鹏, 李晓东, 沈道江, 等, 2005. 医疗垃圾典型组分热解和气化实验研究. 电站系统工程, 21(5): 13-18.

王杰, 赵锋锋, 2022. 400t/d 垃圾焚烧炉结焦原因分析及优化改造. 能源研究与利用(4): 48-51.

王里奥, 宋珍霞, 丁世敏, 等, 2009. 垃圾焚烧飞灰中 As 和 Hg 的粒径分布及浸出特性研究. 安全与环境学报, 9(1): 62-65.

王沛丽, 王进, 许岩韦, 2022. 垃圾焚烧炉烟气再循环率分析. 四川环境, 41(5): 112-117.

吴安, 唐彪, 徐浩然, 等, 2021. 垃圾焚烧过程中氧化物对 Cd 和 Zn 迁移分布的影响. 化工环保, 41(6): 737-744.

吴荣, 李清海, 蒙爱红, 等, 2009. 垃圾焚烧中吸附剂对 Cd、Pb 迁移分布的影响. 环境科学, 30(7): 2174-2178.

席洋, 赵秀勇, 王圣, 等, 2020. 新形势下生活垃圾焚烧发电大气环境污染控制与影响分析. 电力科技与环保, 36(5): 59-62.

徐章, 胡红云, 陈敦奎, 等, 2015. 垃圾焚烧飞灰中砷的赋存形态研究. 工程热物理学报, 36(9): 2071-2075.

张明华, 郝广民, 靳睿杰, 等, 2020. 重点区域生活垃圾焚烧行业实施大气污染物超低排放的可行性技术路线研究. 中国环境监测, 36(6): 51-56.

张亚平, 张婷, 陈锦芳, 等, 2011. 水、土环境中锑污染与控制研究进展. 生态环境学报, 20(z2): 1373-1378.

赵丹, 2019. 垃圾焚烧电厂烟气超低排放技术路线研究. 锅炉技术, 50(4): 75-79.

赵曦, 李娟, 黄艺, 等, 2015a. 广东某大型城市生活垃圾焚烧厂 9 种重金属的迁移特征. 环境污染与防治, 37(6): 18-23.

赵曦, 喻本德, 张军波, 2015b. 城市生活垃圾焚烧重金属迁移、分布和形态转化研究. 环境科学导刊, 34(3): 49-55.

赵学, 王里奥, 2019. 生活垃圾衍生燃料(RDF-5)焚烧过程中 Pb、Cr、Zn 和 Cd 的分布研究. 四川环境, 38(5): 55-60.

中华人民共和国生态环境部, 2019. 生态环境部通报全国医疗废物、医疗废水处置和环境监测情况. 2019-12-31.

朱廷钰, 晏乃强, 徐文青, 等, 2017. 工业烟气汞污染排放监测与控制技术. 北京: 科学出版社.

Belevi H, Langmeier M, 2000a. Factors determining the element behavior in municipal solid waste incinerators: 2.Laboratory experiments. Environmental Science & Technology, 34(12): 2507-2512.

Belevi H, Moench H, 2000b. Factors determining the element behavior in municipal solid waste incinerators: 1. Field studies. Environmental Science & Technology, 34(12): 2501-2506.

Cahill C A, Newland L W, 1982. Comparative efficiencies of trace metal extraction from municipal incinerator ashes. International Journal of Environmental Analytical Chemistry, 11(3-4): 227-239.

Cheng H Q, Huang Y J, Zhu Z C, et al., 2023. Experimental and theoretical studies on the adsorption characteristics of Si/Al-based adsorbents for lead and cadmium in incineration flue gas. Science of the Total Environment, 858(part 2): 159895.

Davison R L, Natusch D F S, Wallace J R, et al., 1974. Trace elements in fly ash: Dependence of concentration on particle size. Environmental Science & Technology, 8(13): 1107-1113.

Dia-Somoano, Martíne-Tarazona M R, 2005. High-temperature removal of cadmium from a gasification flue gas using solid sorbents. Fuel, 84(6): 717-721.

Fernandez M A, Martinez L, Segarra M, et al., 1992. Behavior of heavy metals in the combustion gases of urban waste incinerators. Environmental Science & Technology, 26(5): 1040-1047.

Fu Z Y, Wu F C, Amarasiriwardena D, et al., 2010, Antimony, arsenic and mercury in the aquatic environment and fish in a large antimony mining area in Hunan China. Science of the Total Environment, 408(16): 3403-3410.

Gale T, Wendt J O L, 2005. In-furnace capture of cadmium and other semi-volatile metals by sorbents. Proceedings of the Combustion Institute, 30(2): 2999-3007.

He M C, Wang X Q, Wu F C, et al., 2012. Antimony pollution in China. Science of the Total Environment, 421-422(3): 41-50.

Linak W P, Wendt J O L, 1993. Toxic metal emissions from incineration: Mechanisms and control. Progress in Energy and Combustion Science, 19(2): 145-185.

Liu G Y, Hao Y, Dong L, et al., 2017. An emergy-LCA analysis of municipal solid waste management. Resources, Conservation and Recycling, 120: 131-143.

Liu H Q, Wei G X, Zhang R, et al., 2014. Simultaneous removal of heavy metals and PCDD/Fs from hospital waste incinerator fly ash by flotation assisted with hydrochloric acid. Separation Science and Technology, 49(7): 1019-1028.

Lockwood F C, Yousif S, 2000. A model for the particulate matter enrichment with toxic metals in solid fuel flames. Fuel Processing Technology, 65-66: 439-457.

Stouffer M R, Rosenhoover W A, Burke F P, et el., 1996. Investigation of flue gas mercury measurement and control for coal-fired sources//Proceedings of the Air & Waste Management Associations Annual Meeting& Exhibition. Nashville, TN, USA.

Verhulst D, Buekens A, Spencer P J, et al., 1996. Thermodynamic behavior of metal chlorides and sulfates under the conditions of incineration furnaces. Environmental Science & Technology, 30(1): 50-56.

Wang K S, Chiang K Y, Lin S M, et al., 1999a. Effects of chlorides on emissions of hydrogen chloride formation in waste incineration. Chemosphere, 38(7): 1571-1582.

Wang K S, Chiang K Y, Lin S M, et al., 1999b. Effects of chlorides on emissions of toxic compounds in waste incineration: Study on Partitioning characteristics of heavy metal. Chemosphere, 38(8): 1833-1849.

Xiong F Y, Pan J J, Lu B, et al., 2020. Integrated technology assessment based on LCA: A case of fine particulate matter control technology in China. Journal of Cleaner Production, 268: 122014.

Yang Y, Xu W Q, Wang J, et al., 2019. New insight into simultaneous removal of NO and Hg^0 on CeO_2-modified V_2O_5/TiO_2 catalyst: A new modification strategy. Fuel, 249: 178-187.

Zhang Y G, Chen Y, Meng A H, et al., 2008. Experimental and thermodynamic investigation on transfer of cadmium influenced by sulfur and chlorine during municipal solid waste(MSW)incineration. Journal of Hazardous Materials, 153(1-2): 309-319.

第6章 水泥行业重金属污染控制技术及应用

6.1 水泥生产工艺

水泥生产工艺主要分为干法、半干法、半湿法和湿法 4 种，我国水泥生产线类型主要为新型干法窑和立窑两种，其中立窑属于淘汰窑型，现阶段新型干法水泥生产工艺比例达到 95%以上。另外，随着对工业固体废物处理的重视，在水泥生产中增加水泥协同固体废物处置的水泥生产线逐渐增加，所以现阶段水泥生产过程包括新型干法水泥生产和水泥生产协同固体废物处置这两种工艺。

6.1.1 新型干法水泥生产工艺

新型干法水泥窑是一种在窑尾配加了悬浮预热器和分解炉的回转式水泥窑，其生产工序如图 6.1 所示，工艺流程可概括为"两磨一烧"，即生料制备、熟料煅烧和水泥粉磨。

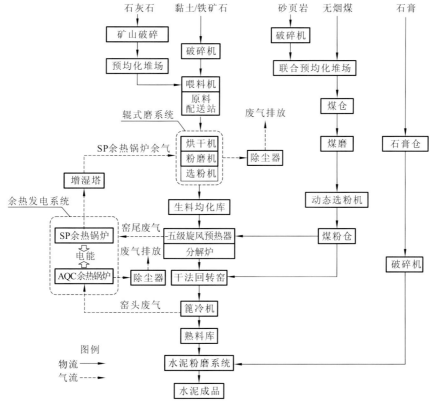

图 6.1 新型干法水泥生产工艺流程

SP 为悬浮预热器，suspension preheater；AQC 为篦式冷却机，air quenching cooler

1. 生料制备

该阶段包括原料的破碎、生料粉磨和均化三个阶段，将石灰石、黏土等原料经过破碎、均化、粉磨等加工程序加工满足煅烧生料的要求。首先是原料的破碎，由于石灰石、铁矿石等原料的粒度比较大、硬度较高，在进行粉磨之前需要先进行破碎，可以分担粉磨环节的负荷。一般原料经过破碎后粒径为 20~25 mm。然后是生料的粉磨及均化，由于粉磨一般要求生料中水的含量低于 2%，而原料中的水分一般不满足这一要求，需要对原料进行烘干。烘干的方式有两种，一种是在粉磨的同时进行原料烘干，另外一种是先采用设备进行烘干，再送入粉磨设备粉磨。目前常用的烘干机主要有回转式、悬浮式和流态化三种。原料经过破碎和烘干后按照水泥成分配比要求进行配料，经配料后送入粉磨系统进行粉磨。现阶段常用的粉磨系统分为两种：一种是经过破碎和烘干的原料只需经过一次粉磨系统就直接成为生料产品；另一种是经过破碎和烘干的原料经过粉磨系统后通过分级，合格的为生料产品，不合格的粗料重新进行粉磨。最终粉磨后的生料细度一般控制在 0.08 mm 左右。

2. 熟料煅烧

熟料煅烧发生在生料制备之后，主要是将生料制备系统生产的生料输送到熟料烧成系统，通过预热器、分解炉、回转窑等设备将生料烧制成熟料的过程。首先是生料的预热，在生料进入回转窑高温煅烧之前，需要通过预热器进行预热，同时该阶段水泥生料可在分解炉内完成小部分分解，预热分解一方面可以缩短回转窑的长度，另一方面可以使生料与热气充分悬浮混合，增加气料的接触面积及整个系统热交换效率，从而降低熟料煅烧窑系统热损失，提高热能的利用率。

经预热分解之后的生料进入回转窑中进行煅烧，该阶段生料在煅烧过程中分解生成铝酸三钙、硅酸二钙、铁铝酸四钙等矿物，进一步充分煅烧之后生成大量硅酸三钙，也就是最终的熟料，这时降低窑内温度，高温的熟料进入篦冷机进行冷却后送入水泥粉磨系统加工，同时回收回转窑和高温熟料的余热分别送入预热器和发电设备进行利用。

3. 水泥粉磨

熟料经冷却后送入水泥粉磨，将水泥熟料粉磨成满足细度要求和比表面积要求的水泥成品，达到工程对水化面积和水化速度的要求，同时水泥的硬化等标准也要达标，然后包装出厂。

6.1.2　水泥生产协同固体废物处置工艺

传统水泥生产中固体废物主要以水泥替代原料和燃料的形式处理（王建斌 等，2022），如表 6.1 所示，对水泥窑协同固废进行分类，高炉炉渣、钢渣、赤泥、粉煤灰、炉渣、煤矸石、电石渣、垃圾焚烧灰渣等适合用于替代原料，含油污泥、市政污泥、酸洗污泥、废塑料、废橡胶、垃圾衍生燃料、城市生活垃圾等热值较高的固体废物适合用于替代燃料。

表 6.1　水泥窑协同固体废物分类

替代类型	固废品种
替代原料	高炉炉渣、钢渣、赤泥、粉煤灰、炉渣、煤矸石、电石渣、垃圾焚烧灰渣等
替代燃料	含油污泥、市政污泥、酸洗污泥、废塑料、废橡胶、垃圾衍生燃料、城市生活垃圾等

图 6.2 所示为水泥生产协同固体废物处置工艺流程，其中固体废物作为替代原料主要是在水泥原料粉磨前与其他原料进行混合，另外是在水泥分解阶段添加，利用高温进行销毁，最后成为水泥熟料的组成部分。固体废物作为替代燃料主要是和煤炭一起送入回转窑，燃烧后提供水泥原料分解所需的热量，减少煤炭用量的同时实现固体废物的无害化处理。

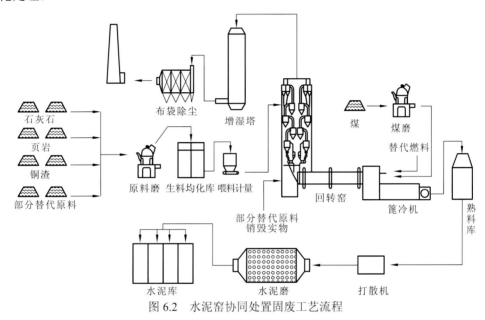

图 6.2　水泥窑协同处置固废工艺流程

6.2　水泥窑烟气重金属排放标准

常规的水泥生产过程中污染物的排放主要来自原料和燃料，现阶段水泥生产主要执行《水泥工业大气污染物排放标准》（GB 4915—2013），该标准规定了颗粒物、SO_2、NO_x、氟化物、重金属和氨的排放限值。而且对重金属中汞及其化合物（以 Hg 计）的排放进行了规定，要求排放浓度不超过 0.05 mg/m^3，对除汞外的其他重金属无排放要求，如表 6.2 所示。

随着水泥生产协同固体废物处置的推广和应用，国家发布了《水泥窑协同处置固体废物污染控制标准》（GB 30485—2013），该标准主要规定了除颗粒物、SO_2、NO_x 和氨的排放限值外的氯化氢（HCl）、氟化氢（HF）、重金属和二噁英类的排放标准。重金属的排放标准分为三部分，汞及其化合物（以 Hg 计）的排放浓度不超过 0.05 mg/m^3；铊、镉、铅、砷及其化合物（以 Tl+Cd+Pb+As 计）的排放浓度不超过 1.0 mg/m^3；铍、铬、锡、锑、铜、钴、锰、镍、钒及其化合物（以 Be+Cr+Sn+Sb+Cu+Co+Mn+Ni+V 计）的排放浓度不超过 0.5 mg/m³，如表 6.3 所示。

表 6.2 水泥工业大气污染物排放标准　　　　　　　　　（单位：mg/m³）

生产过程	生产设备	颗粒物	二氧化硫	氮氧化物（以 NO₂ 计）	氟化物（以总 F 计）	汞及其化合物	氨
矿山开采	破碎机及其他通风生产设备	10	—	—	—	—	—
水泥制造	水泥窑及窑尾余热利用系统	20	100	320	3	0.05	8[(1)]
	烘干机、烘干磨、煤磨及冷却机	20	400[(2)]	300[(2)]	—	—	—
	破碎机、磨机、包装机及其他通风生产设备	10	—	—	—	—	—
散装水泥中转站及水泥制品生产	水泥仓及其他通风生产设备	10	—	—	—	—	—

注：（1）适用于使用氨水、尿素等含氨物质作为还原剂，去除烟气中氮氧化物；（2）适用于采用独立热源的烘干设备

表 6.3 协同处置固体废物水泥窑大气污染物最高允许排放标准　　单位：mg/m³（二噁英除外）

序号	污染物	最高允许排放浓度限值
1	氯化氢（HCl）	10
2	氟化氢（HF）	1
3	汞及其化合物（以 Hg 计）	0.05
4	铊、镉、铅、砷及其化合物（以 Tl+Cd+Pb+As 计）	1.0
5	铍、铬、锡、锑、铜、钴、锰、镍、钒及其化合物（以 Be+Cr+Sn+Sb+Cu+Co+Mn+Ni+V 计）	0.5
6	二噁英类	0.1 ng TEQ/m³

6.3 重金属在原料中的赋存形态

6.3.1 重金属在水泥生产原料中的赋存形态

水泥生产过程中的重金属以汞为主，是现阶段汞排放所关注的重点。据相关研究，水泥行业输入的汞约 80% 来自原料，剩余约 20% 来自燃料煤粉（王凤阳，2016），石灰石是水泥生产过程中的主要原料，这部分汞的含量直接影响水泥行业汞排放的总量，国内学者对全国主要地区的石灰石中汞的含量进行了检测（杨海，2014），表 6.4 所示为我国主要省份石灰石中汞的含量。全国石灰石平均汞质量分数为 42.50 μg/kg，其中最小值为 4.20 μg/kg，最大值为 2 752.83 μg/kg。各省份的石灰石中汞的含量差异较大，浙江、广东两省平均汞含量与全国平均值较为相近；河北、河南、山东、江苏和湖南各省的石灰石中汞含量较高；而江西、四川、湖北、安徽、云南、广西、福建和陕西各省份

的石灰石中汞含量较低。河北、河南、山东和江苏四省的石灰石中汞含量最大值均超过400 µg/kg。

表 6.4　我国主要省份石灰石中汞的含量　（单位：µg/kg）

省份	最小值	最大值	平均值
河北	4.30	2 752.83	189.55
河南	4.55	1 738.81	208.48
山东	5.05	1 923.59	111.35
江苏	39.58	531.75	84.80
浙江	16.36	134.19	42.81
江西	4.20	66.68	10.05
湖南	47.88	187.02	83.75
广东	20.28	120.03	42.72
四川	7.00	46.40	14.16
湖北	7.40	31.75	14.17
安徽	5.90	17.60	10.32
云南	7.25	22.55	16.17
广西	5.30	10.50	7.60
福建	5.65	14.95	9.95
陕西	6.65	25.70	10.24
全国	4.20	2752.83	42.50

除石灰石外，黏土、砂岩、铁矿、矿渣等原料中也含有汞，表 6.5 所示为其他水泥原料中的汞含量（李娟 等，2018）。这几种常用的原料中，黏土中汞的质量分数为 2～450 µg/kg，砂岩中汞的质量分数为 <5～550 µg/kg，粉煤灰中汞的质量分数为 <2～800 µg/kg，铁矿中汞的质量分数为 <1～680 µg/kg，矿渣中汞的质量分数为 <5～200 µg/kg，页岩中汞的质量分数为 <2～3 250 µg/kg。其中页岩的汞含量分布最广，其他原料的汞含量一般不超过 1 000 µg/kg。结合石灰石中的汞含量分布可以发现：每千克水泥窑原料中汞的含量一般在数十到数百微克之间，且不同种类和地区的原料中汞含量差异较大。在水泥原料中，汞主要以稳定的化合物形式存在。

表 6.5　其他水泥原料中汞的含量　（单位：µg/kg）

原料	汞质量分数	原料	汞质量分数
黏土	2～450	铁矿	<1～680
砂岩	<5～550	矿渣	<5～200
粉煤灰	<2～800	页岩	<2～3 250

6.3.2 重金属在固体废物中的赋存形态

随着我国城市与工业的快速发展，大量的固体废物随之产生。据统计，2014～2017年，我国排放了超过 130 亿 t 的固体废物。如此大量的固体废物给生态环境带来了极大的挑战。固体废物主要包含城市固体废物与工业固体废物。其中，城市固体废物主要为生活垃圾和污泥；工业固体废物主要为高炉渣、钢渣、赤泥、有色金属渣、粉煤灰、煤渣、硫酸渣、废石膏等。近些年，随着冶金、火力发电等工业的快速发展，我国工业固体废物排放量巨大，且排放量呈逐年增加的趋势。虽然其中部分的高炉渣、钢渣、粉煤灰等废物已作为矿物掺合料广泛应用于混凝土中，但仍有大量有毒有害物质含量较高的工业固体废物没有得到充分利用和良好处置。

固体废物的来源广泛且种类繁多，使得其组成复杂多变。表 6.6 所示为常见固体废物中重金属的典型含量，固体废物中通常含有铜、铅、铬、镉、锰、镍、锌、砷等重金属（崔文刚 等，2021），其中金属冶炼废渣（铜渣）中重金属含量普遍较高，铜、铅、锌、砷的含量尤其偏高，均超过了 1 000 mg/kg。对于其他固体废物来说，铬、锰和锌的含量普遍较高，多数超过了 100 mg/kg。

表 6.6 不同固废的重金属含量　　　　　　　　　（单位：mg/kg）

原料	铜	铅	铬	镉	锰	镍	锌	砷
铜渣	1 769.48	2041.72	132.57	43.71	368.60	28.01	11 569.25	1 275.43
粉煤灰	42.44	41.73	62.91	未检出	156.04	24.59	100.77	6.79
河沙	29.37	8.92	93.85	未检出	760.24	25.40	81.14	7.11
砂岩	3.78	5.07	218.44	未检出	38.12	5.91	10.93	0.78
煤灰	49.83	46.15	86.26	未检出	910.35	40.56	101.29	14.45
石灰石	4.83	4.75	3.63	未检出	204.30	1.68	8.92	1.62
污泥	41.04	7.79	36.21	未检出	76.77	19.61	184.53	6.18
垃圾	9.58	7.67	10.54	未检出	90.09	3.83	94.88	1.92

固体废物中重金属的赋存形态多样（杨雷，2007），例如污泥中的重金属主要以氧化物、氢氧化物、硅酸盐、不可溶盐或有机络合物的形式存在，其次为硫化物，很少以自由离子的形式存在。废电池中重金属以金属氧化物、氯化物、氯化物为主。冶炼废渣的主要赋存形态为铁锰氧化态、碳酸态、有机态等（葛之萌 等，2023；吴聪，2016）。

6.4 水泥窑烟气重金属的排放特征及影响因素

根据挥发性的强弱，水泥窑烟气中的重金属可分为三类，分别是高挥发性重金属、中挥发性重金属和低挥发性重金属，其分类如表 6.7 所示，重金属汞具有最强的挥发性，所以是关注的重点。根据相关研究，我国水泥生产线平均大气汞排放因子为每吨排放0.065 33 g，综合 2015 年全国水泥新增产量和水泥窑汞排放因子，估算得 2015 年全国水泥新增产量的汞排放量约为 32.01 t。

表 6.7 水泥窑烟气中重金属挥发性对比

序号	类别	重金属
1	高挥发性重金属	汞及其化合物
2	中挥发性重金属	铅、铊、镉、砷及其化合物
3	低挥发性重金属	铍、铜、铬、锡、锑、钴、锰、镍、钒及其化合物

水泥生产过程存在物质流循环。在图 6.3 所示的水泥生产的物质流循环中，水泥生料及煤等化石燃料是重要的输入源，水泥窑系统中的汞也主要来自这两部分。入窑的燃料和生料中的汞挥发后进入高温烟气，由此开始汞在窑内的循环和向外排放过程。汞的物质流循环分为内循环和外排两种途径，水泥熟料生产过程中，汞会在生产设施内循环富集（李凌梅 等，2018），称为汞的内循环。另外经除尘器后的烟气中仍有少量汞，该部分为汞的外排。

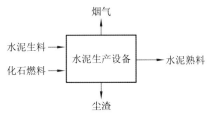

图 6.3 水泥生产过程中的物质流循环

图 6.4 为汞在水泥熟料生产过程中的生成、排放和循环示意图。在内循环过程中：其一是高温烟气中的汞在预热器和生料磨中在低温生料表面富集；其二是汞附着在布袋除尘器收集的窑灰上，一些汞也可以富集在电除尘器中的粉尘上，但相对比例较低，这些窑灰通常被重新利用又回到水泥窑中；其三是窑头或窑尾烟气经煤磨时，烟气中的汞富集在煤表面。上述富集了汞的生料、燃料和窑灰进入水泥窑，再次在高温段挥发进入高温烟气，构成水泥生产中汞的内部循环回路，参与内循环的汞不断富集，其浓度一般

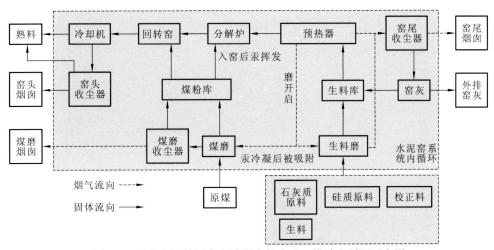

图 6.4 汞在水泥熟料生产过程中的生成、排放和循环示意图

可达到当时原燃料初始输入值的 10 倍之多。另外，经过烟囱向大气排放的汞约占输入量的 90%。除此之外，水泥窑生产出的熟料温度高达 1 300℃，其中含有痕量汞，一般在 10^{-9} 级别，与输入相比转化到熟料中的汞比例在 10% 以下。从实践可操作的角度，世界工商理事会水泥可持续发展倡议组织建议汞平衡周期为 30 天。在水泥窑运行的平衡周期内，水泥窑汞输入和输出符合物料平衡原理，忽略由于熟料带出的汞，燃料和生料输入的汞总量近似等于从窑灰和烟囱排放的汞数量之和。

如表 6.8 所示，汞排放因子是衡量水泥窑汞排放强弱的重要指标，我国学者发布了水泥熟料生产的排放因子为 0.001~0.190 mg/kg 熟料。有学者测试了 8 条熟料生产线的主烟囱和冷却烟囱烟气中的汞浓度，测试结果表明这些水泥熟料生产线的大气汞排放因子为 0.003~0.010 g/t 熟料。王小龙（2017）还测试了 11 条熟料生产线的冷却器烟道气，其中生料在生产线上被碾磨，得到 0.001~0.380 g/t 熟料的排放因子，排放因子范围非常大。苗杰等（2015）测试了 4 条熟料生产线的主烟囱和冷却烟囱烟气中的汞浓度，得出水泥厂的大气汞排放因子为 0.09~0.25 g/t 熟料。该研究的结果类似于 1995~2014 年全球清单中使用的汞排放因子（0.065~0.100 g/t 水泥），但高于 0.001~0.034 g/t 熟料的范围。显然，不同学者采用不同的研究方法或测试方法得出的排放因子差异很大。水泥行业的汞排放主要来自煤的燃烧和生料的加热与煅烧，各水泥厂燃烧煤种、原料配料、原料来源和生产规模的不同，都会给水泥生产线汞排放因子带来影响，造成各水泥生产线的汞排放因子差别很大（Cui et al.，2021）。

表 6.8　生产线汞排放因子

序号	总汞/(μg/Nm³)	汞/吨熟料(mg/t)
1	11.63	9.67
2	9.57	10.91
3	2.52	2.87
4	11.17	12.76
5	100.76	280.52
6	147.75	382.97
7	49.03	127.09
8	54.89	142.27
9	39.00	101.09
10	28.47	62.86
11	0.35	0.76

据中国水泥网数据，生产规模大于 4 000 t/d 和小于 4 000 t/d 所占比例如表 6.9 所示。

表 6.9　水泥生产规模及比例

项目	生产规模/(t/d)	
	<4 000	>4 000
所占比例/%	57	43

将生产规模小于 4 000 t/d 的生产线的排放因子确定为 90.6 mg/t，生产规模大于 4 000 t/d 的生产线为 31.81 mg/t。采用如下公式计算我国水泥行业汞排放因子：

$$Q = \sum_{i=1}^{i=n} x_i \cdot q_i$$

式中：x_i 为所占权重；q_i 为汞排放因子。

计算所得我国汞排放因子为 65.33 mg/t，小于我国现有规定的减排极限 0.05 mg/Nm^3。2015 全年水泥产量 23.48 亿 t，据以上数据测算，2015 年全国水泥大气汞排放量为 153.4 t。这个结果与中国环境科学研究院估算的 2013 年我国水泥行业汞排放量为 89～144 t 接近。根据相关研究，1995～2010 年中国水泥生产的汞的排放因子为 0.065～0.1 mg/kg。2019 年全国累计水泥产量为 23.3 亿 t，全国水泥窑的汞排放量约为 152.22 t。

生料磨是影响水泥生产线汞排放因子的重要设备之一。总体来看，生料磨在线能够大幅削减烟气汞的浓度，其平均协同脱汞效率是 84%。正常情况下生料磨每天停 2 h，每周检修一次的时间为 8～10 h。而生料离线 1 h 烟气汞排放量相当于生料磨在线时 3 h 的排放量。因此，建议每条水泥生产线设置 2 台生料磨，一备一用，生料磨协同脱汞潜力巨大，值得挖掘。生料磨的运行状态并不影响烟气汞形态分布。分析测试数据发现，无论生料磨是否在线，排放因子中二价汞、零价汞和颗粒汞所占百分比几乎相同。考虑到测试数据有误差存在，可以认为生料磨运行状态不影响烟气汞的形态分布。推测其原因是生料磨中单位时间投入的生料数量巨大，而烟气中的汞浓度不足以使其对汞的吸附达到饱和，所以任何时间的吸附都按比例进行。这才导致了不管是生料磨离线还是在线，烟气汞的形态分布不变。

汞的迁移转化途径可以简单地分成三阶段：汞的析出、汞的吸附和汞的循环。

第一阶段为汞的析出。如图 6.5 所示，在预热器中，高温烟气使汞不断从生料中分离出来。由于预热器中烟气温度由下而上逐渐降低，在通过预热器之后部分汞将会逐渐沉积下来。在生料中，汞主要以稳定化合物形式存在，当高温气体从内部加热生料时，不同形态的汞逐渐挥发出来，由于不同形态的汞有着不同的沸点，这使得汞的挥发过程是在预热器的不同阶段完成的。58%～82%的汞在第一级预热器中挥发出来，有大约 97% 的汞在第二级预热器后挥发出来。

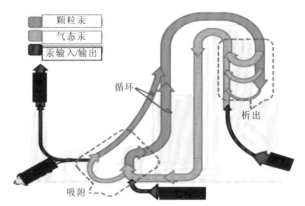

图 6.5 汞在水泥厂中的主要迁移转化途径

引自 Sikkema 等（2011）

第二阶段是汞的吸附阶段。烟气在通过预热器后，存在于烟气中的汞将流向生料，并能够被生料吸附。在第二阶段中，系统设备主要包含生料磨机和除尘设备，含汞烟气将首先到达生料磨机。生料磨机的操作温度一般在90～120℃，高温烟气中的汞会被冷凝沉降下来，并吸附在生料颗粒的表面。吸附在颗粒表面的汞一部分进入仓桶，一部分进入汞循环的阶段。另外有一小部分汞吸附在颗粒物上进入除尘设备，在除尘设备中，颗粒被拦截下来之后，将富集在滤饼之中。

第三阶段为"内部汞循环"。水泥厂中生产设备的连续运行，使汞不断地从生料中剥离出来，然后进行吸附-循环过程，从而导致汞的浓度在水泥窑系统中成百倍地增加。这些含汞的化合物在达到分解温度前可能只是简单挥发和逆向流动离开炉窑。目前，汞具体是以何种形态进行迁移还需要进一步细化的研究。

上述内容忽略了汞伴随着粉尘的输出及烟气的排放，水泥厂中的很多设备对粉尘进行循环利用，粉尘中化学成分同样会影响生料的化学组成。有时为了防止这些组分影响水泥的品质，可以对这些除尘灰进行一定处理后再重新返回使用。研究者更关注的问题是存在于废气中的汞，汞的浓度随着循环的进行而不断升高。随着原始生料和收尘灰进入炉窑中，汞将再次被释放出来，这部分烟气将流向生料磨碎的工段。生料本身含汞，而且与预热空气接触后会将其中的汞再捕集一部分，但还是会达到吸附饱和，最终烟气中的汞累积到一定程度后会经过生料前往除尘器。而此时烟气直接流向窑头的除尘装置上，汞将没有机会经过冷凝富集在颗粒上而被除尘装置捕集。而且热的烟气能够提高除尘滤饼的温度，使本来已经吸附在滤饼上的汞挥发出来。这些因素导致汞的排放增加，与内部汞控制机制相反。然而，目前这种机制还无法准确地测量，内部汞控制的浓度还无法测定出来。

汞元素的形态分布也是研究者关注的另一重点，Larsen等（2007）通过热力学计算了水泥窑预热器中可能的汞形态分布。为了进一步接近预热器中的实际环境，氯硫化物及硫酸盐同样被加入该系统中。碱性灰以CaO的形式呈现出来，并且它的含量要超过酸性物质（如HCl、SO_2）的含量，这样汞和Ca基的物质绑定在一起，反应将不受这些物质的影响。在温度低于180℃时，氧化态汞主要是HgO和$HgCl_2$，然而当温度大于200℃时，汞的主要形态是$Hg^0(g)$。CaO和HCl等对汞的形态分布有重要影响，当CaO和HCl不是烟气的组分时，假设HCl被大量的水泥原材料中CaO捕集，另外，假设SO_2参与Hg的反应，在200℃以下，汞的主要组成是$HgSO_4$，并且在200℃以上仍然有一定量的$HgCl_2(g)$存在。$HgSO_4(g)$分解大约在450℃，因此在超过450℃时汞的主要形态是$Hg^0(g)$和$HgCl_2(g)$。在预热器的环境下，一个简单的热力学计算结论如下：当HgS进入预热器后很容易转换为其他形式的汞类型，并且其反应速率很快。汞在大于400℃时主要以气态形式存在，在CaO含量较高的环境下，超过300℃时其主要成分是$Hg^0(g)$，这主要是因为CaO可以与HCl反应。这些计算结果表明在水泥窑的排气出口更多可能的种类是$Hg^0(g)$。

Schreiber等（2005）应用物料平衡研究了汞的归趋。通过对过去二十年的结果进行综合测试，他们得出结论：汞并不是通过燃烧加热从燃料及水泥原材料中简单地挥发出来，水泥窑系统本身有控制汞排放的能力。在水泥窑系统中，除了汞吸附在水泥原材料上，也会有新的汞物种形成，例如汞的硅酸盐化合物。水泥窑中形成了复杂的汞硅酸盐化合物是因为原材料中有着较高含量的硅，一般占有 13%～15%。此外，原材料在炉窑中充足的停留时间为生成化合物的反应提供了更高的可能性。Roberts 等（1990）和 Angel 等（1990）提出了 Hg 和 Si 形成的化合物，按照化学计量学将生成 $Hg_6Si_2O_7$ 化合物，在这之中，Hg 以 $(Hg_2)_2$ 二聚体的形式存在，尽管该研究的矿物数据是存在的，但是他们并没有详细分析出这些矿物材料的热力学数据。基于化学平衡研究了汞的硅酸盐化合物在高温系统下形成的可能性条件，结果表明 $HgSiO_3$ 的形成需要温度在 225～325 ℃。然而，平衡计算的结果同样证明汞的硅酸盐化合物的形成受到氯和硫元素的抑制。欧洲水泥协会报道称残渣中的挥发性金属仅仅是很小的一部分，然而至今没有实验室的研究工作能够证明汞的硅酸盐化合物在 325 ℃ 以上是稳定的。一些基础性的研究工作需要进一步验证汞的硅酸盐化合物在水泥窑系统中的形成机制。随着烟气通过过滤器，烟气温度将会持续降低至约 100 ℃。在降温的过程中，一部分的零价汞将会沉降富集在灰尘颗粒上，一部分的氧化态汞（如 $HgCl_2$、HgO 和 $HgSO_4$）同样能够吸附和聚集在灰尘颗粒上，剩余的汞将会通过烟道排放到大气中。

由于以燃煤为代表的燃料是水泥厂中汞排放的主要贡献者。同燃煤电厂类似，煤经过高温燃烧后产生的汞几乎全部以 Hg^0 的形式存在。燃烧后随着温度降低，Hg^0 可能会产生 Hg(I) 和 Hg(II)。燃煤烟气中主要氧化态的汞为 Hg(II)，部分通过氧化作用产生的 Hg(I) 往往不能稳定存在。在水泥窑炉中，通过气相反应汞的氧化程度取决于烟气的冷却温度，高温更有利于氧化反应的进行，烟气中 HCl、Cl_2、O_2 和 NO_2 组分是潜在的汞氧化剂。汞被氧化后，更容易吸附在生料、煤灰或者烟气中的颗粒物上。此外，在燃烧过程中许多参数会潜在地影响不同汞种类的形成，这些参数包括燃料的种类和组成、燃烧环境、热转移、冷却速率、对流冷却过程中的停留时间、污染控制装置的配置及实际的操作情况等。煤燃烧后，汞的种类可以通过热力学平衡计算分析。Senior 等（2000）计算了来自 Pittsburgh 电厂燃烧烟煤后汞的形态平衡。在温度低于 150 ℃ 时，冷凝下来的 $HgSO_4$ 是汞的主要存在形态；在 225～450 ℃，汞被预测形成 $HgCl_2$ 的形态；当超过 700 ℃ 时，99%的汞以 $Hg^0(g)$ 的形式存在，仅存的 1%以气态的 HgO 形式存在；当温度为 450～700 ℃ 时，$HgCl_2$ 和 Hg^0 之间的相互转化则由煤中氯的含量决定。

汞的排放受诸多因素的影响，国内大学和研究机构从 2005 年以来陆续开展水泥窑汞的排放因素研究。原料的组成对 Hg 排放浓度影响较大，例如对 5 家水泥企业的水泥窑 Hg 排放监测结果表明，窑尾 Hg 排放浓度主要取决于生料中粉煤灰的添加量（廖玉云 等，2015）。水泥窑磨机的开停是又一影响因素，针对河南省一条年产 155 万 t 水泥熟料回转窑生产线（布袋除尘器）的汞排放测试研究（张乐，2007）发现，水泥窑磨机的开停对汞的排放影响较大，磨机运行工况下，烟气中单质态汞与氧化态汞在气态总汞中分别占 54.5%和 45.5%，在停磨机工况下，氧化态汞占气态总汞的比例为 76.8%，单质态汞所占比例为 23.2%。综合正常运行与停磨机两种工况，布袋除尘器回转窑水泥生产线的汞排放因子为 13.8 kg/Mt 水泥，静电除尘器回转窑的汞排放因子为 22.9 kg/Mt 水泥。另一研究仅测试了水泥厂磨机运行模式下的烟气大气汞排放情况，并没有测试停磨机工况下水泥回转窑的原料、燃料、熟料汞含量和大气汞排放情况，得到水泥汞排放系数分别为 3.3 kg/Mt、8.7 kg/Mt 和 12 kg/Mt（李文俊，2011）。另外，水泥窑生产规模也是影响汞排放的因素，一项针对河北省和内蒙古自治区的 4 条生产规模分别为 3 200 t/d、4 000 t/d

的水泥窑烟气中汞排放浓度研究表明，水泥窑烟气汞排放系数、窑尾和窑头除尘后汞排放系数分别为 79.91～206.57 kg/Mt 熟料和 11.51～47.17 kg/Mt 熟料，在没有测试原燃料输入的情况下，得到了水泥窑生产规模越大排放系数越高的初步判断（苗杰 等，2015）。

针对不同价态汞排放的研究，王小龙（2017）选取了不同熟料生产规模的生产线进行了汞平衡分析，生产规模大于 4 000 t/d 和小于 4 000 t/d 水泥生产线排放系数分别为 31.8 kg/Mt 熟料和 90.6 kg/Mt 熟料，并发现零价汞和二价汞是水泥生产线汞污染控制的主要对象，零价汞所占比例在 30%～90%，中位值为 60%；二价汞占比在 5%～40%，中位值为 22.5%；颗粒汞所占比例在 1%～30%，中位值为 15.5%。

6.5 水泥窑烟气重金属控制技术

现阶段对水泥窑烟气中重金属的控制主要集中在汞的控制，在工业生产过程中，针对水泥窑汞排放量的监测通常是通过监测汞的输入量和输出量来实现的。通过对汞的输入量和输出量的监测数据进行物料衡算，建立水泥窑生产过程中的汞平衡，从而实现对汞排放的监测（杨海，2014）。若水泥生产过程中所产生的窑灰全部入窑，则当汞富集到一定程度后，会形成动态平衡，此时烟气排放汞的量与进入系统的燃料内所含汞的量相等。

根据水泥生产工艺环节，目前汞排放控制技术措施可分为源头控制技术、生产过程控制技术及末端控制技术。源头控制技术是指对原燃料预处理，即对用于水泥生产的原料、燃料及协同处置的固体废物进行合适的选择和处理，减少含汞量高的原料进入生产工序，限制或禁止含汞量较高的固体废物进入水泥窑处理。生产过程控制技术主要指窑灰移除技术，为阻断汞的循环富集，在生产过程中通过定期收集收尘器窑灰作为混合材料直接送入水泥磨生产水泥，以减少富含汞的窑灰再次进入水泥窑内，目前已经在美国、德国等国水泥厂应用。

目前水泥行业汞排放末端控制技术主要有协同控制、活性炭吸附和等离子体技术等。协同控制主要有烟气除尘、烟气脱硝和烟气脱硫协同脱汞。活性炭对汞具有良好的吸附性能，经常应用于烟气中的汞处理。等离子体去除汞是指烟气中气态单质汞经过等离子体装置，与等离子体放电过程中产生的离子和自由基发生反应，被氧化为二价汞，之后二价汞进入纳米陶瓷装置，被吸附在纳米陶瓷中。利用等离子体技术处理烟气中的污染物是一种新兴前沿技术，目前已在有关行业中得到应用。

根据我国水泥生产线污染现状和现有的协同脱汞设备，2025 年我国水泥生产线大气汞排放因子要高于 29 mg/t 水泥，甚至到 2035 年我国水泥生产线大气汞排放因子都无法达到美国对新建水泥生产线的要求（29 mg/t 水泥）。如果要达到以上目标，必须在现有的基础之上引进其他脱汞技术，如窑尾喷炭吸附等。一方面考虑到将来会有新的脱汞技术引进到水泥生产中，另一面水泥生产线的规模在向大规模发展，水泥生产线规模越大，大气汞排放因子越小，可将 2025 年和 2035 年的年度汞排放量设定为 63.3 t 和 24.5 t，大气汞排放因子可以设定为 29 mg/t 水泥和 12 mg/t 水泥（表 6.10）。

表 6.10 水泥行业大气汞减排目标

年份	年度汞排放量/t	大气汞排放因子/(mg/t)
2025	63.3	29
2035	24.5	12

6.5.1 原料预处理技术

1. 调整锅炉运行参数

在水泥生产的过程中，锅炉负荷、烟气温度等运行参数对现有污染控制设备的协同脱汞效果有明显影响。因此，根据实际情况对锅炉运行参数进行调整，使各污染控制设备相互配合，力求在不降低其他污染物排放控制要求的前提下，最大限度地发挥各个污染控制设备协同脱汞的作用。

1）改变工艺参数，调整汞的形态

在保证锅炉高负荷运行的前提下，适当地调整锅炉的其他运行参数，以达到烟气汞减排的目的，是今后研究的重要方向。例如烟气优先通过省煤器、空气预热器来降低污染控制设备中的烟气温度，或者通过维持相对稳定的空气过剩系数，提高零价汞向二价汞的转化率，都可以提高现有污染控制设备体系的协同脱汞能力（Angel et al.，1990）。此外，汞污染的燃烧过程控制技术还包括减少水泥窑内汞的循环累积和加强水泥窑烟气中汞的冷凝和吸附，使汞更多地以颗粒态的形式存在，配合着除尘设备实现汞的高效捕集。

2）定期降低窑炉负荷，窑灰外排除汞

水泥窑炉负荷的增加，不仅会导致总汞浓度的升高，还会由于烟气温度的升高使烟气中零价汞的比例提高。因此，仅考虑脱汞效率，降低锅炉负荷将有利于减少汞的排放。汞主要在预热器及回转窑炉中进行循环，导致汞在水泥窑炉中的浓度很高，因此可以通过将窑灰外排或窑灰脱汞等方式减少水泥窑内汞的循环累积量，但这一方法涉及外排窑灰的处理和脱汞处理工艺（廖玉云，2017）。

事实上，在实际生产中，为了减少汞的累积，可以通过在某些时段减少生料供给量，临时减少生料对烟气中汞的吸附作用，在这一阶段由于烟气排出温度也相对较高，有利于汞以气态形式穿过除尘装置最终从系统中排出，由此可减少汞在系统中的富集。当然，采取上述措施必须注意 3 个问题：一是在生料低负荷进料时，也要减少燃料的供给，防止旋转窑及预分解系统的过热现象；二是当除尘采用袋式除尘器时，应注意避免烟气温度过热导致的烧袋现象；三是对该阶段烟气所排出的汞进行必要的收集处理，防止其二次污染。

3）在预热器出口增设旁路放风除汞

针对水泥窑烟气汞排放的特点，可分别针对其排放特征进行汞减排。对于窑头的气体，一般为经过冷却机的高温气体，这部分气体往往用作余热回收，而对于窑尾烟气，其排放特征较为复杂，高温烟气在该段经过预热器与生料接触过程中温度不断降低，虽然生料吸附了大部分汞，但是大部分未能被吸附的汞存在于烟气中，继而进入除尘设备中，针对这部分烟气汞，可以在预热器的出口增加旁路放风设备，对烟气汞进行定期排出，这样就降低了进入除尘设备中的汞含量，切断了汞在窑炉中持续循环富集的路径，从而能够降低汞的富集量。此外，增设烟气旁路放风还可以达到定期排碱的目的，所排出的汞、碱及氮氧化物采取协同控制。

2. 控制入窑汞总量

汞是水泥行业唯一需要从源头控制的重金属元素，从原燃料端控制入窑汞总量是各国通行的做法。一是石灰石矿山选址避开汞本底含量高的地区。美国有 2 座水泥厂因石灰石矿山汞本底过高，造成烟气汞排放超标而面临关停。如果石灰石矿汞含量波动较大，可通过把高汞石灰石用于水泥混合材，低汞石灰石用于水泥熟料生产。二是燃料和其他原料，因用量少，影响小，煤炭及粉煤灰、铁矿粉等校正料可通过供应链管理，控制汞输入。三是控制替代原料和燃料中的汞含量，检验频率一般高于天然原燃料。

由于汞是原料和燃料中的伴生元素（大部分在煤中），水泥行业成为主要的汞污染排放源之一。因此减少和控制水泥窑的汞输入总量是水泥窑汞排放削减和控制的最直接办法。研究表明，水泥窑输入的汞来自原料、燃料和替代原料和燃料，其中燃料和原料的汞输入量分别占到汞输入总量的 25% 和 75%（Roberts et al.，1990），使用含汞量较低的燃料和原料可显著降低汞排放。

1）原料汞输入控制和削减

为避免水泥窑排放烟气中汞含量超过标准，可将高汞含量矿石与低汞含量矿石按一定比例混合后进入水泥窑，但该方式不能减少汞的排放总量。原料汞输入的削减还可通过利用汞含量低的替代原料实现。但此种方法需事先了解和监测原燃料中的汞含量。

2）燃料汞输入控制和削减

削减和控制燃料汞输入的方法与控制原料汞输入类似，包括选择低汞常规燃料、使用低汞替代燃料、降低高汞替代燃料投加速率等，同样需事先了解和监测原燃料中的汞含量；由于替代燃料种类繁多，必须建立完善的替代燃料准入评估和质量保障体系。一些国家为控制替代燃料和替代原料的汞输入，规定了替代燃料和替代原料中的汞含量限值（Senior et al.，2000）。我国《水泥窑协同处置固体废物环境保护技术规范》（HJ 662—2013）中水泥窑原材料汞含量限值为 4 mg Hg/kg 水泥（混合材中的汞）或 0.23 mg Hg/kg 熟料。

《大气污染防治行动计划》提出，到 2017 年，我国原煤入选率要达 70% 以上，2020 年原煤入选率达到 80% 以上。2018 年修正的《中华人民共和国大气污染防治法》要求推广煤炭清洁高效利用，推行煤炭洗选加工，降低煤炭的硫分和灰分，限制高硫分、高灰分煤炭的开采。由此可知，水泥生产使用更清洁的煤炭是一个趋势。因此，地处重点区域的水泥企业有必要关注国家能源清洁利用要求，了解当地区域的治理大气污染政策动向，在规划企业发展时，及早部署相应的应对措施。

我国水泥生产的主要原燃料分别为石灰石和煤,原燃料预处理是对用于水泥生产的石灰石和煤进行合适的选择和处理,减少含汞量高的原燃料进入生产工序,而选用含汞量较低的原燃料。对入窑的原材料进行精细控制,不但对水泥熟料质量十分必要,同时对减少汞排放有很重要的意义。在对石灰石的预处理中,可以定期监测开采的石灰石中汞含量,能降低原料带来 10%～14%的汞。在对煤的控制中,我国煤的汞质量分数为0.01～1.0 mg/kg,可采取洗选的预处理手段,降低燃料中 21%～37%的汞,或采用天然气和原油代替煤的使用。近些年,水泥窑协同处置生活垃圾带来的汞也不能忽视,我国生活垃圾平均汞含量为 0.734 mg/kg,较发达国家平均水平偏高,可通过大力推行生活垃圾分类,进一步降低进入水泥窑汞的含量(Senior et al.,2000)。

水泥窑汞污染的燃烧前控制技术主要目的是减少和控制水泥窑中汞的输入总量,即减少水泥窑生产所需原料和燃料带入的汞含量。对于生产原料,主要可以选取汞含量较低的原料替代富含汞的原材料。而对于燃料,国内的水泥厂目前还是以煤为主要燃料,对于燃煤中的汞污染控制主要通过洗煤、配煤、使用煤添加剂等方法来实现(孟帅琦 等,2016)。煤清洗方式:煤清洗可以将燃煤中不可燃矿物质所夹带的汞脱除,但无法除去煤中与有机碳相结合的汞。目前大多数学者认为:煤中汞的存在形态可以分为无机态汞和有机态汞;针对煤中是否存在与有机质结合的汞这一问题的讨论最为普遍,汞在煤中的存在形态决定了其在煤炭洗选过程中的迁移行为,通过物理洗选,可以有效脱除与矿石共生的汞,而与有机质结合的汞或被有机质包裹的汞则不易被脱除,甚至这部分汞还可能被富集到精煤中。由于煤种和煤中汞的存在形态不同,物理洗煤的脱汞效率一般在3%～64%,平均脱汞效率为 21%,这是一种简单而成本低的降低汞排放的方法。配煤是指通过燃煤混合来提高煤燃烧过程中氧化态汞的生成概率,从而使其容易在烟气控制设备中捕集。

此外,对于来自缓凝剂石膏中的汞,应选用汞含量较低的脱硫石膏作为添加剂,在使用的过程中应重点关注温度的变化,防止汞的再释放造成二次污染,必要时需要添加汞的释放抑制剂,防止汞的二次释放。

6.5.2 协同控制技术

充分利用现有烟气净化设施,结合其协同脱汞特点,重点对净化后副产物中的汞进行综合污染防治技术研发也是未来发展的方向之一。该综合污染防治技术包括烟气协同脱汞技术(包含烟气洗涤、制酸设施脱汞技术、湿法脱硫脱汞技术)、污酸处理技术和硫酸脱汞技术。

1. 烟气协同脱汞技术

采用烟气协同脱汞技术是一种利用现有设施,在系统前端增设冷凝设施预先脱除汞,在系统后端湿法脱硫设施前增设高效氧化设施,以及向湿法脱硫设施的脱硫浆液添加 Cl等抑制 Hg^{2+} 的还原等,一般可满足脱汞需求。

2. 污酸处理技术

传统的污酸处理技术较为复杂，并且产生的污酸渣中汞、砷等重金属超标，属于危险废物，不易处置。目前我国对污酸治理技术的研究较多，其中有人提出了通过向污酸中添加强还原剂（NaH_2PO_2）将污酸中的汞还原为单质汞（因为单质汞比重大，更容易沉降），然后加入阴离子聚丙烯酰胺溶液絮凝剂，加速悬浮粒子（包括单质汞）的沉降，最终使汞快速富集于渣中。这种技术对汞的富集率达 99.43%，汞富集渣可通过蒸馏法回收汞。该技术通过将 Hg^{2+} 还原为 Hg^0，并快速沉降的理论，具有一定的创新性，虽然还处于研究阶段，但仍不失为一种优秀的技术方向，值得开展后续的示范研究（Wang et al.，2014）。

3. 硫酸脱汞技术

采用硫化氢除汞是向含汞的硫酸中通入硫化氢气体，生成硫化汞沉淀，实现汞与硫酸的分离，这是最常用的硫酸脱汞技术，这种技术的优点是反应速度快、反应彻底，但也存在硫化汞沉淀分离困难的问题，一般采用离心分离、过滤和自然沉降法进行分离。该技术硫酸脱汞效果较好，一般在自然沉淀 100 h 后，脱汞效率大于 85%。硫酸脱汞技术能够提高硫酸品质、降低硫酸使用风险，也是值得研究的技术方向之一。

随着水泥工业超低排放的普及，为满足排放要求，湿法脱硫、复合脱硫等技术逐渐在水泥行业实施。湿法脱硫技术是利用湿式吸收塔中自上而下喷淋的碱性石灰石浆液雾滴逆流接触烟气，烟气中的二氧化硫及其他酸性氧化物污染物等被吸收，烟气得以充分净化。复合脱硫技术是利用脱硫粉剂和脱硫水剂，这些制剂以钙基吸附剂为主，脱硫粉剂加入入窑生料，脱硫水剂喷预热器烟气，通过脱硫粉剂、水剂与烟气中二氧化硫等酸性物质反应，最终降低烟气二氧化硫浓度。这两种技术都可以利用烟气中二价汞具备良好的水溶性，因此能被碱性石灰石浆液雾或脱硫水剂碱性溶液吸收，脱硫技术可去除烟气中 80%～95% 的二价汞，减少外排烟气中汞浓度。烟气中的汞主要分为气态单质汞、二价汞和颗粒汞。生料在窑内煅烧时释放的汞为气态单质汞，当烟气中有其他元素（氯、溴、碘、硫）时，在高温下气态单质汞转化为二价汞（$HgCl_2$、HgO、$HgBr_2$、HgI_2、HgS 和 $HgSO_4$），在烟气中凝结于颗粒表面的汞成为颗粒汞。其中，二价汞具有良好的水溶性，可以被吸收塔中的含水浆液吸收，从而使一部分二价汞有效脱除。而气态单质汞水溶性差，利用此技术无法脱除。可以将气态单质汞氧化为二价汞，从而提高汞的脱除效率（Renzoni et al.，2010）。

目前，我国新型干法水泥生产线窑头、窑尾除尘器多用袋式除尘器和静电除尘器。入窑后的含汞物质随着烟气的冷却逐步凝结在粉尘颗粒的表面形成颗粒汞，最终被除尘设备收集下来，从而减少排入大气中的含汞物质。一系列研究结果表明，除尘器脱除烟气中汞的能力与烟气中汞的形态、烟气和物料的温度、烟气组分、除尘器类型等多种因素有关。在试验中，袋式除尘器和静电除尘器对汞的捕获率分别为 88.9% 和 5%。由此可以看出，在脱除烟气中汞的能力上，袋式除尘器明显较高。

石灰石-石膏湿法脱硫技术已证实可以脱除 90% 的水溶性的氧化态汞，原因是 Hg^{2+}

易溶于水，容易与石灰石或石灰吸收剂反应，能去除约 90% 的 Hg^{2+}。但对非水溶性的元素汞则无去除效果。如果利用催化剂使烟气中的 Hg^0 转化为 Hg^{2+}，湿式烟囱排气硫程序及装置的除汞效率就会大大提高。实际燃煤烟气中汞主要以 Hg^0 存在，故研究如何提高烟气中 Hg^0 转化为 Hg^{2+} 的转化率，是利用 WFGD 脱汞的重点。烟气脱硫装置协同脱汞在燃煤电厂技术成熟，水泥厂应用还比较少。美国目前有 5 家水泥厂使用了该技术，据研究，该技术对二价汞的脱除效率可达到 80% 以上。但是使用该技术会增加能源消耗、增加废物产出、增加 CO_2 排放、增加水资源消耗、增加运行成本，并且可能对水造成汞污染。

湿法脱硫技术是世界上应用最广泛的一种脱硫技术，它的主要原理是将石灰石粉加水制成浆液作为吸收剂泵入吸收塔与烟气充分接触混合，烟气中的二氧化硫与浆液中的碳酸钙及从塔下部鼓入的空气进行氧化反应生成硫酸钙，硫酸钙达到一定饱和度后，结晶形成二水石膏。经吸收塔排出的石膏浆液经浓缩、脱水，使其含水量小于 10%，然后用输送机送至石膏贮仓堆放，这些石膏可再次用于水泥的生产。

4. 协同处置固体废物技术

城市固体废物如生活垃圾及生活污泥等废弃物的高效处理已经成为一种趋势，水泥窑处理固体废物具有以下几个特点：①焚烧温度高，水泥窑中近 1400 ℃ 的高温能够有效处理有机废物，实现完全燃烧；②停留时间长，水泥回转窑中从窑头到窑尾的停留时间为 20～60 min，充分的停留时间有利于废物的燃烧；③碱性环境，水泥窑内的碱性物质可以与固体废物中的酸性物质中和，有效抑制酸性物质排放；④几乎没有废渣排出，不对环境造成二次污染等。

目前，研究者开始逐步开展利用水泥窑协同处置生活垃圾及生活污泥的尝试。城市生活垃圾中含有大量的有机易腐败成分及可燃成分，主要采用焚烧处理、堆肥处理及填埋处理等方式，相对于这些传统方式，利用水泥窑协同处置生活垃圾的技术既可将垃圾作为燃料，减少对资源的消耗，又可充分利用水泥回转窑内碱性微细浓固相的高温燃烧环境等优点，彻底将有害物质处理掉，实现垃圾处理的"无害化、资源化、集约化"的目标。同时，采用生活垃圾作为原料，可以减少燃料中的汞进入水泥窑系统中，但是，应同时注意其他有毒有害组分在系统中的产生。

同样地，利用水泥窑可以协同处置城市污泥，城市污泥是指一种含粗蛋白高达 20% 的亲水胶团，污泥中 70% 为细菌菌体胶团，干化则硬结。来自污水处理厂的污泥一般要经过污泥浓缩、脱水、消化、发酵和干化等过程，最终实现污泥的减量化、稳定化和无害化。传统的城市污泥处置方法包括卫生填埋、排放水体、土地利用、污泥焚烧、建材利用等方式。利用水泥窑可以协同处置城市污泥，主要包括污泥干化和水泥窑焚烧两大工艺：生活污泥先进行干化处理，再作为生产水泥的原料输送到水泥窑进行焚烧处理，最终以熟料及水泥产品产出。

在利用水泥窑协同处置固体废物时，应充分考虑燃烧条件等因素对汞排放的影响，在未来应重点关注这一领域的研究。在固体废物处置过程中，废弃物中的卤族元素如 Cl 等会对汞的形态转化产生影响，从而影响其排放特征；对水泥窑的运行参数进行调整，同样会对汞排放造成影响。因此，应充分对水泥窑协同处置固体废物进行研究分析，在固体废物减排的同时，真正实现工厂经济效益和环保效益的双丰收。

6.5.3　末端控制技术

末端控制是主要的汞排放控制手段，众所周知，活性炭具有较好的吸附性。大孔可作为汞蒸气进入炭表面的入口，中孔作为传递通道，里面的微孔起吸附作用，是吸附的活性位点。活性炭表面带有很多氧化物及有机官能团，使化学吸附成为可能。C＝O 基团具有较强的氧化性可作为氧化吸附汞的活化中心，使 Hg^0 氧化成氧化汞，从而容易脱除。C＝N 含氮官能团的阳离子能直接接受来自汞原子的电子而形成离子偶极键，使 Hg^0 活化并联结在一起，在反应位点上容易与官能团生成氧化汞，从而增强活性炭的脱汞能力（廖玉云 等，2015）。

活性炭是具有良好吸附能力的吸附剂，通过在烟道中喷入活性炭，可利用吸附剂的吸附性能，将烟气中的汞吸附在吸附剂上，接着通过下游的除尘设备收集，能有效地提高常规除尘设备对烟气中含汞物质的捕集率。另外，还可将烟气通过活性炭吸附床，吸附床可增加活性炭利用表面积和含汞物质与活性炭接触时间，有效增加了活性炭利用率。根据相关研究，含汞物质在 $0.5\sim0.6$ g/m³ 气流中捕获率可达 75%。活性炭对汞的吸附能力与吸附剂本身的物理性质、烟气温度、烟气中含汞物质浓度及活性炭用量等因素有关。随着水泥窑协同处置固体废物在水泥工业的流行，为了进一步控制窑尾烟气中的二噁英排放，国内部分水泥企业进行了试点，同时可协同控制烟气中汞的排放。

活性炭/改性活性炭喷射技术。活性炭喷射技术是传统的燃煤烟气脱汞技术，其脱汞过程包括两个阶段：一是 Hg^0 与活性氯原子被吸附到活性炭表面，发生氧化反应，生成 Hg^{2+}；二是 Hg^{2+} 被活性炭吸附去除。该技术的脱汞效率一般在 60% 以上。活性炭吸附效果主要受到烟气组分、烟气温度的影响，一般烟气温度在 150 ℃左右，活性炭具有较高的吸附效率，另外烟气中的 SO_2、SO_3 等组分会与 Hg^0 竞争活性中心，降低吸附效率，即活性炭无选择性地吸附烟气组分，消耗量大，成本高。活性炭改性技术是通过一定的方法改善活性炭表面官能团及其周边氛围的构造，增加活性位点，并负载硫、氯、溴、碘及过渡金属元素等，进一步强化催化氧化性能，极大地提高了吸附效率。一般情况下，对褐煤采用改性活性炭喷射技术，对活性炭喷射量为 30 g/m³ 烟气的脱汞效率达 95% 以上（李宝磊 等，2018）。

该技术主要是在除尘器之前喷射溴化活性炭吸附剂，烟气中的气态单质汞首先被活性炭上的溴化物氧化，而后被活性炭吸附，最后在除尘器中被捕集。该技术充分利用除尘装置对汞进行联合脱除，是最成熟的脱汞技术。除尘器捕集的活性炭灰尘如果用于水泥生产，需注意它们对水泥质量的影响。在大多数情况下，生料磨运行时是不需要喷射吸附剂的，因为生料磨对汞的捕集会控制汞排放到合理的水平。吸附剂通常在生料磨停止运行时喷入，从而削减峰值排放，该方法脱汞效率可达 80%，并且 SO_2、有机物、HCl、HF 也有一定的脱除效果，但是运行成本较高。为了避免负载汞的活性炭与灰尘混合，有时会在主除尘器之后的烟道中喷入溴化活性炭并利用二级除尘器捕捉喷入的吸附剂，这需要额外的费用，因此在水泥工业并不常见（Zheng et al.，2012）。

目前美国最有效的商业化的除汞技术即溴化活性炭尾部烟道喷射，充分利用除尘装置对汞的联合脱除，是最成熟的脱汞技术。应用于水泥行业的溴化活性炭吸附技术主要是粉状溴化活性炭在静电除尘器或布袋除尘器前喷入，烟气中的汞和活性炭上的溴反应并被活性炭吸附，最后被除尘器所捕集，如图 6.6 所示。

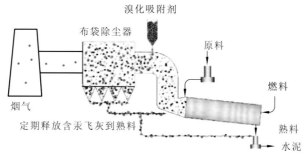

图 6.6 混凝土友好的活性炭吸附技术示意图

该方法脱汞效率可达 90%，且不需要另加袋式收尘器，同时收尘器收集的含 Hg 粉尘可粉磨水泥，总投资小于 75 万美元，主要投资包括吸附剂储罐、给料机、鼓风机和喷射器（王艳丽 等，2015），主要成本是活性炭的用量。目前混凝土无害吸附剂价格为6 000～8 000 元/t。汞的控制技术的开发主要依赖汞的形态分布。一般来说单质汞难溶于水，很难被直接脱除；氧化态汞易溶于水，且容易吸附在颗粒物质上形成颗粒态汞，所以氧化态汞既可以通过湿法脱除，也可以将其转化为颗粒态汞再利用除尘装置脱除。而单质汞一般通过形态转化技术，利用氧化剂或催化剂将其转化为氧化态再进行脱除，否则只能通过吸附剂来脱除。

6.6 水泥窑烟气重金属防治建议及研究展望

6.6.1 防治建议

针对现阶段我国水泥行业烟气重金属的控制需求和防治现状，有以下几点建议。

（1）重金属的源头治理需要进一步重视。随着水泥协同固体废物处置的推广应用，水泥窑烟气中重金的分布势必会更为复杂，对水泥原料进行有效预处理，一方面可以减轻固体废物对水泥品质的影响，另一方面可以有效减小末端重金属控制的压力。

（2）重金属的控制需要考虑对常规污染物控制的影响。诸如水泥窑烟气中氮氧化物的排放限值随着水泥行业超低排放的推进进一步降低，选择性催化还原等技术逐渐普及应用，重金属的控制不能影响这些技术对常规污染物的脱除。

（3）末端控制技术的研发需要加强。末端控制技术仍是重金属控制的主要途径，现阶段末端控制技术较为单一，研发新型高效脱除技术有助于烟气中除汞外其他重金属的控制。

6.6.2 研究展望

中国是世界上水泥生产量和消费量最大的国家，由于水泥生产过程中原料和燃料的大量消耗造成水泥窑烟气中重金属的大量排放，虽然现阶段水泥窑烟气重金属的控制主要集中于减少汞的排放，对于其他重金属排放控制关注较少，但在污染物排放标准日趋严格的背景下，未来水泥行业的重金属控制必将越来越得到重视，在水泥生产的源头-过程-末端三个方面的重金属减排控制技术研发投入会逐渐加大，相关技术将得到长足发展。

参 考 文 献

崔文刚, 贾坤鹏, 杜会平, 等, 2021. 赞皇金隅水泥窑协同处置重金属含量超标原因分析以及控制措施// 河北省环境科学学会 2021 年科学技术年会. 石家庄: 52-56.

葛之萌, 杨楠, 李沙, 等, 2023. 水泥窑协同处置固体废物中重金属形态分析及浸出含量研究. 水泥(1): 30-36.

李宝磊, 陈刚, 张正洁, 2018. 典型涉汞行业含汞废气治理技术现状剖析与对策研究. 环境保护科学, 44(2): 109-115.

李娟, 周春英, 2018. 水泥行业汞排放及减排研究探讨. 中国水泥(6): 85-88.

李凌梅, 王肇嘉, 崔素萍, 等, 2018. 国内外水泥熟料生产过程汞排放研究. 水泥(6): 52-55.

李文俊, 2011. 燃煤电厂和水泥厂大气汞排放特征研究. 重庆: 西南大学.

廖玉云, 2017. 水泥窑汞污染来源监测及控制技术//水泥工业污染防治最佳使用技术研讨会会议文集. 合肥: 262-269.

廖玉云, 毛志伟, 程群, 等, 2015. 水泥窑汞污染排放及监测控制. 中国水泥(3): 67-70.

孟帅琦, 周劲松, 王小龙, 等, 2016. 水泥行业汞减排措施探讨. 水泥(2): 7-10.

苗杰, 张辰, 王相凤, 等, 2015. 水泥窑烟气汞排放特征的研究. 环境污染与防治, 37(4): 13-16.

王凤阳, 2016. 工业烟气汞形态转化机制研究. 北京: 清华大学.

王建斌, 陈云, 王可华, 等, 2022. 工业窑炉协同处置固废研究进展. 化工进展, 41(3): 1494-1502.

王小龙, 2017. 水泥生产过程中汞的排放特征及减排潜力研究. 杭州: 浙江大学.

王艳丽, 张迪, 王新春, 2015. 水泥工业汞的排放现状及展望(III): 汞排放的控制技术及展望. 水泥(9): 1-6.

吴聪, 2016. 利用污泥、铅锌渣制备硅酸盐水泥熟料时重金属的挥发与固化. 广州: 华南理工大学.

杨海, 2014. 中国水泥行业大气汞排放特征及控制策略研究. 北京: 清华大学.

杨雷, 2007. 水泥工业处理含重金属的危险废物的技术研究. 武汉: 武汉理工大学.

张乐, 2007. 燃煤过程汞排放测试及汞排放量估算研究. 杭州: 浙江大学.

Angel R, Gressey G, Criddle A, 1990. Edgarbaileyite, $Hg_6Si_2O_7$: The crystal structure of the first mercury silicate. American Mineralogist, 75: 1192-1196.

Cui J X, He J, Xiao Y, et al., 2021. Characterization of input materials to provide an estimate of mercury emissions related to China's cement industry. Atmospheric Environment, 246: 118133.

Larsen M, Schmidt I, Paone P, et al., 2007. Mercury in cement production-a literature review. FLSmidth

Internal Report.

Renzoni R, Ullrich C, Belboom S, et al., 2010. Mercury in the cement industry. Liège: University of Liège.

Roberts A C, Bonardi M, Erd R C, et al., 1990. Edgarbaileyite, the first known silicate of mercury from California and Texas. Mineralogical Record, 21: 215-220.

Schreiber B, Kellett C, Joshi N, et al., 2005. Inherent mercury controls within the portland cement kiln system. Hazardous Waste Combustors Conference.

Senior C L, Sarofim A F, Zeng T F, et al., 2000. Gas-phase transformations of mercury in coal-fired power plants. Fuel Processing Technology, 63(2-3): 197-213.

Sikkema J K, Alleman J E, Ong S K, et al., 2011. Mercury regulation, fate, transport, transformation, and abatement within cement manufacturing facilities: Review. Science of the Total Environment, 409(20): 4167-4178.

Wang F Y, Wang S X, Zhang L, et al., 2014. Mercury enrichment and its effects on atmospheric emissions in cement plants of China. Atmospheric Environment, 92: 421-428.

Zheng Y J, Jensen A D, Windelin C, et al., 2012. Dynamic measurement of mercury adsorption and oxidation on activated carbon in simulated cement kiln flue gas. Fuel, 93: 649-657.

第7章 钢铁行业烟气重金属控制技术及应用

7.1 钢铁生产工艺流程

现代钢铁生产主要工艺流程如图 7.1 所示，包括高炉—转炉、废钢—电炉、直接还原—电炉和熔融还原—转炉 4 类工艺。高炉—转炉工艺由烧结、球团、炼焦、高炉炼铁和转炉炼钢工序组成。该工艺以煤炭、焦炭为主要能源，将铁矿石在高炉中冶炼成铁水或生铁，然后在转炉中将铁水冶炼成钢水铸成坯。由于企业的规模大、生产率高、产品种类较多，我国炼钢工艺以高炉—转炉炼钢为主。废钢—电炉工艺以废钢为原料，以电能为主要能源，在电炉中冶炼成钢水铸成坯。直接还原—电炉工艺使用非焦煤和铁矿资源在直接还原反应器内进行固态还原，得到直接还原铁，因直接还原铁不是液态铁水，一般多替代废钢用于电炉冶炼；熔融还原—转炉工艺使用非焦煤和铁矿资源在熔融还原反应器内得到液态铁水，经转炉炼钢。

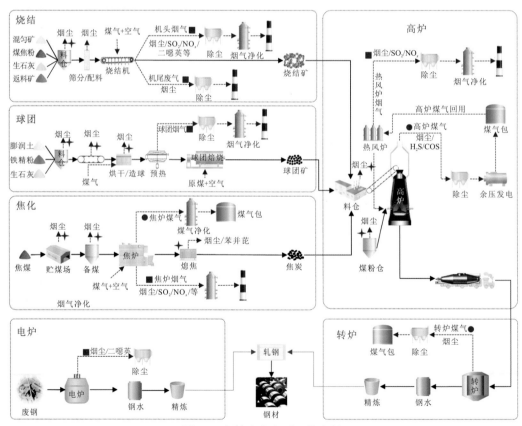

图 7.1　钢铁生产主要工艺流程

7.1.1 烧结工序

烧结是钢铁生产工艺中的一个重要环节，它是将铁矿粉、煤粉（无烟煤）和石灰、高炉炉尘、轧钢皮和钢渣按一定配比混匀后加热，利用其中的燃料燃烧，部分烧结料熔化，使散料黏结成块状，形成足够强度和粒度的烧结矿作为炼铁的熟料。烧结工序包括原料准备、配料与混合、烧结和产品处理等工序。烧结工序工艺流程见图 7.2。

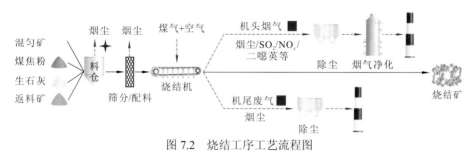

图 7.2 烧结工序工艺流程图

7.1.2 球团工序

球团是在细精粉中加入少量添加剂混合后，在造球机上加水，靠毛细管力和旋转运动的机械力，混合成一定粒径的生球，经干燥焙烧后，变为粒度均匀、具有良好冶金性能的球状人造富矿（球团矿）。球团工序工艺流程见图 7.3。

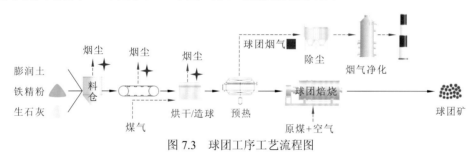

图 7.3 球团工序工艺流程图

7.1.3 炼焦工序

炼焦是黏结性煤在隔绝空气的条件下，经高温干馏变换为焦炭、焦炉煤气和其他产物的转换过程。炼焦工序工艺流程见图 7.4。

焦炭是炼焦工序最主要的产物，按用途分为冶金焦、电石用焦和气化焦等。其中，90%以上的冶金焦用于高炉炼铁。焦炭生产过程一般可分为洗煤、配煤、炼焦和产品处理 4 个工段。洗煤工段一般在煤矿或单独洗煤企业完成，是指原煤在炼焦之前，先进行洗选，降低煤中所含的灰分并去除其他杂质。配煤工段是指将各种结焦性能不同的煤，按一定比例配合炼焦，在保证焦炭质量的前提下，扩大炼焦用煤的使用范围。炼焦工序是指将配合好的煤装入炼焦炉的炭化室，在隔绝空气的条件下通过燃烧室加热进行

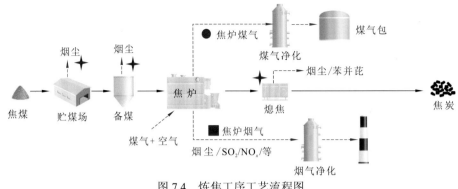

图 7.4　炼焦工序工艺流程图

干馏,形成焦炭等其他产物。产品处理工段包括对炉内的红热焦炭进行熄火处理,分级获得不同粒度的焦炭产品,以及净化收集炼焦过程中产生的炼焦煤气及粗苯等化学产品。

7.1.4　高炉炼铁工序

高炉炼铁是高炉—转炉生产工艺流程中最重要的工序之一。高炉炼铁是高温下的还原过程,将铁矿石或含铁原料中的铁从矿物状态(以氧化物为主)还原成含有硅、锰、硫、磷等杂质的铁水。现代高炉炼铁是一个极其庞大的生产体系,包括原料供应系统、送气系统、煤气除尘系统、渣铁处理系统和喷吹燃料系统。其中煤气除尘系统是指回收高炉冶炼产生的高炉煤气,并捕捉煤气中携带的灰尘。渣铁处理系统是指处理产生的高炉渣和铁水,保证高炉生产的正常进行。高炉炼铁工序工艺流程见图7.5。

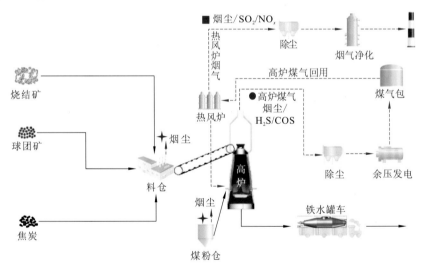

图 7.5　高炉炼铁工序工艺流程图

高炉炼铁过程:首先,铁料、焦炭、熔剂等炉料,按一定料比配料,经上料机运送至炉顶装料设备,从炉顶装入炉内;经热风炉加热到 1 000~1 300 ℃的热风,从风口鼓入高炉,同下落焦炭相互接触,热风中的氧气与焦炭发生燃烧反应,产生还原性气体,并释放大量热量;高炉喷入油、煤或天然气等燃料燃烧生成的 CO,与来自焦炭转化的

CO 一起，在高温条件下，夺取铁矿石中的氧，得到铁水，并从出铁口流出，进入鱼雷罐或其他设备。铁矿石中的脉石、焦炭及喷吹物中的灰分和加入炉内的石灰石等熔剂结合生成炉渣，从出渣口分别排出。高炉煤气从炉顶导出，经除尘后，作为热风炉加热燃料或外送其他工序使用。

7.1.5　转炉炼钢工序

转炉炼钢是以铁水为原料，以纯氧等作为氧化剂，依靠炉内氧化反应热提高钢水温度进行炼钢的方法。转炉炼钢工序工艺流程见图 7.6。

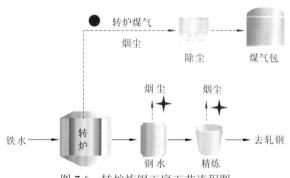

图 7.6　转炉炼钢工序工艺流程图

转炉炼钢的基本流程：按照钢铁料要求配料，先把废钢等装入转炉内，然后倒入铁水；按照造渣料结构，加入适量的造渣材料，包括生石灰、白云石、萤石等；加入钢铁料和造渣材料后，把氧气喷枪从炉顶插入炉内，吹入纯度大于 99% 的高压氧气流，氧气直接与高温的铁水发生氧化反应，去除硅、锰、碳和磷等杂质。当钢水的成分和温度都达到要求时，停止吹炼，提升喷枪，准备出钢（若转炉热量富余，可加入铁矿石等冷却剂）。出钢时使炉体倾斜，钢水从出钢口注入钢水包，同时加入脱氧剂进行脱氧和成分调节。钢水合格后，可以浇成钢的铸件或钢锭，钢锭可经轧钢轧制成各种钢材。转炉烟气经除尘净化后，分离获得的氧化铁尘粒可以用来炼钢，含高浓度一氧化碳的净化氧气可作化工原料或燃料。

7.2　钢铁行业烟气重金属排放标准

目前针对钢铁行业大气污染物的排放主要关注 SO_2、NO_x、颗粒物，钢铁行业的烟气排放标准中，只有部分地方标准中涉及重金属排放限制，例如山东省《钢铁工业大气污染物排放标准》（DB 37/990—2019）中规定，烧结烟气中铅及其化合物排放量 < 0.9 mg/m³、河北省《钢铁工业大气污染物超低排放标准》（DB 13/2169—2018）中规定烧结烟气中铅及其化合物排放量 < 0.7 mg/m³。但是，钢铁行业涉及的重金属种类远不止铅，还包含 Hg、Cd、As、Cr 等元素，随着我国大气污染物排放标准日渐趋严，汞等其他重金属也将会被纳入排放标准。

7.3 重金属在原料中的赋存形态

7.3.1 重金属在铁矿石中的赋存形态

铁矿石是钢铁生产的主要原料之一，铁矿石主要包括赤铁矿、磁铁矿、菱铁矿、褐铁矿等，主要以铁的氧化物形式存在。我国铁矿石资源比较缺乏，每年从国外进口大量铁矿资源，2020 年，全球铁矿石进口量为 16 亿 t 左右，其中，我国铁矿石进口量达到 11.7 亿 t，占全球比重升至 73.1%，对进口铁矿石的依存度达到 82.3%。澳大利亚和巴西是全球铁矿石生产的中心，2020 年铁矿石产量合计为 13.1 亿 t，占全球总产量的 56.2%。其中澳大利亚铁矿石产量达到 9.2 亿 t，占全球产量的 39.5%，占比较 1990 年时的 11.1% 上升 28.4 个百分点；巴西铁矿石产量为 3.9 亿 t，占全球产量的 16.7%（刁力，2022）。铁矿中重金属元素会影响钢铁生产过程，并且会在冶炼过程中排放进入大气环境。铁矿石中的主要重金属元素包括 Pb、Hg、Zn、As 等，其中 Pb 质量分数约为 0.09 mg/g，铁矿石中的 As 质量分数约为 0.04 mg/g，Hg 质量分数约为 0.01 μg/g（竹涛 等，2019）。

铅、锌是炼铁原料中常见的有害杂质，严重影响高炉寿命与炼铁效益（Fisher et al.，2019；Jiao et al.，2017），铅、锌在高炉中易被还原，导致料层透气性变差；铅易沉于铁层之下或炉底砖缝，锌氧化成 ZnO 后膨胀，造成炉衬膨胀、破坏；部分铅锌氧化进入高炉粉尘形成含铅锌尘泥，引发尘泥回用时铅锌恶性循环，易造成铅中毒或引发环境污染问题。高炉炼铁中 70% 以上的铅锌杂质来自炼铁原料。铁矿石中的铅主要是以铅黄（PbO）、白铅矿（$PbCO_3$）、方铅矿（PbS）和铅矾（$PbSO_4$）等形式存在；锌以菱锌矿（$ZnCO_3$）、闪锌矿（ZnS）、锌铁尖晶石（$(Zn,Mn)Fe_2O_4$）、硅锌矿（Zn_2SiO_4）等形式存在。铅锌矿物常以微细粒级与其他矿物共生、穿插，常常浸染于氧化铁矿物的颗粒边缘，或嵌布于石英或碳酸盐矿物中，少量赋存于铁矿物的晶格中。由于难以获得铁矿物与铅锌杂质的有效单体解离度，强常规磁选与浮选工艺均难以取得有效排除铅锌杂质矿物的效果；若要获得铅锌杂质较低的铁精矿产品，预计需要进行高温还原焙烧，或者化学及生物预处理工艺排除铅锌杂质后，才能得到合格的铁精矿。

砷作为钢材中的有害元素，对钢材性能产生一系列不良影响。例如，含砷钢在正常轧制的工艺条件下，即氧化气氛中长时间的高温加热，会出现表面富集层，造成热加工表面龟裂。它在钢中偏析严重，促进钢材带状组织的发展，降低钢的冲击韧性，易使钢在热加工过程中开裂。有特殊用途的钢，如石油钻杆钢、大型发电机转子钢、核工业用钢等，甚至要求不含砷。此外，砷及其化合物大多为剧毒物质，对含砷矿石的处理会带来严重的环境问题。砷在铁矿石中的赋存形态主要有：毒砂（FeAsS）、臭葱石（$FeAsO_4 \cdot 2H_2O$）、雄黄（As_2S_2）及雌黄（As_2S_3）。毒砂是一种中等稳定的矿物，在酸性条件下容易被氧化，只有在强碱性和还原环境中才能稳定存在，常常与磁铁矿、黄铁矿伴生。臭葱石等砷酸盐通常产出于富含毒砂的硫化矿床氧化带中，并且常生成于褐铁矿矿石中。上述有害元素会在冶炼过程中不可避免地进入环境，对人体健康和生态环境造成严重影响（Zhao et al.，2019；Boente et al.，2017）。

7.3.2 重金属在煤炭中的赋存形态

煤炭是钢铁生产中重要的能源和原料，煤炭在燃烧过程中重金属的排放不但污染生态环境而且还威胁人类的健康。重金属的含量、赋存形态及排放控制方式决定着其危害性的大小，同时也决定着其在燃煤过程的转化机制。重金属在煤中的赋存状态与煤的利用方式关系紧密，不同的使用方式，重金属对环境的污染程度也不相同。煤炭中元素种类非常丰富，除极少数的一些元素外，几乎在煤中发现了所有元素（Swaine，1992）。这些元素就其浓度的高低可分为微量元素（<1%）和常量元素（>1%）；根据其结合的方式可分为有机态和无机态（范玉强，2016）。

汞是煤炭中最重要的一类重金属，我国煤中汞的平均质量分数为 0.20 mg/kg，高于世界煤中汞质量分数的平均值(0.10 mg/kg)，接近美国煤中汞质量分数的平均值(0.17 mg/kg)。由于沉积环境及成煤过程中各种地质因素的综合影响，汞在我国不同地区、不同成煤时代及不同变质程度煤中的含量差异较大；高硫煤中的汞与硫化物关系密切，主要赋存在黄铁矿中；硫化物结合态和有机结合态是低硫煤中汞的主要存在形态；岩浆活动对煤中汞的含量分布与赋存状态有明显影响；煤中汞的赋存状态与其释放、毒性有着重要的关系，我国巨大的煤炭消耗量已引起大量的汞排放，控制燃煤过程中汞的排放是今后环境保护的重要内容之一（杨爱勇 等，2015）。

铅在煤中含量甚微（通常以 μg/g 级存在），但由于煤炭利用量巨大，以至于煤中铅的释放已成为大气铅污染的主要来源（Nriagu et al.，1988），且对生态环境和人体健康造成严重危害。由于煤是由有机质与矿物质组成的，其中的矿物质主要包含碳酸盐、硫酸盐、磷酸盐、氧化物、硫化物、硅铝酸盐等；因此，铅在煤中既可与有机质共/伴生，也可与各类矿物质共/伴生（Vejahati et al.，2010；Huggins et al.，2009；Wang et al.，2008）。文献报道的研究结果表明，热解温度低于 1 000 ℃时，煤中 30%～65%的铅释放至挥发相，在此过程中煤中铅的释放行为与热解温度、热解气氛及煤中铅含量等因素有关，但更主要依赖其在煤中的赋存形态与周围化学环境（Córdoba et al.，2012；Scaccia et al.，2012；Tian et al.，2012；Wei et al.，2012；Bunt et al.，2011，2008；Guo et al.，2004；Lu et al.，2004；Wang et al.，2003；郭瑞霞 等，2002；雒昆利 等，2002）。煤热解过程中铅不仅由固相迁移至挥发相，同时在固相中也会发生形态间的相互转化，且煤中矿物质可能会对铅的转化行为产生影响。煤中铅含量甚微，且其赋存形态复杂，多采用逐级化学抽提法对其进行分析。

国外相关研究表明（Querol et al.，1995；Finkelman，1994；Swaine，1994），煤燃烧过程中重金属的排放不仅与元素的性质、含量有关，而且与元素在煤中的存在形态有关。因此了解它们的赋存形态不仅有助于深入了解重金属在煤燃烧过程中发生的一系列物理化学反应及形态转化机理，同时对预测洗煤、煤的存放等过程中重金属的迁移去向有很重要的意义。根据不同形态的溶解度，将煤中的汞、砷、硒分为可交换态、硫化物形态、有机物结合态及残渣态 4 种形态。结果表明不同的煤有不同的形态分布特征。但总体来看，煤中汞和砷的赋存形态较相似，主要以硫化物形态和残渣态存在，而煤中的硒在有机物结合态、硫化物形态及残渣态都有赋存（郭欣 等，2001）。

7.4 钢铁行业烟气重金属的排放特征及影响因素

7.4.1 重金属排放特征

王堃等（2015）系统地分析了我国钢铁行业 6 种重金属元素的排放因子，总体看来，炼钢工艺的重金属排放因子高，其中电炉工序的 Cd、Cr、Ni 排放因子较高，而转炉工序 As、Pb 的排放因子较高。此外，矿石预处理工艺烧结工序 Hg 的排放因子较高。2011年钢铁行业各工序重金属排放因子如表 7.1 所示。根据结果和当年的钢铁产量估算，Hg、Pb、Cd、As、Cr、Ni 大气排放量分别约为 18.8 t、3 745.8 t、39.4 t、132.2 t、241.2 t、105.3 t，总排放量约为 4 282.7 t，其中 Pb 大气排放量占总排放量的 87.5%。值得注意的是，上述数据为 2011 年的数据，由于对重金属缺乏关注，数据一直未有过更新，考虑到国家对钢铁行业污染物治理力度的加大，亟须开展相关研究进行数据更新，从而为钢铁行业重金属防治提供数据支撑。

表 7.1　2011 年钢铁行业各工序重金属排放因子　　　　　　（单位：mg/t）

工序	Hg	Pb	Cd	As	Cr	Ni
烧结	15.5	727.4	0.7	3.7	25.7	18.4
高炉	0.2	1.2	0.5	0.03	0.4	4
转炉	1.9	4 748.8	40	201.8	174.9	70.2
电炉	76.1	2 723.3	182.7	33.6	1 522.8	609.1

7.4.2 钢铁生产过程中重金属的流向分析

图 7.7 展示了钢铁生产流程铅的流向情况（朱素龙 等，2023）。某钢铁企业分工序和分种类 Pb 输入、输出情况如表 7.2 所示。铅的输入量为 341.32 g/t 粗钢，铅的输出量为 129.41 g/t 粗钢，两者相差量高达 211.91 g/t 粗钢，相当比例的铅会存留在钢铁生产流程中，在烧结和高炉炼铁工序间循环流动。

从工序角度看，烧结工序是最大的铅输入来源，可占输入总量的 77.78%；其次为球团工序，其输入占比达到 15.20%；第三位为炼铁工序（6.02%），其他工序占比均不到 1%。输出的 Pb 主要经炼铁工序（68.02%）和炼钢工序（13.32%）排放到流程外，如表 7.2 所示。

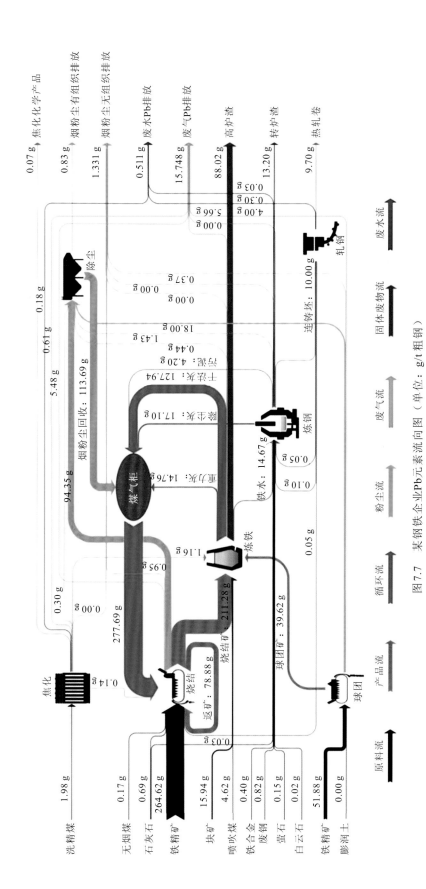

图 7.7　某钢铁企业 Pb 元素流向图（单位：g/t 粗钢）

表 7.2 某钢铁企业分工序铅输入及输出情况

输入项目	排放量/(g/t 粗钢)	比例/%	输出项目	排放量/(g/t 粗钢)	比例/%
炼焦工序	1.98	0.58	炼焦工序	0.92	0.71
烧结工序	265.47	77.78	烧结工序	7.07	5.46
球团工序	51.88	15.20	球团工序	6.15	4.75
炼铁工序	20.56	6.02	炼铁工序	88.03	68.02
炼钢工序	1.43	0.42	炼钢工序	17.24	13.32
热轧工序	0.00	0.00	热轧工序	10.00	7.73
合计	341.32	100.00	合计	129.41	100.00

从输入物质种类角度分析，大类中，铁矿石是最大的输入来源，占输入总量97.40%，其次为煤炭（1.98%），废钢和铁合金熔剂及其他物料输入占比均低于 0.5%。小类中，铁矿石类中的铁精矿输入占比（92.73%）最大，其次为块矿（4.67%）；煤炭类中喷吹煤输入量（4.62 g/t 粗钢）最大，其次为精细煤（1.98 g/t 粗钢）。从输出物质种类角度分析，大类中，Pb 主要以炉渣形式输出，输出占比为 78.22%，排第二的为废气 Pb（12.17%），紧随其后的为主产品即热轧卷（7.50%），三者占输出总量的近98%；其他废水、烟粉尘和副产品 Pb 排放总和不到3%；小类中，随高炉渣排出的 Pb 占比最大，可达68.02%，其次为转炉渣（10.20%）、废气 Pb（12.17%）、热轧卷（7.50%）、无组织排放 Pb（1.03%），其余小类占比均不足 1%，如表 7.3 所示。

表 7.3 某钢铁企业分种类铅输入及输出情况

输入项目		排放量/(mg/t 粗钢)	比例/%	输出项目		排放量/(mg/t 粗钢)	比例/%
铁矿石	铁精矿	316.49	92.73	废水		0.51	0.40
	块矿	15.94	4.67	废气		15.75	12.17
	总量	332.44	97.40	烟粉尘排放	有组织排放	0.83	0.64
煤炭	精细煤	1.98	0.58		无组织排放	1.33	1.03
	喷吹煤	4.62	1.35				
	无烟煤	0.17	0.05		总量	2.16	1.67
	总量	6.77	1.98				
废钢		0.82	0.24	主产品	热轧卷	9.70	7.50
铁合金		0.40	0.21	副产品	焦化化学产品	0.068	0.05
熔剂及其他	石灰石	0.72	0.21	炉渣	高炉渣	88.02	68.02
	白云石	0.024	0.01				
	萤石	0.15	0.04		转炉渣	13.20	10.20
	膨润土	0.005 0	0.00				
	总量	0.90	0.26		总量	101.22	78.22
总计		341.32	100.00	总计		129.41	100.00

注：因修约加和不为100

金属主要附着在微细颗粒物上，从烧结工序和球团工序除尘后 PM$_{2.5}$ 成分分析结果中来看，烧结机机头 PM$_{2.5}$ 中重金属元素主要表现为 Pd 和 Sb 含量偏高，占 3%左右，Zn 占 0.3%左右，其他重金属元素均在 0.05%以下。

由于汞具有高挥发性和不溶于水，汞是钢铁行业排放物中研究最多的重金属元素。在原材料中，铁精矿是汞的主要来源（其次是炼焦煤），因此，烧结工序是钢铁工业中汞的主要排放源（Zhao et al.，2019；Li et al.，2017；Lau et al.，2016；Tsai et al.，2007；Machemer，2004）。Xu 等（2017）系统研究了烧结工序的汞排放特征，测试了烧结原料、烧结产物、烧结副产物中的汞含量，结果如表 7.4 所示。原料中混合铁矿石的汞质量分数为 23.27～49.97 μg/kg。煤中汞质量分数为 55.3～240.53 μg/kg。铁矿烧结矿中汞质量分数为 0～0.97 μg/kg，相对较低。烧结炉工艺是第一道热处理工艺，一般在 1 300～1 500 ℃发生，产生铁矿石烧结矿，而汞在 200 ℃以下开始挥发，原材料和燃料中的大部分汞被释放到烟气中。烧结副产物中，ESP 飞灰的汞质量分数为 238.13～6 577.33 μg/kg，脱硫粉尘汞质量分数为 1 648.33～8 074 μg/kg。不同烧结设备的副产物中汞浓度相差很大。ESP 飞灰中汞含量的差异可能是由三种静电除尘器停留时间和除灰时间的不同造成的。脱硫副产物中汞含量与脱硫工艺密切相关。在循环流化床（circulating fluidized bed，CFB）-烟气脱硫（flue gas desulphurization，FGD）（烧结 1）和密相干塔（dense flow absorber，DFA）-FGD（烧结 2）中，脱硫剂在系统中循环使用，其中汞得到富集。因此，烧结炉 1、2 脱硫副产物汞含量远高于烧结炉 3，如表 7.4 所示。

表 7.4　固体样品中汞含量

样品		汞质量分数/(μg/kg)		
		烧结炉 1	烧结炉 2	烧结炉 3
原料	混合铁矿石	45.74±1.14	23.27±2.54	49.97±8.37
	石灰石	0	3.10±0.40	1.60±0.17
燃料	煤	55.37±1.31	240.53±13.21	118.37±10.80
	焦炭	—	19.50±0.82	—
产物	铁矿烧结炉	0.10±0	0	0.97±0.06
副产物	ESP 飞灰	2 455.00±43.31	6 577.33±69.87	238.13±5.34
	脱硫粉尘	1 856.00±28.21	8 074.00±118.01	1648.33±52.56
	电除尘灰	3 942.00±39.66	—	—

注：—表示无样品或样品未用于制造过程

烟气汞形态分析结果表明，烧结烟气中 Hg 主要以 Hg^{2+} 形式存在，如图 7.8 所示，原始烟气中 Hg^{2+} 比例较高（64.36%～94.72%），远高于燃煤电厂中 Hg^{2+} 占比（3.6%～44.3%）（Zhang et al. 2008）。造成上述差异的原因，可能是因为烧结烟气的烟尘中铁氧化物含量高，Hg^0 在烟气中 Cl 的作用下，可以在 Fe$_2$O$_3$ 表面发生非均相氧化转化为 Hg^{2+}（Jung et al.，2015；Guo et al.，2011）。

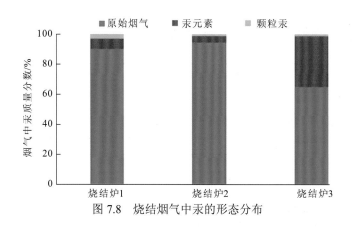

图 7.8　烧结烟气中汞的形态分布

7.5　钢铁行业烟气重金属控制技术及应用案例

钢铁行业会产生大量的颗粒物、二氧化硫等污染物，这些排放物会对大气造成严重污染。钢铁生产工艺流程复杂，而且消耗资源巨大，同时在钢铁生产中产生大量的汞、铅、镉等重金属污染物。重金属污染物具有污染范围大、持续时间长、无法被生物降解等特点。

7.5.1　原料预处理技术

由于煤炭和铁矿石是钢铁行业重金属的重要输入，通过对这些原料在投入使用前进行预处理，可以从源头降低重金属的输入。原洗煤是一种物理的清洗方式，可用来减少煤中的硫及矿物成分，经过清洗的煤具有较高的能效，并且减少重金属的排放。一般而言，浮选法的汞去除率为 21%～37%，具体与煤的种类、清洗方式、分选技术及原煤中汞含量有关。洗煤过程对汞的去除效率取决于清洗过程、煤的类型和煤中污染成分的含量。物理洗选煤过程对去除煤中与无机物结合的汞效果比较明显，但是对与有机物结合的汞脱除效果不大。美国国家环境保护局在计算全美汞排放量时，认为洗选煤过程能够平均减少原煤中 21%的汞含量，O'Neil 等研究了洗煤过程改变原煤中汞含量的情况，他对 24 种原煤进行了洗煤过程前后汞含量的测定，汞含量减少了 12%～78%，按质量基准计算汞含量平均减少了 30%（朱廷钰 等，2017）。煤中的汞也可以通过热解脱除。由于汞具有高挥发性，煤在加热的过程中汞会受热挥发出来。Wang 等（2000）研究了几种烟煤中汞的热散发过程，结果显示在 400 ℃范围内可以最高达到 80%的脱汞率。然而在此范围内煤因为热分解而导致挥发分的减少也会降低煤的热值（周向 等，2014）。

此外，铁矿石是钢铁行业重要的重金属输入源，通过合理的配矿，在保证正常生产的前提下，增加低重金属含量矿石的用量，可以有效降低重金属输入矿石中汞的含量，重金属含量与矿石的产地、埋藏深度等因素有关，在保证矿石品位的同时，将尽量采用低汞矿石，或者是将高汞矿石与低汞矿石按一定比例混合使用（朱廷钰 等，2017）。

7.5.2 常规污染物净化设备协同控制技术

众多研究表明，常规污染物的净化设备对烟气中的重金属有协同去除效果。半干法脱硫、布袋除尘加静电除尘的脱汞效率较高，脱汞效率达到了 95%；静电除尘器加干法脱硫装置，脱汞效率达到了 86%；静电除尘器加湿法脱硫装置，脱汞效率达到了 84%。据美国的研究报道，干法脱硫加布袋除尘的脱汞效率已达到了 95.4%；单独的湿法脱硫的脱汞效率次之，达到了 85%左右；单独的半干法脱硫系统对汞的脱除效率最低，脱汞效率为 70%左右。Xu 等（2017）对不同烧结工序烟气汞排放测试的结果表明，单独 ESP 除尘过程的汞脱除率为 30%～58.2%，单独干法脱硫装置的汞脱除率为 40.1%～67.5%，两者结合使用后，汞的脱除率高达 97%以上，对应的汞排放因子小于 3 mg/t。不难看出，净化设施协同脱汞效率高于单个净化设施的脱汞效率，为了减少汞的排放，可以在保证其他污染物达标排放的前提下考虑多个净化设施对汞的协同处理效应（谢馨 等，2017），如表 7.5 所示。

表 7.5　烧结烟气污染物控制技术对汞的协同脱除效果

烧结厂	污染物控制技术	汞脱除率/%			汞排放因子/(mg/t)
		ESP	FGD	ESP+FGD	
1	ESP+CFB-FGD	45.9	52.0	97.9	2.49
2	ESP+DFA-FGD	58.2	40.1	98.3	2.71
3	ESP+AFGD	30.0	67.5	97.5	1.28

1. SCR 脱硝技术协同控制技术

选择催化还原（SCR）是工业上最常用的脱硝方法，研究表明，SCR 不仅可以将氮氧化物还原为氮气，还可以促进 Hg^0 氧化，从而增加湿法烟气脱硫对汞的去除率。添加 SCR 装置后，脱汞效率可以显著提升。例如在德国某电厂 SCR（约 380℃）装置上下游直接监测汞含量发现，Hg^0 的比例从 40%～60%降低到 2%～12%，说明 SCR 氧化了汞，在荷兰装备了 SCR 的电厂中也发现了相似的结果。这样同时装备了 SCR 和 FGD 的锅炉，烟气中汞的去除率可以高达 90%。在中试燃烧烟煤的烟气试验中，SCR 能够有效地降低 Hg^0 的含量（为 90%），在实验室中，通过对 SCR 催化剂的研究，进一步证实了 SCR 系统有氧化元素态汞的作用。

烟气中的卤族元素化合物、对 SCR 过程中 Hg 的形态影响十分显著，例如 HCl 和 HBr 等。通常情况下，提高烟气中 HCl 的浓度和降低 SCR 催化剂空间速度对汞的氧化都有促进作用。Lee 等（2003）试验研究表明，汞在 SCR 催化剂上的吸附和氧化与烟气中的 HCl 浓度有关。在 SCR 反应器中，在 HCl 和单质汞反应的同时，有汞的氧化副反应发生；当模拟烟气中不存在 HCl 时，单质汞仅依靠吸附作用停留在催化剂表面，当烟气中有 $8×10^{-6}$ ppm HCl 时，95%的单质汞被氧化，但是汞的吸附量并没有明显增加；同时发现 NH_3 的存在会导致吸附在 SCR 催化剂中汞的释放。在模拟烟气中，Hocquel（2004）研究了催化剂成分对单质汞的吸附和氧化。在低浓度的 HCl 烟气中，WO_3 和 MoO_3 减少

了烟气中 $HgCl_2$ 的生成；当温度为 $130\sim410\,^{\circ}\mathrm{C}$ 时，V_2O_5 明显可以促进氧化单质汞，在给定的含有一定浓度的 HCl 烟气中，催化剂中 V_2O_5 含量与单质汞的氧化率成正比，且提高烟气温度 V_2O_5 氧化性增强（赵毅 等，2009）。

有学者研究了 Br 注入对烟气中 Hg 转化和去除的影响。注入 Br 后，SCR 前 Hg^{2+} 的比例提高了 8%。当烟气通过 SCR 时，在 Br 注入的条件下，SCR 之后的 Hg 浓度最初显著低于 SCR 之前的汞浓度，然后略有升高。这归因于汞吸附平衡的破坏。烟气中 Br 浓度的升高表明催化剂表面有更多的吸附位点，这将促进 Hg 在其表面的吸附（Wang et al.，2016；Van Otten et al.，2011；Cao et al.，2008）。根据实验室实验结果，Hg 吸附饱和所需的时间为 $40\sim100$ h（He et al.，2014）。这可能比实际所需的时间短，因为模拟烟道气中的 Hg 浓度比 CFPP 中的实际浓度高 $10\sim20$ 倍，而实验室中的空速与实际情况相似（Cao et al.，2008）。因此，当 SCR 后的 Hg 浓度恢复到与 SCR 前相似的值（约为 SCR 前值的 85%）时进行测量。Hg^{2+} 和 Hg^p 浓度在通过 SCR 后都显著升高，Hg^0 下降到 19%，而在不注入 Br 的条件下，Hg^0 与比约为 64%。SCR 在 Hg 氧化中发挥了重要作用，Hg^0 与表面 Br 相互作用形成 HgBr，表面 HgBr 进一步与烟气中的 Br 相互作用形成 $HgBr_2$，然后从表面解吸（Wang et al.，2016），促进了 SCR 催化剂表面多相 Hg^0 的氧化。

Br 的注入使布袋除尘器（FF）中的汞去除率由 61% 提升至 89%。烟气中汞的转化和去除主要包括以下过程。①Hg^0 被氧化并转化为 Hg^{2+}；②Hg^{2+} 被灰饼捕集去除；③Hg^p 与颗粒物一起从布袋除尘器中去除。由于布袋除尘器中颗粒物的去除效率高（一般在 99.9% 以上），几乎所有的 Hg^p 都被去除了。因此，布袋除尘器中的 Hg 去除效率主要由 Hg^0 氧化决定。Br 的注入显著促进了 Hg^0 的氧化在布袋除尘器中进一步提高了对滤饼表面 Hg^{2+} 的捕获。因此，烟气中更多的 Hg^0 转化为 Hg^{2+} 和 Hg^p，飞灰中的 Hg 质量分数从 $120\ \mu g/kg$ 增加到 $262\ \mu g/kg$。

湿法烟气脱硫（WFGD）去除了 80% 以上的 Hg^{2+}，但是对 Hg^0 的去除效果有限（Wang et al.，2010）。此外，在 WFGD 处理后，Hg^0 质量浓度升高了 $0.22\sim0.27\ \mu g/Nm^3$，这是因为石膏浆液中汞的重新排放（马山川，2017；Pudasainee et al.，2012），如图 7.9 所示。

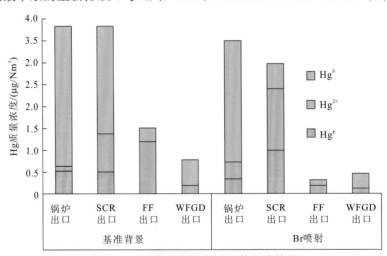

图 7.9　污染物控制设备对汞的去除效果

2. 循环流化床协同控制技术

IOCFB 多污染物协同控制技术是中国科学院过程工程研究所在内外双循环流化（inner and outer circulating fluidized，IOCFB）床半干法脱硫技术基础上发展而来的。IOCFB 多污染物协同控制技术利用 $Ca(OH)_2$ 等碱性吸收剂吸收烟气中 SO_2 等酸性气体，利用活性炭或活性焦吸附剂吸附烟气中二噁英类污染物，通过吸收剂和吸附剂的多次再循环，延长吸收剂和吸附剂与烟气的接触时间，提高了吸收剂和吸附剂的利用率。该工艺能在较低的钙硫比（Ca/S<1.3）情况下，脱硫效率稳定达到90%。

IOCFB 多污染物协同控制技术以流态化原理为基础，基于流化床内吸收剂、水、烟气等气液固三相流动特性，采用循环流化床反应器内置扰流导流型管束复合构件、外置旋风分离器、可编程逻辑控制器（programmable logic controller，PLC）等技术，解决了常规循环流化床烟气脱硫技术普遍存在的运行可靠性差及适应性差等问题，实现设备稳定可靠运行。在流化床内气液固三相共存条件下，利用熟石灰作为脱硫剂，与烧结烟气中的酸性组分发生反应，生成反应产物，主要反应有

$$Ca(OH)_2 + SO_2 \longrightarrow CaSO_3 \cdot 1/2H_2O + 1/2H_2O \tag{7.1}$$

$$CaSO_3 \cdot 1/2H_2O + 1/2O_2 + 3/2H_2O \longrightarrow CaSO_4 \cdot 2H_2O \tag{7.2}$$

$$Ca(OH)_2 + SO_3 \longrightarrow CaSO_4 \cdot H_2O \tag{7.3}$$

$$2Ca(OH)_2 + 2HCl \longrightarrow CaCl_2 \cdot Ca(OH)_2 \cdot 2H_2O \tag{7.4}$$

$$Ca(OH)_2 + 2HF \longrightarrow CaF_2 + 2H_2O \tag{7.5}$$

活性炭用于吸附二噁英、重金属等非常规污染物，在多种污染物同时存在条件下，活性炭优先吸附烟气中的二噁英，气氛中的 SO_2、NO 和水蒸气会减少活性炭上二噁英的吸附，尤其是有高浓度 SO_2（高于0.1%）存在时，NO 几乎不再被活性炭吸附，有机气体氯苯（二噁英模式物）在活性炭上吸附量降低了近20%，因此为增强活性炭对二噁英的捕集能力，活性炭适宜在低浓度 SO_2 区域喷入。

IOCFB 多污染物协同控制工艺流程如图7.10所示。烧结烟气被引入循环流化床反应

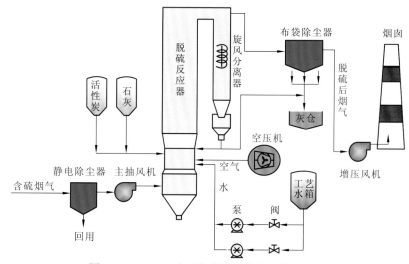

图7.10　IOCFB 多污染物协同控制工艺流程图

器底部，与水、吸收剂、活性炭（或活性焦）和还具有反应活性的循环灰相混合，脱去 SO_2 等酸性气体和二噁英类污染物。$Ca(OH)_2$ 等碱性吸收剂和活性炭（或活性焦）通过输送系统，由喉口处进入循环流化床反应器，在反应器内与含 SO_2 等酸性气体和二噁英类污染物的烟气充分接触，并且在烟气作用下同残留吸收剂、活性炭和飞灰固体物一起贯穿反应器，通过分离器收集实现循环，提高吸收剂的利用率。熟石灰 $Ca(OH)_2$ 与活性炭（或活性焦）在吸收塔内与烟气反应后一起进入旋风分离器，被分离器气固分离后，一部分灰导入灰斗排至灰场处理，另一部分灰经返料装置重新进入吸收塔，固体颗粒在吸收塔和分离器之间往复循环，总体停留时间可达 20 min 以上，可有效提高吸收剂的利用率。

IOCFB 多污染物协同控制技术是一种新型半干法净化工艺，其主要技术特点如下：

（1）采用内、外循环相结合方式，提高了技术适应性。旋风分离器进行塔外循环，通过螺旋给料机控制外循环量。与其他脱硫方式相比，该技术可以同时对塔内和塔外双循环系统进行控制，因此可以调控的范围更大，克服了常规单循环操作弹性小、流形调控明显滞后的问题，适应负荷变化率从 50%～150%提高到 30%～150%，使该工艺的适应性大大增强，有利于提高脱硫效果，同时降低对吸收剂的质量要求。

（2）在反应塔内设置扰流导流型管束复合构件，增强内循环。通过构件对气体流场的有效引导，降低了床内压降无规则波动，通过对上下行颗粒群的有效扰动，增加了吸收剂在反应塔内的保有量，改善了气固传质效果，增强了气固反应概率，提高了脱硫效率，降低了吸收剂用量。

（3）采用外置旋风分离器与反应器本体相结合的一体化结构，将吸收塔出口的大部分脱硫产物和粉尘等颗粒分离，极大降低了反应器后除尘器入口的烟气颗粒浓度，与常规工艺相比，减轻除尘器负荷95%以上，避免了对原有除尘器的改造，同时可实现对反应器单元的单独调控。

（4）吸收剂采用干态进料，与传统浆态进料方式相比，避免了管路腐蚀、堵塞等问题，省去了包括制浆单元在内的多个子系统，投资和运行费用降低，同时工艺耗水量小。

（5）采用 PLC 技术实现脱硫系统独立控制，主要工艺参数（反应温度、压力、脱硫剂添加量等）采用单回路控制，抗干扰能力强，配置灵活，扩展性强，稳定性强，显著提高了技术整体运行的可靠性。

IOCFB 多污染物协同控制技术成功应用于江苏徐州成日钢铁集团有限公司 132 m² 和河北敬业集团有限公司 2×128m² 烧结机多污染物协同控制。徐州成日钢铁集团有限公司 132 m² 烧结机的工况烟气量为 $9.0×10^5$ m/h，采用了 IOCFB 多污染物协同控制技术进行示范应用，该工程 2013 年 11 月完成建设，开始调试运行。

吸收剂采用外购成品粒状生石灰，其中 CaO 的纯度大于 85%，二噁英、重金属等吸附剂采用商用椰壳活性炭。工艺中设置一座 IOCFB 反应塔，塔进口采用 7 个小文丘里结构，塔出口匹配 2 个旋风分离器，旋风分离器后采用布袋除尘器。脱硫系统漏风率不大于 1%，除尘器漏风率不大于 1%。净化系统单设一台增压风机，以克服 IOCFB 反应塔、布袋除尘器和烟道系统的阻力。系统统一采用 PLC 控制方式（朱廷钰 等，2017）。

7.5.3　钢铁超低排放技术对重金属的控制

近年来，我国的大气污染物治理工作取得了突出的进展，环保标准也日渐趋严。随着电力行业超低排放技术的推广应用，中国大气污染防治重点已从电力行业向非电行业转变，其中，钢铁行业是减排重点。2019 年 4 月，五部委联合印发了《关于推进实施钢铁行业超低排放的意见》，规定到 2025 年底前，将烧结（球团）烟气中颗粒物、SO_2、NO_x 的超低排放限值分别规定为 10 mg/m³、35 mg/m³、50 mg/m³，要求重点区域钢铁企业超低排放改造基本完成，全国力争 80% 以上产能完成改造。从 7.5.2 小节的论述可知，常规污染物控制设备对重金属有较好的净化效率，是钢铁行业重金属控制的可行方法。随着钢铁行业超低改造工作的进行，环保技术将进一步升级，各类超低排放控制技术的应用也必然会强化对重金属的协同控制，这对重金属的控制具有积极影响。本小节将重点介绍钢铁行业主流的超低排放控制技术，并总结其对重金属的协同控制效果。

1. 活性炭一体化技术

如图 7.11 所示，活性炭一体化技术是利用活性炭的吸附和催化性能对污染物进行净化处理。该技术是以活性炭为吸附剂，吸附烟气中 SO_2，吸附饱和后活性炭再通过加热解吸出高质量浓度 SO_2 混合气体，可用来制取 98% 商品硫酸，脱硫率可达 95%。由于活性炭的催化作用，加入 NH_3 可将烟气中的 NO_x 还原成 N_2 和 H_2O。该技术还可同步脱除二噁英、重金属、汞及其他有毒物质，是一种资源回收型综合烟气治理技术。烧结烟气中含有的干态 SO_2 以 H_2SO_4 形式被吸附到活性炭细孔内，为脱除金属汞提供了良好的条件。靠物理作用吸附在活性炭表面的汞通过与被吸附的 H_2SO_4 发生反应，以 $HgSO_4$ 的形式固定下来。另外，吸附在废气尘粒中的重金属将通过活性炭的集尘作用去除。其他微量重金属元素也同样是依靠活性炭的捕集、吸附功能被脱除（张国志，2013）。活性炭吸附汞是一个多元化过程，它包括吸附、凝结、扩散及化学反应等过程，与吸附剂的物理性质（颗粒粒径、孔径、表面积等）、烟气性质（温度、气体成分、汞浓度等）、反

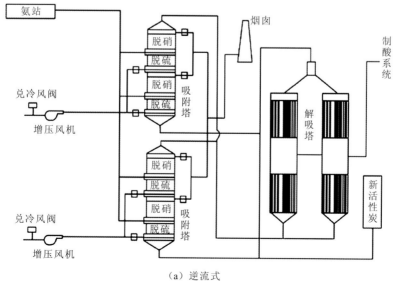

（a）逆流式

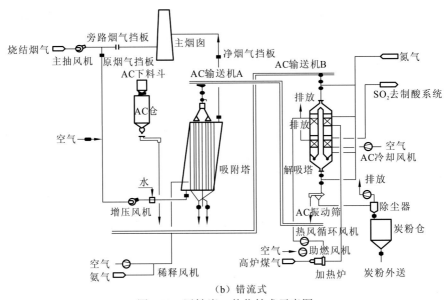

（b）错流式

图 7.11　活性炭一体化技术示意图

应条件（停留时间、碳汞质量比等）有关。未经表面处理的活性炭对汞的吸附效果不是很好，一般只能在 30% 左右。在 140 ℃ 的烟气中，当汞的质量浓度达到 110 μg/m² 时，普通活性炭对汞的吸附量约为 10 μg/g。这是因为汞在活性炭上的表面张力和接触角较大，不利于活性炭对汞的吸附，所以要求在活性炭表面引进活性位点，大多做法是将普通活性炭进行表面处理，常用的改性剂是含硫、氯、碘等元素的化合物或单质（朱廷钰 等，2018）。

活性炭一体化工艺从烟气和活性炭运动方式看可分为两类：错流式和逆流式。错流式中活性炭和烟气分别做垂直运动和水平运动，两者在运动方向垂直接触，在国内应用相对较早，典型有太钢、日照钢铁。逆流式工艺中活性炭自上而下、烟气自下而上，两者逆流相向接触，在国内河钢邯钢将逆流式工艺首次应用于烧结烟气处理（于勇 等，2019），如表 7.6 所示。

表 7.6　部分活性炭技术应用案例

企业	工序	污染物排放浓度/(mg/m³，除二噁英外)
宝钢湛江钢铁	2×550 m² 烧结机	SO_2：1.2～8.0，NO_x：90～140，二噁英：0.002 3～0.008 9 ngTEQ/m³
河钢邯钢	360 m² 烧结机	$SO_2 < 10$，$NO_x < 50$

2. 钠基 SDA 脱硫耦合低温 SCR 脱硝技术

在该技术中，烟气进入 SDA 脱硫塔，与旋转喷雾器雾化的 Na_2CO_3 饱和溶液充分接触，完成 SO_2 的吸收；脱硫后的烟气进入布袋除尘器，除尘后进行低温 SCR 脱硝，净化后的烟气经烟道外排（董艳苹，2016）。该工艺先采用脱硫除尘，有利于改善脱硝反应环境。烟气脱硫后烟气温度低于 180 ℃，需进行烟气再加热达到低温 SCR 脱硝温度区间（Zhu et al.，2017）。SCR 在脱除 NO 的同时，能够将 Hg^0 氧化成 Hg^{2+}，Hg^0 被 SCR 装置催化氧化的效率可达 80%～90%，通常 SCR 催化剂上 Hg^0 的氧化对烟气中的 HCl 具有较强的依赖性，Hg^0 的氧化效率随着 HCl 浓度的升高而升高，当 HCl 浓度为 4.5 mmol/m^3、$NH_3/NO=1$ 时，V_2O_3-WO_3/TiO_2 催化剂上 Hg^0 的氧化效率能够达到 100%，该部分内容已在 7.5.2 小节详细介绍，本小节不再赘述。

目前，该技术在宝钢湛江钢铁、山东铁雄新沙、河钢邯钢、鞍钢、河钢唐钢等企业已获得广泛应用，图 7.12 为低温 SCR 技术示意图。

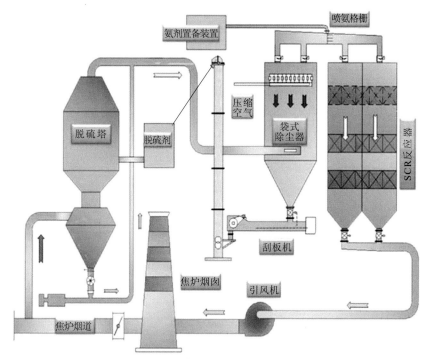

图 7.12　低温 SCR 技术示意图

3. 臭氧氧化协同控制技术

臭氧氧化脱硝技术是通过氧化-吸收双梯段的功能耦合，利用现有脱硫塔对高价 NO_x 和 SO_2 进行协同吸收的高效脱硝技术。该技术首先通过臭氧发生器，制备强氧化剂 O_3，是利用 O_3 的强氧化性将 NO 氧化为高价态 NO_x（NO_2 或/和 N_2O_5），然后在脱硫塔内将 NO_x 和 SO_2 同时吸收转化为硝酸盐或硫酸盐，脱硝效率随 $n(O_3)/n(NO)$ 比升高、反应温度优化等因素得到强化。烟气中其他组分如 SO_2、CO 和 HCl 等，从热力学和动力学分析，其与 O_3 反应速率均远远低于 NO_x 的氧化反应速率，因此可实现 O_3 的选择性氧化调控，以及 NO_x 和 SO_2 等多污染物的协同脱除（于守立 等，2018；Ma et al.，2016；李鹏飞 等，2013）。研究表明 O_3 也能够将 Hg^0 氧化成 Hg^{2+}，后续被脱硫塔中的吸收剂捕集（代绍凯 等，2014）。温度对 O_3 氧化影响显著，温度低于 150 ℃时 O_3 对 NO 氧化效率几乎不随温度变化，温度高于 150 ℃时由于 O_3 分解，NO 氧化效率随温度升高而降低；O_3 对 NO 氧化效率随 $n(O_3)/n(NO)$ 增大而升高，当 $n(O_3)/n(NO)$ 超过 1.0 时氧化效率升高放缓。O_3 对 Hg^0 氧化效率随温度升高先升后降，在 150 ℃时效率最高，可达近 90%；随 $n(O_3)/n(Hg^0)$ 增大而升高，当 $n(O_3)/n(Hg^0)$ 超过 30 000 后氧化效率几乎不再升高。当三种污染物同时存在时，O_3 对 Hg^0 的氧化作用受到一定程度的抑制，但对 NO 氧化效率与单

独被 O_3 氧化时无明显差异（代绍凯 等，2014）。因此，臭氧氧化法也是一种有效的汞协同控制手段（朱廷钰 等，2018）。

目前国内应用臭氧氧化硫硝协同吸收工艺的烧结（球团）烟气净化工程有唐钢中厚板 240 m² 烧结机、唐钢不锈钢 265 m² 烧结机、宝钢梅钢 180 m² 烧结机、燕山钢铁 300 m² 烧结机、津西钢铁 265 m² 烧结机等（纪瑞军 等，2018）。唐钢中厚板 240 m² 烧结机臭氧氧化脱硝示范工程是基于国家重点研发计划课题"烧结烟气低温氧化脱硝技术及示范"所研发的臭氧氧化硫硝协同吸收技术，由中国科学院过程工程研究所和河钢集团有限公司联合开发，通过"梯级氧化"的设计理念，实现 NO_x 超低排放。该工程烟气量为 130 万 m³/h，初始 NO_x 质量浓度为 370 mg/m³，脱硝系统启用后，结合现有密相干塔半干法脱硫吸收，可实现烟囱 NO_x 排放浓度低于 50 mg/m³，满足国家超低排放标准要求。唐钢青龙炉料 200 万 t/年球团生产线，采用臭氧氧化＋SDA＋预荷电的超低排放技术路线，如图 7.13 所示。

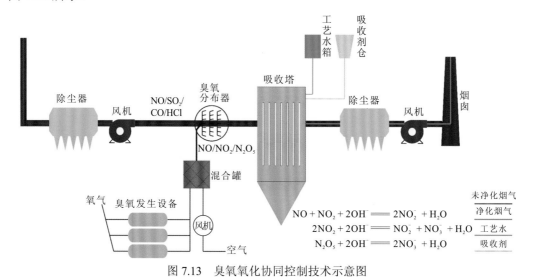

图 7.13　臭氧氧化协同控制技术示意图

4. 烟气循环协同控制技术

烧结烟气循环工艺为将烧结产生的一部分烟气再次引入烧结过程循环使用的工艺流程，由日本钢铁公司于 20 世纪 70 年代在生产实践中提出，并于 1981 年在日本住友金属工业株式会社首先开展烧结机废气循环的生产试验（佐藤义政 等，1984），国外应用的典型工艺包括日本新日铁区域性烟气循环工艺、荷兰艾默伊登钢铁厂的 EOS（emission optimized sintering）工艺、德国 HKM 公司的 LEEP（low emission & energy optimized sinter process）工艺和奥钢联林茨钢厂的 Eposint（environmental process optimized sintering）工艺等（郑琨，2016；刘文权，2014；于恒 等，2014）。国外应用的生产实践表明，利用烧结烟气循环技术明显减少了废气的排放量，可实现烟气减排 25%～40%，具有重大的环境和社会效益。与国外相比，我国烧结烟气循环技术应用起步较晚。2009 年宝钢率先开始烟气循环工艺研究及产业化应用，并于 2013 年在宁钢实现示范工程投产（贾秀凤 等，2015）。随着我国钢铁行业超低排放改造的持续推进，烧结烟气循环工艺实现了快速的发展和应用。

烧结烟气循环技术根据循环烟气取气位置不同可分为内循环工艺和外循环工艺（张志刚 等，2016），如图 7.14 所示，外循环工艺是从烧结主抽风机后分流部分烟气返回烧结台车上方循环烟气罩内重新参与烧结过程，其工艺简单，工程量小，典型的工艺代表为荷兰艾默伊登钢铁厂的 EOS 工艺，其在主烟道主抽风机后分流约 45%的烟气在循环风机驱动下直接进入循环烟气密封罩，为满足烧结燃料燃烧所需氧含量，通过新风风机抽取新鲜空气吹入密封罩与循环烟气混合，其密封罩内含氧量为 14%，温度为 120℃，含水量为 10%。该工艺应用后实现烟气减量 40%（于恒 等，2014）。烧结烟气循环技术可以有效降低烟气排放量，从而降低污染物的排放总量，对重金属也有减排效果，但是目前关于烟气循环技术对重金属脱除的研究鲜有报道。

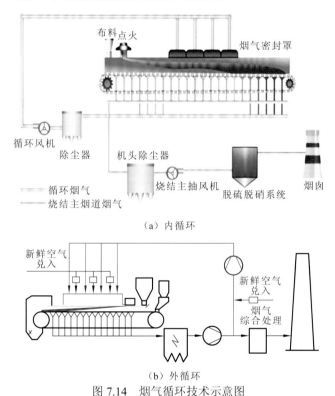

图 7.14 烟气循环技术示意图

随着我国钢铁行业的发展，烧结烟气循环技术也成功地应用到国内的工厂。2013 年 5 月，宁钢成为国内首个应用烟气循环技术的企业，减少了 2.56 kg/t 的煤耗，减排 1/3 烟气，年均节能效益高达 896 万元。江苏沙钢集团在 3#、4#、5#烧结机上增设烟气循环装置，改造后产能提升 10%～20%，单位烧结矿生产成本降低。2015 年 5 月联峰钢铁（张家港）新建的烧结机系统与活性焦烟气净化系统配合设置了烟气循环装置，大大降低了活性焦烟气净化装置的建设与运行费用。烧结烟气循环工艺的优点为能够降低烧结生产能耗，回收利用烟气热量，同时能够降低重金属及其他大气污染物含量，并可以直接在原有场地上进行改进，极大地缓解企业的环保压力，同时节省费用，工艺成熟，适合我国国情，具有很大发展前景（竹涛 等，2019）。

烧结烟气内循环工艺与烧结生产过程高度融合和匹配是工艺设计运行效果优秀的重

要保证，考虑到我国烧结机生产的客观情况及每台烧结机的运行状态的差异，中国科学院过程工程研究所经过8年时间的研发提出了基于烟气测试和数值仿真模拟的定制化烟气循环设计方案——烧结烟气选择性循环节能减排技术。该技术通过对烧结机进行详细的烟气和热工测试，结合每台烧结机的生产运行情况为每台烧结机提供定制化方案设计，力求在不影响烧结生产质量情况下实现烟气减量最大化。为充分利用余热，采用数值仿真模拟的方法建立烟气循环烧结模型，预测循环烧结工艺的温度场分布（Wang et al.，2016），可实现对主烟道烟气和循环烟气的有效温度调控。

以国内某钢厂 360 m² 烧结机为例，为实现烧结烟气减量，同时减少固体燃料消耗，技术团队在测试数据和模拟预测结果支撑下提出烟气选择性循环方案，工艺选取机尾高温高氧风箱和机头高 CO 风箱混合后循环回烧结台车上方烧结机中部使用，混合后烟气温度 >200 ℃，氧含量 >17%，SO₂ 和水含量均低于设计值，工艺设计循环风箱 6 个，烟气循环率 25%，备用风箱 2 个，方便根据生产情况调节主烟道烟气温度和流量，系统采用自动控制与烧结生产联动以防止循环烟气外溢，保证系统的安全稳定运行。系统自2018 年投运后稳定运行实现吨矿烟气量减排 21.5%，吨矿固体燃料消耗降低 10.8%，产量提升 6.2%，实现烟气循环率 25%～30%，吨烧结矿 CO 减排 4.4 kg，并已在全国推广8 台套烧结机配套应用，取得了良好的环境、经济和社会效益（李超群 等，2019）。国内外主要的烟气循环技术对比如表 7.7 所示。

表 7.7　国内外烧结烟气循环技术指标对比

技术	EOS	EPSOINT	BSFGR	本章技术
应用单位	荷兰艾默伊登	德国奥钢联	中国宁钢	中国邯钢
烧结机规模/m²	132	250	480	360
循环烟气特征	—	高温、低氧、高硫	高温、高氧、低硫	高温、高氧、低硫、高 CO
烟气循环率/%	约 50	25～28	18～23	25～30
CO 减排/(kg/t-s)	—	—	1.5	4.4
降低固体燃耗/%	—	4.4	5.2	10.80
烧结矿产量	有影响	—	—	增产 3.2%～6.2%
烧结矿质量	污染物富集	硫富集	无影响	无影响

7.5.4　应用案例

目前，国内外钢铁行业并无单独的重金属控制技术应用案例，如前文所述，汞等重金属可以通过污染物控制技术得到有效去除，因此，本小节将介绍常规污染物控制案例中对重金属的控制效果。

1. 案例 1：河钢邯钢 435 m² 烧结机活性炭一体化技术协同重金属控制

邯钢 435 m² 烧结机活性炭一体化技术工程于 2016 年建成投产，工程投资约 2.5 亿元。

主要技术参数如表 7.8 所示。

表 7.8 邯钢活性炭一体化技术设计参数

项目	单位	数值
处理烟气量	Nm^3/h	155
入口烟气 SO_2 质量浓度	mg/Nm^3	≤1200
入口烟气 NO_x 质量浓度	mg/Nm^3	≤400
入口烟气颗粒物质量浓度	mg/Nm^3	≤100
入口烟气温度	℃	130～150
入口烟气含氧量	%	15～17
入口烟气含湿量	%	10.8
出口烟气 SO_2 质量浓度	mg/Nm^3	≤5
出口烟气 NO_x 质量浓度	mg/Nm^3	≤50
出口烟气颗粒物质量浓度	mg/Nm^3	≤10
出口烟气温度	℃	130～150
活性炭模块尺寸	M×m	6.6×6
总模块数量	个	64
活性炭初装量	t	12 000
装机容量	KW	1 100
制酸装置	万 t/a	2.0
脱硝剂浓度	%	18～25

据国家重点污染物在线监控数据显示，SO_2 脱除效率高于 99.5% 以上，出口 SO_2 质量浓度低于 10 mg/Nm^3；脱硝效率大于 85%，出口 SO_2 质量浓度小于 50 mg/Nm^3，满足超低排放标准要求。此外，烟气中二噁英浓度为 0.021 $ngTEQ/Nm^3$，远低于 0.5 $ngTEQ/Nm^3$ 的排放限值。

对重金属的采样测试结果表明：出口烟气中铅质量浓度约为 3.37 mg/m^3，远低于河北省《钢铁工业大气污染物超低排放标准》（DB 13/2169—2018）中 0.7 mg/m^3 的限值，烟气中未检测出汞，活性炭一体化技术表现出优异的重金属脱除效果。

该技术的运行成本构成见表 7.9，其中活性炭、电耗、氮气是主要的成本来源，吨矿运行成本约为 14.3 元，考虑设备折旧，运行成本约为 17.89 元/t。

表 7.9 邯钢活性炭一体化技术运行成本构成

序号	项目	消耗量	单价	吨矿成本/(元/t)
1	电耗	16 715 083.98 kwh	0.5 元/kwh	4.53
2	水耗	81 860.32 t	6 元/t	0.27
3	蒸汽	18 300.26 t	100 元/t	0.99
4	压缩空气	4 805 328 Nm^3	0.08 元/t	0.208
5	氮气	3 2435 773 Nm^3	0.2 元/Nm^3	3.51

序号	项目	消耗量	单价	吨矿成本/(元/t)
6	活性炭	1 474 t	4 420 元/t	3.54
7	氨水	1 918.3 t	1 140 元/t	1.18
8	固碱	99.0 t	3 700 元/t	0.20
9	高炉煤气	30 051 812 Nm³	0.07 元/Nm³	1.14
10	焦炉煤气	1 785 058 Nm³	0.45 元/Nm³	0.44
11	人工	448 000 元		0.24
12	回收焦粉	1 474 t	1 060 元/t	-0.85
13	回收浓硫酸	4 225.81 t	480 元/t	-1.099
14	运行成本			14.3
15	设备折旧及维修			3.59
16	运行成本（含设备折旧）			17.89

2. 案例 2：南京某钢铁企业常规污染物控制技术协同重金属控制

本案例有南京市某两家钢铁企业（企业 A 和 B），企业 A 现有 5 套烧结系统，其中 1#、3#烧结机头（2×180 m²）共用一套半干法脱硫系统，2#烧结机头（360 m²）单独使用一套氨法脱硫系统（湿法脱硫），4#、5#烧结机头（2×220 m²）共用一套半干法脱硫系统。企业 B 现有 3 套烧结系统，其中 3#烧结机头为石灰石-石膏湿法脱硫系统，4#和 5#烧结机头为循环流化床半干法脱硫系统。所有烧结工艺前段均采用静电除尘，下面所分析净化设施对汞的脱除效率均指静电除尘后的净化设施，详细的处理设施如表 7.10 所示（马光军 等，2019）。

表 7.10 两家企业烧结烟气净化设施

企业	点位	净化设施 1	净化设施 2	净化设施 3	净化设施 4
企业 A	1#烧结机头	静电除尘	—	脱硫塔（CaO，半干法）	布袋除尘
	3#烧结机头	静电除尘			
	2#烧结机头	静电除尘	水洗涤	脱硫塔（液氨，湿法）	—
	4#烧结机头	静电除尘	—	脱硫塔（CaCO₃，半干法）	—
	5#烧结机头	静电除尘			
企业 B	3#烧结机头	静电除尘	—	脱硫塔（CaO，半干法）	—
	4#烧结机头	静电除尘	—	循环流化床（半干法）	布袋除尘
	5#烧结机头	静电除尘	—	循环流化床（半干法）	布袋除尘

对各烧结机烟气净化设备前后的汞浓度进行测试，结果如表 7.11 所示，两家钢铁企业烧结机头净化设施脱汞效率为 73.3%～91.5%，汞排放质量浓度均小于 5 µg/m³。在汞的脱除效果方面，半干法脱硫工艺+布袋除尘工艺>湿法脱硫工艺>干法脱硫工艺。

表 7.11　烟气净化设施前后汞浓度测试

企业	点位	烟囱入口烟气流量/(m³/h)	烟囱入口汞质量浓度/(μg/m³)	脱硫入口烟气流量/(m³/h)	脱硫入口汞质量浓度/(μg/m³)	脱汞效率/%
企业 A	1#烧结机头	1 109 279	2.36	1 111 924	26.12	91.0
	3#烧结机头					
	2#烧结机头	1 160 095	3.51	1 105 673	23.21	84.1
	4#烧结机头	1 786 970	4.84	902 579	30.43	73.3
	5#烧结机头			880 658		
企业 B	3#烧结机头	601 756	2.43	562 389	18.73	86.1
	4#烧结机头	1 218 392	1.80	1 194 502	19.26	90.5
	5#烧结机头	1 152 375	1.72	1 186 946	19.76	91.5

7.6　钢铁行业烟气重金属防治建议及研究展望

钢铁行业是我国重要的污染物排放源，其重金属排放不容忽视，目前，对钢铁行业的污染物控制重点聚焦常规污染物，重金属排放及污染问题未引起足够重视，环保标准体系中常规污染物与非常规污染物的排放限值失衡，有待进一步完善。

7.6.1　防治建议

在政策标准方面，进一步完善钢铁行业污染物排放标准，在浓度排放达标的基础上，进一步约束排放总量指标。目前钢铁行业的超低排放标准常规污染物的排放限制已经十分严苛，但是对重金属的控制却十分宽松，仅少数地方标准中对铅及其化合物做出明确限制，建议补充完善当前的标准体系。

在污染物控制技术方面，当前的研究结果证明，常规污染物控制技术组合对重金属有很好的协同控制效果，未来重金属的控制还是以协同控制为主。但是目前关于钢铁行业重金属的研究仍然比较缺乏，很多"黑箱问题"仍然有待研究揭示。

7.6.2　研究展望

当前对钢铁行业重金属排放特征了解得不够全面，应强化排放特征调研，揭示更多种类重金属的排放特征，并且强化重金属的全生命周期评价，形成系统化的钢铁行业重金属排放特征。

关注重金属的二次释放与跨介质污染问题，重金属的特性决定了其无法被控制技术完全消解，只能在不同介质中迁移，因此，需要关注二次释放问题，在活性炭一体化技术中，需要关注活性炭再生过程中重金属的脱附规律，通过再生参数调控，减少重金属的二次释放；在臭氧氧化协同吸收技术中，要关注吸收剂中重金属的二次释放，强化对含重金属的废渣、废液稳定化处理技术的研究，避免重金属的跨介质污染，实现重金属的"闭路减排"。

参 考 文 献

代绍凯, 徐文青, 陶文亮, 等. 2014. 臭氧氧化法应用于燃煤烟气同时脱硫脱硝脱汞的实验研究. 环境工程, 32(10): 85-89.

刁力, 2022. "十四五"期间进口铁矿石形势展望. 冶金管理(6): 13-17.

董艳苹, 2016. 焦炉烟道气脱硫脱硝现状和工艺路线探讨. 中国市场(28): 97-98.

范玉强, 2016. 我国部分煤中重金属含量、赋存及排放控制研究. 鞍山: 辽宁科技大学.

郭瑞霞, 杨建丽, 刘东艳, 等, 2002. 煤热解过程中无机有害元素的变迁规律. 环境科学, 23(5): 100-104.

郭欣, 郑楚光, 刘迎晖, 等, 2001. 煤中汞, 砷, 硒赋存形态的研究. 工程热物理学报, 22(6): 763-766.

纪瑞军, 徐文青, 王健, 等, 2018. 臭氧氧化脱硝技术研究进展. 化工学报, 69(6): 2353-2363.

贾秀凤, 喻波, 2015. 宁钢烧结烟气循环系统的节能减排效果. 烧结球团, 40(4): 51-54.

李超群, 徐文青, 朱廷钰, 2019. 烧结烟气循环技术研究现状与发展前景. 河北冶金(S1): 1-6.

李鹏飞, 俞非漉, 朱晓华, 2013. 钙基循环流化床烧结烟气同时脱硫脱硝技术. 本溪: 2013 年全国冶金能源环保生产技术会论文集: 558-561.

刘文权, 2014. 烧结烟气循环技术创新和应用. 山东冶金, 36(3): 5-7.

雒昆利, 王斗虎, 谭见安, 等, 2002. 西安市燃煤中铅的排放量及其环境效应. 环境科学, 23(1): 123-127.

马光军, 陆芝伟, 叶兵, 2019. 钢铁企业烧结工艺不同净化设施脱汞效率初探. 中国资源综合利用, 37(10): 11-13.

马山川, 2017. 燃煤电站汞污染控制技术中卤素元素腐蚀影响研究. 北京: 华北电力大学.

王堃, 滑申冰, 田贺忠, 等, 2015. 2011 年中国钢铁行业典型有害重金属大气排放清单. 中国环境科学, 35(10): 2934-2938.

谢馨, 马光军, 2017. 典型钢铁企业烟气中汞排放特征研究. 环境科学与管理, 42(10): 114-118.

邢芳芳, 姜琪, 张亚志, 等, 2014. 钢铁工业烧结烟气多污染物协同控制技术分析. 环境工程, 32(4): 75-78.

杨爱勇, 严智操, 惠润堂, 等, 2015. 中国煤中汞的含量、分布与赋存状态研究. 科学技术与工程, 15(32): 93-100.

于恒, 王海风, 张春霞, 2014. 铁矿烧结烟气循环工艺优缺点分析. 烧结球团, 39(1): 51-55.

于守立, 王莉, 2018. 焦炉烟道气脱硫脱硝及余热回收利用一体化技术的研究. 低碳世界(2): 10-11.

于勇, 朱廷钰, 刘霄龙, 2019. 中国钢铁行业重点工序烟气超低排放技术进展. 钢铁, 54(9): 1-11.

张国志, 2013. 钢铁行业烧结烟气活性焦(炭)干法净化技术探讨. 四川环境, 32(6): 87-92.

张志刚, 郑绥旭, 丁志伟, 2016. 烧结烟气循环技术工业化应用概述. 中国冶金(7): 54-57.

赵毅, 要杰, 马宵颖, 等, 2009. 用现行设备进行烟气脱汞技术研究. 工业安全与环保, 35(3): 14-16.

郑琨, 2016. 烧结烟气环保节能处理的工艺设计. 冶金能源, 35(3): 16-20.

周向, 朱繁, 王秀艳, 2014. 钢铁工业大气汞污染控制技术. 武汉: 2014 年全国冶金能源环保生产技术会.

朱素龙, 高成康, 田国, 等, 2023. 钢铁厂废物循环中的重金属物质流及排放: 以 Pb 为例. 环境工程, 41(8): 218-227.

朱廷钰, 王新东, 郭昡昡, 等, 2018. 钢铁行业大气污染控制技术与策略. 北京: 科学出版社.

朱廷钰, 晏乃强, 徐文青, 等, 2017. 工业烟气汞污染排放监测与控制技术. 北京: 科学出版社.

竹涛, 薛泽宇, 牛文凤, 等, 2019. 我国钢铁行业烟气中重金属污染控制技术. 河北冶金(S1): 11-14.

竹涛, 张星, 王礼锋, 等, 2019. 钢铁行业典型 HAPs 的控制减排. 化工环保, 39(4): 367-372.

佐藤義政, 杨进江, 1984. 烧结厂废气循环的利用. 烧结球团(6): 102-116.

Boente L C, Matanzas N, García-González N, et al., 2017. Trace elements of concern affecting urban agriculture in industrialized areas: A multivariate approach. Chemosphere, 183: 546-556.

Bunt J R, Waanders F B, 2011. Volatile trace element behaviour in the Sasol® fixed-bed dry-bottom (FBDB)™ gasifier treating coals of different rank. Fuel Processing Technology, 92(8): 1646-1655.

Bunt J R, Waanders F B, 2008. Trace element behaviour in the Sasol-Lurgi MK IV FBDB gasifier: Part 1, the volatile elements: Hg, As, Se, Cd and Pb. Fuel, 87(12): 2374-2387.

Cao Y, Gao Z Y, Zhu J S, et al., 2008. Impacts of halogen additions on mercury oxidation, in a slipstream selective catalyst reduction (SCR), reactor when burning sub-bituminous coal. Environmental Science & Technology, 42(1): 256-261.

Córdoba P, Ochoa-Gonzalez R, Font O, et al., 2012. Partitioning of trace inorganic elements in a coal-fired power plant equipped with a wet flue gas desulphurisation system. Fuel, 92(1): 145-157.

Finkelman R B, 1994. Modes of occurrence of potentially hazardous elements in coal: Levels of confidence. Fuel Processing Technology, 39(1-3): 21-34.

Fisher L V, Barron A R, 2019. The recycling and reuse of steelmaking slags: A review. Resources, Conservation and Recycling, 146: 244-255.

Guo P, Guo X, Zheng C G, 2011. Computational insights into interactions between Hg species and α-Fe$_2$O$_3$ (001). Fuel, 90(5): 1840-1846.

Guo R X, Yang J L, Liu Z Y, 2004. Behavior of trace elements during pyrolysis of coal in a simulated drop-tube reactor. Fuel, 83(6): 639-643.

Guo P, Guo X, Zheng C G, 2011. Computational insights into interactions between Hg species and α-Fe$_2$O$_3$ (001). Fuel, 90(5): 1840-1846.

He C, Shen B X, Chen J H, et al., 2014. Adsorption and oxidation of elemental mercury over Ce-MnO$_x$/Ti-PILCs. Environmental Science & Technology, 48(14): 7891-7898.

Hoequel M, 2004. The Behaviour and fate of mercury in coal-fired power plants with downstream air pollution control devices. Stuttgart: University of Stuttgart.

Huggins F E, Seidu L B A, Shah N, et al., 2009. Elemental modes of occurrence in an Illinois # 6 coal and fractions prepared by physical separation techniques at a coal preparation plant. International Journal of Coal Geology, 78(1): 65-76.

Jiao K X, Zhang J L, Liu Z J, et al., 2017. Circulation and accumulation of harmful elements in blast furnace and their impact on the fuel consumption. Ironmaking & Steelmaking, 44(5): 344-350.

Jung J E, Geatches D, Lee K J, et al., 2015. First-principles investigation of mercury adsorption on the α-Fe$_2$O$_3$(11$\bar{0}$2) surface. The Journal of Physical Chemistry C, 119(47): 26512-26518.

Lau L L, de Castro L F A, de Castro D F, et al., 2016. Characterization and mass balance of trace elements in an iron ore sinter plant. Journal of Materials Research and Technology, 5(2): 144-151.

Lee C W, Sfivastava R K, Ghorishi S B, et al., 2003. Study of Speciation of Mercury under Simulated SCR NO$_x$ Emission Control Conditions//DOE/EPRI/EPA/A&WMA Power Plant Mega Symposium. Washington DC: 19-22.

Li M, Liu H, Geng G N, et al., 2017. Anthropogenic emission inventories in China: A review. National Science Review, 4(6): 834-866.

Liang Z, Zhuo Y Q, Chen L, et al., 2008. Mercury emissions from six coal-fired power plants in China. Fuel Processing Technology, 89(11): 1033-1040.

Lu H L, Chen H K, Li W, et al., 2004. Occurrence and volatilization behavior of Pb, Cd, Cr in Yima coal during fluidized-bed pyrolysis. Fuel, 83(11): 39-45.

Ma Q, Wang Z H, Lin F W, et al., 2016. Characteristics of O$_3$ oxidation for simultaneous desulfurization and denitration with limestone-gypsum wet scrubbing: Application in a carbon black drying kiln furnace. Energy & Fuels, 30(3): 2302-2308.

Machemer S D, 2004. Characterization of airborne and bulk particulate from iron and steel manufacturing facilities. Environmental Science & Technology, 38(2): 381-389.

Nriagu J O, Pacyna J M, 1988. Quantitative assessment of worldwide contamination of air, water and soils by trace metals. Nature, 333: 134-139.

Pudasainee D, Kim J H, Yoon Y S, et al., 2012. Oxidation, reemission and mass distribution of mercury in bituminous coal-fired power plants with SCR, CS-ESP and wet FGD. Fuel, 93: 312-318.

Querol X, Fernández-Turiel J, López-Soler A, 1995. Trace elements in coal and their behaviour during combustion in a large power station. Fuel, 74(3): 331-343.

Scaccia S, Mecozzi R, 2012. Trace Cd, Co, and Pb elements distribution during Sulcis coal pyrolysis: GFAAS determination with slurry sampling technique. Microchemical Journal, 100: 48-54.

Swaine D J, 1992. Guest editorial: Environmental aspects of trace elements in coal. Environmental Geochemistry and Health, 14(1): 2.

Swaine D J, 1994. Trace elements in coal and their dispersal during combustion. Fuel Processing Technology, 39(1-3): 121-137.

Tian H Z, Cheng K, Wang Y, et al., 2012. Temporal and spatial variation characteristics of atmospheric emissions of Cd, Cr, and Pb from coal in China. Atmospheric Environment, 50: 157-163.

Tsai J H, Lin K H, Chen C Y, et al., 2007. Chemical constituents in particulate emissions from an integrated iron and steel facility. Journal of Hazardous Materials, 147(1-2): 111-119.

Van Otten B, Buitrago P A, Senior C L, et al., 2011. Gas-phase oxidation of mercury by bromine and chlorine in flue gas. Energy & Fuels, 25(8): 3530-3536.

Vejahati F, Xu Z H, Gupta R, 2010. Trace elements in coal: Associations with coal and minerals and their behavior during coal utilization: A review. Fuel, 89(4): 904-911.

Wang G, Wen Z, Lou G F, et al., 2016. Mathematical modeling and combustion characteristic evaluation of a flue gas recirculation iron ore sintering process. International Journal of Heat and Mass Transfer, 97: 964-974.

Wang J, Tomita A, 2003. A chemistry on the volatility of some trace elements during coal combustion and pyrolysis. Energy & Fuels, 17: 954-960.

Wang J, Yamada O, Nakazato T, et al., 2008. Statistical analysis of the concentrations of trace elements in a wide diversity of coals and its implications for understanding elemental modes of occurrence. Fuel, 87(10-11): 2211-2222.

Wang M, Keener T C, Khang S J, 2000. The effect of coal volatility on mercury removal from bituminous coal during mild pyrolysis. Fuel Processing Technology, 67(2): 147-161.

Wang S X, Zhang L, Li G H, et al., 2010. Mercury emission and speciation of coal-fired power plants in China. Atmospheric Chemistry and Physics, 10(3): 1183-1192.

Wang Z, Liu J, Zhang B K, et al., 2016. Mechanism of heterogeneous mercury oxidation by HBr over V_2O_5/TiO_2 catalyst. Environmental Science & Technology, 50(10): 5398-5404.

Wei X F, Zhang G P, Cai Y B, et al., 2012. The volatilization of trace elements during oxidative pyrolysis of a coal from an endemic arsenosis area in southwest Guizhou, China. Journal of Analytical and Applied Pyrolysis, 98: 184-193.

Xu W Q, Shao M P, Yang Y, et al., 2017. Mercury emission from sintering process in the iron and steel industry of China. Fuel Processing Technology, 159: 340-344.

Zajusz-Zubek E, Konieczyński J, 2003. Dynamics of trace elements release in a coal pyrolysis process. Fuel, 82: 1281-1290.

Zhang L, Zhuo Y Q, Chen L, et al., 2008. Mercury emissions from six coal-fired power plants in China. Fuel Processing Technology, 89(11): 1033-1040.

Zhao Y C, Li H L, Yang J P, et al., 2019. Emission and control of trace elements from coal-derived gas streams. Cambridge: Woodhead Publishing.

Zhu B Z, Yin S L, Sun Y L, et al., 2017. Natural manganese ore catalyst for low-temperature selective catalytic reduction of NO with NH_3 in coke-oven flue gas. Environmental Science and Pollution Research, 24(31): 24584-24592.